“十三五”国家重点出版物出版规划项目

金属矿膏体流变学

吴爱祥　著

北　京
冶　金　工　业　出　版　社
2019

内容提要

面向金属矿膏体充填技术中浓密、搅拌、输送和充填固化四个工艺环节的工程需求，本书全面阐述了金属矿膏体流变学理论，具体包括金属矿膏体流变学的提出与基础、膏体流变测量、各个工艺环节中的膏体流变行为及其数值模拟等内容，建立了膏体流变学理论的体系架构，进而展望了膏体流变学未来发展趋势。

本书可供采矿工程的技术人员和科研人员、高等院校采矿专业的师生，以及其他相关领域的研究人员阅读，也可作为采矿工程专业等相关学科研究生教材。

图书在版编目(CIP)数据

金属矿膏体流变学/吴爱祥著．—北京：冶金工业出版社，2019.7

“十三五”国家重点出版物出版规划项目

ISBN 978-7-5024-8158-2

Ⅰ.①金… Ⅱ.①吴… Ⅲ.①金属矿开采—充填法 Ⅳ.①TD853.34

中国版本图书馆 CIP 数据核字（2019）第 101614 号

出 版 人　谭学余
地　　址　北京市东城区嵩祝院北巷 39 号　邮编　100009　电话　(010)64027926
网　　址　www.cnmip.com.cn　电子信箱　yjcbs@cnmip.com.cn
策划编辑　刘晓飞　责任编辑　赵亚敏　高　娜　美术编辑　彭子赫
版式设计　孙跃红　责任校对　王永欣　责任印制　牛晓波
ISBN 978-7-5024-8158-2
冶金工业出版社出版发行；各地新华书店经销；北京博海升彩色印刷有限公司印刷
2019 年 7 月第 1 版，2019 年 7 月第 1 次印刷
169mm×239mm；20.25 印张；393 千字；311 页
185.00 元

冶金工业出版社　投稿电话　(010)64027932　投稿信箱　tougao@cnmip.com.cn
冶金工业出版社营销中心　电话　(010)64044283　传真　(010)64027893
冶金工业出版社天猫旗舰店　yjgycbs.tmall.com

作者简介

吴爱祥，1963 年 1 月生，湖北仙桃人，北京科技大学教授、博士生导师，“长江学者奖励计划” 特聘教授，“国家杰出青年科学基金”获得者，享受国务院政府特殊津贴；现任北京科技大学副校长、教育部“金属矿山高效开采与安全”重点实验室主任，兼任中国金属学会采矿分会主任、国务院学位委员会学科评议组成员。

吴爱祥教授长期坚持在教学科研的第一线，致力于金属矿绿色开采的理论与技术研究，主要研究方向为散体动力学、膏体充填采矿和金属矿连续开采工艺。先后获得国家科技进步二等奖 4 项，省部级特 / 一等奖 6 项；授权发明专利 20 余项；发表学术论文 200 余篇；出版中英文专著 3 部。获得“全国优秀科技工作者”“宝钢优秀教师特等奖”和“全国优秀博士论文指导教师”等荣誉称号。

前　　言

国际矿业形势发展日新月异，矿业科学技术不断创新。开发深部资源、发展绿色矿业，是当前形势下矿业高效、可持续发展的必由之路。膏体充填技术因其“安全、环保、经济、高效”的特点已成为全球矿业领域的研究热点和发展趋势之一，是国家建设绿色矿山的重要手段。膏体充填技术已成为国家战略需求，工业和信息化部《关于推进黄金行业转型升级的指导意见》明确要求重点加强尾渣膏体充填等技术的研究工作，环境保护部（现生态环境部）于 2017 年 12 月公示的《2017 年国家先进污染防治技术目录（固体废物处理处置领域）》将“矿山采空区尾矿膏体充填技术”列为示范技术。

尽管膏体充填技术已在我国金属矿得到广泛应用，但其理论基础还相对薄弱，制约着膏体充填核心技术和装备的发展。金属矿膏体充填主要分为全尾砂浓密脱水、多尺度集料均质化搅拌、膏体管道输送、膏体采空区流动固结四个关键工艺，而贯穿各个工艺的共性基础理论是流变学理论。因此，基于作者所带领团队十余年在膏体流变学方面开展的理论研究和工程实践成果，撰写了本书。全书共 8 章，包括金属矿膏体流变学的提出、金属矿膏体流变学基础、膏体的流变测量、全尾砂深度浓密流变行为、膏体搅拌流变行为、膏体输送流变行为、充填体流变行为以及膏体流变行为数值模拟。

本书主要面向膏体充填相关科研人员、设计人员以及工程技术人员，旨在促进金属矿膏体充填理论的发展、膏体充填技术的创新和膏体充填装备的研发，从而加速基于膏体充填的绿色矿山建设。同时，本书也可作为采矿工程等相关学科研究生教材。

本书由北京科技大学吴爱祥主笔，李翠平、王洪江主审。参与本书完成工作的还有王勇、程海勇、李公成、杨柳华、刘晓辉、孙伟、阮竹恩、王建栋、兰文涛等等。

本书内容所涉及的研究得到了“十二五”科技支撑计划（项目号：2012BAB08B02）、“十三五”重点研发计划（项目号：2017YFC0602903、2018YFC0603705）、国家自然科学基金（项目号：51574013、51834001）等项目的资助，本书的撰写得到了飞翼股份有限公司、金诚信矿山技术研究院等企业的大力支持，引用了相关单位、专家、学者和矿山现场工程技术人员的研究成果，这里无法一一署名，在此一并表示衷心的感谢。

由于作者知识与水平所限，书中难免存在疏漏之处，敬请同行专家、广大读者批评指正。

作　者

2018 年 12 月于北京

目　　录

1 绪　论

流变学是研究物质变形与流动的科学。流变学作为流体力学与固体力学之间的一门交叉学科，其研究的对象包含流体、固体以及二者之间所存在的特殊形式（如悬浮体）。流变学的主要任务是研究物质的变形与流动，通过实验和理论的方法建立物质的流变状态方程，即本构方程[1,2]。

金属矿充填的膏体料浆组成主要包括尾砂、胶凝材料和水，根据工程工艺需要往往还包含粗骨料以及特殊化学试剂[3~7]。膏体物态主要为液态与固态混合的形式，单纯从流体力学的角度，属于固液两相流的范畴[8,9]。但是膏体料浆中固体含量很高，固体颗粒在剪切流动作用下所受的力以及具体的运动形式，与传统的固液两相流动具有较大差异[10~12]。因此传统固液两相流动的分析方法与研究手段，对于膏体具有一定的局限性。

膏体这种处于流体与固体之间的特殊物质形态，在流动过程中具有复杂的力学行为，其流动属性具有流变特性，属于非牛顿流体，其研究归属于流变学范畴。

为此，本书从流体的解析开篇，通过严谨地分析流体应力与应变的关系引出非牛顿流体；面向金属矿膏体充填的四个工艺环节，得出各工艺环节的工程需求响应基础是流变学，但膏体的物料组成复杂、固体含量高，导致膏体充填的流变问题具有很强的特殊性，由此产生了“金属矿膏体流变学”。

1.1　流变学简介

自然界中的流体在流动的过程中，其各点的速度并不相同，按照作用方向的不同，可以将流体的流动划分为剪切流动与拉伸流动[13,14]。其中，速度梯度方向与流动方向垂直的流动为剪切流动，而速度梯度方向与流动方向平行的流动为拉伸流动。对于这两种流动形式，流体在流动时其内部质点之间将产生内摩擦力，从而抵抗剪切应力与拉伸应力作用所引起的变形，流体的这一性质称为黏性。一切流体皆具有黏性，但是对于水与空气这类最为常见的流体其黏性值较小，忽略其黏性所得的结果在一定程度上符合实际情况，这种忽略黏性的流体称为理想流体，与之相对的则称为黏性流体[15]。

在流体力学发展史上，对于不考虑黏性的理想流体，其研究侧重于理论分析，以纯粹的数学分析为手段，建立和发展了理论流体力学。在伯努利、欧拉、达朗贝尔、拉格朗日、拉普拉斯等人的研究基础上，无黏性的理想流体理论在 19 世纪末发展到了相对完善的程度。但是这些理论分析结果在某些方面与实验结果矛盾，如不能预测管道流动中的压力损失和在流体中运动的固体所受到的阻力等问题。为此，工程师们为了解决生产和技术发展中遇到的流体运动问题，以现场实验为基础，发展出一门具有高度经验性的流体力学分支——水力学。令人遗憾的是，虽然同为流体力学分支，水力学与理论流体动力学在 19 世纪末之前彼此互不联系，平行发展。理论流体动力学的进一步发展是随着科学家对欧拉理想流体运动方程加上摩擦项开始的。纳维、柯西、泊松、圣维南四人考虑将分子之间的作用力引入欧拉方程之中，而斯托克斯则将分子间的作用力用黏性系数 η 表示。集五人之力，最终建立了奠定近代黏性流体力学基础的基本方程——纳维-斯托克斯方程。虽然纳维-斯托克斯方程的建立使人们对黏性流动问题的分析成为可能，但是求解这些方程是非常困难的，因此当时的水利工作者们并没有发现纳维-斯托克斯方程的重要意义。直到 20 世纪初，普朗特边界层理论的提出，将流体力学的两个分支统一起来，使理论与实际相结合，体现了纳维-斯托克斯方程的巨大意义，推动了流体力学的进一步发展[16~18]。

1.1.1　流体的解析

流体黏性研究中最重要的结论就是黏性将流体中的应力与应变速率联系起来。如图 1-1 所示，两个足够大的平行平板间距为 h，之间充满流体，其中下板固定，上板以恒定速度 $\boldsymbol{u}$ 运动，由于流体与上板之间的黏性附着力，两板间的流体将会发生一定的剪切流动。

当两板之间发生剪切流动时，依据流体所受到的剪切应力是否同剪切速率成线性关系，可将流体划分为牛顿流体与非牛顿流体。对于牛顿流体，剪切应力与剪切速率之间的关系如式（1-1）所示：

$$\tau_{yx} = \eta \frac{\mathrm{d}\boldsymbol{u}}{\mathrm{d}y} \tag{1-1}$$

式中，τ_{yx} 为剪切应力，Pa；η 为流体的动力黏性系数或动力黏度，Pa·s；$\mathrm{d}\boldsymbol{u}/\mathrm{d}y$ 为剪切速率（即流速梯度），s^{-1}。

从图 1-1 中可以发现，牛顿流体的剪切应力与剪切速率之间成线性关系，比值为流体的动力黏度。在图 1-1（a）中，流体的速度线性分布，此时流速梯度（剪切速率）为恒定值，剪切应力值恒定不变。而图 1-1（b）中，流速非线性分布，此时流速梯度（剪切速率）为非恒定值，但是剪切应力与剪切速率之间的

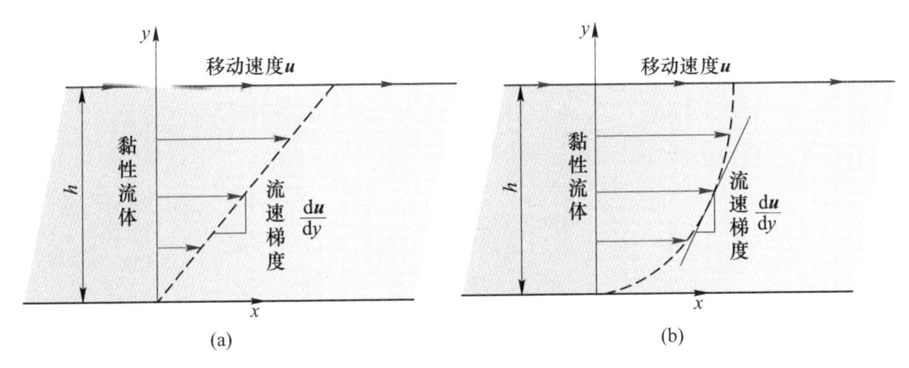

图 1-1 黏性流体的平板剪切流动

（a）流速线性分布；（b）流速非线性分布

比值，即动力黏度值保持不变。因此，在图 1-1（a）、图 1-1（b）两种不同剪切流动情况下的黏性流体均为牛顿流体。式（1-1）是在二维平面剪切流动下通过标量所定义的牛顿流体，为使牛顿流体的定义在任意流动条件下均成立，引入了张量对牛顿流体的本构方程进行定义。斯托克斯将式（1-1）推广到黏性流体的任意流动中，但推广过程中做了如下假设：

（1）所研究的流体对象是连续的，其应力张量是应变变化率张量的线性函数。

（2）所研究的流体各向同性，即其物理性质与方向无关，因此坐标系的选择对应力与应变变化率之间的关系无影响，即应力张量与应变变化率张量的关系也与方向无关。

（3）构建的本构方程不仅需要适应流体在运动条件下的情况，也应该适应流体在静止条件下的情况。将静止状态视为流体本构方程的一个特殊状态，流体静止时流体微元中的切应力为 0，正应力的数值为流体静压强 p，即热力学平衡态压强。

再次分析式（1-1），牛顿平板剪切实验中，$\mathrm{d}\boldsymbol{u}/\mathrm{d}y$ 剪切速率可以写成式（1-2）的形式：

$$\frac{\mathrm{d}\boldsymbol{u}}{\mathrm{d}y}=\left(\frac{\partial u}{\partial y}+\frac{\partial v}{\partial x}\right) \tag{1-2}$$

在平板实验中黏性流体做层状流动，在流动方向 x 轴，$\partial v/\partial x=0$，记速度 $\boldsymbol{u}$ 的三个分量 u、v、w 分别为 u_1、u_2、u_3；坐标轴 x、y、z 为 x_1、x_2、x_3，则流体的应变变化率张量 $\boldsymbol{S}$ 如式（1-3）所示：

$$s_{ij}=\frac{1}{2}\left(\frac{\partial u_i}{\partial x_j}+\frac{\partial u_j}{\partial x_i}\right) \tag{1-3a}$$

上式中应变变化率张量 $\boldsymbol{S}$ 全部分量的矩阵表示形式为：

$$s_{ij}=\begin{bmatrix}\frac{\partial u_1}{\partial x_1} & \frac{1}{2}\left(\frac{\partial u_1}{\partial x_2}+\frac{\partial u_2}{\partial x_1}\right) & \frac{1}{2}\left(\frac{\partial u_1}{\partial x_3}+\frac{\partial u_3}{\partial x_1}\right)\\ \frac{1}{2}\left(\frac{\partial u_2}{\partial x_1}+\frac{\partial u_1}{\partial x_2}\right) & \frac{\partial u_2}{\partial x_2} & \frac{1}{2}\left(\frac{\partial u_2}{\partial x_3}+\frac{\partial u_3}{\partial x_2}\right)\\ \frac{1}{2}\left(\frac{\partial u_3}{\partial x_1}+\frac{\partial u_1}{\partial x_3}\right) & \frac{1}{2}\left(\frac{\partial u_3}{\partial x_2}+\frac{\partial u_2}{\partial x_3}\right) & \frac{\partial u_3}{\partial x_3}\end{bmatrix} \tag{1-3b}$$

则式（1-2）可改写为：

$$\frac{\mathrm{d}\boldsymbol{u}}{\mathrm{d}y}=\left(\frac{\partial u_2}{\partial x_1}+\frac{\partial u_1}{\partial x_2}\right)=\frac{\partial u_1}{\partial x_2}=2s_{21}=2s_{yx}，\quad 其中\ \frac{\partial u_2}{\partial x_1}=\frac{\partial v}{\partial x}=0 \tag{1-4}$$

上式说明了在牛顿平板剪切实验中，式（1-1）右端的速度梯度（剪切速率）为应变变化率张量 $\boldsymbol{S}$ 分量 s_{yx} 的 2 倍。因此式（1-1）可改写为：

$$\tau_{yx}=\eta\frac{\mathrm{d}\boldsymbol{u}}{\mathrm{d}y}=2\eta s_{yx} \tag{1-5}$$

需要说明的是牛顿平板实验中的剪切应力 τ_{yx}，在任意流动条件下为 Cauchy 应力张量 $\boldsymbol{\Pi}$ 中的切应力分量，其中 $\boldsymbol{\Pi}$ 为 2 阶对称张量，如式（1-6）所示：

$$\pi_{ij}=\begin{bmatrix}\tau_{xx} & \tau_{xy} & \tau_{xz}\\ \tau_{yx} & \tau_{yy} & \tau_{yz}\\ \tau_{zx} & \tau_{zy} & \tau_{zz}\end{bmatrix} \tag{1-6}$$

式中，τ_{xx}、τ_{yy}、τ_{zz} 表示与流体各微元面垂直的正应力，其下标代表应力的方向；τ_{xy}、τ_{yx}、τ_{xz}、τ_{zx}、τ_{yz}、τ_{zy} 表示与流体各微元面平行的切应力，第一个下标代表切应力所在平面的外法线方向，第二个下标代表切应力的方向。

对于斯托克斯假设的第三点，静止流体中一坐标点处的面积力与作用面外法线方向平行，但方向相反，且单位面积上的作用力的大小与作用面法线方向无关，此不随方向变化的法向压应力即为压强。由于流体不流动，因此其黏性切应力 τ_{ij} 为 0，此时应力张量 $\boldsymbol{\Pi}$ 如式（1-7）所示：

$$\pi_{ij}=-p_0\delta_{ij}，\quad \delta_{ij}=\begin{cases}1\ (i=j)\\ 0\ (i\neq j)\end{cases} \tag{1-7a}$$

或：

$$\boldsymbol{\Pi}=-p_0\boldsymbol{I} \tag{1-7b}$$

式中，p_0 为流体静压强，也是热力学平衡态压力，其大小与流体微元作用面方向无关，只是坐标与时间的标量函数；δ_{ij} 为 Kronecker delta 符号；$\boldsymbol{I}$ 为单位张量，如式（1-8）所示：

$$\boldsymbol{I}=\begin{bmatrix}1 & 0 & 0\\ 0 & 1 & 0\\ 0 & 0 & 1\end{bmatrix} \tag{1-8}$$

式（1-7）中的负号，说明压强 p_0 的方向总是同流体微元外法线方向相反。式（1-7）表达了黏性流体在静止条件下的应力张量。对于理想流体，不论流体是静止还是流动，式（1-7）的关系均成立，即理想流体中面积力只有压力，且各点的压强与作用面法线方向无关。但要定义任意流动条件下牛顿流体的本构方程，不能只考虑静止的情况。在黏性流体流动时，流体微元上的面积力不仅有与作用面垂直的法向压应力，还有与作用面平行的切应力。

根据斯托克斯第一条假设，并且参考二维平面牛顿平板实验所推导出的公式（1-1）以及其变形公式（1-5）中对牛顿流体的定义，黏性流体在流动条件下最简单的应力-应变变化率关系如式（1-9）所示：

$$\pi_{ij} = 2\eta s_{ij} \tag{1-9}$$

式（1-9）满足牛顿流体中剪切应力与应变变化率成线性函数这一要求，但是对于斯托克斯的第三条假设不适用，只适用于运动的牛顿流体。因为当流体静止时，流体微元中应变变化率张量 $\boldsymbol{S}$ 在主对角线上的三个应变变化率分量：$\partial u_1/\partial x_1 = 0$，$\partial u_2/\partial x_2 = 0$，$\partial u_3/\partial x_3 = 0$。如果按照应力与应变变化率之间的关系，即式（1-9）所示，那么应力张量 $\boldsymbol{\Pi}$ 在三个对应方向上的正应力分量 $\tau_{xx}=0$，$\tau_{yy}=0$，$\tau_{zz}=0$，很明显不满足式（1-7）的条件要求，因此需要对式（1-9）进行修改。需要加入一项只影响应力张量 $\boldsymbol{\Pi}$ 主对角线上的元素，综合考虑以单位张量 $\boldsymbol{I}$ 的形式加入，因此描述牛顿流体在流动与静止条件下应力张量与应变变化率张量间的关系式可以写为：

$$\pi_{ij} = 2\eta s_{ij} + \beta\delta_{ij} \tag{1-10}$$

式中，β 为某一待定的未知标量，这里并未完全由流体静压强 p_0 代替。同时需要考虑到黏性流体发生流动时，流体微元的流速梯度张量 $\boldsymbol{D}$（速度导数张量）可以表示为含有九个速度分量偏导数的 2 阶张量，如式（1-11）所示：

$$\boldsymbol{D} = \begin{bmatrix} \dfrac{\partial u}{\partial x} & \dfrac{\partial u}{\partial y} & \dfrac{\partial u}{\partial z} \\ \dfrac{\partial v}{\partial x} & \dfrac{\partial v}{\partial y} & \dfrac{\partial v}{\partial z} \\ \dfrac{\partial w}{\partial x} & \dfrac{\partial w}{\partial y} & \dfrac{\partial w}{\partial z} \end{bmatrix} = \begin{bmatrix} \dfrac{\partial u_1}{\partial x_1} & \dfrac{\partial u_1}{\partial x_2} & \dfrac{\partial u_1}{\partial x_3} \\ \dfrac{\partial u_2}{\partial x_1} & \dfrac{\partial u_2}{\partial x_2} & \dfrac{\partial u_2}{\partial x_3} \\ \dfrac{\partial u_3}{\partial x_1} & \dfrac{\partial u_3}{\partial x_2} & \dfrac{\partial u_3}{\partial x_3} \end{bmatrix} \tag{1-11a}$$

$$d_{ij} = \frac{\partial u_i}{\partial x_j} \tag{1-11b}$$

由于 2 阶张量可以唯一分解为一个对称张量与一个反对称张量之和，所以流速梯度张量 $\boldsymbol{D}$ 可以分解为对称张量 $\boldsymbol{S}$ 与反对称张量 $\boldsymbol{A}$ 二者之和，即：

$$d_{ij} = s_{ij} + a_{ij} \tag{1-12}$$

式中，对称张量 $\boldsymbol{S}$ 即为式（1-3）中的应变变化率张量，a_{ij} 可由式（1-3a）、式

(1-11b)、式(1-12)求得。这里反对称张量 A 称之为流体微元的角速度张量或者转动张量，如式(1-13)所示：

$$a_{ij} = \frac{1}{2}\left(\frac{\partial u_i}{\partial x_j} - \frac{\partial u_j}{\partial x_i}\right) \tag{1-13}$$

角速度张量（转动张量）$\boldsymbol{A}$ 分量的矩阵表示形式为：

$$a_{ij} = \begin{bmatrix} 0 & \frac{1}{2}\left(\frac{\partial u_1}{\partial x_2} - \frac{\partial u_2}{\partial x_1}\right) & \frac{1}{2}\left(\frac{\partial u_1}{\partial x_3} - \frac{\partial u_3}{\partial x_1}\right) \\ -\frac{1}{2}\left(\frac{\partial u_1}{\partial x_2} - \frac{\partial u_2}{\partial x_1}\right) & 0 & \frac{1}{2}\left(\frac{\partial u_2}{\partial x_3} - \frac{\partial u_3}{\partial x_2}\right) \\ -\frac{1}{2}\left(\frac{\partial u_1}{\partial x_3} - \frac{\partial u_3}{\partial x_1}\right) & -\frac{1}{2}\left(\frac{\partial u_2}{\partial x_3} - \frac{\partial u_3}{\partial x_2}\right) & 0 \end{bmatrix} \tag{1-14}$$

其中只有三个不同的分量，分别为：

$$\Omega_1 = \frac{1}{2}\left(\frac{\partial u_3}{\partial x_2} - \frac{\partial u_2}{\partial x_3}\right),\ \Omega_2 = \frac{1}{2}\left(\frac{\partial u_1}{\partial x_3} - \frac{\partial u_3}{\partial x_1}\right),\ \Omega_3 = \frac{1}{2}\left(\frac{\partial u_2}{\partial x_1} - \frac{\partial u_1}{\partial x_2}\right) \tag{1-15}$$

三个分量对应于一个向量 $\boldsymbol{\Omega}$，即流体微团瞬时旋转的角速度，并恰为速度向量 $\boldsymbol{u}$ 旋度的 1/2 倍，旋度作为流体微元涡旋强度的度量，称为涡量。由流体运动的亥姆霍兹速度分解定理可知，流体运动可以分解为三部分：平移、转动与变形，相应的相邻两质点之间的速度差由体积膨胀、剪切变形和转动所组成。流体运动区别于刚体运动在于其所存在的变形运动。在黏性流体流动时转动对剪切应力张量 π_{ij} 并无影响，分析式(1-10)，对于计算剪切应力张量部分（偏应力张量），在任意流动条件下是可行的。那么对于式(1-10)，为确定牛顿流体合适的应力张量与应变变化率张量的本构方程，所剩下的任务就是求解合适的待定标量 β。

对于斯托克斯的第二条假设，说明所构建的本构方程应与坐标系的选取无关。在式(1-10)中应力张量 $\boldsymbol{\Pi}$ 与应变变化率张量 $\boldsymbol{S}$ 均为 2 阶张量，是将空间中的一个向量变为另外一个向量的线性变换。其主对角线上三个分量之和是不变量，不随坐标系的旋转而变化。鉴于这一点，假设待定标量 β 可以由未定标量 β_1、β_2、β_3 与张量 $\boldsymbol{\Pi}$ 和 $\boldsymbol{S}$ 的主对角线上三个分量之和 $\tau_{xx} + \tau_{yy} + \tau_{zz}$、$\varepsilon_{xx} + \varepsilon_{yy} + \varepsilon_{zz}$($\varepsilon_{xx} = \partial u_1/\partial x_1$，$\varepsilon_{yy} = \partial u_2/\partial x_2$，$\varepsilon_{zz} = \partial u_3/\partial x_3$)来表示，如式(1-16)所示：

$$\beta = \beta_1(\tau_{xx} + \tau_{yy} + \tau_{zz}) + \beta_2(\varepsilon_{xx} + \varepsilon_{yy} + \varepsilon_{zz}) + \beta_3 \tag{1-16}$$

取式(1-10)两侧主对角线上三个分量之和，得式(1-17)：

$$(\tau_{xx} + \tau_{yy} + \tau_{zz}) = 2\eta(\varepsilon_{xx} + \varepsilon_{yy} + \varepsilon_{zz}) + \beta(1 + 1 + 1) \tag{1-17}$$

将式(1-16)代入式(1-17)并化简可得：

$$(1 - 3\beta_1)(\tau_{xx} + \tau_{yy} + \tau_{zz}) = (2\eta + 3\beta_2)(\varepsilon_{xx} + \varepsilon_{yy} + \varepsilon_{zz}) + 3\beta_3 \tag{1-18}$$

考虑流体在静止未发生流动的特殊条件下，由式(1-7)可知，应力张量 $\boldsymbol{\Pi}$

的三个正应力分量 $\tau_{xx}=\tau_{yy}=\tau_{zz}=-p_0$，此时应变变化率张量 $\boldsymbol{S}$ 主对角线上三个应变变化率分量 $\varepsilon_{xx}=\varepsilon_{yy}=\varepsilon_{zz}=0$，因此可得出式（1-19）：

$$-(1-3\beta_1)p_0=\beta_3 \tag{1-19}$$

为了满足上式并且不再使 β_1 与 β_3 包含任何待定常数，可取两种方案：

第一种，$\beta_1=0$、$\beta_3=-p_0$；第二种，$\beta_1=1/3$、$\beta_3=0$。将第一种，第二种解代入公式（1-18）后可得：

$$(\tau_{xx}+\tau_{yy}+\tau_{zz})=(2\eta+3\beta_2)(\varepsilon_{xx}+\varepsilon_{yy}+\varepsilon_{zz})-3p_0 \tag{1-20a}$$

$$0=(2\eta+3\beta_2)(\varepsilon_{xx}+\varepsilon_{yy}+\varepsilon_{zz}) \tag{1-20b}$$

因为 $\tau_{xx}+\tau_{yy}+\tau_{zz}$ 是应力张量 $\boldsymbol{\Pi}$ 的不变量，我们定义黏性流体在流动状态下任一点的平均压强为：

$$\bar{p}=-\frac{\tau_{xx}+\tau_{yy}+\tau_{zz}}{3} \tag{1-21}$$

令 $\lambda=\beta_2$，将式（1-21）代入式（1-20）中，可得：

$$\bar{p}=p_0-\left(\lambda+\frac{2}{3}\eta\right)\nabla\cdot\boldsymbol{u} \tag{1-22a}$$

$$0=(2\eta+3\lambda)\nabla\cdot\boldsymbol{u} \tag{1-22b}$$

系数 λ 与黏性系数 η 具有相同的量纲，因此也被称为第二黏性系数，第二黏性系数与体积膨胀率 $\nabla\cdot\boldsymbol{u}$ 有关。对式（1-22）分析可知，式（1-22b）是式（1-22a）的特殊形式，即 $\lambda=-2\eta/3$ 时的情况。因此，式（1-19）中的两个解，第一种的选择 $\beta_1=0$、$\beta_3=-p_0$ 所包含的情况更广。令 $\lambda+2\eta/3=\eta_B$ 为体积黏度系数（bulk viscosity），那么式（1-22a）可以改写为：

$$\bar{p}=p_0-\eta_B\nabla\cdot\boldsymbol{u} \tag{1-23}$$

因此 η_B 或者 $\nabla\cdot\boldsymbol{u}$ 为 0，否则黏性流体在流动时任一点的平均压强与静水压强或者热力学平均压强并不相等。为此斯托克斯假设 $\lambda=-2\eta/3$ 来定义牛顿流体的本构方程，但是能够满足此条件的流体不多，实验结果表明大多数流体 λ 为正值，但在一般情况下 $\nabla\cdot\boldsymbol{u}$ 值较小时，λ 值不会带来很大的影响。在不可压缩流体条件下 $\nabla\cdot\boldsymbol{u}=0$，对 λ 没有影响。

至此，令静水压强 $p_0=p$，则牛顿流体的本构方程可以写为：

$$\pi_{ij}=2\eta s_{ij}-\frac{2}{3}\eta\nabla\cdot\boldsymbol{u}\delta_{ij}-p\delta_{ij} \tag{1-24a}$$

不可压缩流体下为：

$$\pi_{ij}=2\eta s_{ij}-p\delta_{ij} \tag{1-24b}$$

采用张量符号可以记为：

$$\boldsymbol{\Pi}=-p\boldsymbol{I}+2\eta\boldsymbol{S}+\frac{2}{3}(\nabla\cdot\boldsymbol{u})\boldsymbol{I} \tag{1-25a}$$

$$\boldsymbol{\Pi}=-p\boldsymbol{I}+2\eta\boldsymbol{S} \tag{1-25b}$$

式（1-24a）与式（1-25a）称为广义牛顿黏性应力公式，其中$\tau_{ij}=2\eta s_{ij}$表示由于流体黏性而产生的应力张量中与理想流体不同的那一部分，称之为偏应力张量$\boldsymbol{T}$（deviatoric stress tensor），也就是黏性流动与理想流动在面积力上的偏离。

式（1-25a）与式（1-25b）中的应力张量$\boldsymbol{\Pi}$也称为Cauchy应力张量，或者称为真实应力张量，采用空间描述法是即时构型中的真实应力。流体的流动与初始构型无关，需要考虑的是即时构型的速度场与应力场，因此便于采用Euler描述法与Cauchy应力张量进行研究。

式（1-25a）只是在斯托克斯三个假设条件下得出的一种特殊流体（牛顿流体）的本构方程。因此称应力张量与应变变化率张量满足式（1-24a）或式（1-25a）的流体为牛顿流体，不满足上述关系的流体称之为非牛顿流体。本书主要阐述金属矿膏体流变学，其应力张量与应变变化率张量很难满足广义牛顿黏性应力公式，因此以非牛顿流体手段来研究膏体。

1.1.2 非牛顿流体

非牛顿流体类型颇多，为此首先分析非牛顿流体的分类。分类主要依据不同非牛顿流体所表现出的主要物理性质：黏性、塑性、弹性、时间依赖性（触变性），如图1-2所示。针对不同种类的非牛顿流体，着重描述其基本的剪切速率-剪切应力关系、剪切应力-时间关系、表观黏度-剪切速率关系，并给出不同类别非牛顿流体常见的流变模型，以及常见的流变本构方程（包括张量与标量形式）[19,20]。

依据非牛顿流体在流动时表现出的不同流动现象，可将非牛顿流体分为四种基本类型，即纯黏性非牛顿流体、具有屈服应力的非牛顿流体、黏弹性非牛顿流体、时间依赖型非牛顿流体。

（1）纯黏性非牛顿流体：此类流体在不发生流动时呈现各向同性状态，当流动受到剪切作用时，剪切应力张量只与应变变化率张量有关，但不同于牛顿流体在发生流动时剪切应力张量与应变变化率张量之间所具有的线性关系，而对于纯黏性非牛顿流体是非线性的，不具有记忆特性，并且与施加在流体上的剪切作用时间无关。生活中常见的纯黏性非牛顿流体包含油漆、泥浆、颜料等一系列流体。

（2）具有屈服应力的非牛顿流体：具有类似于固体力学中材料所受的外力超过一定值时将发生塑性变形的现象，也称为黏塑性非牛顿流体。该类流体存在一个临界剪切应力值，称为屈服应力，只有当流体所受的剪切应力大于屈服应力时，流体才发生流动。发生流动后，流体具有类似于黏性流体流动的特点。常见的具有屈服应力的非牛顿流体包含黏土悬浮液、钻井液泥浆、牙膏、矿山膏体料浆等。

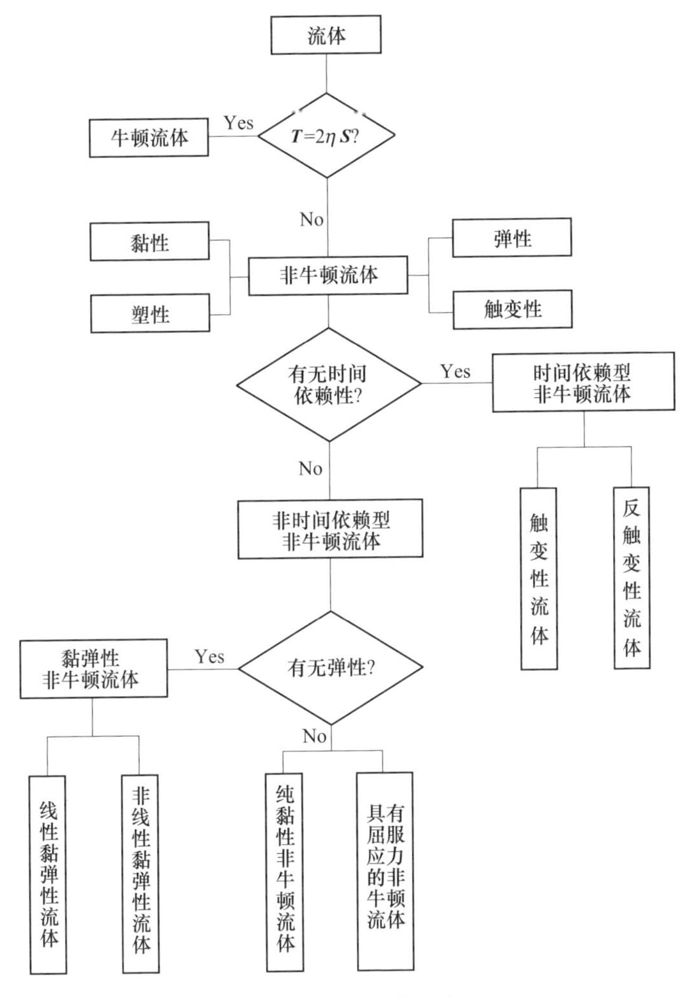

图 1-2 非牛顿流体分类图

(3) 黏弹性非牛顿流体：是一种既具有黏性又具有弹性的复杂非牛顿流体。这一类非牛顿流体具有记忆特性，流体的应力状态依赖于流体之前发生形变的历史，其本构方程非常复杂。对于黏弹性非牛顿流体的研究，有专门的研究方向——黏弹性流体动力学。化工领域中的高分子聚合物溶液一般属于黏弹性非牛顿流体。

(4) 时间依赖型非牛顿流体：在温度不变的条件下，施加该类流体一恒定的剪切速率，其剪切应力值不再是一恒定值，而是随着时间发生变化，或增大或减小并且最终趋于一个稳定的值，非牛顿流体的这种性质称为时变性。剪切应力减小的非牛顿流体，称为触变性流体（thixotropy fluid），而剪切应力增加的非牛顿流体，称为反触变性流体（anti-thixotropy fluid）（又称震凝性流体）。生活中常见的触变性流体包含一些高浓度泥浆/尾砂料浆、许多絮凝悬浮液、胶体悬浮液等，常见的反触变性流体包含打印机油墨、石膏膏体等。

有些参考文献中将纯黏性非牛顿流体以及具有屈服应力的非牛顿流体统称为非时间依赖型非牛顿流体，从而将非牛顿流体划分为三类。无论非牛顿流体如何划分，都需要考虑非牛顿流体所具有的四种特殊流变性质，即黏性、塑性、弹性、时变性[20~22]。

本书所探讨的膏体充填料浆，除了具有流动时所呈现出的高黏性外，还具有较高的屈服应力值，并且在一定尾砂类型与制备条件下存在触变性，是一种具有较复杂流变特性的非牛顿流体。

1.2 金属矿膏体流变学的提出

1.2.1 金属矿膏体充填的技术发展

矿产资源是人类赖以生存的自然资源之一，也是人类社会和经济发展的基础，其开发利用是社会进步和发展的动力[23]。地球上矿产资源丰富，然而我国矿山资源的基本特点是“三多、两少、一难”（即贫矿多、中小型矿床多、共伴生矿床多，富矿少、大型超大型矿床少，开发利用难）[24]。因此，随着矿产资源的不断开发，涌现了矿山固体废弃物排放量大、综合利用率低、矿山生态环境恶化等一系列问题。根据中国国土资源经济研究院发布《中国矿产资源节约与综合利用报告（2015）》最新数据显示，我国废石及尾矿累积堆存量高达 584 亿吨，其中尾矿堆存量为 146 亿吨，尾矿堆存物中 83%主要由金矿、铜矿、铁矿开采所形成，废石堆存量为 438 亿吨[25]。目前国外尾矿的利用率可达 60%，但我国金属尾矿的平均综合利用率不到 10%[26]，远低于国际先进水平。为此，我国对矿产资源的综合利用提出了更高的要求，积极发展循环经济，更加注重资源的节约、综合利用及矿山环境保护。而充填采矿法具有回采率高、损失率低、安全性高、控制地表塌陷等优点，能够满足上述要求，具有良好的发展前景[27,28]。充填采矿法按矿块结构和回采工作面推进方向分为单层充填采矿法、上向分层充填采矿法、下向充填采矿法和分层充填采矿法。按照充填材料及其输送方式划分，充填技术可分为干式充填、水力充填与胶结充填[29~31]。干式充填是国内外应用最早的充填技术，但存在劳动强度大、采场安全性差、充填效果不理想等缺点。鉴于干式充填存在许多问题，20 世纪 50 年代，水力充填不断发展并被广泛应用。由于水力充填存在井下污染严重、充填强度低、接顶效果差等问题，20 世纪 60 年代，加拿大、美国、澳大利亚等国家开始试验胶结充填技术。按照充填材料的不同，胶结充填经历了混凝土充填、分级尾砂胶结充填、全尾砂高浓度充填、全尾砂膏体充填的发展历程。膏体充填技术具有采场充填泌水少、接顶好、充填质量高的特点，具有安全、环保、经济、高效等多方面的突出优点，成为充填技术的发展方向[32]。

20世纪70年代末，德国Preussage公司Bad Grund铅锌矿进行全尾砂膏体充填试验，是全球范围内首次提出膏体充填工艺的矿山[33]。1992年，加拿大Sudbary地区的Creighton矿引入膏体充填系统，随后又有多个加拿大金属矿山建设膏体充填系统。在澳大利亚，1997年8月Cannington矿建成了膏体充填系统，之后Mount Isa矿业公司膏体充填系统投产。同时，美国、南非、瑞典等国开始投入大量的人力物力研究膏体充填技术[34]。我国紧随其后，20世纪90年代，金川公司建成我国第一套膏体充填系统[35]。为了保护古采矿遗址，铜绿山铜矿于2001年建成我国第二套膏体泵送充填系统[36]。会泽铅锌矿在2006年建成了第三套膏体充填系统，标志着我国膏体充填技术进入了推广应用阶段[37]。纵观膏体充填技术在国内外的发展历程，促使其进入快速发展阶段的原因主要概括为两个，第一是细颗粒尾砂的浓密脱水技术，第二是高浓度膏体物料的长距离管道泵送技术。同时，充填自动控制技术的普及与发展，为膏体充填质量提供了技术保障。

随着膏体充填技术的逐渐成熟与其技术优势的彰显，该技术已成为国内有色、黄金、黑色、煤炭、建材、化工等矿山应用与研究的热点。据不完全统计[38]，1996~2017年间，国内采用膏体技术的矿山共244座，其中采用膏体充填技术的金属矿山165座、煤矿69座，采用膏体堆存技术的矿山10座[39]。此外，随着浅部资源的日益枯竭，深部金属矿山开采已经成为必然趋势，开采环境的“三高”（高地温、高地应力、高岩溶水压）引发地压活动加剧、充填体强度准则失效、管道磨损严重等问题，对膏体充填技术提出了更高的要求。

总体来讲，膏体充填是充填采矿的技术前沿与研究热点，是矿山绿色开采的重要组成部分。膏体充填技术可以运用矿山尾砂这一固体废弃物，来治理开采引起的采空区与地表尾矿库这两大矿山重大危险源，具有“一废治两害”的功效[40]。除此之外，膏体充填用很少的胶结剂就能达到很高的强度，大大降低了采矿充填成本。充填体接顶性能和充填体整体性能良好，能够有效控制地压，提高采矿活动的安全水平。可见，膏体充填为处于岩体破碎、埋藏较深等开采环境复杂的矿产资源开发提供了安全、高效的途径，并在经济、环保方面具有得天独厚的优势。

1.2.2 金属矿膏体充填的工程需求

金属矿膏体充填是以选矿厂排放的废弃尾砂料浆为主要原料，依次经历浓密、搅拌、输送、充填四个工艺环节，将低浓度的尾砂料浆浓密脱水后获得高浓度的浓密机底流，与胶凝材料（如水泥）、粗骨料（如废渣、砾石）等物料搅拌制备成具有不分层、不离析、不脱水的充填膏体，再经管道输送到地下采场进行采空区充填。常见的金属矿山膏体充填工艺流程如图 1-3 所示[38~41]。

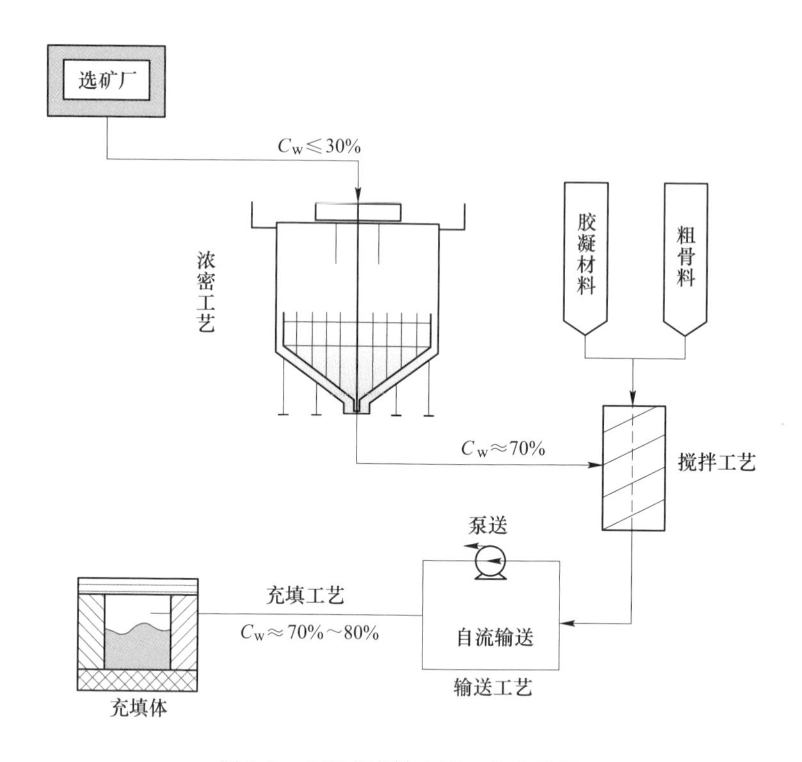

图 1-3　金属矿膏体充填工艺流程图

作为金属矿膏体充填流程的第一个核心工艺环节，浓密工艺的任务是将选矿厂输送来的低浓度尾砂料浆（料浆质量浓度 C_w 通常低于 30%，本书中质量浓度即为质量分数），经膏体浓密机或高效浓密机增稠后获得高浓度的底流料浆（C_w 通常需达到 70%左右）[42,43]。若所获得的底流浓度偏低，则后续制备的充填料浆浓度也随之降低，这将导致管道输送中容易产生固体颗粒沉降而发生堵管事故，料浆输送到采场后易出现分层、离析而使充填体强度分布不均且采场脱水严重。反之，若底流浓度偏高，则后续制备的膏体浓度也偏高，这将导致管道输送中料浆流动性差而发生堵管事故，输送至采场后流平性差而影响充填效果。可见，浓密工艺获得的底流浓度高低直接影响着后续工艺环节，保证稳定合适的底流浓度是浓密环节的核心工程需求。

作为金属矿膏体充填流程的第二个核心工艺环节，搅拌工艺的任务是将浓密机底流与所需的粗骨料颗粒、水泥、化学添加剂等物料搅拌制备成均质流态化膏体。若搅拌后的料浆均质性差，则管道输送时会存在料浆分布不均的问题并导致堵管事故发生，输送至采场后也将导致充填体强度不均。搅拌效果也同时直接影响膏体料浆的流动性，搅拌效果差会导致管道输送中产生较大的输送阻力与能耗，输送采场后也难以流平至整个充填空间[44,45]。可见，搅拌工艺的物料均质性直接影响后续工艺环节，保证制备膏体的均质流态化是搅拌环节的核心工程需求。

作为金属矿膏体充填流程的第三个核心工艺环节，输送工艺的任务是将制备好的膏体料浆稳定连续地输送至充填采场。常见的输送方式有管道自流输送与管道泵压输送，输送方式的选择需考虑管道的整体布置与膏体的阻力特性。但不论哪种输送方式，都需保证膏体料浆稳定输送，即料浆在管道中应始终处于满管流动状态。若膏体料浆不能稳定输送，抑或是出现不满管情况，则将导致管道出现不同程度的振动、堵管、管壁磨损等问题，甚至加剧引发爆管事故，严重影响输送能力[46~49]。可见，输送工艺的稳定性至关重要，保证膏体料浆输送过程中的满管流状态是输送环节的核心工程需求。

作为膏体充填流程的最后一个核心工艺，充填固化的任务是将输送来的膏体料浆流入采空区直至填满并固结，要求固结后的充填体强度均匀并充分接顶[50~52]。要达到这样的充填效果，需要膏体料浆到达采场后应具有适宜的流平性，并且保证充填料浆不能脱水。可见，保证充填体强度的均匀分布与充分接顶是充填固化环节的核心工程需求。

综上，面对膏体充填流程中尾砂浓密、膏体搅拌、管道输送、充填固化各工艺环节的工程需求，不论浓密环节的底流浓度与搅拌环节的均质流态化，还是输送环节的防堵、防爆管与充填环节的强度均匀性，这些工程需求的响应均需基于料浆的流动与变形来开展。如，尾砂浓密环节为了提高底流浓度并稳定底流浓度，需要利用耙架对压缩区料浆进行剪切来促进絮团水的排出，但耙架转速与扭矩值的设定必须结合尾砂料浆在浓密机内的流动特性；膏体搅拌环节为了获得均质流态化膏体料浆，高浓度的浓密机底流料浆与水泥、粗骨料等添加物料间必须进行充分的拌和，但搅拌方式的选择与搅拌参数的确定同样需要结合这些物料在搅拌状态下的流动特性；膏体输送环节，输送方式的选择需要以膏体管道输送阻力计算为基础，而阻力计算则需结合膏体流动特性，管道的防堵需要考虑膏体料浆输送时剪切诱导下的粗细颗粒径向运动问题，管道的防爆需要考虑粗颗粒或骨料管道输送时的相对运动及气蚀多相耦合的问题；充填固化环节，为有效控制地压与强化开采，需考虑充填体内颗粒间的均匀分布与蠕变变形。

可见，金属矿膏体充填的整个工艺流程的工程需求响应均以料浆的流动与变形为基础。浓密、搅拌、输送主要表现为膏体料浆的流动行为，而充填固化主要表现为充填体的蠕变变形行为。

1.2.3 金属矿膏体流变学的产生

由 1.2.2 节可知，金属矿膏体充填中四个工艺环节的工程需求响应基础是流变学。但由于膏体的物料组成复杂、固体含量高，导致膏体料浆的流动形式极其复杂，受到膏体的黏性、弹性、塑性、触变性等综合影响。基于此，金属矿膏体的流变问题具有很强的复杂性和特殊性，需要解决膏体料浆在各工艺环节中的复杂流动以及空区内充填体的蠕变变形问题，由此产生了金属矿膏体流变学。

浓密环节为了保证底流浓度，需要解决浓密机底部泥层内高固体含量的底流流变问题，但高浓度的底流料浆具有三维网状结构，能产生一定的屈服应力，两相流理论很难分析这种具有三维结构并表现出屈服应力的复杂流体行为[53,54]。同理，搅拌与输送环节需要面对更高质量浓度的膏体料浆，更不适宜采用传统固液两相流动模型。而充填固化环节的研究对象是固体，其研究侧重于充填体受力所发生的蠕变变形上。

为此，基于膏体充填各工艺环节的工程需求和相应的流变行为响应，需要研究膏体料浆的复杂流动行为及充填体的蠕变变形，这正是流变学的核心任务。故金属矿膏体充填中各工艺环节对应的工程需求响应需要以流变学为理论支撑。

但基于上述分析，膏体充填各工艺环节的工程需求具有非常强的行业特殊性，这使金属矿膏体流变学不同于传统流变学，将成为流变学新的分支。具体层面上，金属矿膏体流变学的特殊性主要体现在三个方面，即材料复杂、高固体含量、工程“三不”特性。

1.2.3.1 膏体料浆材料复杂

膏体料浆材料的复杂性主要体现在料浆构成材料的物理与化学性质上[4,55]。

A 物理性质的复杂性

膏体料浆的物料组成、粒级与颗粒形状相对于传统悬浮液更加复杂。(1) 膏体料浆由尾砂颗粒、胶凝材料（水泥等）、水、化学添加剂等构成，为保证充填体强度通常还需添加较大粒径的粗骨料（废渣、砾石等），而且每个矿山的尾砂成分也不尽相同。所以膏体料浆复杂的物质成分加剧了膏体料浆流变的复杂性。(2) 膏体料浆的尾砂粒径组成具有多尺度的特点，从小至几微米到大至几百微米，添加粗骨料的情况下颗粒的直径上限可达到厘米级别。各种粒级的固态颗粒体积间相差很大的数量级，所以颗粒的复杂尺度构成加大了膏体料浆的流变复杂性。(3) 受选矿厂磨矿工艺影响，尾砂颗粒并不是呈现的球形或者椭球形，在电镜下观测形状非常不规则。所以尾砂颗粒形状上的差异也导致了膏体料浆材料的流变复杂性。

B 化学性质的复杂性

膏体料浆的化学成分、水化反应及添加剂的化学作用相对于传统流变学对象也非常复杂。(1) 金属矿膏体充填的全尾砂，是金属矿物经选厂筛选后剩下的尾矿，尾矿本身的化学成分构成相差很大，尤其在小粒径情况下，化学成分的差异对膏体料浆的流变性影响很大。(2) 添加胶凝材料（水泥）后，随着时间的推移会发生水化反应，水化产物的生成以及不同矿物尾砂与水泥之间的化学作用，进一步加剧了膏体料浆材料构成的复杂性。(3) 在膏体充填的各工艺环节中，为了在一定程度上满足所面对的工程需求，常添加相应的化学添加剂，如浓密环节为了加速尾砂颗粒在浓密机内的沉降，常加入絮凝剂；搅拌环节为了达到料浆的流态化要求及减少输送阻力，常加入减水剂、泵送剂等；固化环节为了改善充填质量，常常加入激发剂、碱性调整剂、活性剂、早强剂等。化学添加剂的加入，引起化学反应并导致料浆细微三维结构的改变，加剧了膏体料浆构成的复杂性。

综上，膏体料浆的物理与化学性质导致了物料构成的复杂性。从膏体物料构成角度，与传统悬浮液相比，膏体料浆具有非常强的特殊性，膏体料浆构成的复杂性决定了其流变行为不同于传统充填料浆。

1.2.3.2 高固体含量

膏体料浆固体含量高，搅拌后的膏体料浆其质量浓度一般能达到80%左右[42,43]。如此高的浓度条件下，若只考虑固液两相，水的质量浓度约为20%~30%，水含量如此低的情况下很难界定是固体颗粒分散在水中，还是水分散在固体颗粒中。而传统上的固液两相流是以水为分散介质、固体颗粒为分散质构成的分散体系，其流动模型除了受浓度的相对高低影响外还受到流速的影响。传统充填采矿法管道输送中流动模型的确定、临界浓度以及临界流速的计算，都是基于传统的固液两相流理论。固液两相流常见的管道流动形式有均质流动、非均质流动、滑动床流动以及固定床流动等[56,57]。

然而越来越多的膏体充填现场发现，膏体在管道输送时没有明显的临界流速与临界浓度，表现出高黏性及塑性（屈服应力）行为，其管道输送形态偏向于非牛顿流体，具有明显的柱塞流动特点。基于这一特点，固体颗粒分散在水中的两相流假设具有明显的不足之处，产生这一问题的根源是膏体料浆具有非常高的固体含量。因为高固体含量下，膏体料浆颗粒间产生不可忽视的三维结构，颗粒流体间、颗粒间的相互作用很难采用两相流模型下的阻力、升力等公式进行计算。还有，如颗粒间的摩擦效应，较细颗粒（尾砂颗粒与水泥颗粒）形成的非牛顿悬浮基质流变行为，也是两相流理论不能解释的。因此，高固体含量是引起膏体料浆复杂流变行为的重要原因，也是金属矿膏体流变学相比于传统流变学的特殊之处。

1.2.3.3　工程“三不”特性

膏体充填料浆相对于传统的充填料浆，工程上有三大特性，即不分层、不离析、不脱水[41,58]。其中，不分层指充填体在垂直方向上不出现粗细颗粒分层现象，避免了充填体固化后其强度在垂直方向上出现分布不均的问题；不离析指含粗骨料的膏体料浆进入采场后，其在流动水平方向上粗骨料分布均匀，不会出现粗骨料在流入口附近堆积的现象，这样充填体固化后使粗骨料增强强度的能力在水平方向上也分布均匀；不脱水指膏体料浆中自由水含量低，且膏体料浆内部孔隙的连通性差，内部自由水很难自由流动，充填体在采场内泌水率极低，不会出现明显脱水，不需设置脱水设施。

基于膏体的工程“三不”特性，很显然膏体料浆已经不再是普通固液两相流。对于不分层特性，表现为膏体料浆是一种具有屈服应力的非牛顿流体，充填采场内静置条件下粗颗粒垂直方向上不发生沉降运动，存在临界屈服应力；对于不离析特性，表现在粗颗粒相对于尾砂细颗粒构成的非牛顿悬浮基质同步运动，不会出现粗颗粒与非牛顿悬浮基质分离造成离析的现象；对于不脱水特性，表现在膏体料浆在内部存在三维结构，三维结构间的孔隙连通性非常致密，三维结构中的内部自由水不易流动。

可见，实现膏体料浆的工程“三不”特性，需要研究复杂流体的三维细观结构和颗粒在复杂流体中的运动。基于此，金属矿膏体流变学相对于传统流变学具有明显的行业特殊性。

综上，通过分析膏体料浆材料、固体含量、工程“三不”特性等三个方面表现的特殊性，金属矿膏体流变学相对传统流变学具有如下的研究难点：

首先，膏体料浆材料构成的复杂性引起相应膏体料浆流变测量的困难性[59]。膏体料浆材料构成的复杂性，导致难以保证膏体料浆流变实验样品的重复性，以及测量时样品内部各成分分布的均质性。特别是在采用流变仪测量料浆的屈服应力时，料浆材料构成所影响的重复性问题以及制备样品时搅拌效果所影响的均质性问题，将会导致其内部三维结构存在一定的差异，而这种内部结构的差异直接影响膏体充填料浆的屈服应力测量结果。

其次，高固体含量特性导致膏体流动模型确定非常困难。如输送环节中需要确定膏体料浆的管道输送模型，高浓度料浆管道输送时具有较强的非牛顿流体流动特性，其流动模型已不同于传统固液两相流动的常见模型，此时膏体料浆管道内流动模型的确定必须考虑颗粒的相应剪切诱导迁移问题。能否继续采用柱塞流动模型，输送时粗颗粒是否发生径向运动以及相关运动规律，这些都因高固体颗粒浓度特性需要在确定膏体料浆的流动模型时加以考虑[56,60]。

最后，达到工程“三不”特性的膏体料浆，对其细观三维结构研究以及粗颗粒的处理上存在困难。不分层、不脱水工程特性的提出，对在细观结构分析时如何处理不同粒级与不同分散介质（是水还是固体颗粒）提出了一定要求，要满足这两个要求，能否将膏体料浆视为一种特殊的具有非牛顿流动行为的复杂流体？若可行，则这种非牛顿流体基质在料浆构成时需要满足哪些要求，涉及细颗粒的含量、粗颗粒的上限粒径等问题？同时为了满足不离析的工程特性，粗骨料颗粒在这种非牛顿流体基质中是否发生相对运动[52,61]？若发生则其临界条件是什么？膏体料浆“三不”工程特性的需求，使其在细观结构的研究上具有难度。

因此，金属矿膏体料浆材料构成、固体含量、工程“三不”特性的特殊性，导致金属矿膏体流变学研究具有很大的难度。金属矿膏体流变学是以传统流变学为研究基础，但必须面向膏体充填整个流程内各工艺环节的工程需求，充分考虑金属矿膏体流变学的特殊性，以及与各工艺环节工程需求相联系的实用性。金属矿膏体流变学将发展为流变学领域的一个重要分支，成为新的分支，为流变学在金属矿膏体充填领域的发展与延伸起到引导的作用。

参 考 文 献

[1] 巴勒斯，赫顿，瓦尔特斯．流变学导引［M］．北京：中国石化出版社，1992：1~14.
[2] 韩式方．非牛顿流体本构方程和计算解析理论［M］．北京：科学出版社，2000：1~14.
[3] 蔡嗣经．矿山充填力学基础［M］．2版．北京：冶金工业出版社，2009：70~79.
[4] 吴爱祥，王洪江．金属矿膏体充填理论与技术［M］．北京：科学出版社，2015：25~36.
[5] 王洪江，李公成，吴爱祥，等．不同粗骨料的膏体流变性能研究［J］．矿业研究与开发，2014（7）：59~62.
[6] 王洪江，吴爱祥，肖卫国，等．粗粒级膏体充填的技术进展及存在的问题［J］．金属矿山，2009（11）：1~5.
[7] 吴爱祥，艾纯明，王贻明，等．泵送剂改善膏体流变性能试验及机理分析［J］．中南大学学报：自然科学版，2016，47（8）：2752~2758.
[8] 吴爱祥，王洪江．金属矿膏体充填理论与技术［M］．北京：科学出版社，2015：263~268.
[9] 蔡嗣经．矿山充填力学基础［M］．2版．北京：冶金工业出版社，2009：62~69.
[10] 岳湘安．液-固两相流基础［M］．北京：石油工业出版社，1996：97~139.

[11] 倪晋仁，王光谦，张红武．固液两相流基本理论及其最新应用［M］．北京：科学出版社，1991：294~312.
[12] Kaushal D R, Thinglas T, Tomita Y, et al. CFD modeling for pipeline flow of fine particles at high concentration［J］. International Journal of Multiphase Flow, 2012, 43：85~100.
[13] 方波．化工流变学概论［M］．北京：中国纺织出版社，2010：87~88.
[14] 雷文，张曙，陈泳．高分子材料加工工艺学［M］．北京：中国林业出版社，2013：1~16.
[15] 朱克勤，许春晓．粘性流体力学［M］．北京：高等教育出版社，2009：1~8.
[16] 陈懋章．粘性流体动力学基础［M］．北京：高等教育出版社，2002：1~28.
[17] 章梓雄，董曾南．粘性流体力学［M］．北京：清华大学出版社，1998：1~10.
[18] 邹高万，贺征，顾璇．粘性流体力学［M］．北京：国防工业出版社，2013：41~50.
[19] 江体乾．化工流变学［M］．上海：华东理工大学出版社，2004：116~153.
[20] 陈文芳．非牛顿流体［M］．北京：科学出版社，1984：1~13.
[21] 陈文芳，蔡扶时．非牛顿流体的一些本构方程［J］．力学学报，1983，19（1）：16~26.
[22] 蔡伟华，李小斌，张红娜，等．黏弹性流体动力学［M］．北京：科学出版社，2016：54~55.
[23] 汤晟．我国矿产资源综合利用的现状、问题和对策［J］．中国资源综合利用，2017，35（7）：61~63，71.
[24] 曹新元，王家枢，马建明，等. 我国大宗矿产贫矿资源利用现状、问题与对策［J］. 中国矿业，2007，16（1）：5~9.
[25] 张家荣，刘建林，朱记伟．我国尾矿库事故统计分析及对策建议［J］．武汉理工大学学报（信息与管理工程版），2016，38（6）：682~685.
[26] 戴自希. 世界金属矿山尾矿开发利用的现状和前景［C］//中国实用矿山地质学，2010.
[27] 陈虎，沈卫国，单来，等. 国内外铁尾矿排放及综合利用状况探讨［J］. 混凝土，2012（2）：88~92.
[28] 张海波，宋卫东. 评述国内外充填采矿技术发展现状［J］. 中国矿业，2009，18（12）：59~62.
[29] 路世豹，李晓，廖秋林，等. 充填采矿法的应用前景与环境保护［J］. 有色金属（矿山部分），2004，56（1）：2~4.
[30] 彭续承. 充填理论及应用［M］. 长沙：中南大学出版社，1998.
[31] 王新民. 基于深井开采的充填材料与管输系统的研究［D］. 长沙：中南大学，2006.
[32] 周爱民，古德生. 基于工业生态学的矿山充填模式［J］. 中南大学学报，2004，35（11）：468~472.
[33] Helms W. The development of backfill techniques in Germain metal mines during the past decade：MINEFILL［C］. Johannesburg：Proc. of MINEFILL 93，1993，323~331.
[34] 刘同有，蔡嗣经. 国内外膏体充填技术的应用与研究现状［J］. 中国矿业，1998，7（5）：1~4.
[35] 刘同有，王佩勋. 金川集团公司充填采矿技术与应用［J］. 矿业研究与开发，2004，24（z1）：8~14.
[36] 刘育明. 膏体泵送充填在铜绿山矿的成功经验和今后在国内应用的前景：恩菲科技论坛，2002.

[37] 吉学文，严庆文. 驰宏公司全尾砂—水淬渣胶结充填技术研究 [J]. 有色金属：矿山部分，2006，58 (2)：11~13.

[38] Wu A X，Cheng H Y，Yang Y，et al. Development and challenge of paste technology in China [C]//Proceedings of the 20th International Seminar on Paste and Thickened Tailings，Beijing，China，2019，2~11.

[39] 吴爱祥，杨莹，程海勇，等. 中国膏体技术发展现状与趋势 [J]. 工程科学学报，2018，40 (5)：517~525.

[40] 吴爱祥，王勇，王洪江. 膏体充填技术现状及趋势 [J]. 金属矿山，2016，45 (7)：1~9.

[41] 吴爱祥，王洪江. 金属矿膏体充填理论与技术 [M]. 北京：科学出版社，2015：5~16.

[42] 阮竹恩，李翠平，钟媛. 全尾膏体制备过程中尾矿颗粒运移行为研究进展与趋势 [J]. 金属矿山，2014 (12)：13~19.

[43] 吴爱祥，焦华喆，王洪江，等. 深锥浓密机搅拌刮泥耙扭矩力学模型 [J]. 中南大学学报：自然科学版，2012，43 (4)：1469~1474.

[44] 王洪江，杨柳华，王勇，等. 全尾砂膏体多尺度物料搅拌均质化技术 [J]. 武汉理工大学学报，2017 (12)：76~80.

[45] 杨柳华，王洪江，吴爱祥，等. 全尾砂膏体搅拌技术现状及发展趋势 [J]. 金属矿山，2016 (7)：34~41.

[46] 高锋，甘德清，邵静静，等. 充填料浆管道输送可靠性研究现状 [J]. 有色金属（矿山部分），2014，66 (4)：87~90.

[47] 刘志双. 充填料浆流变特性及其输送管道磨损研究 [D]. 北京：中国矿业大学（北京），2018：47~64.

[48] Pullum L. Pipelining tailings，pastes，and backfill [C] //Proceedings of the 10th International Seminar on Paste and Thickened Tailings，Perth，Australia，2007，1315：113~129.

[49] Ortiz A，Rosewall A，Goosen P. Pumping system design challenges for high-density iron ore tailings with highly variable slurry rheology [C] //Proceedings of the 20th International Seminar on Paste and Thickened Tailings. Beijing，China，2017：105~114.

[50] 邱华富，刘浪，孙伟博，等. 采空区充填体强度分布规律试验研究 [J]. 中南大学学报（自然科学版），2018，49 (10)：2584~2592.

[51] 卢宏建，梁鹏，甘德清，等. 充填料浆流动沉降规律与充填体力学特性研究 [J]. 岩土力学，2017，38 (S1)：263~270.

[52] 王新民，朱阳亚，姜志良，等. 上向进路充填采矿法不同接顶率充填体的稳定性 [J]. 科技导报，2014，32 (20)：37~43.

[53] 王勇，吴爱祥，王洪江，等. 絮凝剂用量对尾矿浓密的影响机理 [J]. 北京科技大学学报，2013，35 (11)：1419~1423.

[54] 吴爱祥，刘晓辉，王洪江，等. 恒定剪切作用下全尾膏体微观结构演化特征 [J]. 工程科学学报，2015，37 (2)：145~149.

[55] Sofra F. Rheological Properties of Fresh Cemented Paste Tailings [M] //Paste Tailings Management. Cham：Springer，2017：33~57.

[56] Pullum L，Boger D V，Sofra F. Hydraulic mineral waste transport and storage [J]. Annual Re-

view of Fluid Mechanics, 2018, 58: 157~185.

[57] Brennen C E, Brennen C E. Fundamentals of multiphase flow [M]. London: Cambridge university press, 2005, 163~195.

[58] 王洪江，王勇，吴爱祥，等. 从饱和率和泌水率角度探讨膏体新定义 [J]. 武汉理工大学学报，2011，33 (6)：85~89.

[59] Knight A, Sofra F, Stickland A, et al. Variability of shear yield stress-measurement and implications for mineral processing [C] //Proceedings of the 20th International Seminar on Paste and Thickened Tailings. Beijing, China, 2017: 57~65.

[60] Pullum L, Graham L, Rudman M, et al. High concentration suspension pumping [J]. Minerals Engineering, 2006, 19 (5): 471~477.

[61] 王建栋，吴爱祥，王贻明，等. 粗骨料膏体抗离析性能评价模型与实验研究 [J]. 中国矿业大学学报，2016 (5)：866~872.

2 金属矿膏体流变学基础

金属矿膏体流变学源于膏体充填中各工艺环节的工程需求，具有行业的特殊性。开展金属矿膏体流变学的研究，首先需要研究膏体充填料浆的流变行为与充填体的变形行为，构建描述膏体充填料浆流变行为与充填体变形行为的流变本构方程，这是金属矿膏体流变学研究的基础。膏体流变本构方程作为膏体流变行为的数学抽象，需要反映出膏体所具有的流变属性。膏体流变属性是膏体在外界特定的剪切流动作用下所表现出的流动与变形性质。

为此，本章面向膏体充填的工艺流程，通过分析不同工艺环节的流变问题，提出了金属矿膏体流变学的体系架构，并通过对膏体在剪切流动作用下四种流变性质——黏性、塑性、弹性与时变性的系统分析，阐述了对应各流变属性的本构方程。

2.1 金属矿膏体流变学的体系架构

构建膏体充填料浆流变与充填体变形的本构方程，需要结合流变实验、数值模拟等手段进行本构模型的检验和流变参数的确定，同时必须面向膏体充填不同工艺环节的工程需求。金属矿膏体充填流程中的尾砂浓密、膏体搅拌、管道输送、充填固化四个工艺环节，每个环节的工程需求响应基础都是流变学。但因膏体的物料组成复杂、固体含量高，导致金属矿膏体的流变问题具有很强的特殊性。本节通过探讨金属矿膏体流变学的体系架构，给出了对应的研究内容与研究方法。

2.1.1 金属矿膏体流变学的研究内容

金属矿膏体流变学因膏体充填各工艺环节的工程需求具有明显的工艺差异，故其研究内容对于各工艺环节明显不同，具体表现如下。

2.1.1.1 浓密工艺

膏体充填的浓密环节主要采用膏体浓密机对全尾砂料浆进行浓密脱水，以获得高浓度的底流料浆[1,2]。依据浓密机内部自上而下料浆沉降过程，通常划为三个区域，即自由沉降区域、干涉沉降区域、压缩沉降区域[3,4]。各区域的浓度变化自浓密机顶部向下逐渐增加，其中自由沉降区与干涉沉降区的尾砂浓度较低，这两个区域沉降规律的研究采用传统固液两相流理论可行。

但在压缩沉降区，细小尾砂颗粒因絮凝作用彼此间相互连成较大絮团，这种絮团具有一定的三维结构且具有一定的抗剪强度[5]。絮团结构在压缩沉降泥层内因固体浓度的增加，致使料浆的屈服应力更为明显。相比于传统的固液两相流动，这种具有三维絮团结构的料浆，可将其视为一种特殊的非牛顿流体以研究其屈服流动问题[6]。

从浓密环节来看，主要研究全尾砂料浆在沉降与压密过程中，流变特性的变化规律及其对浓密性能的影响，进而研究底部料浆与耙架的相互影响[7~10]。本书第 4 章将具体阐述浓密环节的流变学问题。

2.1.1.2　搅拌工艺

浓密机底流排出的高浓度尾砂料浆在输送之前需要进行一定的搅拌[11]。搅拌具有两个目的：一是使尾砂料浆、胶凝材料、粗骨料、水、化学添加剂等各物料充分均匀混合，促进水泥颗粒的活化；二是降低膏体料浆在管道输送阶段的输送阻力[12~14]。

通过搅拌使添加的水泥、粗骨料等各物料相互拌和均匀[13,14]，使拌和后的料浆在管道输送时避免配料不均造成沉降堵管，以及通过快速搅拌使水泥颗粒与尾砂颗粒充分接触激发料浆活性，避免充填体强度不均。但达到上述搅拌效果，需要进行搅拌时间、搅拌机叶片、搅拌转速等参数的设计，而这些参数的确定均需考虑膏体料浆的流变特性（触变性）以及相关的流变参数（屈服应力）。本书第 5 章将具体阐述搅拌环节的流变学问题。

同时，浓密机底部排出的底流料浆，通过搅拌降低料浆的黏度，减少其管道输送阻力。搅拌减阻的效果主要是充分利用了料浆自身的触变性[12]，触变性作为一种与时间相关的非牛顿流体属性，在工业生产中具有广泛的应用。

2.1.1.3　输送工艺

膏体输送工艺重点考虑输送速度的选择、减阻、调压、降低管道磨损、防止堵管等问题，开展膏体管道输送的研究首先需要确定膏体料浆的流动模型，即膏体充填料浆流变本构方程。只有基于准确的膏体料浆流动模型，才能求算管道内膏体料浆在输送时的流速、剪切应力、剪切速率分布规律[15]，从而依据相应的管道输送规律计算管道阻力[16,17]。

解决管道内料浆堆积堵管以及磨损管道的工程问题，需要研究粗颗粒在管内的运动以及膏体料浆在搅拌工艺环节的均质性[13,18~21]，进而确定并调控料浆流变参数。管道输送时，流变参数（屈服应力、塑性黏度、稠度系数、流动指数）的获取，涉及流变测量学，关于膏体流变测量方面相关问题的叙述详见本书的第

3章。流变参数调控需要基于膏体料浆流变模型，可见研究膏体料浆流变模型（膏体充填料浆的本构方程）是开展金属矿膏体流变学研究的基础。

同时，温度、流动时间（触变性）对管道阻力计算的影响，也需重点考虑[22~26]。温度对管流阻力的影响主要体现在流变参数的影响上，流动时间对管流阻力的影响主要体现在剪切流动作用下膏体料浆受触变性的影响其流变参数也会相应的发生变化。同时，膏体料浆在管道输送中的一些特殊部位容易发生湍流，如垂直管与弯管的衔接处、管道方向改变处等，产生湍流的膏体料浆流变模型以及相应的管阻计算与管道磨损也需予以考虑。另外，垂直管段非满管流动引起的气蚀、水锤以及压力不稳造成的管道振动等工程问题，也体现了膏体充填料浆的特殊性。

上述输送问题均基于膏体在管道内流动的条件，但现场生产中有时会发生停泵重启的过程[27,28]。此时还需进一步考虑两点：一是停泵后管道内膏体料浆的稳定性，该问题主要受膏体触变性影响，如果膏体的触变性越强，剪切流动后其恢复到原有三维结构强度的时间越短，恢复程度越高，越易维持其稳定性；二是重启过程中泵的功率计算问题，受触变性的影响此时需求取膏体料浆停止剪切流动后的相应流变参数。从输送环节可见，无论是流动状态还是停泵状态，料浆的触变性都有非常重要的影响，而且屈服应力的定义与测量也需要考虑触变性。触变性作为流变学中重点研究的时变性，是金属矿膏体流变学重点研究的问题之一。

2.1.1.4 充填固化工艺

充填固化环节主要涉及两大流变学问题：一是膏体料浆到达充填采场后的流动问题，二是膏体料浆固化后的变形问题。对于前者，分析充填采场内膏体料浆各粒级能否均匀流动，以保证后期的充填体强度以及接顶率，其核心是膏体料浆的明渠流动规律。对于后者，固化后的充填体受采场围岩的影响，将会产生蠕变变形，此时的充填体是似固体，其形变偏于固体力学流变，充填体变形量的大小以及充填体自身抗压、抗剪强度的大小受充填体流变影响。

可见，为响应膏体充填四个工艺环节的工程需求而产生的相应研究内容，均需面向膏体在这四个环节表现出的流动、变形问题，即研究膏体料浆的流动规律与充填体的变形规律。金属矿膏体流变学中研究流动与变形规律的首要工作是确定充填料浆的流变本构方程，即确定合适的应力张量与应变率张量之间的关系，确切的说是确定由流动引起的偏应力张量与应变率张量之间的关系。基于确定的本构方程，还需同步开展相应的流变实验，本构方程中相关流变参数的获取以及方程的验证需要以流变实验为主要研究手段。理论上若构建的膏体料浆流变本构方程正确，那么在一流动条件下测试的流变参数同样适用于另一流动条件，如使用同轴旋转流变仪获取流变参数所确定的流变方程，同样适用于管道输送条件下的流变方程。但是实验验证中二者之间往往存在差异，原因主要是流变实验的局限性所致，如常见的壁面滑移、剪切局部化等流变测量问题对实验精度具有较大影响[29~32]。为此，充分考虑各工艺环节的工程需求、设计合适的流变实验是金属矿膏体流变学需要解决的重要问题。

确定膏体料浆的流变本构方程后，金属矿膏体流变学的另一重要内容是求解膏体的流动现象或者充填体的变形问题，这一内容是对膏体充填流程四个工艺环节内的工程需求而响应的相应问题的求解。在流变本构方程的基础上，结合膏体流变实验所获取的相关流变参数，构建描述膏体料浆运动或充填体变形的方程组，即连续性方程、动量方程以及能量方程。但是限于非牛顿流体流动问题与充填体变形问题的复杂性，精确的解析解很难获得，故数值解法成为了一种重要的求解手段。在求解方程的同时，可在一定的流动或变形条件下，如膏体充填料浆的简单剪切流动与膏体充填体的单轴压缩条件等，设计研究膏体流动与充填体变形的物理实验。将方程的求解结果与观测的物理实验数据进行对比分析，以研究膏体料浆在特定流动条件下或者充填体在特定围压下的流动与变形行为，进而验证膏体料浆流动方程组以及充填体变形方程组的正确性。至此，便可将浓密、搅拌、输送、充填等各工艺环节的工程需求关联到相关的流动与变形现象中，求解膏体料浆或者充填体在整个膏体充填流程中的流动特性与变形特性，为设备参数与工艺参数的优化提供理论支撑。

综上分析，金属矿膏体流变学是以传统流变学为基础，面向膏体充填中浓密、搅拌、输送和充填四个工艺环节的工程需求，以膏体流变本构方程为核心内容，以膏体流变实验、数值计算、理论分析为主要手段，重点求解不同工艺环节中膏体充填料浆或充填体的变形与流动的科学，是一门具有高度行业特殊性与复杂性的流变学分支。金属矿膏体流变学的内容体系如图 2-1 所示。

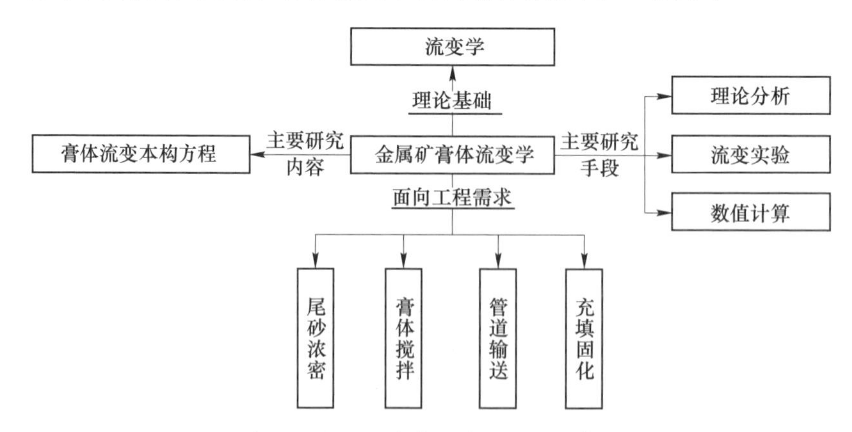

图 2-1　金属矿膏体流变学的内容体系

2.1.2　金属矿膏体流变学的研究方法

基于金属矿膏体流变学的内容体系，综合学术界与工程界在膏体充填领域已有的研究工作，金属矿膏体流变学的研究手段主要包含理论研究、流变实验、数值计算三个方面。

2.1.2.1　理论研究

理论研究是金属矿膏体流变学的基础研究手段。金属矿膏体流变学的理论研究主要分为两大部分，即适用于膏体充填料浆的流变分析、适用于充填体的变形分析。

A　流变分析

膏体充填料浆的流变分析，主要涉及膏体充填材料流变问题的理论研究。其具体的理论问题有：膏体充填料浆的流变本构方程研究，膏体充填料浆屈服应力确定与测量技术研究，膏体充填料浆触变机理的研究，膏体充填料浆内部三维结构受剪后的变化与恢复过程研究，膏体充填料浆测量时的壁面滑移机理研究，膏体充填料浆黏性、弹性、塑性复杂流变属性的分析等。膏体充填料浆流变分析的主要基础学科是连续介质力学、流体力学、非牛顿流体力学、流变学、颗粒物质力学等，并且在分析其本构方程时需要涉及张量分析。流变分析的理论研究是开展金属矿膏体流变学研究的基础。

B　变形分析

固化后的充填体主要涉及受力变形分析。变形分析的主要问题有：充填体在岩层围压下的变形本构方程研究，充填体变形过程中的抗压强度、抗剪强度研究，充填体的宏细观力学特性研究，采场温度对充填体力学性能影响研究等。充填体变形分析的主要基础学科是连续介质力学、材料力学、弹性力学、弹塑性力学等，同理在研究其变形本构方程时需要涉及张量分析。变形分析的理论研究是后续开展充填体力学实验、宏细观观测实验、数值计算的基础。

2.1.2.2　流变实验

膏体流变实验是金属矿膏体流变学中检验理论正确性的最直接手段。进行膏体流变实验研究的目的在于验证膏体料浆或充填体的流变本构方程、求取膏体充填料浆流动与充填体变形的流变参数、观察膏体充填料浆与充填体的细观结构。膏体充填料浆或充填体的流变实验主要分为两大类，即宏观实验与细观实验。

A　宏观实验

对于所研究的膏体料浆流动问题以及充填体变形问题，膏体流变宏观实验可再细分为流动实验与变形实验。

a　流动实验

膏体料浆的流动实验主要研究膏体充填料浆在流动过程中的流变行为以及对应的流变参数。但是对于膏体料浆的屈服应力测量，主要是在料浆的流动尺度非常小的条件下展开的，此时料浆的弹性、黏弹性、塑性在屈服应力测量过程中均有一定的体现，考虑到膏体料浆此时远没有发生硬化，超过屈服应力值后料浆体现出类液体的流动行为，因此可以将膏体料浆屈服应力测量问题归类在膏体充填料浆的宏观流动实验中。膏体充填料浆宏观流动实验主要有：

（1）流变仪的宏观实验：采用流变仪测量膏体料浆流动条件下流变模型中的流变参数，或者在没有发生宏观流动之前测量膏体充填料浆的屈服应力值。在发生宏观流动的条件下，多数流变仪是研究膏体充填料浆的剪切流动行为，常考虑的膏体料浆在流变仪之内的流动形式为库埃特流动与泊肃叶流动。目前用于膏体料浆宏观流动实验常用的流变仪主要有：毛细管流变仪、平板流变仪、锥板流变仪、同轴双圆筒流变仪，以及桨式转子流变仪[33~35]。

需要注意的是，膏体料浆在采用流变仪进行宏观流动实验时，如果料浆进入宏观流动阶段，除毛细管流变仪外，需要正确计算扭矩与剪切应力、转速与剪切速率之间的转换关系。

（2）屈服应力测量实验：如前所述，屈服应力测量是在料浆未发生宏观流动现象之前展开的，其测量过程一般体现出充填料浆的弹性、黏弹性、塑性等复杂流变属性。采用流变仪测量屈服应力时存在多种测量方式[8,31]，如控制剪切应力法（CSS）、控制剪切速率法（CSR）、蠕变恢复测量、小振幅震荡测量等测试方法。

各种测试方法各自都有利弊，同时考虑膏体料浆样品的复杂性问题，即使采用同一种测试方法，其所测得的屈服应力值也存在一定差异。这里涉及屈服应力的理论研究，因为膏体料浆内部三维结构的存在，料浆样品要保证较好的重复性，除了构成物料需要保持一致性外（如前述膏体料浆物料构成复杂），还需要保证料浆内部三维结构相同。而膏体料浆内部的三维结构在膏体制备过程很难保持一致性，因此其测试样品的内部结构具有一定差异性。同时，膏体料浆具有一定触变性，在屈服应力测量过程中剪切历史的不同也易导致不同的触变效应，致使屈服应力测量值存在一定的偏差[36,37]。

同时测量过程中因选用的流变仪、测量转子间的差异，料浆在测量过程中出现壁面滑移、剪切局部化问题也将造成测量结果的不准确。除此之外，采用坍落度测试方法也可开展膏体料浆屈服应力的测量，但其需要选择适宜的坍落度筒，并尽量减少因实验操作问题引起的屈服应力测量误差。

（3）管道输送实验：输送实验的主要目的是测量膏体料浆的输送阻力，确定合适的管道铺设方案与管道输送工艺参数。同时可基于管道输送实验开展一些流动参数的实验研究，如采用 ERT（电阻层析成像）、MRI（核磁共振成像）、UDVP（超声多普勒速度分析）、γ-RC（γ 射线扫描仪）等非接触测试方法研究膏体料浆在管道内的流速、料浆浓度的分布规律[3,18]。常见的管道输送实验有膏体充填现场管道输送实验、膏体料浆环管输送实验、膏体料浆“L”管输送实验、膏体料浆倾斜管输送实验等[38~41]，具体内容请详见本书 3.2 节。

b 变形实验

宏观变形实验主要对象为充填体。实验的主要目的是分析充填体在受压、受拉、受剪过程中的力学响应特性（应力-应变之间的关系），分析充填体的变形规律与充填体的强度问题。同时验证理论研究所构建的充填体变形本构方程的正确性。常见的充填体宏观变形实验有：单轴抗压实验、三轴抗压实验、抗剪实验、抗拉实验等，具体内容请详见本书 7.2 节。

B 细观实验

金属矿膏体流变学的细观实验主要是分析膏体充填料浆或充填体的细观结构，主要目的是对膏体充填料浆或者充填体进行细观层面的结构表征以及构建相应的三维模型。常见的研究方法有电镜实验、工业 CT 扫描实验、显微 CT 扫描实验、MRI 成像实验等。其中在处理膏体充填料浆时，如何限制微细颗粒在观测时易发生晃动的现象是进行三维成像时需要考虑的问题。观测时需要考虑研究对象的观测尺度范围，在处理观测数据时可借助计算机图形学以及分形几何知识。近些年来，随着细观仪器观测能力的提升，膏体料浆与充填体的细观实验研究取得了较多进展。细观实验成果对于解释膏体料浆宏观流动实验或充填体宏观变形实验的现象以及给予细观层面上的机理解释，提供了很大的帮助。

2.1.2.3 数值计算

数值计算作为金属矿膏体流变学理论研究与流变实验的一种辅助研究手段，近些年随着计算机计算能力以及数值计算方法（有限元法、有限体积法、有限差分法、离散元法、格子-玻耳兹曼法等）的发展，在膏体料浆流动问题以及充填体变形问题模拟方面取得了很多成果。金属矿膏体流变学的数值计算研究方法主要分为适于充填体变形问题模拟的数值计算方法、适于膏体充填料浆流动问题模拟的数值计算方法。

A 变形模拟

常用的充填体变形模拟方法有：基于有限元方法（FEM）的数值计算，常用软件为 ANSYS；考虑充填采场内温度对充填体的影响，采用多物理场耦合，常用软件有 COMSOL；基于有限差分法（FDM）的数值计算，常用软件为 FLAC3D；基于离散元法（DEM）的数值计算，常用软件为 PFC、EDEM 及开源的 LIGGGHTS。对于具体选择哪一种计算方法，需要酌情依据所研究的问题、计算的成本、计算结果的精度进行选择。

B　流动模拟

膏体充填料浆的流动问题数值模拟，在膏体充填工艺流程的浓密工艺环节、搅拌工艺环节、输送工艺环节得到广泛的应用。计算流体动力学（CFD）是膏体料浆流动问题数值模拟的基础方法。依据膏体充填料浆中是否添加粗骨料颗粒，在数值计算时主要将流动模拟分为两类：一是没有添加粗骨料，完全应用计算流体动力学展开的流动模拟；二是添加一定成分的粗骨料，应用计算流体动力学-离散元耦合的流动模拟。

a　计算流体动力学（CFD）

采用计算流体动力学处理膏体充填料浆的流动问题时有多种计算方法可以选择，如有限体积法（FVM）、有限元法（FEM）、格子-玻耳兹曼方法（LBM）等。基于这些计算方法，常用的软件有商业 Fluent（FVM）软件[42]、开源 OpenFOAM（FVM）软件、商业 COMSOL（FEM）软件、开源 Palabos（LBM）软件等。

在采用 CFD 处理膏体充填料浆流动问题时需要注意一些特殊问题。如研究浓密阶段尾砂整个沉降过程采用 Mixture 两相流动模型或 Euler-Euler 两相流动模型，同时耦合一定的模拟颗粒聚集与分散过程的群体平衡模型（PBM）[5]；如研究底流料浆流动、搅拌工艺与输送工艺中膏体料浆流动问题时，数值计算需要定义合适的非牛顿流体模型；在采用非牛顿流体数值模拟时，需要注意屈服应力点的计算问题；受温度等因素引起料浆的流变参数发生变化的现象，数值模拟时也应加以考虑，关于温度对膏体料浆流动行为的数值模拟研究详见本书 6.4 节。

b　计算流体动力学-离散元耦合（CFD-DEM）

膏体充填料浆中若加入了相对尺寸较大的粗骨料颗粒，此时料浆流动问题将变得更加复杂。因为相对于常用的搅拌机、输送管道尺寸，粗骨料颗粒在 1cm 数量级别尺度上，不能视为连续介质。故进行含粗骨料的膏体充填料浆流动模拟时，可采用 CFD-DEM 耦合的方法，具体采用 Euler 坐标系研究连续相、Lagrange 坐标系研究离散相。

常用的 CFD-DEM 方法细分为 UDPM 方法和 RDPM 方法[43,44]。前者需要制定流体与颗粒相间的相互作用力模型，后者不需要指定作用力模型，直接耦合求解颗粒-流体之间的相互作用。常用的软件有：Fluent 软件中的 MPM 计算模型[19]、基于 FVM-DEM 耦合的商业 Fluent-EDEM 计算模型、基于 FVM-DEM 耦合的开源 CFDEM 计算模型（基于开源的 OpenFOAM-LIGGGHTS 软件）[45~47]，基于 LBM-DEM 耦合[48,49]的开源 Palabos-LIGGGHTS 计算模型等。

采用 CFD-DEM 研究含粗骨料颗粒的膏体流动数值模拟时，需要注意连续相的流动模型应首先考虑为非牛顿流体模型，同时屈服应力的处理问题也需要详细考虑。

同理，选择何种计算方法以及相应的计算软件，需要考虑所研究的膏体料浆流动问题、计算的花费成本、计算结果的精确度要求。

综上，金属矿膏体流变学理论研究、流变实验、数值计算，共同构成了金属矿膏体流变学的研究方法，且这三种研究方法彼此支撑。理论研究是金属矿膏体流变学的研究先导、膏体流变实验是研究金属矿膏体流变学的重要手段、数值计算是金属矿膏体流变学研究的有效辅助。同时，膏体流变理论研究可指导流变实验，膏体流变实验可验证理论研究，而数值计算作为一种重要辅助手段对理论研究与流变实验均有极大的辅助作用。由此得出金属矿膏体流变学的研究方法体系图，如图 2-2 所示。

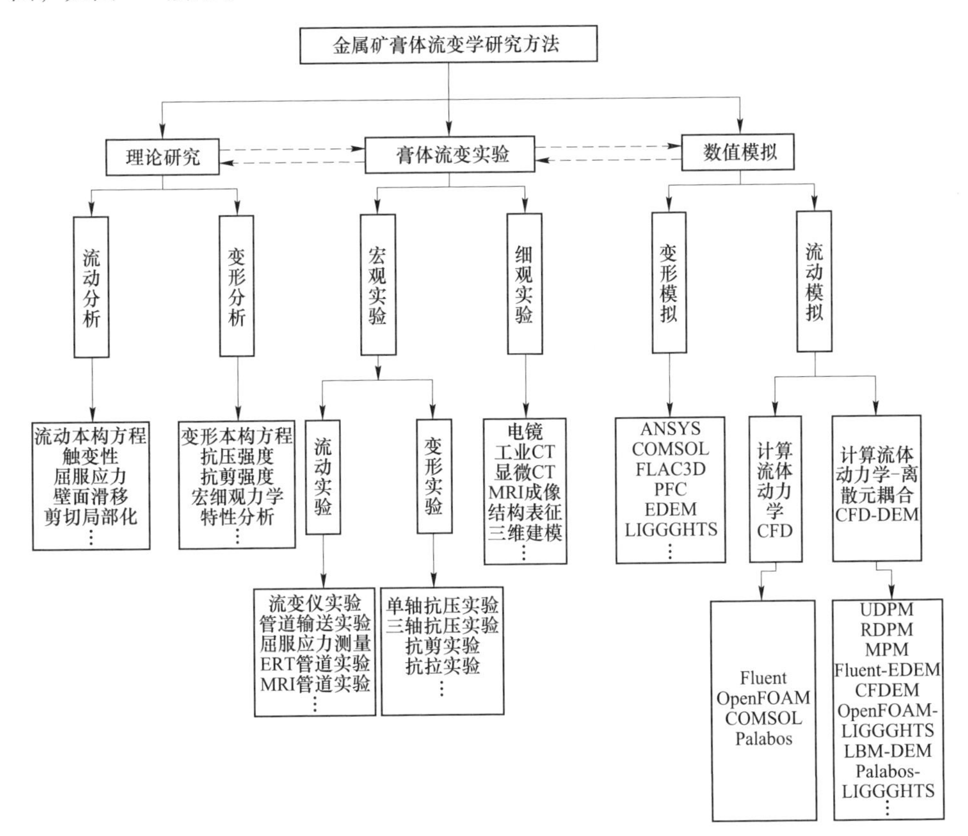

图 2-2 金属矿膏体流变学的研究方法体系

2.2 膏体的流变属性及其本构方程

本书开展膏体流变特性与本构方程的研究，认为膏体是不可压缩流体，即 $\nabla \cdot \boldsymbol{u}=0$。不可压缩牛顿流体的本构方程如第 1 章式（1-25b）所示，其中偏应

力张量 $\boldsymbol{T}$ 与应变变化率张量 $\boldsymbol{S}$ 之间满足线性关系[1]，如式（2-1）所示：

$$\boldsymbol{T} = 2\eta\boldsymbol{S} \tag{2-1}$$

2.2.1　纯黏性及其本构方程

对于膏体的纯黏性，其偏应力张量 $\boldsymbol{T}$ 与应变变化率张量 $\boldsymbol{S}$ 不满足上式的线性关系，其黏度随着变形率而变化，即在简单剪切流动条件下，黏度是剪切速率的函数。因此可通过对牛顿流体的偏应力张量本构方程加以修改，得出纯黏性非牛顿流体的本构方程。膏体的纯黏性属性虽然属于非牛顿流体范畴，但是由于其与牛顿流体具有相似的本构方程，一般也称为广义牛顿流体。为适应流变学中常采用的剪切应力τ与剪切速率 $\dot{\gamma}$，可以得到牛顿流体在简单剪切流动条件下剪切应力与剪切速率的关系为：

$$\tau = \eta\dot{\gamma} \tag{2-2}$$

式中，τ为剪切应力，Pa；η 为黏度，Pa · s；$\dot{\gamma}$ 为剪切速率，s^{-1}。

因为纯黏性非牛顿流体的黏度是剪切速率的函数，故可在式（2-2）的基础上进行修改，得到纯黏性膏体非牛顿流体在简单剪切流动条件下剪切应力与剪切速率间的关系：

$$\tau = \eta(\dot{\gamma})\dot{\gamma} \tag{2-3}$$

式中，$\eta(\dot{\gamma})$ 称之为表观黏度，其不是恒定值，而是随着剪切速率的变化而变化的。

因此对于纯黏性膏体，确定合适的本构方程便是确定表观黏度随剪切速率的变化规律，在张量研究的范畴上，即确定合适的表观黏度随应变变化率张量 $\boldsymbol{S}$ 变化的规律。因此表观黏度是变量而不是常量。可以说表观黏度为 1 阶 Rivlin-Ericksen 张量 $\boldsymbol{A}_1$ 的第二不变量（简单剪切流动），也可以说表观黏度是应变变化率张量 $\boldsymbol{S}$ 的第二不变量函数，因为 $\boldsymbol{A}_1 = 2\boldsymbol{S}$，即式（2-3）在张量形式下可写为：

$$\boldsymbol{T} = \eta(II)\boldsymbol{A}_1 = 2\eta(II)\boldsymbol{S} \tag{2-4}$$

式中，II 为应变变化率张量 $\boldsymbol{S}$ 或 1 阶 Rivlin-Ericksen 张量 $\boldsymbol{A}_1$ 的第二不变量，如式（2-5）所示：

$$II = \left[\frac{1}{2}\mathrm{tr}\boldsymbol{A}_1^2\right]^{1/2} \tag{2-5}$$

因此，纯黏性非牛顿流体的本构方程研究主要集中在 $\eta(\dot{\gamma})$ 或 $\eta(II)$ 的类型分析。目前关于 $\eta(II)$ 的研究，主要有四种类型，即 Power-law（幂律）模型、Oldroyd 模型、Cross 模型、Carreau 模型。简单剪切流动的条件下四种模型具体介绍如下。

2.2.1.1　Power-law（幂律）模型

此模型是最为常见的纯黏性非牛顿模型，又称为 Ostwald-de Waele 经验公式。

幂律模型认为 $\eta(\dot{\gamma})$ 是 $\dot{\gamma}$ 的幂函数，由 k 与 n 两个参数表示，幂律流体的表观黏度计算公式为：

$$\eta(\dot{\gamma}) = k(\dot{\gamma})^{n-1} \tag{2-6}$$

式中，n 为流动指数，表示非牛顿流体偏离牛顿流体的程度，其值可取大于或小于 1，但不能为负；k 为稠度系数，$Pa \cdot s^n$，其量纲依赖于 n。当 $n=1$ 时为牛顿流体，此时 k 具有黏度量纲；当 $n<1$ 时流体具有剪切变稀特性，此时的流体称为剪切变稀体（伪塑性流体、假塑性流体）；当 $n>1$ 时流体具有剪切增稠特性，此时的流体称为剪切增稠体（胀塑性流体）。

幂律流体的剪切应力-剪切速率关系图、表观黏度-剪切速率关系图如图 2-3 所示。

由图 2-3 可知，剪切变稀体的表观黏度随着剪切速率的增加而降低。这种流变现象主要存在于高分子溶液或含有细颗粒的悬浮液中，静止时它们松散地集合或自由地排列，外力作用下会很快地分散或定向排布，使流动阻力相对减小，表现出剪切变稀的特性。而剪切增稠体的表观黏度随着剪切速率的增加而增加。剪切增稠往往只出现在较高浓度和较高剪切速率范围内，在一定的剪切速率作用下，流体内部结构从一种有序状态变为无序状态，造成流动阻力的增加，表现出剪切增稠的特性。

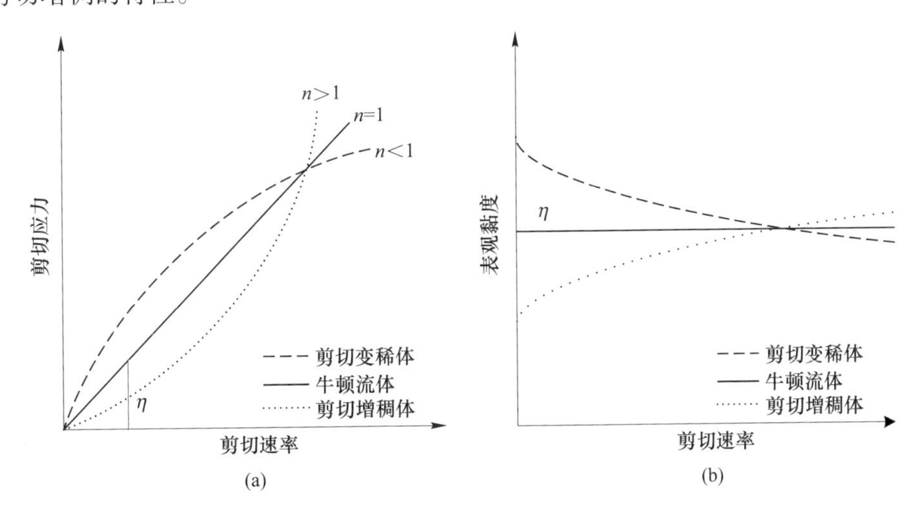

图 2-3　幂律流体剪切应力-剪切速率、表观黏度-剪切速率关系图
（a）剪切应力-剪切速率关系；（b）表观黏度-剪切速率关系

将式（2-6）代入式（2-3）后可得到：

$$\tau = k(\dot{\gamma})^{n-1}\dot{\gamma} = k\dot{\gamma}^{n} \tag{2-7}$$

对式（2-7）两边同时做对数运算，简化后得：

$$\lg\tau = n\lg\dot{\gamma} + \lg k \tag{2-8}$$

同理对式（2-6）进行对数运算，简化后得：

$$\lg\eta(\dot{\gamma}) = (n-1)\lg\dot{\gamma} + \lg k \tag{2-9}$$

由上述两式可以发现，在采用对数坐标描绘剪切应力-剪切速率、表观黏度-剪切速率关系时，其为线性关系，如图 2-4 所示。

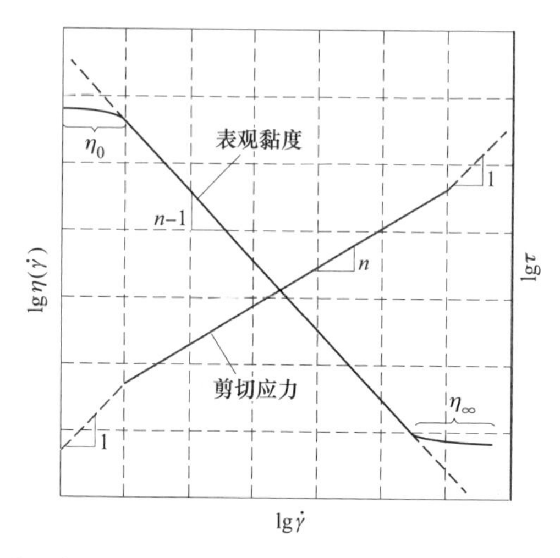

图 2-4　幂律流体剪切应力-剪切速率、表观黏度-剪切速率对数坐标图

从图 2-4 可知，式（2-6）有一明显缺点，对于一些聚合物溶液只有剪切速率值在一定的范围内，n 值才是常数，其依赖于剪切速率 $\dot{\gamma}$ 所在的区域。当剪切速率 $\dot{\gamma}\to 0$ 时，其表观黏度趋于一恒定值 η_0，具有牛顿流体特性，对数坐标下剪切应力与剪切速率关系曲线的斜率为 1；当剪切速率 $\dot{\gamma}\to\infty$ 时，表观黏度趋于一恒定值 η_∞，具有牛顿流体特性，对数坐标下剪切应力与剪切速率关系曲线的斜率为 1。故幂律模型描述剪切变稀体时，其剪切应力-剪切速率、表观黏度-剪切速率适应关系的前提条件是 $\dot{\gamma}$ 要在一定的取值范围内。在低剪切速率区域与高剪切速率区域，式（2-6）将失效。但幂律流体也有非常大的优势，就是模型简单易于计算，工业中 80%以上的广义牛顿流体采用幂律流体模型进行计算[50]。

2.2.1.2　Oldroyd 模型

为了弥补幂律模型在剪切速率值 $\dot{\gamma}$ 趋近于 0 或者趋近于∞时失效的缺点，提出了描述黏性非牛顿流体的 Oldroyd 模型，其表观黏度计算公式为：

$$\eta(\dot{\gamma}) = \eta_0 \frac{1 + a_1\dot{\gamma}^2}{1 + a_2\dot{\gamma}^2} \tag{2-10}$$

式中，η_0、a_1、a_2 为正值常量。

在测量黏性流动（简称测黏流动）中，使用此模型，$\dot{\gamma}\to 0$时，$\eta(\dot{\gamma})\to\eta_0$；$\dot{\gamma}\to\infty$ 时，$\eta(\dot{\gamma})\to\eta_0 a_1/a_2$（洛必达法则求极限），较好的避免了幂律模型的缺点。

对应于幂律模型所描述的剪切变稀体，Oldroyd 模型描述剪切变稀体的条件为 $a_1<a_2$。对应于幂律模型所描述的剪切增稠体，Oldroyd 模型描述剪切增稠体的条件为 $a_1>a_2$。对应于幂律模型所描述的牛顿流体，Oldroyd 模型描述牛顿流体的条件为 $a_1=a_2$。

2.2.1.3 Cross 模型

Cross 于 1965 年提出了这一模型，采用四个参数描述纯黏性非牛顿流体的流变模型，如式（2-11）所示：

$$\eta(\dot{\gamma})=\eta_\infty+\frac{\eta_0-\eta_\infty}{1+(\beta\dot{\gamma})^m} \tag{2-11}$$

式中，η_0 与η_∞ 为剪切速率 $\dot{\gamma}$ 极低或者极高时的渐近值；β 为常数，s；m 为无量纲常数。当 $\eta\ll\eta_0$ 且 $\eta\gg\eta_\infty$ 时，Cross 模型化简为幂律流体模型，即式（2-6）的形式。当 $\eta\ll\eta_0$ 时，变为式（2-12）的形式：

$$\eta(\dot{\gamma})=\eta_\infty+k\dot{\gamma}^{n-1} \tag{2-12}$$

此模型称为 Sisko 模型。对比幂律模型、Sisko 模型、Cross 三种模型的适应范围可以发现，幂律模型适于中等剪切速率，Sisko 模型适于中等至高等区域的剪切速率，Cross 模型比幂律模型与 Sisko 模型的适用范围都大。

2.2.1.4 Carreau 模型

Carreau 提出了 4 常量参数模型，其表观黏度的计算公式为：

$$\eta(\dot{\gamma})=\eta_\infty+(\eta_0-\eta_\infty)(1+\lambda^2\dot{\gamma}^2)^{(n-1)/2} \tag{2-13}$$

式中，η_0、η_∞、λ、n 四参数均是常量，其中 η_0 与η_∞ 的定义与前述一致，λ 与 n 为常量参数。

实际中，纯黏性非牛顿流体较为常见且应用较多的是剪切变稀体，因此 $\eta_0>\eta_\infty$ 且 $n<1$，当 $\dot{\gamma}\to 0$ 时，$\eta(\dot{\gamma})\to\eta_0$，$\dot{\gamma}\to\infty$ 时，$\eta(\dot{\gamma})\to\eta_\infty$，这一点类似于 Oldroyd 模型，但是在 $\dot{\gamma}\to\infty$ 时，$\eta(\dot{\gamma})$ 趋近的值不同。在 $\dot{\gamma}$ 的中等值域范围内，Carreau 模型具有幂律流体的表观黏度特性。

2.2.2 屈服应力及其本构方程

在工业生产与生活中有一类流体，在简单剪切流动过程中，当施加外力作用时流体的剪切应力小于此类流体的屈服应力，流体会具有类似固体的弹性行为，发生一定的变形，但其幅度很小，基本可以忽略；当所施加的剪切应力 τ 超过此类流体的屈服应力时，流体发生流动，其流动行为类似于牛顿流体或纯黏性非牛顿流体。对于这类流体称为具有屈服应力的非牛顿流体。

具有屈服应力的非牛顿流体在克服屈服应力值发生流动时，其依然具有纯黏性非牛顿流体的特征，故有些文献将其归类在纯黏性非牛顿流体（广义牛顿流体）。具有屈服应力的非牛顿流体包含的常见流体有泥浆、牙膏、膏体等，此类非牛顿流体常用三种流变模型为：Bingham 流体、Herschel-Bulkley 流体（屈服伪塑性流体）、Casson 流体的流变模型。在简单剪切流动的条件下三种流变模型具体介绍如下。

2.2.2.1　Bingham 流体

Bingham 流体是一种常见的具有屈服应力的非牛顿流体，如高浓度悬浮液、钻井液、牙膏、部分矿山膏体料浆等。此类流体能否发生流动的关键条件是剪切应力值τ是否超出其屈服应力τ_y，若$\tau>\tau_y$，则发生流动；若$\tau\leqslant\tau_y$，则发生一定的变形但其变形幅度小，基本上可视为固体。Bingham 流体的这一特性使得其本构方程在数学形式上具有分段函数的特点，存在一个转折点称为屈服点。选取 Von Mises 屈服条件，如式（2-14）所示，发生屈服流动时的剪切应力值为τ_y，Bingham 流体的屈服条件以及本构方程为：

$$\frac{1}{2}\mathrm{tr}\boldsymbol{T}^2 = \tau_y^2 \tag{2-14}$$

在此屈服条件的基础上，Bingham 流体的本构方程的张量形式为：

$$\begin{cases} \boldsymbol{T} = [\eta_{\mathrm{B}} + \tau_y/\mathit{II}]\boldsymbol{A}_1 & \dfrac{1}{2}\mathrm{tr}\boldsymbol{T}^2 > \tau_y^2 \\ \boldsymbol{A}_1 = \boldsymbol{0} & \dfrac{1}{2}\mathrm{tr}\boldsymbol{T}^2 \leqslant \tau_y^2 \end{cases} \tag{2-15}$$

在简单剪切流动条件下，以剪切速率 $\dot{\gamma}$ 与剪切应力τ来描述 Bingham 流变模型：

$$\begin{cases} \tau = \tau_y + \eta_{\mathrm{B}}\dot{\gamma} & \tau > \tau_y \\ \dot{\gamma} = 0 & \tau \leqslant \tau_y \end{cases} \tag{2-16}$$

式中，η_{B}为塑性黏度，Pa · s。

对于 Bingham 流体能抵抗一定程度剪切流动现象的原因，是因为其在静止条件下具有一定的三维空间结构，这种三维结构具有一定刚度，能够抵抗小于屈服应力的剪切应力值。当流体受到的剪切应力低于屈服应力，流体不会流动，在发生一定程度变形撤去外界作用力后，结构恢复原状；当流体受到的剪切应力大于屈服应力值时，这种三维空间结构受到了破坏，类似于固体材料发生塑性破坏一样，Bingham 流体发生流动，其在流动时具有与牛顿流体相同的流变行为，此时

Bingham 流体所具有的黏度，称为塑性黏度。Bingham 流体的剪切应力-剪切速率、表观黏度-剪切速率的关系曲线如图 2-5 所示。

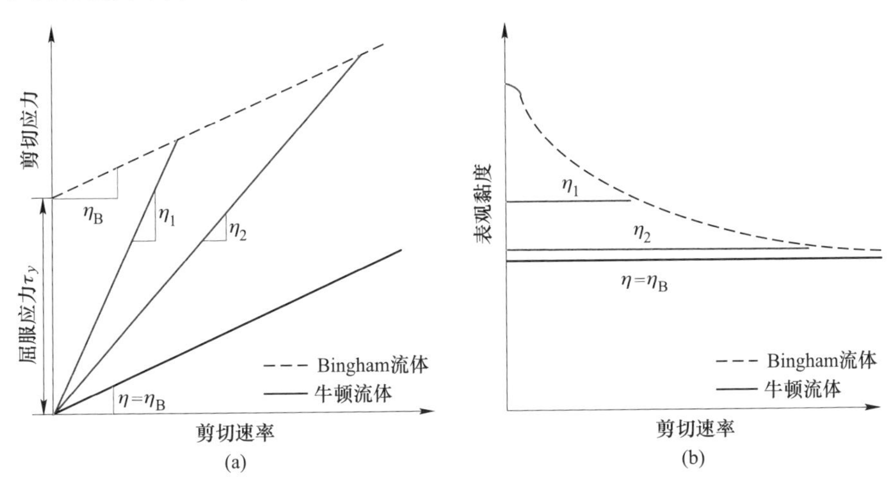

图 2-5 Bingham 流体剪切应力-剪切速率、表观黏度-剪切速率关系图

（a）剪切应力-剪切速率关系；（b）表观黏度-剪切速率关系

图 2-5 中所示的 Bingham 流体的塑性黏度 η_B 与对应的牛顿流体黏度 η 相等。图 2-5（a）中的 Bingham 流体的剪切应力-剪切速率关系为理想条件下的对应关系，Bingham 流体在剪切流动条件下，其表观黏度可由式（2-17）求出：

$$\eta(\dot{\gamma}) = \frac{\tau_y}{\dot{\gamma}} + \eta_B \tag{2-17}$$

理想条件下，Bingham 流体初始流动时（$\dot{\gamma} \to 0$ 时）的表观黏度趋向于无限大的一个黏度值，但是实际测量时受限于测量方法与测量设备，表观黏度为一个有限大的值，如图 2-5（b）中的红色曲线。随着剪切速率的增加，Bingham 流体的表观黏度逐渐降低，并且逐渐趋近于塑性黏度 η_B，其流变行为类似于牛顿流体，剪切应力与剪切速率呈线性关系变化。

Bingham 流体的流动状态一般可分为两个部分：黏性流动与固体流动。两种不同的流动状态是由于其本构方程或者剪切应力-剪切速率的形式所决定的。在管道内一般划分出靠近管壁区域的剪切流动区以及管道轴线部分的非剪切流动区（柱塞区），Bingham 流体的管道流动分区如图 2-6 所示。

由图 2-6 可以看出，Bingham 流体在管道中输送时呈现出两种不同的流动区域：柱塞流动区与剪切流动区。柱塞流动区内，Bingham 流体 $\tau \leqslant \tau_y$，此时 Bingham 流体流动行为类似于刚体向前平移推进，从管道轴线向管壁方向剪切应力 τ 不断增大；在剪切流动区域内，Bingham 流体 $\tau > \tau_y$，此时 Bingham 流体流动行为类似于牛顿流体。同时可以发现纯黏性流体的 Sisko 模型，在常量参数 $n=0$

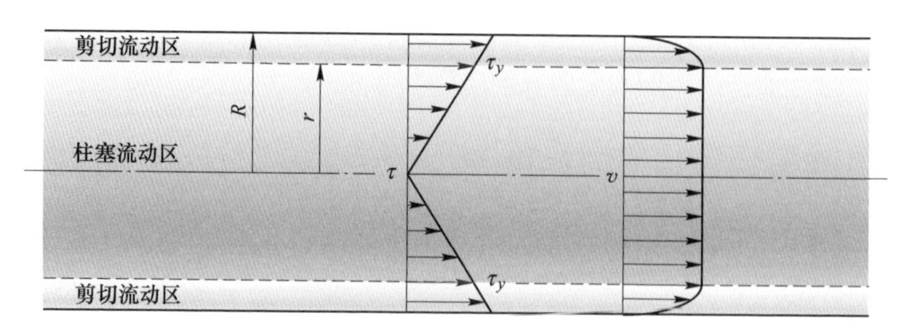

图 2-6　Bingham 流体管道流动分区图（测黏流动下）

时，Sisko 模型可以改写为式（2-18）：

$$\eta(\dot{\gamma}) = \eta_{\infty} + k\dot{\gamma}^{-1} \tag{2-18}$$

即为 Sisko 模型下的表观黏度 $\eta(\dot{\gamma})$，此时对应的剪切应力-剪切速率公式：

$$\tau = k + \eta_{\infty}\dot{\gamma} \tag{2-19}$$

与式（2-16）中剪切应力大于τ_y时的形式相对应，因此属于 Bingham 流体。

2.2.2.2　Herschel-Bulkley 流体

一些 Bingham 流体发生流动时，剪切应力-剪切速率间的关系满足线性要求，但当施加的外界剪切速率值较大时，有的流体呈现出类似于幂律流体等纯黏性非牛顿流体的行为，若采用牛顿流体的流变行为描述发生剪切流动阶段的类 Bingham 流体将不再合适。

此时可使用 Herschel-Bulkley 模型来描述，认为此类具有屈服应力的非牛顿流体其在超过屈服点之后，可以使用幂律流体的模型近似。因此其本构方程，以及在简单剪切流动条件下剪切应力-剪切速率的关系如式（2-20）所示：

$$\begin{cases} \boldsymbol{T} = [k(II)^{n-1} + \tau_y/II]\boldsymbol{A}_1 & \frac{1}{2}\mathrm{tr}\boldsymbol{T}^2 > \tau_y^2 \\ \boldsymbol{A}_1 = \boldsymbol{0} & \frac{1}{2}\mathrm{tr}\boldsymbol{T}^2 \leqslant \tau_y^2 \end{cases} \tag{2-20}$$

在简单剪切流动条件下，以剪切速率 $\dot{\gamma}$ 与剪切应力τ来表述 Herschel-Bulkley 流变模型：

$$\begin{cases} \tau = \tau_y + k\dot{\gamma}^n & \tau > \tau_y \\ \dot{\gamma} = 0 & \tau \leqslant \tau_y \end{cases} \tag{2-21}$$

Herschel-Bulkley 流体采用了三个参数τ_y、k、n 进行描述，其区别于 Bingham 流体的最大不同点在于：施加外界作用力下流体的剪切应力超过其屈服应力而发生流动时，Herschel-Bulkley 流体所表现出幂律流体的流变行为，不同于 Bingham 流体表现出的牛顿流体行为。k 为稠度系数，n 为流动指数，其含义同幂律流体。

Herschel-Bulkley 流体一般情况下 $n \leqslant 1$，当 $n = 1$ 时，Herschel-Bulkley 流体变为 Bingham 流体，因此 Herschel-Bulkley 流体也称为屈服伪塑性流体，是一种较为常见的具有屈服应力的非牛顿流体；$n>1$ 时，Herschel-Bulkley 流体发生流动时，体现出剪切增稠体的流变行为，但是这种流体较为少见。Herschel-Bulkley 流体在 $n<1$ 时具有剪切变稀的流变行为，其剪切应力-剪切速率、表观黏度-剪切速率的关系如图 2-7 所示。

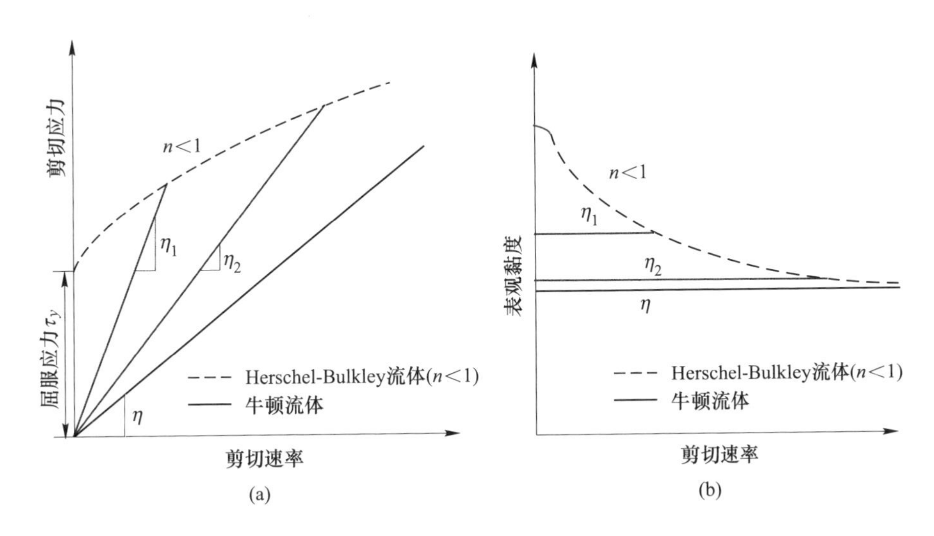

图 2-7 Herschel-Bulkley 流体剪切应力-剪切速率、表观黏度-剪切速率关系图

（a）剪切应力-剪切速率关系；（b）表观黏度-剪切速率关系

图 2-7 中，Herschel-Bulkley 流体同 Bingham 流体一样，在理想状态下，当剪切速率 $\dot{\gamma} \to 0$ 时，其表观黏度趋近于无限大。但是实际测量时限于测量方法与测量设备，表观黏度往往为一个有限大的值，如图 2-7（b）中的红色曲线，这一点与 Bingham 流体具有相同的特性。

2.2.2.3 Casson 流体

Casson 流变模型中的参数与 Bingham 流体相同，Casson 流体属于一个半经验性的模型。在研究血液、生物液体等生物流变学上具有较高的适应性，其在简单剪切流动条件下剪切应力-剪切速率的关系为：

$$\begin{cases} \boldsymbol{T} = \left(\sqrt{\eta_c} + \sqrt{\dfrac{\tau_y}{II}}\right)^2 \boldsymbol{A}_1 & \dfrac{1}{2}\mathrm{tr}\boldsymbol{T}^2 > \tau_y^2 \\ \boldsymbol{A}_1 = \boldsymbol{0} & \dfrac{1}{2}\mathrm{tr}\boldsymbol{T}^2 \leqslant \tau_y^2 \end{cases} \tag{2-22}$$

简单剪切流动条件下，以剪切应力τ与剪切速率$\dot{\gamma}$来表述Casson流变模型为：

$$\begin{cases} \sqrt{\tau} = \sqrt{\tau_y} + \sqrt{\eta_B \dot{\gamma}} & \tau > \tau_y \\ \dot{\gamma} = 0 & \tau \leqslant \tau_y \end{cases} \tag{2-23}$$

Casson模型与Bingham模型类似，但当剪切应力值超过屈服应力值时，Casson流变模型的剪切应力-剪切速率与牛顿流体相比不具有线性关系，而是具有根号后的线性相关性。因此Casson模型在剪切速率超过屈服点之后，剪切应力-剪切速率之间的关系是非线性的。理想状态下Casson流体在$\dot{\gamma} \to 0$时类似于Bingham流体和Herschel-Bulkley流体，存在一个无穷大的表观黏度值。但是实际测量时受限于测量方法与测量设备，表观黏度往往为一个有限大的值，模型在实际应用时需要考虑这一点。

2.2.2.4　关于屈服流动的讨论

A　屈服应力测量问题

具有屈服应力的非牛顿流体（黏塑性非牛顿流体）由于具有屈服流动的特性，在克服屈服应力、流体即将发生流动之前的一瞬间，剪切速率值非常小，此时的表观黏度实际上是无穷大的。之后随着剪切速率的不断增加，表观黏度值不断降低。因此可以认为黏塑性非牛顿流体具有一种特殊的剪切变稀行为。

对黏塑性流体进行流变测量时，设定所施加的剪切速率值由零开始非常小地进行递增，在较小的剪切速率变化范围内测定出黏塑性流体的剪切应力与剪切速率值。在这段较小的剪切速率变化范围内，表观黏度维持在一较大值附近，剪切应力-剪切速率间的对应关系与高剪切速率变化范围内所得的关系不同。膏体在流变测量的起始阶段剪切应力-剪切速率的关系如图2-8所示。

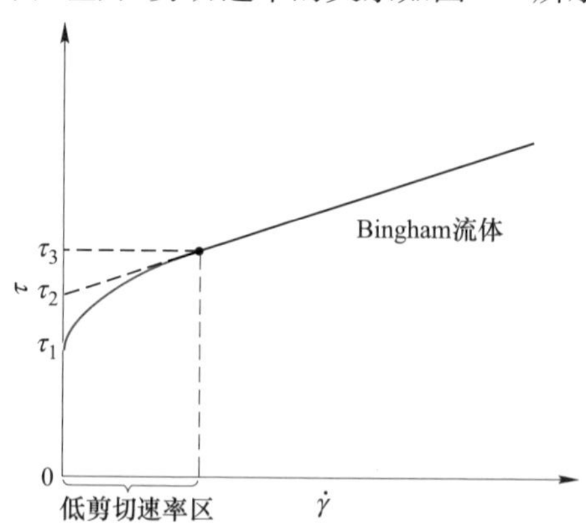

图2-8　Bingham流体屈服应力测量示意图

由图 2-8 可以发现，Bingham 流体在低剪切速率区内剪切应力-剪切速率关系不再是线性关系，外推得出的屈服应力τ_1 理论上为流体即将开始流动时的屈服应力值。若流变测量技术可以实现，足够小的剪切速率下能精确确定黏塑性流体开始发生流动时的屈服应力值，这里称τ_1 为 Bingham 流体的低屈服应力值。但在实际测量时，受滑移问题的影响很难得出低剪切速率值下的数据，这就引出一个问题——Bingham 流体的屈服应力是否存在。故如何避免滑移效应的影响，采用合适的流变仪器、设计合适的流变实验是研究黏塑性非牛顿流体屈服应力的关键所在[8,30,31]。

随着剪切速率值的增加，Bingham 流体的剪切应力-剪切速率关系逐渐变为线性关系，此时由高剪切速率区域外推所得出的屈服应力τ_2 称为 Bingham 屈服应力。工业应用中采用 Bingham 流变模型时多数使用的屈服应力值为τ_2 值。而实际在 Bingham 流体的启动流动或者是低剪切速率流动时，采用τ_1 作为 Bingham 流体的屈服应力是合适的，若采用τ_2 则会使屈服应力的计算值升高。

在由低剪切速率向高剪切速率转移的过程中，所对应的转折点处的剪切应力值，称为高屈服应力值τ_3，此值对应 Bingham 流体剪切应力-剪切速率由非线性关系向线性关系转换时的剪切应力值。在恒定小剪切速率流变测量中，有些学者称τ_1 为静态屈服应力，而τ_3为动态屈服应力，τ_1 代表在低剪切速率测量范围内，对应材料由弹性向黏弹性转变点的屈服应力值，τ_3代表开始发生显著流动时的峰值屈服应力。

B 模型实现的问题

具有屈服应力的非牛顿流变模型的适应范围较广，尤其对于一些高浓度悬浮液。然而 Bingham 流体、Herschel-Bulkley 流体、Casson 流体在 $\dot{\gamma} \to 0$ 时$\tau \to \tau_y$，对应 $\eta \to \infty$，均存在不连续性，即屈服点为一数值奇异点。这是具有屈服应力的非牛顿流体流变模型在数值计算时存在的一个缺陷。

如何在计算时体现出屈服流动这一特性，捕捉未屈服区域与屈服区域，是黏塑性流体的流变模型应用实现时需要解决的问题。对于此，为避免 $\dot{\gamma} \to 0$ 时 $\eta \to \infty$ 现象的发生，需要对原始黏塑性非牛顿流体流变模型进行修正。以 Bingham 流体为例，详述几种在简单剪切流动的条件下对其原始理想 Bingham 模型进行修正的方法，以避免其不连续性[51,52]。

（1）为避免 Bingham 模型的不连续性，即出现表观黏度为无穷的情况，修正后的流变模型如式（2-24）所示：

$$\begin{cases} \tau = \eta_B \dot{\gamma} + \dfrac{\tau_y \dot{\gamma}}{\dot{\gamma} + e} & \tau > \tau_y \\ \dot{\gamma} = e & \tau \leqslant \tau_y \end{cases} \tag{2-24}$$

式中，所添加的正则化参数 e 是一个非常小的数。

上式对流变模型的修改，相当于将原先 $\dot{\gamma}\to 0$ 时 $\tau\to\tau_y$ 的情形修改为 $\dot{\gamma}\to e$ 时 $\tau\to\tau_y$ 的情形。这种改进避免了 $\dot{\gamma}\to 0$ 时 $\eta\to\infty$ 的发生。修改后 Bingham 流体在发生流动之前的一瞬间表观黏度 η 为：

$$\eta = \frac{\tau_y}{e} \tag{2-25}$$

但是这种修正并没有按照 $\tau=\tau_y$ 这一判据来识别屈服区域与未屈服区域，其根据 $\dot{\gamma}=e$ 来确定相应的轮廓。

（2）为避免 Bingham 流变模型的不连续性，采用双黏度模型对理想 Bingham 流变模型进行修改，即采用两个具有有限黏度的牛顿流体流变模型对 Bingham 流变模型进行规范化。双黏度模型的转折点对应的剪切速率称为临界剪切速率 $\dot{\gamma}_c$。此种修改方法的示意图如图 2-9 所示。

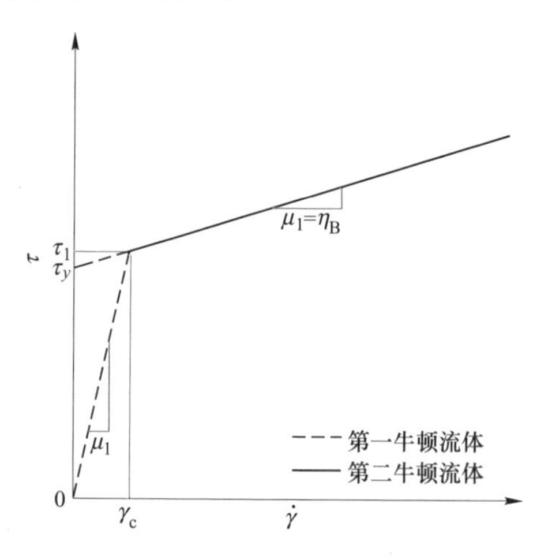

图 2-9　双黏度模型近似 Bingham 流变模型示意图

这种修正方案关键在于确定合适的临界剪切速率值 $\dot{\gamma}_c$，在与 Bingham 流体的 1-D Poiseuille 流动解析解对比的基础上，认为 $\eta_1=1000\eta_2$ 且 $\dot{\gamma}_c=10^{-3}\text{s}^{-1}$ 时可以得到较好的数值结果。但这种方法依然存在一定缺陷，仍难确定屈服区域与未屈服区域的界面，因为剪切速率在［0，$\dot{\gamma}_c$］的取值范围内，若是采用牛顿流体流变模型，则表观黏度固定不变，较小的剪切速率虽然对应较大的表观黏度，但是流体区域依然会发生微小流动。同时，在［0，$\dot{\gamma}_c$］内采用牛顿流体流变模型，其剪切应力-剪切速率为线性关系，为了进一步反应较小剪切速率变化范围内的流变行为，可采用非线性的非牛顿流体流变模型进行代替，并且考虑到其他黏塑性模型的修改（Herschel-Bulkley 流体、Casson 流体等），仍采用两个牛顿流体流变模型处理非连续问题将变得不再合适或较为困难。

（3）第三种方法在方法1的基础上对模型进行修改，流变模型进行正则化处理，引入正则化参数 P_R 与无量纲数 Bi（宾汉姆数），进一步考虑 $\dot{\gamma}<e$ 时的情况，成功求解屈服界面的位置。修正后的模型能够较好的求解流体力学中的基准测试问题，如小球在无限 Bingham 流场中下落时，可通过有限元数值计算方法确定下落过程中的屈服区域与未屈服区域。

（4）目前使用较广、避免数值计算不连续的黏塑性流体流变模型修正方法，由 Papanastasiou 等人提出，通过添加一连续的指数函数，对不连续的 Bingham 流体流变模型、Herschel-Bulkley 流体流变模型、Casson 流体流变模型修改，得出连续的黏塑性流体流变模型。其中，最为关键的一点是引入了控制剪切应力增长的参数 m。在剪切应力低于屈服应力值的条件下，m 值的大小可以对呈指数形式增长的剪切应力进行控制，较小的剪切速率值下可得到一个有限大的剪切应力值，避免了表观黏度趋于无穷大的缺点；并且在剪切应力值超过屈服应力值后，剪切应力-剪切速率呈线性关系，斜率为理想 Bingham 流体的塑性黏度值 η_B。

因此 Bingham-Papanastasiou 模型在剪切速率 $\dot{\gamma}$ 的整个取值区间［0，+∞］内，都是以一个数学表达式求算，包含屈服区域与未屈服区域。与第三种方法相比不需要专门求解屈服界面，与第二种方法相比所得曲线光滑，并且在低剪切速率区剪切应力以指数形式增长可以更快地逼近屈服应力值，使剪切应力-剪切速率更快地进入线性关系区域。

在简单剪切流动条件下，三种常见的黏塑性非牛顿流体，经过 Papanastasiou 方法修改后的模型分别为：

Bingham-Papanastasiou 模型：

$$\begin{cases} \tau = \tau_y + \eta_B \dot{\gamma} & \tau > \tau_y \\ \dot{\gamma} = 0 & \tau \leqslant \tau_y \end{cases} \longrightarrow \tau = \tau_y [1 - \exp(-m\dot{\gamma})] + \eta_B \dot{\gamma} \tag{2-26}$$

Herschel-Bulkley-Papanastasiou 模型：

$$\begin{cases} \tau = \tau_y + k\dot{\gamma}^n & \tau > \tau_y \\ \dot{\gamma} = 0 & \tau \leqslant \tau_y \end{cases} \longrightarrow \tau = \tau_y [1 - \exp(-m\dot{\gamma})] + k\dot{\gamma}^n \tag{2-27}$$

Casson-Papanastasiou 模型：

$$\begin{cases} \sqrt{\tau} = \sqrt{\tau_y} + \sqrt{\eta_B \dot{\gamma}} & \tau > \tau_y \\ \dot{\gamma} = 0 & \tau \leqslant \tau_y \end{cases} \longrightarrow \sqrt{\tau} = \sqrt{\tau_y} \left[1 - \exp\left(-\sqrt{m\dot{\gamma}}\right)\right] + \sqrt{\eta_B \dot{\gamma}} \tag{2-28}$$

以上三种修正后的黏塑性非牛顿流体流变模型在 $\dot{\gamma} \in [0, +\infty)$ 时，对应的表观黏度 $\eta(\dot{\gamma})$ 分别为：

Bingham-Papanastasiou 模型：

$$\eta(\dot{\gamma}) = \frac{\tau_y}{\dot{\gamma}}[1 - \exp(-m\dot{\gamma})] + \eta_B \tag{2-29}$$

Herschel-Bulkley-Papanastasiou 模型：

$$\eta(\dot{\gamma}) = \frac{\tau_y}{\dot{\gamma}}[1 - \exp(-m\dot{\gamma})] + k\dot{\gamma}^{n-1} \tag{2-30}$$

Casson-Papanastasiou 模型：

$$\sqrt{\eta(\dot{\gamma})} = \sqrt{\frac{\tau_y}{\dot{\gamma}}}\left[1 - \exp\left(-\sqrt{m\dot{\gamma}}\right)\right] + \sqrt{\eta_c} \tag{2-31}$$

以 Bingham-Papanastasiou 模型为例，简单剪切流动下，分析控制剪切应力增长的指数 m 在不同取值范围下 Bingham-Papanastasiou 模型对理想 Bingham 流变模型的近似程度，相应的流变参数为：屈服应力 $\tau_y = 50\text{Pa}$，塑性黏度 $\eta_B = 1.0\text{Pa} \cdot \text{s}$。不同 m 值所对应的剪切应力-剪切速率关系如图 2-10 所示。

由图 2-10 并结合公式可知，当 m 取 0 时，Bingham-Papanastasiou 模型表示黏度为 η_B 的牛顿流体；随着 m 的不断增大，Bingham-Papanastasiou 模型不断接近理想 Bingham 流变模型；m 等于 10^5 时已经非常接近理想 Bingham 流变模型。一般 m 取值在 $10^3 \sim 10^5$ 之间，但在一些管道流动的数值计算中 m 取值倾向更大一些，如在泊肃叶流动中 m 取值 10^8 时可以得出与理论解更为相近的解。但是较大的 m 值会给数值计算带来不稳定性，因此在不同的 Bingham 流体数值计算时需综合衡量计算精度与求解稳定性来确定 m 值的大小。同时，为提高计算精度可选择更为稳健的数值计算方法来求解 Bingham-Papanastasiou 模型。

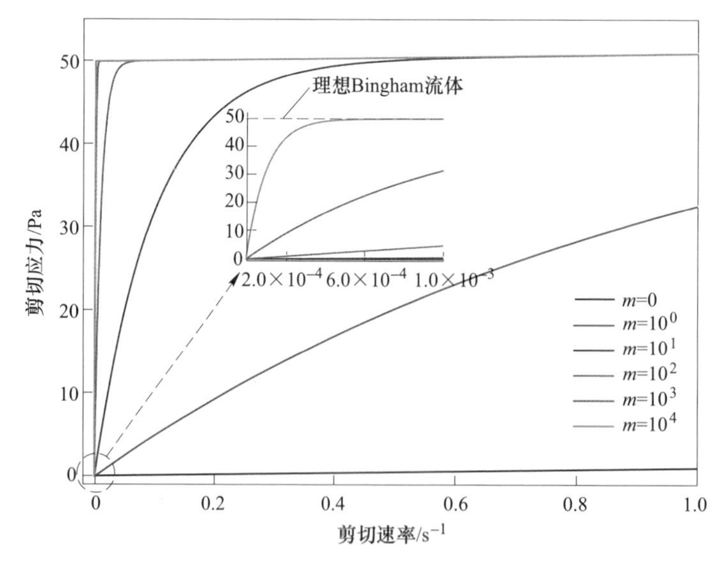

图 2-10　不同 m 值时 Bingham-Papanastasiou 模型剪切应力-剪切速率关系图

对 Bingham-Papanastasiou 模型表观黏度公式的分析，$\dot{\gamma}\to 0$ 时求解表观黏度值问题变为求取以下函数的极限问题：

$$\eta(\dot{\gamma})\mid_{\dot{\gamma}\to 0} = \lim_{\dot{\gamma}\to 0}\frac{\tau_y[1-\exp(-m\dot{\gamma})]}{\dot{\gamma}} + \eta_B \tag{2-32}$$

$\dot{\gamma}\to 0$ 时，右边极限公式中分子、分母的表达式同时趋近于 0，且分子、分母表达式在 $\dot{\gamma}=0$ 点的去心邻域内，其导数均存在，且分母的导数为 1。因此可使用洛必达法则求取 $\dot{\gamma}\to 0$ 时的极限值，即：

$$\lim_{\dot{\gamma}\to 0}\frac{\tau_y[1-\exp(-m\dot{\gamma})]}{\dot{\gamma}} = \lim_{\dot{\gamma}\to 0}\frac{\tau_y\cdot m\cdot\exp(-m\dot{\gamma})}{1} = \tau_y\cdot m \tag{2-33}$$

故 $\dot{\gamma}\to 0$ 时的表观黏度为：

$$\eta(\dot{\gamma})\mid_{\dot{\gamma}\to 0} = \tau_y\cdot m + \eta_B \tag{2-34}$$

不同 m 值下的表观黏度-剪切速率关系如图 2-11 所示。

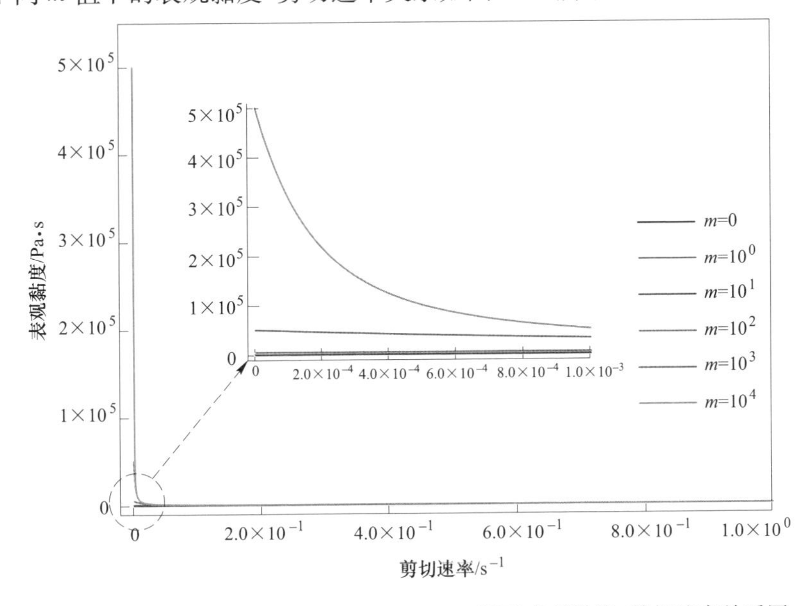

图 2-11 不同 m 值时 Bingham-Papanastasiou 模型表观黏度-剪切速率关系图

由图 2-11 可知，不同 m 值下的表观黏度在流动初期其值均下降，且随着剪切速率的增加，均逐渐趋于理想 Bingham 流体的塑性黏度值。对应关于 Bingham 流体屈服应力问题的探讨，如果确实存在理想的 Bingham 流体，可通过式（2-26），指定 m 值非常大，数值计算时近似描述出理想 Bingham 流体的屈服应力值。

2.2.3 黏弹性及其本构方程

一些高分子聚合物溶液或某些表面活性剂溶液，同时具有牛顿流体的黏性以及固体所具有的弹性，将这一类流体称为黏弹性非牛顿流体或黏弹性流体。外力作用下，此类流体的应变功既不像固体全部恢复，也不像流体以热的形式耗散，而是兼具黏性与弹性的双重特性。这一类黏弹性流体具有一些比较特殊的流变行为，如爬杆效应（Weissenberg 效应）、挤出胀大效应、无管虹吸效应、湍流减阻效应等。

常见的黏弹性流体除了开展类似于其他非牛顿流体的测黏流动研究外，拉伸流动研究在黏弹性流体中占有相当大的比例，因为在化纤和塑料工业中高聚物溶液的吹塑、挤压过程，其主要的流动类型为拉伸流动。

黏弹性流体的力学性质兼有固体与流体的特点但又区别于二者。固体有确定的形状，不变的载荷作用下，变形不随时间改变，应力只决定于应变和应变过程（发生塑性变形时），与变形速率无关；而流体则没有固定形状，其形状依赖于容器，受力后流体可任意变形，运动流体中的应力只与变形速率和密度有关，与变形大小无关。同时考虑固体与流体时，黏弹性流体的本构方程非常复杂，因为此类流体具有记忆效应，当前的应力状态不仅与当时的变形有关，还与变形率以及过去的变形历史有关。同时黏弹性流体本构方程的研究还需考虑形变大小、应变速率的高低：当应力和应变速率很小（小变形情况）、它们的平方项和乘积可忽略时，应力与应变速率呈线性关系，此类问题中可运用叠加原理，将这一类本构方程称为线性本构方程；而大多数黏弹性流体在非稳态剪切流动中，其应力与应变速率间的关系均显现出非线性关系，称这一类本构方程为非线性本构方程[53~57]。

2.2.3.1　黏弹性流体研究中常见的力学元件

（1）弹性元件：以服从胡克定律的理想弹簧（spring）来描述物质的弹性特性，其在线性小变形情况下应力与应变本构关系为：

$$\sigma = E\varepsilon \tag{2-35a}$$

式中，E 是弹性模量；σ 与 ε 为小变形情况下的应力与应变。

其实在 σ 与 ε 均为小变形的情况下，可以不区分应力与应变。因为非牛顿流体着重研究剪切流动作用下的剪切应力与剪切应变的关系，可以用弹性元件的切应力与切应变关系来描述，表达为：

$$\tau = G\gamma \tag{2-35b}$$

式中，γ 为剪切应变；G 为弹簧的剪切弹性模量，其计算见式（2-36）：

$$G = \frac{E}{2(1 + \nu)} \tag{2-36}$$

式中，ν 为泊松比。

弹性元件示意图如图 2-12 所示。

(2) 黏性元件：以服从牛顿内摩擦定律的阻尼筒（黏壶）（Damper）来描述物质的黏性特性。其在线性小变形情况下剪切应力与剪切应变速率本构关系如式（2-2）所示。

黏性元件示意图如图 2-13 所示。

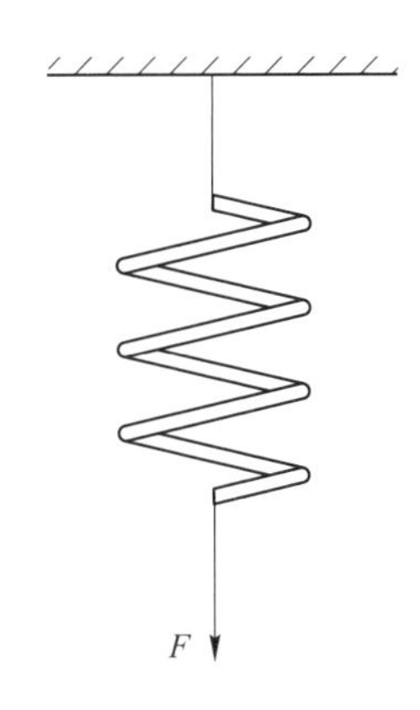

图 2-12 弹性元件示意图

图 2-13 黏性元件示意图

2.2.3.2 线性黏弹性流体流变模型

黏弹性流体中常用的线性本构模型主要为三种：Maxwell 模型、Jeffreys 模型（三常量模型）以及广义 Maxwell 模型。

A Maxwell 模型

将一个弹性元件与一个黏性元件串联起来所构成的力学模型称为 Maxwell 模型，其用来描述简单的线性黏弹性流体流动。Maxwell 模型如图 2-14 所示。

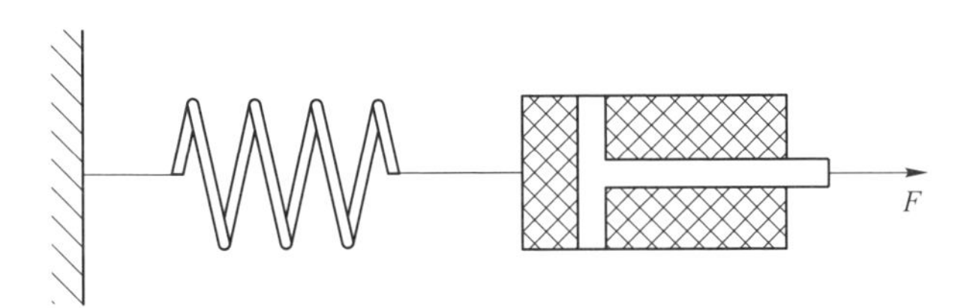

图 2-14 Maxwell 力学模型（黏弹性流体）

Maxwell 模型是描述线性黏弹性流体的最简单模型，其本构方程为：

$$\boldsymbol{T} + \lambda \frac{\partial \boldsymbol{T}}{\partial t} = \eta \boldsymbol{A}_1 \tag{2-37}$$

式中，$\boldsymbol{A}_1$ 为一阶 Rivlin-Ericksen 张量，其值大小如式（2-38）所示；λ 为松弛时间，其定义如式（2-39）所示。

$$A_1 = \nabla u + (\nabla u)^{\mathrm{T}} = 2S \tag{2-38}$$

$$\lambda = \frac{\eta}{G} \tag{2-39}$$

由式（2-37）可知，Maxwell 模型含有两个常量参数，松弛时间 λ 与动力黏度 η，其本构方程为一阶线性偏微分方程。若在时刻 $t=0$ 时，让 1 阶 Rivlin-Ericksen 张量 $\boldsymbol{A}_1$ 突然变为 $\mathbf{0}$，即对黏弹性流体保持恒定的变形量，由式（2-37）可知，应力张量 $\boldsymbol{T}$ 不会立即变为 $\mathbf{0}$，而是逐渐的减小为 $\mathbf{0}$，这种流变现象称为应力松弛现象。对式（2-37）一阶线性偏微分方程求解后，相应的应力松弛方程为：

$$\boldsymbol{T} = \boldsymbol{T}_0 \mathrm{e}^{-t/\lambda}, \qquad \boldsymbol{T}_0 = \lim_{t\to 0}\boldsymbol{T} \tag{2-40}$$

式中，$\boldsymbol{T}_0$为 $t=0$ 时所施加的应力张量值。

由于黏性元件与弹性元件串联，在任何微小的外力作用下，黏性元件的变形总会随着时间持续发展，不能保持任何有限变形，只能发生持续运动，具有流体特点。因此 Maxwell 模型在黏弹性材料分析中，本质上描述的是具有黏弹性的流体。鉴于此，适用于 Maxwell 模型的流体称为 Maxwell 流体。在更复杂的模型中，若有黏性元件串联其中，则可称为黏弹性流体，否则为黏弹性固体。如采用一个黏性元件与一个弹性元件并联构成的 Kelvin-Voigt 力学模型就是研究黏弹性固体的模型，如图 2-15 所示。

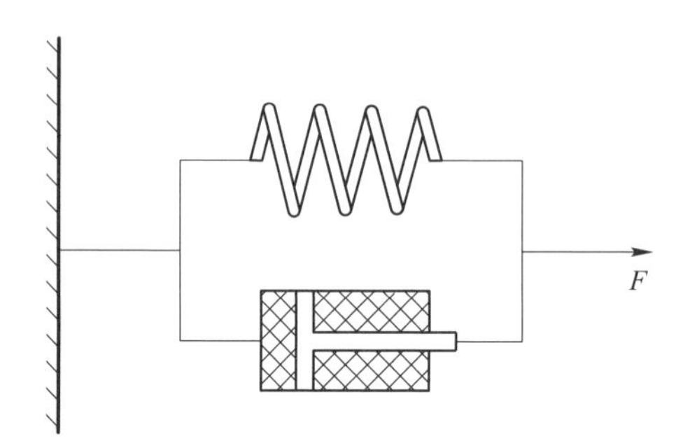

图 2-15　Kelvin-Voigt 力学模型（黏弹性固体）

B　Jeffreys 模型（三常量模型）

Jeffreys 模型首先将一个黏性元件与弹性元件并联构成 Kelvin-Voigt 模型，并在此基础上串联一个黏性元件，得到具有三个常量参数的流变本构方程，此方程仍为一阶线性微分方程。由于在 Kelvin-Voigt 模型基础上串联了一个黏性元件，因此 Jeffreys 模型属于黏弹性流体流变模型，其模型示意如图 2-16 所示。

Jeffreys 模型的本构方程为：

$$\boldsymbol{T} + \lambda\frac{\partial \boldsymbol{T}}{\partial t} = \eta\left(\boldsymbol{A}_1 + \lambda_1\frac{\partial \boldsymbol{A}_1}{\partial t}\right) \tag{2-41}$$

式中，λ_1 为推迟时间，或称为黏弹性流体的弛豫时间。

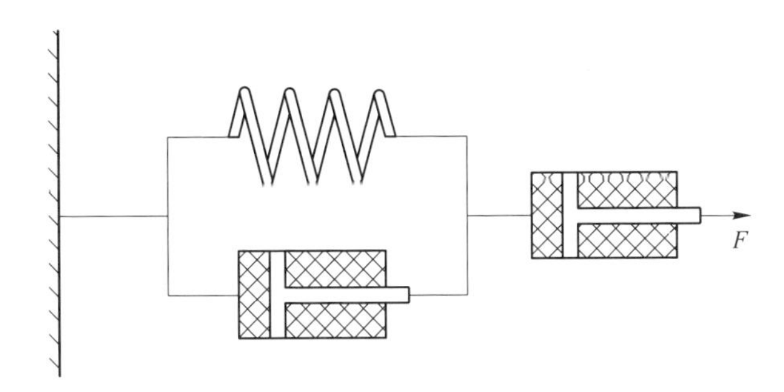

图 2-16 Jeffreys 力学模型（黏弹性流体）

若在 $t=0$ 时刻，Jeffreys 模型描述的流体应力张量 $\boldsymbol{T}$ 与其对时间的偏导数 $\partial \boldsymbol{T}/\partial t$ 均为 $\boldsymbol{0}$，由上式可知，1 阶 Rivlin-Ericksen 张量 $\boldsymbol{A}_1$ 不会立即减小为 $\boldsymbol{0}$，而是逐渐衰减。对黏弹性流体而言解除应力后，其应变变化率张量不会立即为 $\boldsymbol{0}$，而是逐渐地衰减，这种流变现象被称为蠕变。对式（2-41）一阶线性偏微分方程求解后，相应的蠕变方程为：

$$\boldsymbol{A}_1 = \boldsymbol{A}_0 e^{-t/\lambda_1}, \qquad \boldsymbol{A}_0 = \lim_{t \to 0} \boldsymbol{A}_1 \tag{2-42}$$

在三常量模型中也有描述黏弹性固体的力学模型，并且这种模型具有多种形式，其中常见的一种类似于 Jeffreys 模型。但不同的是，其在 Kelvin-Voigt 模型后串联的是一个弹性元件，而不是黏性元件，此模型如图 2-17 所示。

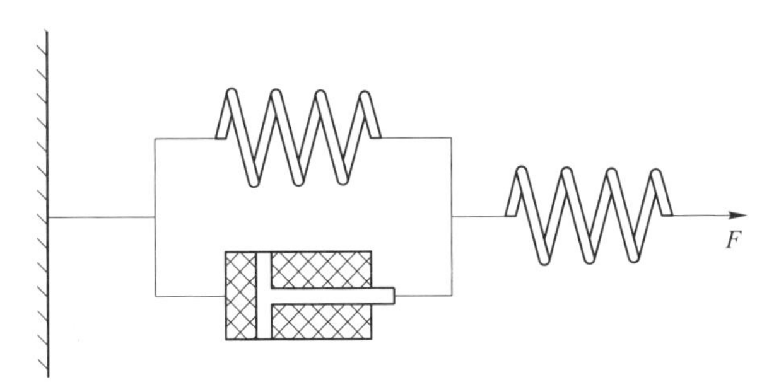

图 2-17 三常量力学模型（黏弹性固体）

C 广义 Maxwell 模型

对于一些较特殊的黏弹性流体，如高分子熔体或高分子溶液，采用上述的 Maxwell 黏弹性模型对相应的流变实验数据进行描述时，存在一定的不足。如其只有一个松弛时间，不足以准确的描述线性黏弹性流体的流变行为。为此可将 n 个 Maxwell 模型并联，其中每一个 Maxwell 模型都具有单独的动力黏度 η 以及松弛时间 λ。广义 Maxwell 模型示意如图 2-18 所示。

因为每个 Maxwell 模型彼此间相互并联，总体与个体间的应力与应变关系类

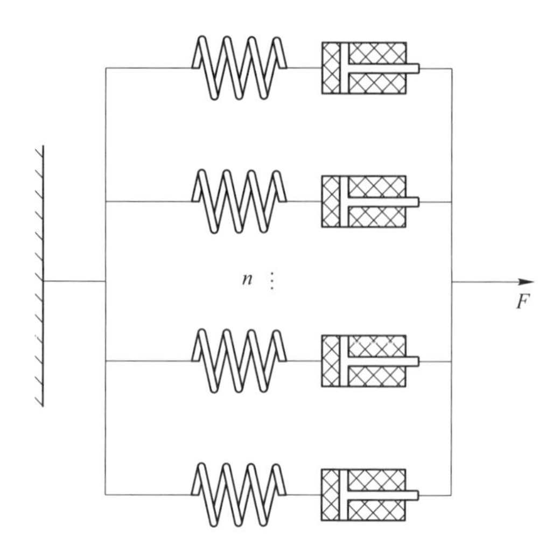

图 2-18　广义 Maxwell 力学模型（黏弹性流体）

似于电学里并联电路中电流与电压关系，即电压相等而电流等于每一分项之和。则每一个模型均具有相同的应变值，且其值与总的广义 Maxwell 模型相等。同时对于应力，广义 Maxwell 模型的总应力值可由每一个 Maxwell 模型的叠加求得，为此由 n 个 Maxwell 模型所构成的广义 Maxwell 模型的本构方程为：

$$\begin{cases} \boldsymbol{T} = \sum_{i=1}^{n} \boldsymbol{T}_i \\ \boldsymbol{T}_i + \lambda_i \dfrac{\partial \boldsymbol{T}_i}{\partial t} = \eta_i \boldsymbol{A}_1 \end{cases}, \qquad i = 1,2,\cdots,n \tag{2-43}$$

式中，$\boldsymbol{T}_i$、λ_i、η_i分别为第 i 个 Maxwell 模型的应力张量、松弛时间、动力黏度。

同样对于广义 Maxwell 模型，也具有应力松弛的流变特性，若在时刻 $t=0$ 时，1 阶 Rivlin-Ericksen 张量 $\boldsymbol{A}_1$ 变为 $\boldsymbol{0}$，则广义 Maxwell 模型的应力松弛函数为：

$$\boldsymbol{T} = \sum_{i=1}^{n} \boldsymbol{T}_i = \sum_{i=1}^{n} \boldsymbol{T}_{0i} \mathrm{e}^{-t/\lambda_i}, \qquad \boldsymbol{T}_{0i} = \lim_{x \to \infty} \boldsymbol{T}_i \tag{2-44}$$

式中，$\boldsymbol{T}_{0i}$为 $t=0$ 时第 i 个 Maxwell 模型所施加的应力张量值。

由于黏弹性流体具有记忆效应，因此当前的应力状态不仅与当时的变形有关，还与变形率以及过去的变形历史有关。对于单个 Maxwell 模型，对式（2-38）的一阶线性偏微分方程积分，可得出 t 时刻的应力状态，假设积分过程中无限远的过去时刻应力值为 0，即 $\boldsymbol{T}_{-\infty} = \boldsymbol{0}$，可得出现在 t 时刻的应力张量为：

$$\boldsymbol{T} = \int_{-\infty}^{t} \frac{\eta}{\lambda} \cdot \mathrm{e}^{-(t-t')/\lambda} \boldsymbol{A}_1(t') \, \mathrm{d}t' \tag{2-45}$$

对于单个 Maxwell 模型，记 δ 为当前时刻与过去某一时刻的时间间隔，如式（2-46）所示：

$$\delta = t - t' \tag{2-46}$$

式中，δ 为时间间隔；t 为流动状态的当前时刻；t' 为流动状态的过去某一时刻。

因此，对于流动的现在时刻$\delta=0$，而无限远的过去时刻$\delta = [t-(-\infty)] = +\infty$。

当指定 Maxwell 模型的松弛函数 $\varphi(\delta)$，其作为时间间隔 δ 的函数，如式（2-47）所示：

$$\varphi(\delta) = \frac{\eta}{\lambda} \cdot e^{(-\delta/\lambda)} \tag{2-47}$$

式（2-45）中，期望 1 阶 Rivlin-Ericksen 张量 $\boldsymbol{A}_1$ 的近期剪切历史，比遥远剪切历史，对于当前流动时刻 t 的应力状态影响更为明显。因此希望 Maxwell 模型的松弛函数 $\varphi(\delta)$ 是减函数，即 $\varphi(\delta)$ 随着 δ 的增大而减小，$\delta=0$ 时 $\varphi(\delta)$ 取最大值，而 $\delta=+\infty$ 时，$\varphi(\delta)$ 取最小值并减小为 0。

式（2-46）由单 Maxwell 模型推出，推广到广义 Maxwell 模型时，运用叠加原理，n 个并联的 Maxwell 模型所构成的广义 Maxwell 模型在流动的当前时刻 t，其应力张量为：

$$\boldsymbol{T} = \sum_{i=1}^{n} \boldsymbol{T}_i = \sum_{i=1}^{n} \frac{\eta_i}{\lambda_i} \cdot \int_{-\infty}^{t} e^{-(t-t')/\lambda_i} \boldsymbol{A}_1(t')\, dt' \tag{2-48}$$

同理，依然假设上式中第 i 个 Maxwell 模型，在积分过程中无限远的过去时刻应力值为 0，即 $\boldsymbol{T}_{i-\infty}=\boldsymbol{0}$。若广义 Maxwell 模型由近似于无限多个 Maxwell 单体组成，即 $n\to\infty$，式（2-48）可写为：

$$\boldsymbol{T} = \int_{-\infty}^{t} \varphi(t-t')\, \boldsymbol{A}_1(t')\, dt' \tag{2-49}$$

式中，$\varphi(t-t')$ 为松弛函数，$n\to\infty$ 时，可由式（2-50）求出：

$$\varphi(t-t') = \int_{0}^{\infty} \frac{N(\lambda)}{\lambda} \cdot e^{-(t-t')/\lambda} d\lambda \tag{2-50}$$

式中，$N(\lambda)$ 是每一个 Maxwell 模型的松弛时间 λ 的分布函数。

对于黏弹性流体，其几种线性流体本构方程的松弛函数是不相同的。其实，广义 Maxwell 模型还有另外一种表现方式，由 n 个 Maxwell 模型并联，并在最后并联一个弹性元件，此模型也称为广义 Maxwell 模型，不过其描述的是黏弹性固体模型，如图 2-19 所示。

除了以上几种力学模型的黏弹性流体外，常用的黏弹性流体还有四常量流体流变模型（Burgers 模型）等。由一般经验可知，随着模型中常量个数的增加，模型对线性黏弹性流变特性描述越精确，但是也增加了模型的复杂程度。因此在选择力学模型时需要综合考虑模型实现的难易程度以及精确度要求，选择合适的力学元件组成合适的黏弹性流体力学模型。

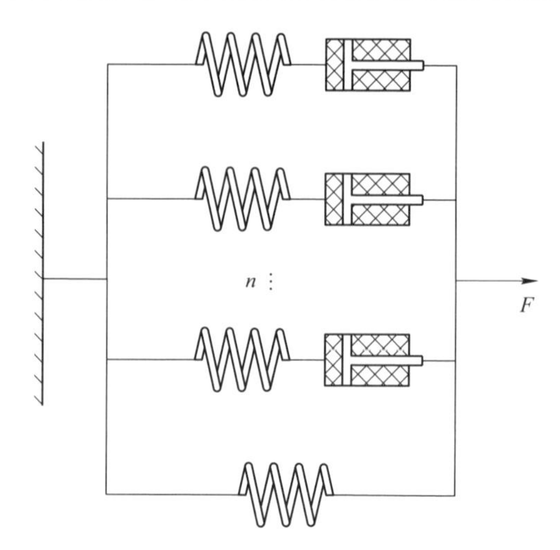

图 2-19　广义 Maxwell 力学模型（黏弹性固体）

2.2.3.3　非线性黏弹性流体流变模型

在线性黏弹性模型中，其假设条件为应力与应变（应变率）均是非常小的，本构方程中只有一阶项，没有高次项的出现。但是对于更多的黏弹性流体，流动过程中不可能都满足小变形的假设条件，本构方程各项不可能都是一阶线性的形式。对于这一类黏弹性流体，小变形下的线性本构方程已不足以描述，需要考虑大变形下的非线性问题。

非线性黏弹性流体的本构方程研究中，也需依据所研究流动的复杂程度来选取本构方程类型，非线性条件下通常将黏弹性流体流动分为低速流动（蠕变流动）和复杂流动。对于这两类流动类型，对应的本构方程分别为积分型本构方程和微分型本构方程。

A　低速流动

此类流动很慢，并且流动变化趋势也非常缓慢。如黏弹性流体绕过小球时的蠕变流动，这类流动虽然较慢，但是将其看为线性黏弹性流体是不可以的，因为此类流动不能采用小变形方法进行分析。对比线性黏弹性流体，其流变本构方程不能描述非线性黏弹性流体的主要原因，是方程中没有表征弹性作用的非线性项。对于此类黏弹性问题可以构建一种简单的非线性本构方程，如式（2-51）所示：

$$\begin{cases} \boldsymbol{T} = \boldsymbol{T}_1 + \boldsymbol{T}_2 + \boldsymbol{T}_3 + \cdots + \boldsymbol{T}_n \\ \boldsymbol{T}_1 = \eta_0 \boldsymbol{A}_1 \\ \boldsymbol{T}_2 = \alpha_0 \boldsymbol{A}_1^2 + \alpha_1 \boldsymbol{A}_2 \\ \boldsymbol{T}_3 = \beta_0 (\mathrm{tr}\boldsymbol{A}_2)\, \boldsymbol{A}_1 + \beta_1 (\boldsymbol{A}_1 \boldsymbol{A}_2 + \boldsymbol{A}_2 \boldsymbol{A}_1) + \beta_2 \boldsymbol{A}_3 \\ \qquad\vdots \end{cases} \tag{2-51}$$

式中，$\boldsymbol{A}_1$、$\boldsymbol{A}_2$、$\boldsymbol{A}_3$分别为 1 阶、2 阶、3 阶 Rivlin-Ericksen 张量；η_0、α_0、α_1、β_0、β_1、β_2 为物质常量。

对于$\boldsymbol{T}_n$项对应的$\boldsymbol{A}_n$可由递推公式（2-52）求出：

$$\boldsymbol{A}_n = \dot{\boldsymbol{A}}_{n-1} + \boldsymbol{L}_1^{+}\boldsymbol{A}_{n-1} + \boldsymbol{A}_{n-1}\boldsymbol{L}_1 \tag{2-52}$$

式中，$\boldsymbol{A}_n$、$\dot{\boldsymbol{A}}_{n-1}$ 分别表示 n 阶 Rivlin-Ericksen 张量和其对 t' 时刻的导数；$\boldsymbol{L}_1$、$\boldsymbol{L}_1^{+}$ 分别表示 t' 时刻的速度梯度与速度梯度的转置。

式（2-51）为高阶微分型本构方程，若方程右边 n 取值 2，则变为 2 阶微分型本构方程：

$$\boldsymbol{T} = \eta_0\boldsymbol{A}_1 + \alpha_0\boldsymbol{A}_1^2 + \alpha_1\boldsymbol{A}_2 \tag{2-53}$$

在 η_0、α_0、α_1 均不为 0 的条件下，上式方程所描述的流体称为 2 阶流体。在 2 阶流体中，具有恒定的常黏度 η_0，其可以求解出黏弹性流体的第一与第二法向应力差，用来描述具有轻微黏弹性，记忆效应较差，并且流动是缓慢的黏弹性流体。但是其也具有比较明显的缺点，在描述两平行平板间的流动时，采用 2 阶流体流变模型，流体的流动状态是不稳定的，从物理角度这一问题是不能接受的。但是，因为 2 阶流体的力学描述较为简单，依然在微弹性流动方面有一定价值。同理，可依次获得 3 阶流体或更高阶的流体。在低速流动和流动变化缓慢时，3 阶或更高阶流体流变模型要好于 2 阶流体流变模型。如 2 阶流体的黏度为常量，而 3 阶流体的黏度可以变为剪切速率的函数，其第一与第二法向应力差依然同 2 阶流体，但是 3 阶流体流变模型则比 2 阶流体流变模型复杂。

对于式（2-53），可以将方程右边的系数 η_0、α_0、α_1，看作 1 阶 Rivlin-Ericksen 张量各不变量的函数而不是常量，以此方法对 2 阶流体本构方程式（2-53）进行推广。对于 1 阶 Rivlin-Ericksen 张量 $\boldsymbol{A}_1$，可以使用其最常用的第二不变量推广，如式（2-54）的形式：

$$II = \left[\frac{1}{2}\mathrm{tr}\boldsymbol{A}_1^2\right]^{1/2} \tag{2-54}$$

对式（2-54）进行改写，改写后得到广义二阶流体的本构方程：

$$\boldsymbol{T} = \eta_0(II)\boldsymbol{A}_1 + \alpha_0(II)\boldsymbol{A}_1^2 + \alpha_1(II)\boldsymbol{A}_2 \tag{2-55}$$

式中，$\eta_0(II)$、$\alpha_0(II)$、$\alpha_1(II)$ 为 $\boldsymbol{A}_1$ 第二不变量 II 的函数。

在测黏流动中 $II=\dot{\gamma}$，以上三项的具体表达如式（2-56）所示：

$$\begin{cases} \eta_0(II) = \eta(\dot{\gamma}) \\ \alpha_0(II) = (N_1 + N_2) \\ \alpha_1(II) = -N_1/2 \end{cases} \tag{2-56}$$

式中，$\eta(\dot{\gamma})$ 为黏度函数（表观黏度）；N_1、N_2 为第一、第二法向应力差系数。

此时，2 阶流体在测黏流动条件下的本构方程已经建立。但需注意的是，式（2-56）只对测黏流动适用。常见的测黏流动有两转动圆筒间的流动、管道流动等。

B 复杂流动

如果黏弹性流体呈现出快速流动且具有急剧变化的特性，缓慢流动条件下的微分型本构方程将不再适用。对此可使用积分型本构方程或者隐含型本构方程（混合型本构方程）。隐含型本构方程指方程中，n 阶应力张量 $\boldsymbol{T}_n$ 没有以显示的形式由 n 阶应变变化率张量 $\boldsymbol{S}_n$ 或 n 阶 Rivlin-Ericksen 张量 $\boldsymbol{A}_n$ 表示。求解本构方程的难度较大，并且在求解过程中有类似于微分型本构方程的展开方法，因此其也可作为一种微分型本构方程。

a 隐含型本构方程（微分方程型）

以线性黏弹性流体中的 Maxwell 模型为基础，对本构方程式（2-38）进行修改，以使其满足大变形下的非线性黏弹性需求。对于大变形，可以考虑使用随体坐标系来建立非线性黏弹性流体的本构方程，同时满足本构方程定义时的物质客观性原理。随体坐标系指嵌在所研究的物体中并随物体质点一同发生连续变形的坐标系。随体坐标系是建立本构方程较为理想的坐标系，但在流体流动问题的求解中，运动方程与边界条件通常是参考固定坐标系建立的。因此参考随体坐标系建立的本构方程需要变换到固定坐标系中。

一个张量 $\boldsymbol{A}$ 在随体坐标系中对时间的导数，与在固定坐标系中对时间的导数间存在一定的变换规律。假设张量 $\boldsymbol{A}$ 为三维空间内的 2 阶张量，指标变程为 3，其协变分量与逆变分量分别为 A_{ij}、A^{ij}。张量的协变分量与逆变分量在随体坐标中对时间的导数，分别称为协变分量 A_{ij} 的下随体导数与逆变分量 A^{ij} 的上随体导数，二者在随体坐标系中的时间导数变换公式为：

$$\overset{\Delta}{\boldsymbol{A}} = \frac{\delta A_{ij}}{\delta t} = \frac{\partial A_{ij}}{\partial t} + v^k \frac{\partial A_{ij}}{\partial x^k} + \frac{\partial v^k}{\partial x^i} A_{kj} + \frac{\partial v^k}{\partial x^j} A_{ik} \tag{2-57a}$$

$$\overset{\nabla}{\boldsymbol{A}} = \frac{\delta A^{ij}}{\delta t} = \frac{\partial A^{ij}}{\partial t} + v^k \frac{\partial A^{ij}}{\partial x^k} - \frac{\partial v^i}{\partial x^k} A^{kj} - \frac{\partial v^j}{\partial x^k} A^{ik} \tag{2-57b}$$

式中，$\overset{\Delta}{\boldsymbol{A}}$ 为协变分量的下随体导数；$\overset{\nabla}{\boldsymbol{A}}$ 为逆变分量的上随体导数；$\delta/\delta t$ 为 Oldroyd 导数；v^k 为速度矢量的分量，A_{ij}、A^{ij}、A_{kj}、A^{kj}、A_{ik}、A^{ik} 为张量 $\boldsymbol{A}$ 的对应分量。

对于描述大变形非线性的隐含型本构方程，这里以一个实例修改线性的 Maxwell 模型，使其适于大变形问题。在随体坐标系中重新建立 Maxwell 模型的本构方程，并利用变换公式（2-58），将本构方程从随体坐标系变换到固定坐标系，使其在固定坐标系下与运动方程以及边界条件联立求解。鉴于此对式（2-37）的修改是非常简单的，只需要将非客观量的应力张量 $\boldsymbol{T}$ 对时间 t 的偏导数$\partial \boldsymbol{T}/\partial t$，换为客观量的 Oldroyd 导数 $\delta \boldsymbol{T}/\delta t$ ，那么式（2-37）自然地就满足了本构方程中定义时所应满足的客观性原理，修改后的 Maxwell 模型为：

$$\boldsymbol{T} + \lambda \frac{\delta \boldsymbol{T}}{\delta t} = \eta \boldsymbol{A}_1 \tag{2-58}$$

将式（2-58）利用式（2-57）进行坐标变换，变换后的 Maxwell 模型在固定坐标系下的协变形式与逆变形式分别如式（2-59）、（2-60）所示。

$$T_{ij} + \lambda \left(\frac{\partial T_{ij}}{\partial t} + v^k \frac{\partial T_{ij}}{\partial x^k} + \frac{\partial v^k}{\partial x^i} T_{kj} + \frac{\partial v^k}{\partial x^j} T_{ik} \right) = \eta A_{ij} \tag{2-59}$$

$$T^{ij} + \lambda \left(\frac{\partial T^{ij}}{\partial t} + v^k \frac{\partial T^{ij}}{\partial x^k} - \frac{\partial v^i}{\partial x^k} T^{kj} - \frac{\partial v^j}{\partial x^k} T^{ik} \right) = \eta A^{ij} \tag{2-60}$$

式（2-59）与式（2-60）均满足本构方程的客观性要求，在忽略高次非线性项之后，在固定坐标系下均可求出 Maxwell 模型的线性本构方程。具体采用哪一个，需要考虑这两个方程的法向应力分布与具体的流变实验比较。这里以简单剪切流动，假设其流动如图 1-1（a）所示，下平板固定，上平板以恒定的速度$\boldsymbol{v}$向右运动，此时上下平板之间的流体由于两平板的相对运动，将会发生剪切流动，这样的流体运动称为简单剪切流动。记 x、y、z 三个坐标轴为 x^i，$i=1$，2，3。因为上平板向右移动的速度恒为$\boldsymbol{v}$，记其移动速率为 V，两平板之间的距离为 h，那么速度 v 可写为式（2-61）的分量形式：

$$\boldsymbol{v} = \begin{cases} v_{(1)} = \dot{\gamma} x^2 \\ v_{(2)} = 0 \\ v_{(3)} = 0 \end{cases}, \quad \dot{\gamma} = \frac{V}{h} \tag{2-61}$$

注：上式中 $v_{(1)}$ 分量$\dot{\gamma} x^2$ 中“x^2”是指 y 坐标轴值，非 x 的 2 次方。

使用简单剪切流动的速度场$\boldsymbol{v}$对式（2-59）进行求解，即求解协变形式下的本构方程，方程中的协变应力分量 T_{ij}的下随体导数式按式（2-57a）计算。因为简单剪切流动为定常流动，故协变应力分量 T_{ij}对时间 t 的偏导数为 0，即：$\frac{\partial T_{ij}}{\partial t} = 0$。所以式（2-57a）可写为：

$$\frac{\delta T_{ij}}{\delta t} = v^k \frac{\partial T_{ij}}{\partial x^k} + \frac{\partial v^k}{\partial x^i} T_{kj} + \frac{\partial v^k}{\partial x^j} T_{ik} \tag{2-62}$$

分析式（2-62）可知，若 $\frac{\delta T_{ij}}{\delta t} \neq 0$，那么 v^k 必不为 0，也即是在简单剪切流动下 v^k 只能为 $v_{(1)}$，即 $k=1$。又因 $v_{(1)}=v^1=\dot{\gamma}x^2$，表明 $v_{(1)}$ 仅是 x^2 的函数，则在 k 取值为 1 的条件下，$v^k\frac{\partial T_{ij}}{\partial x^k}=0$，式（2-62）可进一步化简：

$$\frac{\delta T_{ij}}{\delta t} = \frac{\partial v^1}{\partial x^i}T_{1j} + \frac{\partial v^1}{\partial x^j}T_{i1} \tag{2-63}$$

上式中协变分量 T_{ij} 的下随体导数指标 i、j 变程均为 3，相应的协变分量 T_{ij} 的下随体导数有 9 个分量，分别为：$\frac{\delta T_{11}}{\delta t}$、$\frac{\delta T_{12}}{\delta t}$、$\frac{\delta T_{13}}{\delta t}$、$\frac{\delta T_{21}}{\delta t}$、$\frac{\delta T_{22}}{\delta t}$、$\frac{\delta T_{23}}{\delta t}$、$\frac{\delta T_{31}}{\delta t}$、$\frac{\delta T_{32}}{\delta t}$、$\frac{\delta T_{33}}{\delta t}$。在这 9 种情况下将式（2-61）代入式（2-63）求偏导，同时考虑偏应力张量 $\boldsymbol{T}$ 为对称张量，即：$T_{ij}=T_{ji}$，运算得出：

$$\begin{cases}\frac{\delta T_{11}}{\delta t} = \frac{\partial v^1}{\partial x^1}T_{11} + \frac{\partial v^1}{\partial x^1}T_{11}\\ \frac{\delta T_{12}}{\delta t} = \frac{\partial v^1}{\partial x^1}T_{12} + \frac{\partial v^1}{\partial x^2}T_{11}\\ \frac{\delta T_{13}}{\delta t} = \frac{\partial v^1}{\partial x^1}T_{13} + \frac{\partial v^1}{\partial x^3}T_{11}\\ \frac{\delta T_{21}}{\delta t} = \frac{\partial v^1}{\partial x^2}T_{11} + \frac{\partial v^1}{\partial x^1}T_{21}\\ \frac{\delta T_{22}}{\delta t} = \frac{\partial v^1}{\partial x^2}T_{12} + \frac{\partial v^1}{\partial x^2}T_{21}\\ \frac{\delta T_{23}}{\delta t} = \frac{\partial v^1}{\partial x^2}T_{13} + \frac{\partial v^1}{\partial x^3}T_{21}\\ \frac{\delta T_{31}}{\delta t} = \frac{\partial v^1}{\partial x^3}T_{11} + \frac{\partial v^1}{\partial x^1}T_{31}\\ \frac{\delta T_{32}}{\delta t} = \frac{\partial v^1}{\partial x^3}T_{12} + \frac{\partial v^1}{\partial x^2}T_{31}\\ \frac{\delta T_{33}}{\delta t} = \frac{\partial v^1}{\partial x^3}T_{13} + \frac{\partial v^1}{\partial x^3}T_{31}\end{cases} \Rightarrow \begin{cases}\frac{\delta T_{11}}{\delta t} = 0 \times T_{11} + 0 \times T_{11}\\ \frac{\delta T_{12}}{\delta t} = 0 \times T_{12} + \dot{\gamma}T_{11}\\ \frac{\delta T_{13}}{\delta t} = 0 \times T_{13} + 0 \times T_{11}\\ \frac{\delta T_{21}}{\delta t} = \dot{\gamma}T_{11} + 0 \times T_{21}\\ \frac{\delta T_{22}}{\delta t} = \dot{\gamma}T_{12} + \dot{\gamma}T_{21}\\ \frac{\delta T_{23}}{\delta t} = \dot{\gamma}T_{13} + 0 \times T_{21}\\ \frac{\delta T_{31}}{\delta t} = 0 \times T_{11} + 0 \times T_{31}\\ \frac{\delta T_{32}}{\delta t} = 0 \times T_{12} + \dot{\gamma}T_{31}\\ \frac{\delta T_{33}}{\delta t} = 0 \times T_{13} + 0 \times T_{31}\end{cases} \Rightarrow \begin{cases}\frac{\delta T_{11}}{\delta t} = 0\\ \frac{\delta T_{12}}{\delta t} = \dot{\gamma}T_{11}\\ \frac{\delta T_{13}}{\delta t} = 0\\ \frac{\delta T_{21}}{\delta t} = \dot{\gamma}T_{11}\\ \frac{\delta T_{22}}{\delta t} = 2\dot{\gamma}T_{12}\\ \frac{\delta T_{23}}{\delta t} = \dot{\gamma}T_{13}\\ \frac{\delta T_{31}}{\delta t} = 0\\ \frac{\delta T_{32}}{\delta t} = \dot{\gamma}T_{31}\\ \frac{\delta T_{33}}{\delta t} = 0\end{cases} \tag{2-64}$$

获得协变分量 T_{ij} 下随体导数的 9 个分量后，对式（2-59）进行求解。因为 $\boldsymbol{A}_1$ 为 1 阶 Rivlin-Ericksen 张量，其计算如式（2-38）所示。1 阶 Rivlin-Ericksen 张量为 2 阶对称张量，其协变分量 A_{ij} 可写为：

$$A_{ij}=\begin{bmatrix}A_{11}&A_{12}&A_{13}\\A_{21}&A_{22}&A_{23}\\A_{31}&A_{32}&A_{33}\end{bmatrix}=\begin{bmatrix}2\dfrac{\partial v_1}{\partial x_1}&\left(\dfrac{\partial v_1}{\partial x_2}+\dfrac{\partial v_2}{\partial x_1}\right)&\left(\dfrac{\partial v_1}{\partial x_3}+\dfrac{\partial v_3}{\partial x_1}\right)\\\left(\dfrac{\partial v_2}{\partial x_1}+\dfrac{\partial v_1}{\partial x_2}\right)&2\dfrac{\partial v_2}{\partial x_2}&\left(\dfrac{\partial v_2}{\partial x_3}+\dfrac{\partial v_3}{\partial x_2}\right)\\\left(\dfrac{\partial v_3}{\partial x_1}+\dfrac{\partial v_1}{\partial x_3}\right)&\left(\dfrac{\partial v_3}{\partial x_2}+\dfrac{\partial v_2}{\partial x_3}\right)&2\dfrac{\partial v_3}{\partial x_3}\end{bmatrix}\quad(2\text{-}65)$$

式（2-65）中指标 i、j 的取法对应于求协变分量 T_{ij} 下随体导数分量时的指标 i、j。考虑速度分布式（2-61），将其代入式（2-65）后可得协变分量 A_{ij} 为：

$$A_{ij}=\begin{bmatrix}0&\dot{\gamma}&0\\\dot{\gamma}&0&0\\0&0&0\end{bmatrix}\quad(2\text{-}66)$$

对应协变分量 T_{ij} 的 9 个分量，由式（2-59）、式（2-64）、式（2-66）、联立可得式（2-67）：

$$\begin{bmatrix}T_{11}&T_{12}&T_{13}\\T_{21}&T_{22}&T_{23}\\T_{31}&T_{32}&T_{33}\end{bmatrix}+\lambda\begin{bmatrix}0&\dot{\gamma}T_{11}&0\\\dot{\gamma}T_{11}&2\dot{\gamma}T_{12}&\dot{\gamma}T_{13}\\0&\dot{\gamma}T_{31}&0\end{bmatrix}=\eta\begin{bmatrix}0&\dot{\gamma}&0\\\dot{\gamma}&0&0\\0&0&0\end{bmatrix}\quad(2\text{-}67)$$

方程两边对应求得协变分量 T_{ij} 的 9 个分量为：

$$T_{ij}=\begin{bmatrix}0&\eta\dot{\gamma}&0\\\eta\dot{\gamma}&-2\lambda\eta\dot{\gamma}^2&0\\0&0&0\end{bmatrix}\quad(2\text{-}68)$$

为满足黏弹性流体非线性大变形下的要求进行了线性 Maxwell 模型修改，并得出协变形式的本构方程式（2-59）。由式（2-59）所得的应力张量 $\boldsymbol{T}$ 的 9 个协变分量，在简单剪切流动的条件下，其法向应力为 $T_{11}=0$、$T_{22}=-2\lambda\eta\dot{\gamma}^2$，$T_{33}=0$，而剪切应力为 $T_{12}=T_{21}=\eta\dot{\gamma}$，$T_{13}=T_{31}=0$，$T_{23}=T_{32}=0$。通常定义如式（2-69）所示的第一、第二法向应力差描述黏弹性非牛顿流体的流变特性：

$$\begin{cases}\Delta\sigma_1=T_{11}-T_{22}=2\lambda\eta\dot{\gamma}^2\\\Delta\sigma_2=T_{22}-T_{33}=-2\lambda\eta\dot{\gamma}^2\end{cases}\quad(2\text{-}69)$$

式中，$\Delta\sigma_1$、$\Delta\sigma_2$ 分别为第一、第二法向应力差。由式（2-59）所推出的剪切应力差为 $|\Delta\sigma_1|=|\Delta\sigma_2|$，而事实上由协变形式得出的结果与大多数流变实验获得的结果有较大差异，因此式（2-59）所得结果不太理想。这种通过求取协变分量下随体导数所获得的本构方程，称为下随体 Maxwell 模型。

采用与式（2-62）至式（2-64）类似的求解方法，可以获得逆变分量 A^{ij} 的上随体导数的9个分量（注：逆变形式下分析时，若 $\frac{\delta T^{ij}}{\delta t}\neq 0$，此时式（2-57b）中 $k=2$），如式（2-70）所示：

$$\begin{cases}\frac{\delta T^{11}}{\delta t}=-\frac{\partial v^1}{\partial x^2}T^{21}-\frac{\partial v^1}{\partial x^2}T^{12}\\ \frac{\delta T^{12}}{\delta t}=-\frac{\partial v^1}{\partial x^2}T^{22}-\frac{\partial v^2}{\partial x^2}T^{12}\\ \frac{\delta T^{13}}{\delta t}=-\frac{\partial v^1}{\partial x^2}T^{23}-\frac{\partial v^3}{\partial x^2}T^{12}\\ \frac{\delta T^{21}}{\delta t}=-\frac{\partial v^2}{\partial x^2}T^{21}-\frac{\partial v^1}{\partial x^2}T^{22}\\ \frac{\delta T^{22}}{\delta t}=-\frac{\partial v^2}{\partial x^2}T^{22}-\frac{\partial v^2}{\partial x^2}T^{22}\\ \frac{\delta T^{23}}{\delta t}=-\frac{\partial v^2}{\partial x^2}T^{23}-\frac{\partial v^3}{\partial x^2}T^{22}\\ \frac{\delta T^{31}}{\delta t}=-\frac{\partial v^3}{\partial x^2}T^{21}-\frac{\partial v^1}{\partial x^2}T^{32}\\ \frac{\delta T^{32}}{\delta t}=-\frac{\partial v^3}{\partial x^2}T^{22}-\frac{\partial v^2}{\partial x^2}T^{32}\\ \frac{\delta T^{33}}{\delta t}=-\frac{\partial v^3}{\partial x^2}T^{23}-\frac{\partial v^3}{\partial x^2}T^{32}\end{cases}\Rightarrow\begin{cases}\frac{\delta T^{11}}{\delta t}=-\dot{\gamma}T^{21}-\dot{\gamma}T^{12}\\ \frac{\delta T^{12}}{\delta t}=-\dot{\gamma}T^{22}-0\times T^{12}\\ \frac{\delta T^{13}}{\delta t}=-\dot{\gamma}T^{23}-0\times T^{12}\\ \frac{\delta T^{21}}{\delta t}=-0\times T^{21}-\dot{\gamma}T^{22}\\ \frac{\delta T^{22}}{\delta t}=-0\times T^{22}-0\times T^{22}\\ \frac{\delta T^{23}}{\delta t}=-0\times T^{23}-0\times T^{22}\\ \frac{\delta T^{31}}{\delta t}=-0\times T^{21}-\dot{\gamma}T^{32}\\ \frac{\delta T^{32}}{\delta t}=-0\times T^{22}-0\times T^{32}\\ \frac{\delta T^{33}}{\delta t}=-0\times T^{23}-0\times T^{32}\end{cases}\Rightarrow\begin{cases}\frac{\delta T^{11}}{\delta t}=-2\dot{\gamma}T^{12}\\ \frac{\delta T^{12}}{\delta t}=-\dot{\gamma}T^{22}\\ \frac{\delta T^{13}}{\delta t}=-\dot{\gamma}T^{23}\\ \frac{\delta T^{21}}{\delta t}=-\dot{\gamma}T^{22}\\ \frac{\delta T^{22}}{\delta t}=0\\ \frac{\delta T^{23}}{\delta t}=0\\ \frac{\delta T^{31}}{\delta t}=-\dot{\gamma}T^{32}\\ \frac{\delta T^{32}}{\delta t}=0\\ \frac{\delta T^{33}}{\delta t}=0\end{cases}\tag{2-70}$$

同理，1阶 Rivlin-Ericksen 张量的逆变分量 A^{ij} 为：

$$A^{ij}=\begin{bmatrix}0&\dot{\gamma}&0\\ \dot{\gamma}&0&0\\ 0&0&0\end{bmatrix}\tag{2-71}$$

对应逆变分量 T^{ij} 的9个分量，由式（2-60）、式（2-61）、式（2-71）联立可得：

$$\begin{bmatrix}T^{11}&T^{12}&T^{13}\\ T^{21}&T^{22}&T^{23}\\ T^{31}&T^{32}&T^{33}\end{bmatrix}+\lambda\begin{bmatrix}-2\dot{\gamma}T^{12}&-\dot{\gamma}T^{22}&-\dot{\gamma}T^{23}\\ -\dot{\gamma}T^{22}&0&0\\ -\dot{\gamma}T^{32}&0&0\end{bmatrix}=\eta\begin{bmatrix}0&\dot{\gamma}&0\\ \dot{\gamma}&0&0\\ 0&0&0\end{bmatrix}\tag{2-72}$$

方程两边对应求得逆变分量 T^{ij} 的9个分量为：

$$T^{ij}=\begin{bmatrix}2\lambda\eta\dot{\gamma}^2 & \eta\dot{\gamma} & 0\\ \eta\dot{\gamma} & 0 & 0\\ 0 & 0 & 0\end{bmatrix} \tag{2-73}$$

简单剪切流动的条件下，逆变形式所得法向应力为 $T^{11}=2\lambda\eta\dot{\gamma}^2$，$T^{22}=0$，$T^{33}=0$；剪切应力为 $T^{12}=T^{21}=\eta\dot{\gamma}$，$T^{13}=T^{31}=0$，$T^{23}=T^{32}=0$。所得第一、第二法向应力差为：

$$\begin{cases}\Delta\sigma_1=T^{11}-T^{22}=2\lambda\eta\dot{\gamma}^2\\ \Delta\sigma_2=T^{22}-T^{33}=0\end{cases} \tag{2-74}$$

由式（2-60）逆变形式得出的第一、第二法向应力差与多数流变实验获得的数据较为吻合，因此式（2-60）所得结果比较理想。这种通过求取逆变分量上随体导数所获得的本构方程，称为上随体 Maxwell 模型。

从式（2-68）与式（2-73）看出，在简单剪切流动条件下，由线性 Maxwell 模型引入随体坐标修改后，用来描述大变形非线性的上随体 Maxwell 模型或下随体 Maxwell 模型，其本构方程中的剪切应力分量 T_{12}或者 T^{12}均为 $\eta\dot{\gamma}$，如果偏应力张量 $\boldsymbol{T}$ 的法向应力分量也为 0，则将是牛顿流体。在简单剪切流动条件下 T_{12}或 T^{12}是$\dot{\gamma}$的线性函数，即 T_{12}与 T^{12}分量与$\dot{\gamma}$之间满足牛顿内摩擦定律，黏度为 η，这是因为假设 Maxwell 模型中黏性元件内部的液体为牛顿流体。但这并不代表上随体 Maxwell 模型或下随体 Maxwell 模型是牛顿流体，因为就偏应力张量 $\boldsymbol{T}$ 而言，还有法向应力分量的存在，其偏应力张量 $\boldsymbol{T}$ 与 1 阶 Rivlin-Ericksen 张量 $\boldsymbol{A}_1$（或者说应变变化率张量 $\boldsymbol{S}$）之间依然非线性。若黏性元件内部为非牛顿流体，那么在简单剪切流动条件下，T_{12}与 T^{12}分量与 $\dot{\gamma}$ 之间是非线性的，即：T_{12} 或$T^{12}=\eta(\dot{\gamma})\dot{\gamma}$，式（2-67）与式（2-72）将会更为复杂。

描述复杂流动的隐含型本构方程除了上随体 Maxwell 模型与下随体 Maxwell 模型还有很多，如由线性 Jeffreys 模型（三常量模型）的本构方程推导出的 Oldroyd-A 模型（下随体导数）、Oldroyd-B 模型（上随体导数）；由上随体 Maxwell 模型发展的 White-Metzner 模型（上随体 Maxwell 模型中的松弛时间与黏度不是常数，而是剪切速率的函数）；以及使用共转坐标系建立本构方程，之后使用共转导数（Jaumann 导数）使其本构方程从共转坐标系变换到固定坐标系，具体包含共转 Maxwell 模型、共转 Jeffreys 模型（三常量模型）等。

b　积分型本构方程

简单流体的本构方程如式（2-75）所示：

$$\boldsymbol{T}=\mathop{\Psi}_{s=0}^{\infty}[\boldsymbol{G}_t(\delta)] \tag{2-75}$$

式中，Ψ 为各向同性张量泛函；$\delta=t-t'$，为时间间隔；$\boldsymbol{G}_t(\delta)$ 为 Cauchy 变形张量，其值为：

$$\boldsymbol{G}_t(\delta) = \boldsymbol{C}_t(\delta) - \boldsymbol{I} \tag{2-76}$$

式中，$\boldsymbol{C}_t(\delta)$ 为右 Cauchy-Green 张量；$\boldsymbol{I}$ 为单位张量。

式（2-75）是最基本的简单流体本构方程，基于它可以推导出其他形式的本构方程，如微分型本构方程、积分型本构方程等。对式（2-75）进行泛函分析，同时假设黏弹性流体只有稍微黏弹性、流动缓慢、流速变化不剧烈，并且无限过去时刻的变形相比于最近时刻的变形影响很小，可以得出式（2-75）的一级近似，即描述线性黏弹性流体的积分型本构方程：

$$\boldsymbol{T} = \int_0^{\infty} M_1(\delta)\boldsymbol{G}_t(\delta)\,\mathrm{d}\delta \tag{2-77}$$

式中，$M_1(\delta)$ 是积分过程中引入的对时间间隔 δ 的函数。

式（2-77）所表达的积分关系，说明了使用 Cauchy 变形张量 $\boldsymbol{G}_t(\delta)$ 来度量黏弹性流体的变形历史对现在时刻 t 的应力影响。这里需要声明，描述线性黏弹性流体的积分型本构方程不只有这一种形式，还可以使用 Finger 张量 $\boldsymbol{C}_t^{-1}(\delta)$、右 Cauchy-Green 张量 $\boldsymbol{C}_t(\delta)$、左 Cauchy-Green 张量 $\boldsymbol{B}_t(\delta)$ 等多种变形张量描述。然而式（2-77）所得结果与相关流变实验数据吻合性较差，如其得出的黏度是一个常量，并且第一与第二法向应力差大小相等，需要对其进行修正。因此可以考虑使用其他的变形张量来构建积分方程。

在非线性大变形的流动条件下，线性黏弹性本构方程式（2-77）的形式已经不再适用，因此需要考虑对其修正。同时考虑式（2-77）使用 Cauchy 变形张量度量变形历史所得结果较差的缺陷，可以使用其他变形张量进行修改。对于第一个问题的修改，可以借鉴推广二阶流体本构方程时的思路，视函数 $M_1(\delta)$ 不仅是时间间隔 δ 的函数，而且也是右 Cauchy-Green 张量 $\boldsymbol{C}_t(\delta)$ 第二不变量 $I\!I$ 或者第一不变量 I 的函数，修改的目的是使本构方程中的黏度与式（2-78）相比不再是一个常量，而是第二不变量 $I\!I$ 或者第一不变量 I 的函数，更好地与非线性复杂流动下的流变实验数据相吻合。对于第二个问题可以使用 Finger 张量 $\boldsymbol{C}_t^{-1}(\delta)$，替换原先积分方程中的 $\boldsymbol{G}_t(\delta)$，得到的积分型本构方程为：

$$\boldsymbol{T} = \int_0^{\infty} [M_1(\delta, I, I\!I)\,\boldsymbol{C}_t(\delta) + M_2(\delta, I, I\!I)\,\boldsymbol{C}_t^{-1}(s)(\delta)]\,\mathrm{d}\delta \tag{2-78}$$

式中，I 为 $\boldsymbol{C}_t(\delta)$ 的第一不变量，$I = \mathrm{tr}[\boldsymbol{C}_t(\delta)]$；$I\!I$ 为 $\boldsymbol{C}_t(\delta)$ 的第二不变量，$I\!I = \mathrm{tr}[\boldsymbol{C}_t(\delta)]^2$；$M_1(\delta, I, I\!I)$、$M_2(\delta, I, I\!I)$ 是两个 δ、I、$I\!I$ 的函数，具有多种可以选取的形式。

式（2-78）确定黏度函数及法向应力差的关键是选择合适的 M_1、M_2，但是这两个函数往往比较复杂，这使其在描述相对简单的测黏流动时可以得出较为精确的结果，但是却限制了其在复杂流动问题求解中的运用。为此，在式（2-78）中对应特定的 M_1、M_2 有一种经常使用的积分型本构方程：B. K. Z 积分方程（由 Bernstein、Kearsley、Zapas 三人提出）。该方程认为 M_1、M_2 两个函数可视为应变能函数来构建，其本构方程为：

$$\begin{cases} \boldsymbol{T} = \int_0^{\infty} [M_1(\delta, I, I_{-1}) \boldsymbol{C}_t(\delta) + M_2(\delta, I, I_{-1}) \boldsymbol{C}_t^{-1}(s)(\delta)] \mathrm{d}\delta \\ M_1 = -\dfrac{\partial E(\delta, I, I_{-1})}{\partial I} \\ M_1 = -\dfrac{\partial E(\delta, I, I_{-1})}{\partial I_{-1}} \end{cases} \tag{2-79}$$

式中，I为$\boldsymbol{C}_t(\delta)$的第一不变量；I_{-1}为$\boldsymbol{C}_t^{-1}(\delta)$的第一不变量；$E(\delta, I, I_{-1})$为应变能函数，建议采用以下的式（2-80）进行计算：

$$E(\delta, I, I_{-1}) = \frac{1}{2}\alpha'(\delta)(I_{-1} - 3)^2 + \frac{9}{2}\beta'(\delta)\ln\left(\frac{I_1 + I_{-1} + 3}{9}\right) +$$

$$24[\beta'(\delta) - \gamma'(\delta)]\ln\left(\frac{I_{-1} + 15}{I_1 + 15}\right) + \gamma'(\delta)(I_{-1} - 3) \tag{2-80}$$

式中，$\alpha'(\delta)$、$\beta'(\delta)$、$\gamma'(\delta)$为间隔时间δ的导数。式（2-79）与式（2-80）共同组成了 B. K. Z 积分型本构方程。除此之外，常用的积分型模型还有以下几种：添加阻尼函数的 Wagner 积分模型；对 White-Metzner 微分型本构方程进行积分运算得到的 White-Metzner 积分型本构方程；使用松弛模量建立的 Loage 积分型本构方程等。

2.2.3.4 黏弹性流体的两个无量纲数

无论是线性黏弹性流体的本构方程，还是非线性黏弹性流体的本构方程，其与纯黏性或具有屈服应力的非牛顿流体本构方程比较均显得复杂得多。这使黏弹性流体本构方程在具体的工程运用以及数值计算中有较大困难。那么，什么条件下选用黏弹性流体的本构方程？什么条件下可以忽略弹性只研究黏性？对于这两个问题可以借鉴流体力学中描述惯性力与黏性力之比的雷诺数 Re，通过定义描述黏弹性流体的弹性效应与黏性效应相对强弱的无量纲数来解决。在黏弹性流体研究中经常使用的无量纲数有：Weissenberg Number（魏森伯格数 Wi）与 Deborah Number（黛博拉数 De）[58]。

A Weissenberg Number

以简单剪切流动为例分析 Wi 数的定义与计算（参考上随体 Maxwell 模型），其定义如式（2-81）：

$$Wi = \frac{\text{Elastic forces}}{\text{Viscous forces}} = \frac{T_{11} - T_{22}}{T_{12}} = \frac{2\lambda\eta\dot{\gamma}^2}{\eta\dot{\gamma}} = 2\lambda\dot{\gamma} \tag{2-81}$$

式中各项的含义同上文。由 Wi 的定义式可知，其代表了第一法向应力差与剪切应力之比。若 Wi 很大，则流动主要由第一法向应力差决定，弹性效应明显不可以忽略；若 Wi 很小，则流动主要是由黏性力决定，这时弹性效应不是很重要，一些情况下可以忽略。法向应力差在牛顿流体中不会出现，是黏弹性流体所具有的流变行为，如经典的 Weissenberg 爬杆实验，就是因为法向应力差的存在引起的。对于黏弹性流体流动，其法向应力差基本上不全为 0，第一法向应力差一般为正值且与剪切速率成正比，第二法向应力差为负值，绝对值约为第一法向应力差的 1/10，对黏弹性流体的流动影响较小。

B　Deborah Number

另一个用于判断黏弹性流体的弹性效应与黏性效应比重的无量纲数是 Deborah Number，其定义如式（2-82）：

$$De = \frac{\lambda}{t_C} = \lambda \dot{\gamma} \tag{2-82}$$

式中，t_C 为与流动实验相联系的特征时间，其意义为：在流动时可观察到的物质微元的运动状态发生任何显著变化时所需要的时间，在简单剪切流动中其是剪切速率的倒数。

当 $t_C \gg \lambda$ 时，De 很小，流体的弹性效应微弱；当 $t_C \ll \lambda$ 时，De 很大，流体具有高弹性。将式（2-81）与式（2-82）比较可以发现，$Wi = 2De$。

Wi 与 De 均可以用于判断黏弹性流体的弹性效应与黏性效应，但是其物理解释却不同。Wi 表示在各向异性方向或某一定向方向的变形程度，并且适合描述具有恒定拉伸历史的流动；而 De 用来描述具有非恒定拉伸历史的流动，并且表示弹性能量储存或释放的速率。Wi、De 与黏弹性流体弹性、黏性之间对应关系如图 2-20 所示。

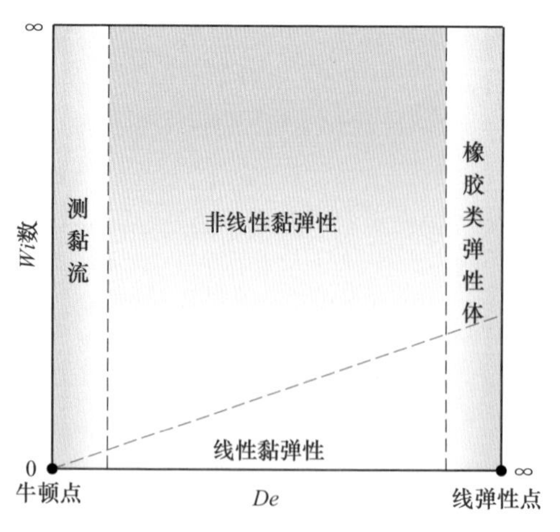

图 2-20　Wi 数与 De 数对黏弹性流体黏性、弹性影响示意图

2.2.4 时变性及其本构方程

依赖时间型的非牛顿流体主要分为两类，即触变性流体与反触变性流体。这两类流体与纯黏性流体中的剪切变稀体与剪切增稠体相似，往往在剪切作用下都会有表观黏度的减小与增大的现象。但区别在于，触变性流体表现为：在恒定剪切应力或者剪切速率的作用下，表观黏度随时间持续下降（区别于纯黏性流体的瞬间响应），并在剪切作用撤销后，静止条件下，表观黏度随时间逐渐恢复的一种依赖时间型非牛顿流体。对于这种触变性流体，最为明显的两个特征为：表观黏度随剪切时间的增加而降低，最终趋近一个常数；流体在撤去剪切作用，保持静止后具有重新增加表观黏度的可逆过程。触变性流体的剪切应力与剪切时间、剪切速率之间的关系如图 2-21 所示。

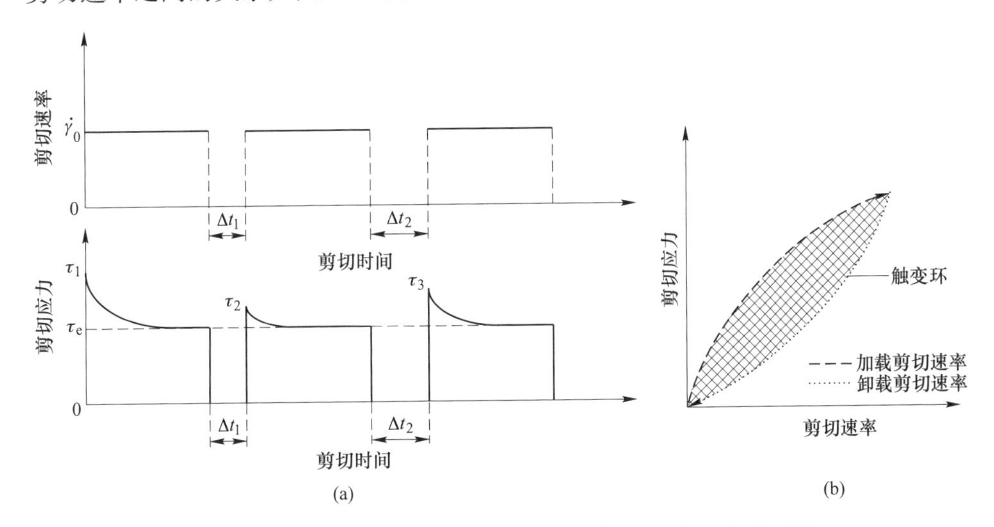

图 2-21 触变性流体的剪切应力与剪切时间、剪切速率关系图
（a）剪切应力与剪切时间关系；（b）剪切应力与剪切速率关系

由图 2-21 可知，触变性流体在恒定剪切速率下其剪切应力值逐渐降低，最终趋于一个恒定值，同时随着静置时间的增加初始剪切应力逐渐恢复，说明了触变性流体内部具有某种状态变化，并且这种状态变化是时间的函数。在工业应用中经常判断所研究的流体是否具有触变性，可采用施加应力环的方法，如图 2-21（b）所示，先使剪切速率值呈线性增加，之后再线性减少。若是触变性流体，将会出现如图所示的触变环，并且可以依据触变环的相对面积大小可判断触变流体的触变性强弱。

触变性流体在剪切时表现出时变性，是因为触变性流体具有一定的细观结构，这使触变性流体多发生在有一定浓度的悬浮液颗粒且易于形成凝胶的多相体系中。分散相之间、分散相与连续相之间，由于布朗运动、范德华力、静电效应、絮凝化学作用等一系列复杂细观相互作用，使触变流体处于一定的结构状态下。如多相体系在静止条件下，因内力相互作用而絮凝，形成具有一定强度的空间网格结构。在外界所施加的剪切破坏作用下，内部的网络结构遭到破坏，絮凝物间的彼此联系断开，破坏作用继续会使絮凝体进一步破坏为更小的絮团结构，这些结构遭到破坏的同时，彼此间由于各种细观相互作用又重新发生新的碰撞与絮凝。这样，在各种力的综合作用下，分散相离散、变形、取向、排列、絮凝等过程需要一个缓冲的作用时间，体系的内部结构才可以调整到一个相应的动态平衡状态。

反触变性流体在剪切流动时的力学响应与触变性流体相反，在恒定剪切应力或剪切速率作用下，其表观黏度随剪切作用时间逐渐增加，当剪切作用消除后，表观黏度又逐渐恢复。此类非牛顿流体在生活中较为罕见，但是在膏体充填领域，有些尾砂料浆表现出反触变性，这对于膏体制备工艺与输送非常不利，因此在膏体充填料浆的流变实验中，一定要排除具有反触变性尾砂料浆的可能性。

触变性流体进行数学描述时，首先需要建立表观黏度与时间之间的关系式。考虑到触变性出现的本质原因是具有细观结构，而细观结构随剪切时间的变化又使得表观黏度发生变化，因此建立触变性流体的细观结构与时间之间的联系可以反映出其表观黏度与时间之间的关系。由于细观结构的变化过程受多种作用因素的影响，因此很难直接构建触变性流体的本构方程。但是可以通过建立细观结构随时间的动力学结构变化方程来反映触变性流体的函数特点。触变性流体一般多出现在由悬浮颗粒组成的多相体系中，在泥浆、水泥浆、高浓度尾砂浆、矿山充填膏体等领域中较多。目前研究触变性流体的本构方程最为常用的方法是结构原理法，这里以细颗粒悬浮液体系的触变性研究为例进行阐述。

触变性流体研究较多的领域是细颗粒悬浮液体系。对于细颗粒浆体的触变特性研究主要考虑外在破坏作用的强度与外在破坏作用的历程两个因素。基于这两方面的考虑，Moore、Hahn、Peter 等人提出了三种描述具有触变特性的非牛顿流体的触变模型[59~61]，Cheng 总结概括了这三个模型可以利用状态方程与速率方程进行描述[62]，具体为：

$$\begin{cases} \tau = \eta(\lambda, \dot{\gamma})\dot{\gamma} \\ \dfrac{d\lambda}{dt} = f(\lambda, \dot{\gamma}) \end{cases} \tag{2-83}$$

其中状态方程与速率方程均为抽象函数的形式，并借助 Moore 模型引入了絮网结构参数的概念，通过分析絮网结构的发育与破坏对结构系数 λ 的影响，体现在时间 t 与剪切应力τ之间的关系上。Nicolas Roussel 以具有大量悬浮细颗粒的新拌水泥浆为对象，研究了在稳态剪切与瞬态剪切实验下的流变特性[63]，采用的速率方程形式不同于 Moore 模型，其使用新拌和水泥浆的速率方程为：

$$\frac{\partial \lambda}{\partial t} = \frac{1}{T} - \alpha \lambda \dot{\gamma} \tag{2-84}$$

水泥浆这种具有触变特性的非牛顿流体，其絮网结构破坏与恢复过程受到一定程度的水泥水化作用的影响。静置时间超过一定的时间后由于水泥水化的不可逆性，使水泥浆颗粒之间组成的絮网发育与破坏的速率方程适应性变差。韩文亮、詹钱登[64,65]等以 Moore 模型为基础，给出了对絮网结构破坏和恢复的过程予以描述的结构系数 λ 的微分方程，建立了高浓度细颗粒悬浮泥浆体的应力松弛模型，并通过具体的细颗粒泥浆体的恒定剪切平衡实验予以验证，但主要应用于新拌和的水泥浆体以及细颗粒泥浆体的研究，没有涉及高浓度全尾砂料浆触变性的研究。

本书则以絮网结构理论为基础，以 Bingham 流变模型为状态方程，以 Moore 模型为速率方程，研究了全尾砂膏体的触变性，且分析了不同剪切速率、膏体质量分数、絮凝剂添加量以及不同静置时间下触变效应的变化，将触变性引入到高浓度全尾砂料浆的研究[26,27]中。高浓度全尾砂料浆由于细颗粒含量多且悬浮于料浆之中，这些细小的尾砂颗粒与水之间存在静电场力的作用，并考虑范德华力、絮凝作用等多种细观相互作用，颗粒之间逐渐形成细小的絮团结构，随着时间的增加，细小的絮团结构又不断彼此链接形成更大尺度的絮网结构，以上过程称之为自絮凝现象。絮网结构相对于单一细颗粒具有相对尺度增大、相对密度变小、沉速提高的特点[66]，因此絮团、絮网结构的存在改变了悬浮液的黏性，使其出现了屈服应力，絮网结构的存在，使颗粒本身的特性消失，取而代之的是絮网整体特性的呈现[62]。

因此在高浓度泥浆体剪切流变实验或者管道输送中，剪切作用的直接对象是絮网结构，而不是悬浮于料浆中的细颗粒单体，对于浓度较高的全尾砂料浆，两相流理论不适用于管道输送，对于高浓度全尾砂料浆管道输送，需要采用适宜的流变模型作为其管道输送阻力计算的本构模型。考虑到膏体料浆中絮网结构的破坏与修复这一过程，则膏体将变得与时间相关联。触变性流体的流变特性对于高浓度全尾砂料浆，体现在随着剪切速率的持续施加，屈服应力与塑性黏度的值会发生变化。由于材料中的三维絮网结构的破坏与恢复，最终剪切应力值将达到一个平衡值。这一平衡值取决于流体的结构性质与所加载的剪切速率值的大小。对于细颗粒水泥浆、泥浆、水煤浆以及高浓度全尾料浆，研究三维絮网的破坏与恢复的结构速率方程最多的为 Moore 模型[65]：

$$\frac{\mathrm{d}\lambda}{\mathrm{d}t} = a(\lambda_{\max} - \lambda) - b(\lambda - \lambda_{\min})\dot{\gamma} \tag{2-85}$$

式中，λ 为絮网的结构系数，无量纲，其值在 0~1 之间；$\lambda_{\max}$ 为絮网结构完全发育时的结构系数，其值为 1；$\lambda_{\min}$ 为絮网结构完全破坏时的结构系数，其值为 0；

a 为絮网结构的恢复参数，取决于浆体颗粒性质及浓度，与施加于浆体的能量无关；b 为絮网结构的破坏参数，除与浆体种类有关外，主要正比于单位体积的浆体变形所消耗的能量。

式（2-85）为一阶速率积分公式，通过引入恢复与破坏两个参数来描述剪切过程中絮网生成与损坏两个作用过程，至于高浓度全尾砂料浆，其采用此速率方程主要是考虑到以往研究细颗粒泥浆体时此方程具有较好的适用性。以 Bingham 流体的流变模型作为高浓度全尾砂料浆的状态方程，如式（2-86）所示：

$$\tau(t, \dot{\gamma}) = \tau_y(t, \dot{\gamma}) + \eta(t, \dot{\gamma})\dot{\gamma} \tag{2-86}$$

进行恒定剪切实验时，絮网结构达到平衡状态时式（2-85）的值为 0，将速率方程式（2-85）在絮网平衡状态时的结构系数 λ_{eq} 求出，如式（2-87）所示：

$$\lambda_{eq} = \frac{a}{a + b\dot{\gamma}} = \frac{1}{1 + \beta\dot{\gamma}} \tag{2-87}$$

式中，$\beta = b/a$，对式（2-85）的一阶速率方程进行积分后可得结构系数 λ 关于剪切时间 t 的函数为式（2-88）：

$$\lambda = \lambda_0 e^{-(a+b\dot{\gamma})t} + \frac{a}{a + b\dot{\gamma}}[1 - e^{-(a+b\dot{\gamma})t}] \tag{2-88}$$

式中，λ_0 为积分常数，代表 $t = 0$ 时的 λ 值，是剪切作用开始时的初始结构参数值。

可以推断，当 $\dot{\gamma} \to \infty$ 时，结构系数 λ 趋近于式（2-89）：

$$\lambda \to \frac{a}{a + b\dot{\gamma}} = (\lambda_{eq}) \tag{2-89}$$

考虑状态方程中屈服应力与塑性黏度对于时间的依赖性这一特点，结合絮网结构参数在剪切作用下随着时间发生变化的这一演化规律，需要建立一种基于结构概念的触变性理论。假定剪切作用时，结构发生变化，且这个变化体现在状态方程中屈服应力值或塑性黏度值的改变上，结合 Cheng[67] 对触变性结构理论和微分方程间关系的分析，体现屈服应力或塑性黏度是絮网结构参数函数这一观念的流变模型主要有三种：

（1）第一种为陈文芳[53]、韩文亮[64]等人提出的絮网结构，主要影响屈服应力而对于塑性黏度影响较小，屈服应力随着絮网结构破坏而变化。其流变模型为：

$$\begin{cases} \tau = \tau_y + \eta \cdot \dot{\gamma} \\ \tau_y = \tau_1 + \tau_2 \lambda \end{cases} \tag{2-90}$$

式中，τ_1 为絮网结构完全破坏时的屈服应力值，即相对结构系数 λ 为零时的屈服应力，Pa；τ_2 为絮网结构应力，Pa。

（2）第二种为 Worrall、Tuliani 等人提出，由 Erik A-Toorman 等人改进的应

力松弛模型，Worrall-Tulliani 模型为[68]：

$$\tau=\lambda\tau_0'+[\eta_1+\eta_2\lambda]\cdot\dot{\gamma} \tag{2-91}$$

式中，η_1 为絮网结构完全破坏时的黏度系数，即 λ 为零时其是剪切速率 $\dot{\gamma}$ 的函数，Pa·s；τ_0' 为絮网结构尚未破坏前的屈服应力，Pa；η_2 为受到剪切作用起始的黏度 η 与塑性黏度值 η_B 的差值 $\eta_2=\eta_0-\eta_B$，Pa·s。

此模型后来由 Erik A. Toorman 借助流体剪切应力平衡流动曲线（EFC）对塑性黏度值项进行了改进，η_1 以浆体应力平衡状态时的流动参数表示的形式为：

$$\eta_1=\eta_B+\frac{\lambda_0\beta\tau_0'}{1+\beta\dot{\gamma}}=\eta_B+\lambda_e\beta\tau_0' \tag{2-92}$$

将式（2-92）代入式（2-91）可以得到 Toorman 模型的应力松弛模型：

$$\tau=\lambda\tau_0'+(\eta_B+\eta_2\lambda+\beta\tau_0'\lambda_e)\dot{\gamma} \tag{2-93}$$

（3）第三种为本书作者综合以上两种模型[69]，认为絮网结构对于屈服应力值和塑性黏度值均有影响，且依据实验数据发现随着剪切作用的持续，τ_y 及 η 均呈现先减小再逐渐趋于平衡的变化趋势，提出的应力松弛模型为：

$$\begin{cases}\tau=\tau_y+\eta\dot{\gamma}\\ \tau_y=\tau_1+\tau_2\lambda\\ \eta=\eta_1+\eta_2\lambda\end{cases} \tag{2-94}$$

式中，η_1 为絮网结构完全破坏时的塑性黏度值，即相对结构系数为零时的塑性黏度，Pa·s；η_2 为絮网结构受剪过程中塑性黏度的变化值，Pa·s。

以上是触变性流体的流变模型，结合膏体充填料浆中具有较细粒径的尾砂颗粒、以及尾砂料浆质量浓度高这两个特点，所制备的膏体充填料浆在一定条件下具有明显的触变特性。膏体料浆的触变特性，在膏体充填工艺的搅拌与输送阶段具有重要的参考价值。至于反触变性流体，由于其流变行为较复杂，本章没有进行其流变模型的分析，但若在生产中遇到这一类非牛顿流体，应该引起足够的重视。

参 考 文 献

[1] Pullum L, Boger D V, Sofra F. Hydraulic mineral waste transport and storage [J]. Annual Review of Fluid Mechanics, 2018, 58: 157~185.

[2] Franks D M, Boger D V, Cote C M, et al. Sustainable development principles for the disposal of mining and mineral processing wastes [J]. Resources policy, 2011, 36 (2): 114~122.

[3] Ruan Z E, Li C P, Shi C. Numerical simulation of flocculation and settling behavior of whole-tailings particles in deep-cone thickener [J]. Journal of Central South University, 2016, 23 (3):

740~749.

[4] 吴爱祥，王洪江. 金属矿膏体充填理论与技术 [M]. 北京：科学出版社，2015，103~111.

[5] 焦华喆. 全尾砂深锥浓密絮团行为与脱水机理研究 [D]. 北京：北京科技大学，2014，67~97.

[6] 吴爱祥，焦华喆，王洪江，等. 膏体尾矿屈服应力检测及其优化 [J]. 中南大学学报（自然科学版），2013，44（8）：3370~3376.

[7] 杨莹，吴爱祥，王洪江，等. 基于泥层高度的耙架扭矩力学模型及机理分析 [J]. 中南大学学报（自然科学版），2019，50（1）：165~171.

[8] Ruan Z E, Wang Y, Wu A X, et al. A theoretical model for the rake blockage mitigation in deep cone thickener: a case study of lead-zinc mine in China [J]. Mathematical Problems in Engineering, 2019 (11): 1~7.

[9] 王洪江，周旭，吴爱祥，等. 膏体浓密机扭矩计算模型及其影响因素 [J]. 工程科学学报，2018，40（06）：673~678.

[10] 吴爱祥，焦华喆，王洪江，等. 深锥浓密机搅拌刮泥耙扭矩力学模型 [J]. 中南大学学报（自然科学版），2012，43（4）：1469~1474.

[11] 杨柳华，王洪江，吴爱祥，等. 全尾砂膏体搅拌技术现状及发展趋势 [J]. 金属矿山，2016（7）：34~41.

[12] 杨柳华，王洪江，吴爱祥，等. 全尾砂膏体搅拌剪切过程的触变性 [J]. 工程科学学报，2016，38（10）：1343~1349.

[13] 王洪江，杨柳华，王勇，等. 全尾砂膏体多尺度物料搅拌均质化技术 [J]. 武汉理工大学学报，2017（12）：76~80.

[14] Yang L, Wang H, Wu S, et al. The effects of mixing time on cement paste slurry transport and mechanical property [C] //Proceedings of the 20th International Seminar on Paste and Thickened Tailings. Beijing, China, 2017: 141~148.

[15] Chhabra R P, Richardson J F. Non-Newtonian Flow: Fundamentals and Engineering Applications [M]. Netherlands: Elsevier, 1999, 74~157.

[16] 高锋，甘德清，邵静静，等. 充填料浆管道输送可靠性研究现状 [J]. 有色金属（矿山部分），2014，66（4）：87~90.

[17] 刘志双. 充填料浆流变特性及其输送管道磨损研究 [D]. 北京：中国矿业大学（北京），2018，47~64.

[18] Pullum L, Graham L J W, Slatter P. A non-Newtonian two-layer model and its application to high density hydrotransport [C]//Proc. of HYDROTRANSPORT. 2004, 16: 579~593.

[19] 颜丙恒，李翠平，吴爱祥，等. 膏体料浆管道输送中粗颗粒迁移的影响因素分析 [J]. 中国有色金属学报，2018，28（10）：2143~2153.

[20] Ovarlez G, Bertrand F, Coussot P, et al. Shear-induced sedimentation in yield stress fluids [J]. Journal of Non-Newtonian Fluid Mechanics, 2012, 177: 19~28.

[21] Atapattu D D, Chhabra R P, Uhlherr P H T. Creeping sphere motion in Herschel-Bulkley fluids: flow field and drag [J]. Journal of non-newtonian fluid mechanics, 1995, 59 (2-3): 245~265.

[22] 吴爱祥，程海勇，王贻明，等．考虑管壁滑移效应膏体管道的输送阻力特性［J］．中国有色金属学报，2016（1）：180~187.

[23] 吕馥言．基于壁面滑移效应的浓密膏体管道输送减阻增程研究［D］．北京：中国矿业大学（北京），2017，83~99.

[24] 杨柳华，王洪江，吴爱祥，等．泵送剂对膏体料浆管道输送的影响［J］．金属矿山，2014（11）：22~26.

[25] 程海勇．时-温效应下膏体流变参数及管阻特性［D］．北京：北京科技大学，2018，91~110.

[26] 吴爱祥，刘晓辉，王洪江，等．考虑时变性的全尾膏体管输阻力计算［J］．中国矿业大学学报，2013，42（5）：736~740.

[27] 刘晓辉，吴爱祥，王洪江，等．全尾膏体触变特性实验研究［J］．武汉理工大学学报（交通科学与工程版），2014，38（3）：539~543.

[28] 刘晓辉．膏体流变行为及其管流阻力特性研究［D］．北京：北京科技大学，2015，116~123.

[29] Saak A W，Jennings H M，Shah S P. The influence of wall slip on yield stress and viscoelastic measurements of cement paste［J］. Cement and concrete research，2001，31（2）：205~212.

[30] Sofra F. Rheological Properties of Fresh Cemented Paste Tailings［M］//Paste Tailings Management. Cham：Springer，2017：33~57.

[31] Boger D V. Rheology and the resource industries［J］. Chemical Engineering Science，2009，64（22）：4525~4536.

[32] Ovarlez G，Rodts S，Chateau X，et al. Phenomenology and physical origin of shear localization and shear banding in complex fluids［J］. Rheologica acta，2009，48（8）：831~844.

[33] Macosko C W，Larson R G. Rheology：principles，measurements，and applications［M］. New York：VCH Press 1994，237~283.

[34] Schramm G. A practical approach to rheology and rheometry［M］. Karlsruhe：Haake，1994.

[35] Mezger T G. The rheology handbook：for users of rotational and oscillatory rheometers［M］. Hannover：Vincentz Network GmbH & Co KG，2014.

[36] Knight A，Sofrà F，Stickland A，et al. Variability of shear yield stress-measurement and implications for mineral processing［C］//Proceedings of the 20th International Seminar on Paste and Thickened Tailings. Beijing，China，2017：57~65.

[37] Coussot P，Nguyen Q D，Huynh H T，et al. Avalanche behavior in yield stress fluids［J］. Physical review letters，2002，88（17）：175501.

[38] 李公成，王洪江，吴爱祥，等．基于倾斜管实验的膏体自流输送规律［J］．中国有色金属学报，2014，24（12）：3162~3168.

[39] 杨清平，王贻明，王勇，等．谦比希铜矿膏体充填环管实验研究［J］．采矿技术，2016，16（5）：21~22.

[40] 王少勇，吴爱祥，阮竹恩，等．基于环管实验的膏体流变特性及影响因素［J］．中南大学学报（自然科学版），2018，49（10）：2520.

[41] 王少勇，吴爱祥，尹升华，等．膏体料浆管道输送压力损失的影响因素［J］．工程科学学报，2015，37（1）：7~12.

[42] Kaushal D R，Thinglas T，Tomita Y，et al. CFD modeling for pipeline flow of fine particles at

high concentration [J]. International Journal of Multiphase Flow, 2012, 43: 85~100.

[43] Van der Hoef M A, van Sint Annaland M, Deen N G, et al. Numerical simulation of dense gas-solid fluidized beds: a multiscale modeling strategy [J]. Annu. Rev. Fluid Mech., 2008, 40: 47~70.

[44] 杨世亮. 流化床内稠密气固两相流动机理的 CFD-DEM 耦合研究 [D]. 杭州: 浙江大学, 2014, 1~17.

[45] Goniva C, Kloss C, Hager A, et al. An open source CFD-DEM perspective [J]. Proc Openfoam Workshop, 2010.

[46] Hager A. CFD-DEM on Multiple Scales-An Extensive Investigation of Particle-Fluid Interactions [D]. Linz: Universi at Linz 2014.

[47] Hager A, Kloss C, Pirker S, et al. Parallel Resolved Open Source CFD-DEM: Method, Validation and Application [J]. Journal of Computational Multiphase Flows, 2014, 6 (1): 13~27.

[48] Leonardi A, Wittel F K, Mendoza M, et al. Coupled DEM-LBM method for the free-surface simulation of heterogeneous suspensions [J]. Computational Particle Mechanics, 2014, 1 (1): 3~13.

[49] 陈松贵. 宾汉姆流体的 LBM-DEM 方法及自密实混凝土复杂流动研究 [D]. 北京: 清华大学, 2014.

[50] Chhabra R P, Richardson J F. Non-Newtonian Flow: Fundamentals and Engineering Applications [M]. Netherlands: Elsevier, 1999, 50~74.

[51] Mitsoulis E. Flows of viscoplastic materials: models and computations [J]. Rheology reviews, 2007, 2007: 135~178.

[52] Papanastasiou T C. Flows of materials with yield [J]. Journal of Rheology, 1987, 31 (5): 385~404.

[53] 陈文芳, 蔡扶时. 非牛顿流体的一些本构方程 [J]. 力学学报, 1983, 19 (1): 16~26.

[54] 陈文芳. 非牛顿流体 [M]. 北京: 科学出版社, 1984: 29~47.

[55] 蔡伟华, 李小斌, 张红娜, 等. 黏弹性流体动力学 [M]. 北京: 科学出版社, 2016: 54~73.

[56] 韩式方. 非牛顿流体本构方程和计算解析理论 [M]. 北京: 科学出版社, 2000: 59~118.

[57] 江体乾. 化工流变学 [M]. 上海: 华东理工大学出版社, 2004: 116~153.

[58] Poole R J. The Deborah and Weissenberg numbers [J]. The British Society of Rheology, Rheology Bulletin, 2012 (2): 32~39.

[59] Moore F. The rheology of ceramic slip and bodies [J]. Trans. Brit. Ceram. Soc., 1959, 58: 470~492.

[60] Hahn S J, Ree T, Eyring H. Flow mechanism of thixotropic substances [J]. Industrial & Engineering Chemistry, 1959, 51 (7): 856~857.

[61] Peter S. Zur Theorie der Rheopexie [J]. Rheologica Acta, 1964, 3 (3): 178~180.

[62] Cheng D C H, Evans F. Phenomenological characterization of the rheological behaviour of inelastic reversible thixotropic and antithixotropic fluids [J]. British Journal of Applied Physics, 1965, 16 (11): 1599.

[63] Roussel N. Steady and transient flow behaviour of fresh cement pastes [J]. Cement & Concrete Research, 2005, 35 (9): 1656~1664.

[64] 韩文亮. 细颗粒浆体的应力松弛模型 [J]. 泥沙研究, 1991 (3): 87~92.

[65] 詹钱登, 郭峰豪, 郭启文, 等. 泥浆体应力松弛特性之实验研究 [J]. 农业工程学报, 2009, 55 (3): 65~74.

[66] 杨铁笙, 熊祥忠, 詹秀玲, 等. 粘性细颗粒泥沙絮凝研究概述 [J]. 水利水运工程学报, 2003 (2): 65~77.

[67] Cheng C H. A differential form of constitutive relation for thixotropy [J]. Rheologica Acta, 1973, 12 (2): 228~233.

[68] Toorman E A. Modelling the thixotropic behaviour of dense cohesive sediment suspensions [J]. Rheologica Acta, 1997, 36 (1): 56~65.

[69] 吴爱祥, 刘晓辉, 王洪江, 等. 结构流充填料浆管道输送阻力特性 [J]. 中南大学学报(自然科学版), 2014, 45 (12): 4325~4330.

3 膏体的流变测量

膏体流变本构方程的建立除了需要以非牛顿流体力学作为基础理论，还需要进行膏体流变测量实验、获取膏体流变参数、验证膏体的流变本构方程。膏体在不同剪切条件下表现出复杂的流变行为，不同物料组成的膏体特性差别显著。受浓度因素、级配因素以及颗粒尺寸的影响，膏体流变参数的获取并未有统一的方法，流变参数影响机制的分析对物料来源复杂的膏体性质研究具有重要意义。

为此，本章从膏体流变测量的意义、具体的测量方法、流变特性的影响因素和流变测量分析四个方面具体探讨了膏体流变参数的相关问题，以期读者对膏体的流变参数有更加清晰的认识。

3.1 膏体流变测量的意义

流变学的研究主要体现在两个方面：一是把在实验中观察到的流动行为概括成一些物理函数，流变参数可由仪器测定；二是建立可以预测尚未观察到的流体行为的本构方程，进行物质力学行为的数学描述。可见，实验是研究流变学的主要方法，即通过宏观实验获得变形与流动过程中的剪切速率、剪切应力等物理概念，发展新的宏观理论，通过微观实验获得剪切流变力学演化过程、颗粒运动作用形式、流固曳力演化等，了解材料的微观结构性质、探讨流变机制。金属矿膏体流变测量是支撑流变理论并实现理论与技术融合的关键手段，其重要性主要体现在以下三个方面。

3.1.1 流变理论的支撑

在大量宏观实验现象总结的基础上，一般认为膏体是具有黏性、塑性、弹性、触变性等非牛顿流体特性的复杂材料。根据特征显著程度，可以细化为多种性质组合的非牛顿流体。

黏性是衡量流变特性的重要指标，黏性大小不只是与流体物理性质、化学性质和温度相关，同时与流动时所受的作用力大小相关。在一定温度下，如果流体黏度值能够在较宽的剪切速率范围内保持恒定，那么该流体为牛顿流体；如果流体黏度值随着剪切速率的变化而变化，那么该流体是非牛顿流体。目前，对牛顿流体的黏性测量较为成熟，测量方法多且精度较高，因为牛顿流体分子结构相对简单，黏度值低且不随剪切速率改变[1]。

流体塑性表现为在外力作用时并不立即流动而需待外力增大到某一程度才开始流动，塑性流体的特征曲线不通过坐标原点。对于塑性流动，当应力超过某一定值时，流体开始流动并符合牛顿流动规律的，称为宾汉流动；对于不符合牛顿流动规律的，称为非宾汉塑性流动。把具有这两种流动特性的流体分别称为宾汉流体或非宾汉流体。流体塑性特征是工程应用中需要重点测定的参数，对料浆参数调整、管道选择、泵送压力确定等一系列问题有重大影响。

流体弹性表现为在小的应力作用时不发生流动，表现出弹性性质，当应力超过某一屈服应力界限时才开始流动。通过流变特征曲线测试可以直观反映流体弹性特征。从流变特征曲线实验测试中可以看出，对于低弹性流体，在初始流动时往往表现出剪切稀化特征，如图 3-1 所示。对于高弹性流体，流体不仅具有较高的屈服应力值，更表现为典型的应力过冲现象，以释放剪切静止状态下聚集的弹性势能，如图 3-2 所示。

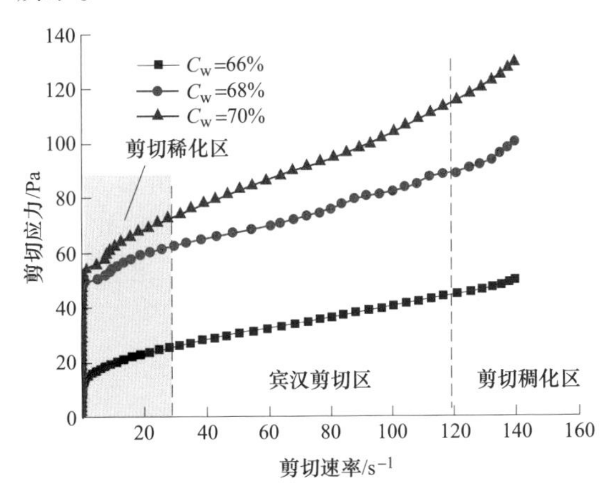

图 3-1　低弹性流体流动触发特征（某铁矿全尾砂膏体）

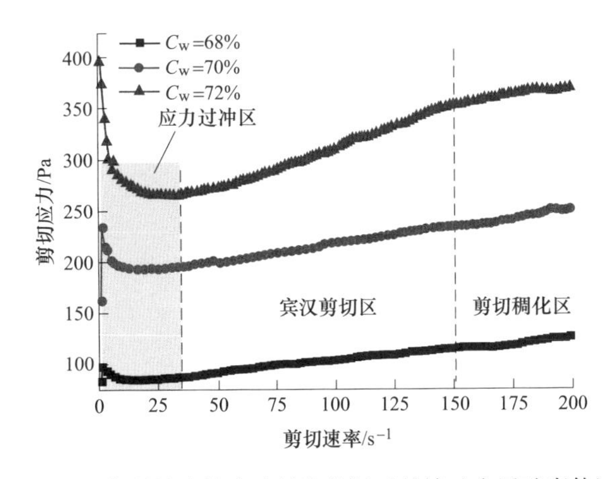

图 3-2　高弹性流体流动触发特征（某镍矿全尾砂膏体）

流体触变性表现在给定的剪切速率和温度条件下，切应力随时间而减小，即表观黏度随切应力的持续时间而减小，其原因是切应力正在逐渐破坏流体静止状态时的某种三维结构触变性。触变性研究可通过触变环实验、应力松弛实验等流变测量手段进行定性认知和定量分析。

膏体的黏性、塑性、弹性和触变性等特征主要依据流变实验测量结果划分而来，是综合反映膏体流变特性的主要依据。在此基础上流变理论得以发展，同时流变理论的发展也为流变测量的进步奠定了基石。

3.1.2　流变模型的依据

膏体的流变模型是剪切应力与剪切速率的一种数学关系，可以较为准确地反映膏体非牛顿流体特征，流变模型也是众多流变特性的综合反映。Maxwell 力学模型由弹簧和缓冲器串联而成，反映了黏弹性流变特性；Kelvin 力学模型将弹簧和缓冲器并联而成，反映了岩土滞弹性变形特性及其过程；Bingham 力学模型将缓冲器、滑块并联，再与弹簧串联而成，反映了膏体的黏性、弹性、塑性流变特征及其过程。把膏体视作由 Maxwell 流变模型、Kelvin 流变模型、Bingham 流变模型的不同组合，得到不同的流变力学模型。与时间无关的非牛顿体流变模型可分为假塑性体、胀塑性体、宾汉塑性体、屈服-假塑性体、屈服-胀塑性体等，根据流体个体化差异，建立了众多衍生模型如 Modified Bingham 模型、Casson 模型、Williamson 模型等。

宾汉姆模型中需要测量的有两个关键参数：屈服应力和塑性黏度。因流变参数测量获取相对容易，可靠性好，应用较为广泛。多位学者的研究认为宾汉姆模型在大多数充填料浆流变学研究中具有较好的适用性[2~4]。

由于材料组合的多样性和剪切流动环境的复杂性，现有流变模型仍无法准确描述应力过冲、剪切稀化和剪切稠化等流变现象随剪切速率的变化规律，在高速紊流条件下两参数或三参数流变模型不能反映膏体的流动形态和动态参数，与实际存在较大偏差，而四参数及更多参数流变模型往往很难获取解析解。

流变模型是有效解释流变现象、分析流变理论和获取关键参数的重要途径。同时流变模型的发展需要流变测量技术和测量手段的强大支撑，不可测量的流变模型如同空中楼阁，尤其在流变学应用中更是需要高、精、尖的流变测量技术作为支撑。

3.1.3　工程应用的纽带

流变测量是由流变学理论到流变技术应用的重要纽带，目前流变学在食品、橡胶、塑料、油漆、玻璃、混凝土，以及金属等工业材料，岩石、土、石油、矿物等地质材料，以及血液、肌肉骨骼等生物材料的研究中具有一定范围的应用，范围涵盖国防、地质、土木工程、化纤塑料、石油工业、生物以及矿山开采等行业。古典弹性理论、塑性理论和牛顿流体理论已不能说明这些材料的复杂特性。生产的需要产生了流变学，同时流变学的应用又推动了生产的发展。

在石油运输行业，原油一般具有高黏度、高含蜡量和高凝固的特点。在原油管道输送过程中，需要对黏度、屈服值与温度、剪切梯度间的关系进行实验测量，明确触变性对黏度、屈服应力的影响，根据测量结果分析不同流动条件下原油流变特性的本构关系，对提高输油效率、节约油耗有重大实用意义。

在生物医学行业，通过对血液流变学测量分析，可对血液流动性、红细胞及白细胞变形性、血小板流动特性进行定量研究。同时通过对内皮细胞流变学、体液流变学、软组织流变学、软骨流变学的研究和测定，可反映疾病的发生、发展、诊断、治疗和愈合状态，通过重点测量血液宏观、微观流变特性，建立全血本构方程、血液黏弹性指标，在病理分析和治疗方法分析方面具有重要意义。

在矿山充填行业，由全尾砂、废石、水泥、添加剂和水等组成的复杂料浆，流体性质差异性大，充填浓度、充填配比、沿程阻力、充填倍线等参数不能综合反映充填输送可靠性。通过流变测量技术，获取料浆不同剪切条件下的屈服应力、黏度、流动指数等参数，可以有效评价料浆流动性、可塑性和稳定性，进而确定合理的输送参数，发展并完善了充填输送两相流理论，在矿山充填安全、稳定输送方面具有重要意义。

3.2 膏体流变测量方法

常用的膏体流变测量方法有直接法和间接法两种[5]，直接法是利用流变仪直接测量膏体的剪切应力、剪切速率、黏度等参数。常用的测试方式有包括流变仪测试法、“L”管测试法、倾斜管测试法以及环管测试法等。

近年来，在膏体流变参数研究方面，国内外学者对不同测试方式、同一种方法的测试程序等开展了深入研究。Nguyen 和 Boger 等[6]运用六种不同的测量方法对高浓度悬浮液的屈服应力进行测量，分析了各方法所测浆体流变参数（屈服应力）的差异，对矿浆流变学研究具有重要意义。Assaad 等[7]对 11 种叶片桨式流变仪测量结果进行对比研究，发现这些叶片数量（2~6 个）、高度与直径比（H/D= 2.4~1.5）、形状（圆柱形，圆锥形和同轴圆柱形）各有不同，所测得的流变参数（屈服应力）也各不相同。Saak 等[8]通过实验发现，即使是同一台流变仪，不同转速下检测出来的应力结果也不同，转子转速越快，检测屈服应力越大。Clayton 等[9]运用坍落度方法推导了膏体屈服应力的计算公式。Schowalter 等[10]利用坍落度对料浆初始屈服应力和最终屈服应力进行了研究。Liddel[11]研究表明，同轴圆柱检测法得到的屈服应力明显小于桨式转子检测法的结果。不同的测试方法对应不同的测试工况，获得不一样的测试结果。为此，在研究浆体的流变行为时必须清楚研究目的，选择恰当的测试方法[12]。

3.2.1 旋转流变仪法

采用流变仪进行膏体流变参数的测量是最直接有效的方法。流变测量中常用的流变仪主要有三类：毛细管流变仪、转矩流变仪和旋转流变仪。由于膏体中含有大量粗细不等的惰性颗粒，旋转流变仪在膏体测试中具有较高的适用性，本节以旋转流变仪进行流变测量分析。

3.2.1.1 实验装置

旋转流变仪是现代流变仪中的重要组成部分，它依靠旋转运动来产生简单剪切，快速确定材料的黏性、弹性等流变性能[13]。旋转流变仪可分为应力控制型（CSS）和应变控制型（CSR）两大类。

应力控制型旋转流变仪由 Searle 在 1912 年提出，施加一定的力矩并测量产生的旋转速度，即控制施加的应力并测量产生的应变。该种方法使用较多，如德国哈克（Haake）RS 系列、美国 TA 的 AR 系列、英国 Malven、奥地利 Anton-Paar 的 MCR 系列，都是这一类型的流变仪。前三家的产品所用的马达为托杯马达，属于异步交流马达，惯量小，适用于低黏度的样品测试；Anton-Paar 的流变仪采用永磁体直流马达，惯量稍大，但从原理上响应速度快，也是目前应力控制型流变仪的一种发展方向。这一类型的流变仪，采用马达带动夹具给样品施加应力，同时用光学解码器测量产生的应变或转速。应力控制型的流变仪由于有较大的操作空间，可以连接更多的功能附件[14,15]。

应变控制型旋转流变仪由 Couette 在 1888 年提出，驱动一个夹具并测量产生的力矩，即控制施加的应变并测量产生的应力。目前只有美国 TA 的 ARES 属于单纯的控制应变型流变仪，这种流变仪的直流马达安装在底部，通过夹具给样品施加应变，样品上部通过夹具连接到扭矩传感器上，测量产生的应力。这种流变仪只能做单纯的控制应变实验，原因是扭矩传感器在测量扭矩时产生形变，需要一个再平衡的时间，因此反应时间较慢，无法通过回馈循环来控制应力。同时控制应变的流变仪由于硬件复杂，目前只有几种功能附件可供选择。

目前常见的流变仪均具备控制剪切应力和控制剪切速率两种模式，能够进行复杂的流变参数分析。膏体流变测试中以转子流变仪最为常见，如图 3-3 所示。

3.2.1.2 测试原理

利用旋转扭矩法测量膏体流变参数是目前应用广泛的一种方法。基本原理是：当转子放入浆体中时，从初始的转子进行旋转运动到二者均做旋转运动，转

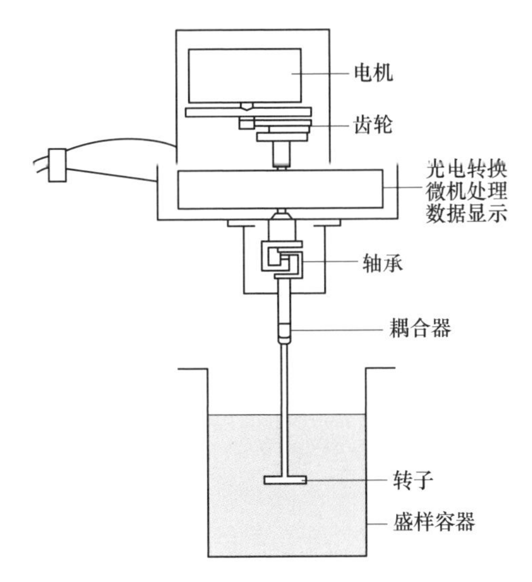

图 3-3 典型旋转流变仪实验装置示意图

子因受到料浆黏性的作用，其转速以及扭矩发生改变，通过测量因料浆的作用而使转子发生改变的黏性力矩以及转速，最后计算出料浆的黏度。旋转法具有测量简便、使用范围广泛、可以获取大量数据等优点，但也存在测量精度不高的缺点，获取的黏度值一般为相对值。

流变仪的俯视图如图 3-4 所示，R_1 表示叶片半径，R_2 表示料筒半径。假设新拌料浆在流变仪中的运动属于层流，并且 R_1 处的料浆的角速度等于叶片转动的速度 Ω，R_2 处料浆的角速度等于 0。

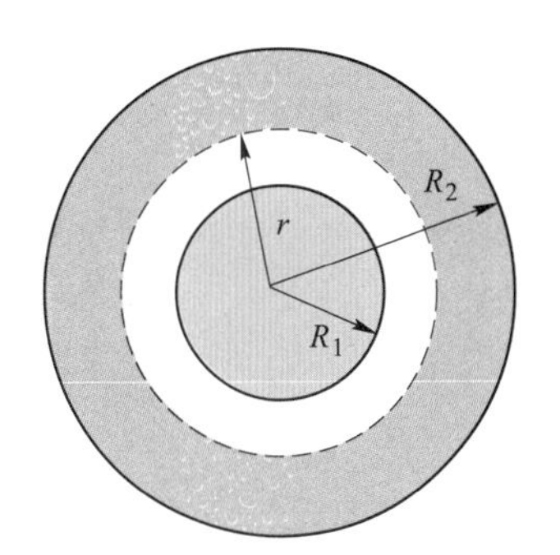

图 3-4 流变仪俯视图
（R_1、R_2 分别为叶片和料筒半径）

叶片与料筒之间半径 r 处的速度梯度可以定义为：

$$\frac{\mathrm{d}v}{\mathrm{d}r} = \omega + r\frac{\mathrm{d}\omega}{\mathrm{d}r} \tag{3-1}$$

式中，v 为叶片的线速度，m/s；ω 为叶片的角速度，rad/s。那么剪切速率 $\dot{\gamma}$ 可表示为：

$$\dot{\gamma} = r\frac{\mathrm{d}\omega}{\mathrm{d}r} \tag{3-2}$$

料浆受到剪切时，半径 r 处的扭矩可以假设为一个半径为 r 的圆柱侧面所受到的扭矩，如图 3-4 中虚线所示。那么该圆柱的扭矩 T 则为：

$$T = 2\pi r^2 \tau h \tag{3-3}$$

式中，T 为扭矩，N·m；r 为叶片与料筒之间半径，m；τ为剪切应力，Pa；h 为叶片高度，m。

由式（3-3）可以得到剪切应力：

$$\tau = \frac{T}{2\pi r^2 h} \tag{3-4}$$

对于宾汉流体，其剪切速率可表示为：

$$\dot{\gamma} = \frac{\tau - \tau_y}{\eta_B} \tag{3-5}$$

由式（3-1）~式（3-5）可得：

$$r\frac{d\omega}{dr} = \frac{T}{2\pi r^2 h \eta_B} - \frac{\tau_y}{\eta_B} \tag{3-6}$$

将边界条件 $r=R_1$ 时、$\omega=\Omega$，$r=R_2$ 时、$\omega=0$ 代入到式（3-6），并且两边同时积分可得：

$$\Omega = \frac{T}{4\pi h \eta_B}\left(\frac{1}{R_1^2} - \frac{1}{R_2^2}\right) - \frac{\tau_0}{\eta_B}\ln\left(\frac{R_2}{R_1}\right) \tag{3-7}$$

式（3-7）表示扭矩 T 与转速 Ω 的一次函数关系，如图 3-5 所示。

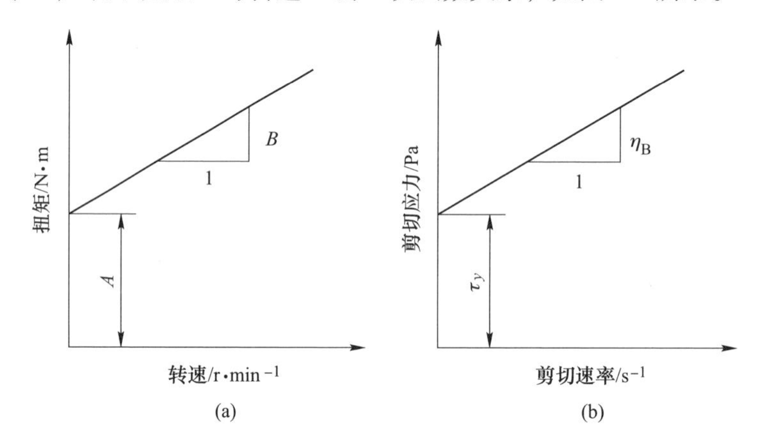

图 3-5　宾汉姆参数转化

（a）扭矩与转速的关系曲线；（b）剪切应力与剪切速率关系曲线

所以宾汉姆参数——屈服应力和塑性黏度，可以表示为[16,17]：

$$\tau_y = \frac{\frac{1}{R_1^2} - \frac{1}{R_2^2}}{4\pi h \ln\left(\frac{R_2}{R_1}\right)} \times A \tag{3-8}$$

$$\eta_B = \frac{\frac{1}{R_1^2} - \frac{1}{R_2^2}}{4\pi h} \times B \tag{3-9}$$

3.2.1.3 实验案例

结合某铜矿膏体流变参数测试进行案例分析。该铜矿高含泥尾砂粒径范围小，容易形成黏度较大的均质混合流体，虽然提高了料浆的稳定性，但却增加了流动阻力。适当调整固体颗粒的粒径级配，增加大粒径固体颗粒的比例，使小颗粒能充分地填充到大颗粒间的空隙，防止大颗粒的沉降，将有利于浆体维持在紊流状态下，减小流动阻力。因此，在方案配比中考虑了适量粗骨料添加的影响[18]。实验方案如表 3-1 所示，测试过程如图 3-6 所示。

表 3-1 均匀设计试验方案

水平	灰砂比	尾废比	膏体浓度/%	放砂浓度/%
A_1	1∶4	4∶1	73	63.37
A_2	1∶5	6∶1	76	69.34
A_3	1∶6	8∶1	72	66.21
A_4	1∶9	3∶1	75	66.94
A_5	1∶12	5∶1	71	65.32
A_6	1∶16	7∶1	74	71.35

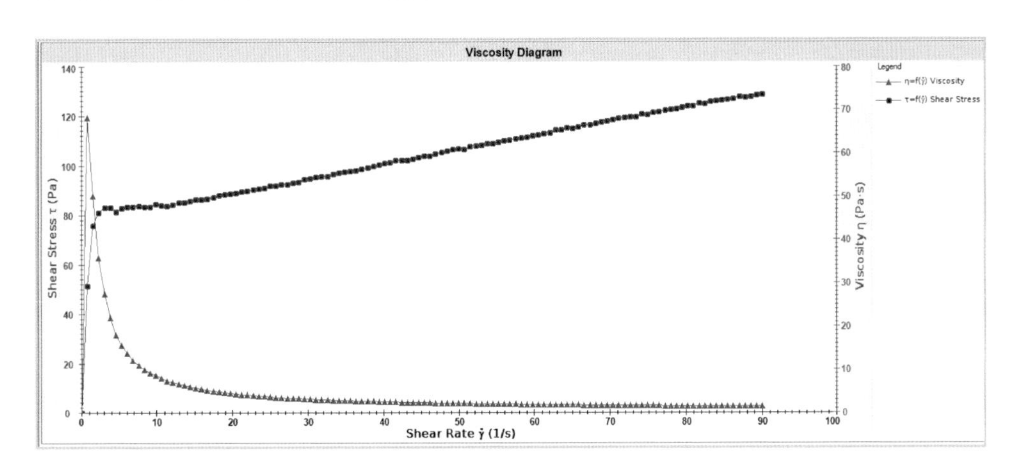

图 3-6 某铜矿料浆流变特征曲线

对不同水平料浆进行拟合分析，结果见表 3-2。

表 3-2 不同水平流变模型回归结果

序号	灰砂比	尾废比	浓度/%	塑性黏度/Pa·s	屈服应力/Pa
A_1	1∶4	4∶1	73	0.145	97.67
A_2	1∶5	6∶1	76	0.864	275.5

续表 3-2

序号	灰砂比	尾废比	浓度/%	塑性黏度/Pa · s	屈服应力/Pa
A_3	1∶6	8∶1	72	0.338	179.3
A_4	1∶9	3∶1	75	0.185	155.1
A_5	1∶12	5∶1	71	0.1	81.11
A_6	1∶16	7∶1	74	0.666	269.5

对于膏体的流变参数，即屈服应力和黏度，常用的分析方法有极差分析和回归分析等。将影响膏体屈服应力和黏度的因子进行极差分析，就可以判别各因子影响流变性质各因子的主次顺序。通过回归分析方法不仅能得出影响膏体流变性质的主次顺序，还能得到屈服应力和黏度的回归方程，能够较准确地预测在不同的充填配比下屈服应力和黏度值，从而确定出最佳的膏体充填配比。

根据国内外膏体泵送经验，充填料浆的屈服应力一般小于 200Pa，依照此标准从图 3-7 中可知，即使在添加大量废石的情况下，料浆浓度都必须控制在 75%以下。可见，该铜矿尾砂所制膏体较一般矿山流变性能控制要求更高。

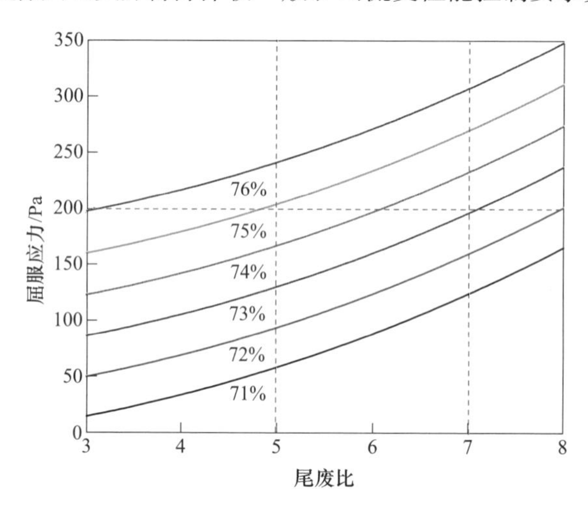

图 3-7　不同浓度膏体的屈服应力随尾废比变化

3.2.1.4　适应性分析

A　测试方法适应性分析

旋转法测量膏体流变参数是目前应用广泛的一种方法。根据施加应力或应变的方式，可以分为稳态测试、瞬态测试和动态测试。稳态测试是采用连续的旋转来施加应力或应变，得到恒定的剪切速率，测试剪切流动达到稳态时流体变形产生的扭矩。瞬态测试是通过施加瞬时改变的应变或应力来测量流体的响应随时间的变化。动态测试是通过对流体施加周期震荡的应力或应变来测量流体的响应随时间的变化。旋转法适用范围宽，测量方便，易得到大量的数据。

但是在进行流变测试时，根据料浆浓度等参数，旋转流变仪一般提供多种型号的转子，以获取准确的流变参数。虽然不同转子之间有部分测量区间的重合，如表3-3所示，但实践表明，采用不同转子测量同一料浆时，所测定的流变参数存在一定差别，尤其在上、下限附近更加明显，因此在不同浓度料浆对比分析时应尽量采用同一转子。一般情况下，测量转子半径越大，其应力因子越小，在同样扭矩情况下应力越小。因此，大半径转子更适用于低黏度样品的低剪切测试。对于高黏度料浆适宜选用小半径转子。另外旋转流变仪测量存在的缺点是转子在浆体里转动时刚开始只是部分的剪切，而不是直剪，这样测出的初始屈服应力或黏度会偏小[19,20]。

表 3-3 某品牌桨式转子参数

转　　子	高/mm	直径/mm
VT-10-5	10	5
VT-20-10	20	10
VT-20-20	20	20
VT-30-15	30	15
VT-40-20	40	20
VT-40-40	40	40
VT-50-25	50	25
VT-60-8	60	8
VT-60-15	60	15
VT-60-30	60	30
VT-80-40	80	40
VT-80-70	80	70

一种流变仪与选用的测量转子系统的组合仅能为已知黏度样品提供有限的转速范围。在这个范围内，黏度数据精确度可确保优于2%。若选择的转速太低和完全不合适的测量转子系统，即使有精确度非常高的流变仪，所得流变参数的不精确度也将达到30%~50%。因此，测试人员必须选择适当的实验条件。在新实验中，如果估计的相应剪切速率很高，则应选用表面积小、给定电流很大的测量转子系统，这样才能保证高剪切速率下的流变数据具有满意的精确度，但是，低转速时的数据将会不够精确。

同时实验发现，在高速旋转速度下，因离心力作用，料浆沿容器径向方向出现密度差，料浆均一性出现变化，高剪切速率下的流变参数逐渐失真，这不仅与料浆本身特性有关，还与测试时设定的剪切速率范围有关。在使用旋转流变仪进行料浆测试时，剪切速率范围一般在150s^{-1}以下。

B 测试结果适应性分析

膏体料浆含有大量惰性的、具有一定级配关系的尾砂颗粒，也会添加一定量的水泥等水化活性材料。因此，在测试结果的分析中，需充分考虑材料特性对测试结果的影响，同时受测试方法、操作人员的操作程序、料浆离析沉降性能和数据处理方法等方面的影响，往往存在误差，主要体现在以下两个方面。

a　时效性

测定的时效性是影响流变特征的重要因素，直接影响料浆沉降离析带来的均质性问题、水化程度等问题。对于搅拌不充分的料浆，进行流变测试时存在二次均化过程，流变特征曲线在初始阶段多出现紊乱和无规则波动，测定出的屈服应力等参数偏大。对于搅拌均匀的料浆，若短时间静置（一般小于 1h），料浆沉降离析作用是影响流变参数稳定性的主要因素，为减小料浆物理特征的改变对流变的影响，对新配制的料浆应及时进行流变测试；若长时间静置（一般大于1h），水泥等活性成分的水化作用将对料浆的流变性质产生较大影响。水化作用的持续进行伴随着料浆微观絮网结构的改变，宏观上表现为浆体的凝结和硬化过程，料浆化学结构的改变也将导致流变性质的改变。

b　应力过冲

当剪切速率由零逐渐增加时，料浆内部产生一定的启动变形以响应剪切作用造成的变化。这主要是料浆内部的黏性介质与高浓度的粗细颗粒组合形成的挤压内摩擦力共同组成的流体应力滞后特征。此时设备为保证稳定的剪切速率，会给出一个较大的剪切应力响应，表现出“尖端脉冲”现象。当料浆的稳定状态被破坏产生流动时，剪切应力响应逐渐减小而演化出料浆正常属性。这一过程称为料浆的应力过冲现象。在低剪切速率增长阶段的应力过冲现象不仅与物料类别有关，同时与物料的浓度也存在一定联系。

膏体料浆由类固态向类液态转变的过程中，需要克服静态极限屈服应力，即蕴藏在膏体料浆内部的弹性能。当膏体料浆中颗粒较细时，由于静电吸附作用，颗粒表面存在大量黏结水和黏滞水，同时在黏结水和黏滞水外层形成闭合吸附水膜。当颗粒足够细小时，存在于颗粒间的公共吸附水膜将颗粒彼此连接，形成包含大量水分子的“卡-房”式网络结构，在外力作用下发生固液相态转变时，首先需要克服静摩擦作用，破坏颗粒之间的镶嵌结构。由于颗粒镶嵌结构较为稳固，弹性能较大，需要较大的剪切力才能破坏，形成“应力过冲”现象。对于具有应力过冲现象的料浆不宜采用“控制剪切应力法”（CSS）进行流变测试；在采用“控制剪切速率法”（CSR）进行测试时，应选取合适剪切速率区间进行数据分析，避免应力过冲现象对数据的稳定性造成影响。

3.2.2　坍落度法

坍落度实验反映料浆在自重作用下克服剪切阻力所产生的变形能力。坍落度是一项综合性的定量指标，料浆的流动性、保水性和黏聚性是料浆的定性表现。可以说坍落度是料浆内在性质的外在表现，坍落度不满足要求会直接影响到泵送甚至充填质量，因此对坍落度的控制十分重要[21]。

3.2.2.1 实验装置

圆锥坍落度试验使用标准锥形坍落筒，其尺寸规格：上口直径100mm，下口直径200mm，高300mm。测定方法依据《普通混凝土拌合物性能试验方法标准》(GB/T 50080—2016) 的规定，如图3-8所示。先将尾砂配置成相应浓度和灰砂比的料浆，实验时先用水润湿坍落筒，并把它放在平铺的橡胶板上，并保持坍落度筒在装料时稳定，最后把相应料浆装入筒中。当料浆装满筒后，刮平桶口，并对桶底部周围进行清理，然后匀速地垂直提起坍落度筒。待充填料浆下落平稳后，用坍落度尺测量此时浆体坍落下降形成的坍落高差，即为坍落度[22]。

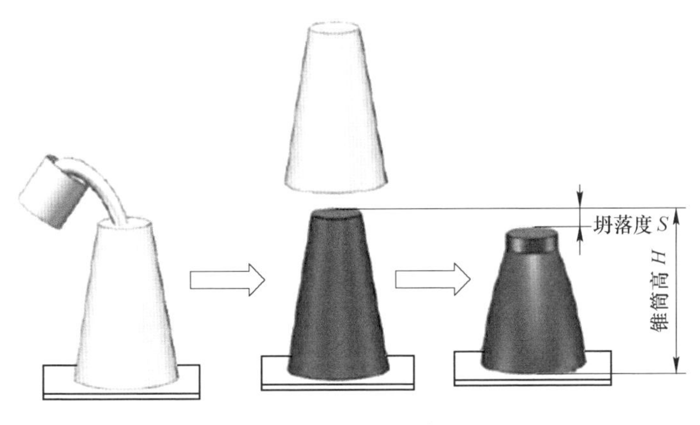

图3-8 坍落度示意图

3.2.2.2 测试原理

坍落度实验最早用来评价新拌混凝土的和易性或一致性，Pashias[23]将此方法应用于估算悬浮液的屈服应力，通过实验研究与理论分析获得了坍落度与屈服应力的经验关系式。实验装置为一个两端开口的圆筒，圆筒的高径比应在0.78~1.28之间。

坍落度测定屈服应力的主要原理为测量料浆在自重的作用下克服摩擦阻力而产生的变形大小，测量在除去坍落筒前后的高度差，然后根据坍落度与屈服应力的理论关系计算出初始屈服应力。

密度为ρ的料浆在坍落筒内只受重力ρg作用，坍落前后料浆的应力变化如图3-9所示，以坍落筒上部圆口中心线为y轴，水平方向为x轴建立直角坐标系，则料浆在坍落筒内时，z层料浆所受静应力P_z等于上覆料浆的重力[24]：

$$P_z = \frac{\rho g V_z}{\pi r_z^2} = \frac{\rho g}{3}\left(h_z - \frac{r^2}{r_z^2}h_t\right) \tag{3-10}$$

结合图 3-9（a），利用三角形相似原理可将式（3-10）转化为：

$$P_z = \frac{\rho g}{3} \cdot \frac{r}{R-r}\left[1 + \frac{z}{H} \cdot \frac{R-r}{r} - \frac{1}{\left(1 + \frac{z}{H} \cdot \frac{R-r}{r}\right)^2}\right] \tag{3-11}$$

由于标准圆锥坍落筒上下口直径比为 1∶2，依据 Tresca 屈服准则，z 层料浆的剪切应力τ_z等于 P_z的一半：

$$\tau_z = \frac{1}{2}P_z = \frac{\rho g H}{6}\left[1 + \frac{z}{H} \cdot - \frac{1}{\left(1 + \frac{z}{H}\right)^2}\right] \tag{3-12}$$

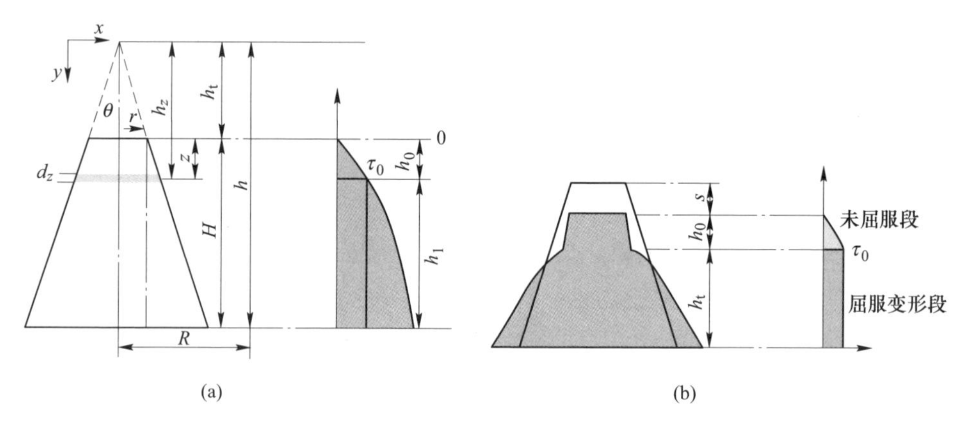

图 3-9　坍落过程中浆体力学分析

（a）坍落前；（b）坍落后

坍落筒提起后，切应力小于屈服应力的料浆层不发生流动变形，切应力大于屈服应力的料浆层开始流动直至切应力与屈服应力相等，料浆层停止流动，如图 3-9（b）所示。假定膏体料浆不可压缩，则变形段每层料浆的体积不变，z 层料浆由厚度 d_z和半径 r_z形变后变为 d_{z1}和 r_{z1}。由于变形段的料浆层的体积没有变化，则上覆料浆的质量没有改变，变化前后关系为：

$$d_{z1} = \frac{r_z^2}{r_{z1}^2}d_z；\ \tau = \frac{Mg}{2\pi r_z^2}；\ \tau_{z1} = \tau_y = \frac{Mg}{2\pi r_{z1}^2} \tag{3-13}$$

则变形段的高度 h_1 可由 d_{z1}积分求得，并对 h_1 进行无量纲处理，得无量纲高度 h_1'：

$$h_1' = \frac{1}{H}\int_{h_0}^{H} d_{z1} = 2\tau_y \ln\left[\frac{7}{(1 + h_0')^3 - 1}\right] \tag{3-14}$$

变形段与未变形段的接触面 h_0层处的切应力等于屈服应力，由式（3-14）得无量纲屈服应力τ_y'：

$$\tau'_y = \frac{\tau_y}{\rho g H} = \frac{1}{6}\left[1 + h'_0 - \frac{1}{(1 + h'_0)^2}\right] \tag{3-15}$$

结合式（3-14）、式（3-15）得到未变形段的无量纲高度 h'_0与无量纲坍落度的关系为：

$$s' = 1 - h'_0 - \frac{1}{3}\left[1 + h'_0 - \frac{1}{(1 + h'_0)^2}\right]\ln\left[\frac{7}{(1 + h'_0)^3 - 1}\right] \tag{3-16}$$

式中，r 为坍落筒上口半径，m；R 为坍落筒下口半径，m；无量纲屈服应力 $\tau'_y = \tau_y/\rho g H$；无量纲坍落度 $s' = s/H$；$h'_0 = h_0/H$ 为未屈服段无量纲高度（锥形坍落筒形状不规整，坍落后无法准确测量 h_0，因而采用理论计算方式求得 h_0）；$h'_1 = h_1/H$ 为屈服变形段无量纲高度；ρg 为料浆的重度，kN/m^3；H 为坍落筒高度，m。

3.2.2.3　实验案例

某铁矿选矿厂尾砂[24]，尾砂平均粒径 $D_{50} = 1.11\mu m$、颗粒均匀系数 $C_u = 4.6$、曲率系数 $C_C = 1.2$，粒度分布如图 3-10 所示。尾砂的密度为 $2920kg/m^3$，容重为 $1730kg/m^3$；粗物料为细河沙，经过筛分其粒径范围在 0.5～1mm，河沙密度为 $2560kg/m^3$，容重为 $1410kg/m^3$；胶凝材料选 325 硅酸盐水泥，密度为 $3000kg/m^3$。

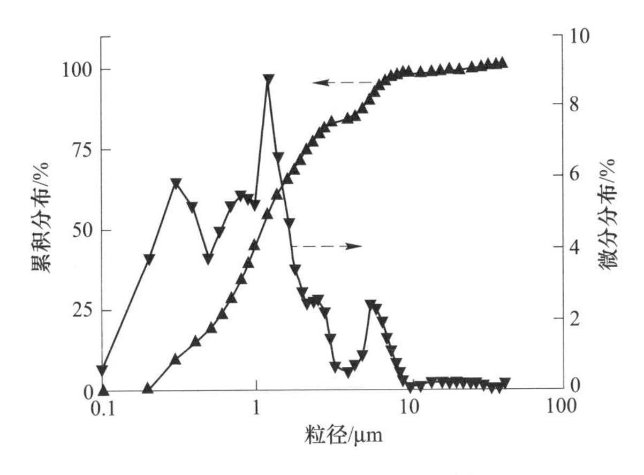

图 3-10　某铁矿尾砂粒度分析

采用 B30 高速机械搅拌机，转速为 130～450r/min，对物料搅拌 5min。坍落筒提起后，物料静止 1min 后测量其坍落高度并精确到 1mm。在实验过程中，对所有实验样品取少量放置在 110℃烘箱烘烤 24h。

通过关系模型计算各浓度下的屈服应力值，实验的关系曲线（见图 3-11）显示随着添加粗颗粒比重的增加，坍落高度增大、流动性增强，相对应的屈服应力值减小。因为粗颗粒的比表面积小，保持水分的能力差，在质量浓度不变的前提下，增加粗颗粒比例可以减小整体的比表面积，使大量水分子由吸附态转变为游离态，改善料浆的可流动性能，降低料浆的屈服应力。高浓度的膏体具有很高的屈服应力。

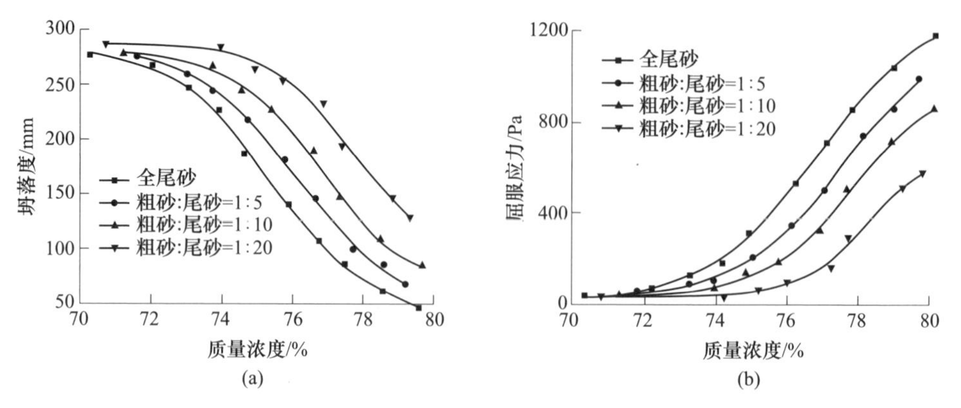

图 3-11　坍落度实验结果（图例中比值为粗砂与尾砂的质量比）
（a）坍落度与质量浓度；（b）屈服应力与质量浓度

3.2.2.4　适应性分析

A　测试方法适应性分析

在所有流动性检测方法中坍落度法操作简单直观，易为研究人员所接受，因此应用广泛。标准坍落度法是在混凝土理论的基础上发展起来的，用于检测具有石子等粗骨料浆体的流动性，为避免检测结果的尺寸效应，标准坍落度仪尺寸应较大[25]。

使用坍落度方法测试流变参数虽然简单易行，但使用坍落度测量存在的缺点是在重力的作用下料浆自由向下流动，这样不能保证体积不变的原则，且料浆在坍落过程中易发生均质性变化，得到的数值不够准确，存在偏差。

实验中，坍落筒发生轻微倾斜或内部残余气泡、料浆黏附坍落筒内壁、测量时的读数误差等都会对坍落筒的实验结果产生较大影响，造成测试结果偏小于真实值。增大圆柱坍落筒的尺寸高度可以提高模型计算结果的准确性，适用的料浆质量浓度更大。

采用坍落度法进行流变参数测试时，通常认为坍落度仅与屈服应力相关，无法得到料浆的塑性黏度[26]。

B　测试结果适应性分析

坍落度法是一种粗略估算屈服应力的方法，在现场快速估算料浆流变性能中应用广泛。由于坍落度测试受人为操作、测量精度以及外界因素的影响很大，采用坍落度方法进行屈服应力测试时，所有实验应尽量由同一实验员完成，降低人为因素误差。采用坍落度进行测试时，由于配比差异，如图 3-12 所示，往往造成料浆坍落形态差异巨大，如何消除实验和计算差异以准确评估坍落度参数，仍需要进一步的研究。

图 3-12 相同浓度不同配比时料浆坍落度形态差异

3.2.3 “L”管法

“L”管测量的主要原理是测得浆体堵管时的液面高度，根据克里格马伦公式计算浆体在管壁处的切应力，进而计算浆体的初始屈服应力[27]。虽然可以保证体积不变但是管壁会对浆体产生力的作用，影响测量结果。“L”管测量的缺点在于料浆受到了管壁压力的作用，影响了测量的精度，而且“L”管太过简单不能完全模拟矿山充填的实际复杂情况[28]。陈琴瑞等人[29]用“L”管测定膏体料浆水力坡度，研究结果表明“L”管测定浆体的水力坡度和流变参数适用范围窄，只适用于均质流和柱塞流形式的膏体。

3.2.3.1 实验装置

“L”型管道输送小型模拟实验装置模型如图 3-13 所示，包括了入料漏斗、竖直下行管、水平管和具有不同转弯半径的弯管等结构。

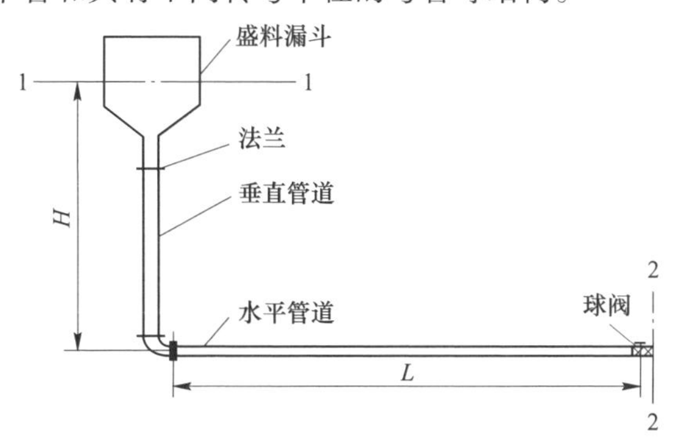

图 3-13 “L”管实验装置图

实验室内“L”型管道输送小型模拟实验是利用上述实验装置，将实验料浆按配合比和浓度充分搅拌均匀后，倒入上部实验漏斗中，料浆借助自重通过与漏斗连接的“L”型管道向下流动，从“L”型管道的下端出口流出。每次实验测取料浆的质量、容重，料浆的流速、静止料柱高度。

3.2.3.2 测试原理

认为膏体料浆在管道输送中属于非牛顿流体，并且由宾汉姆模型可知膏体料浆只要克服起始切应力，即可开始流动。随着流速的增大，管道输送阻力损失相应增大，因而阻碍着接近管壁的料浆流动，使此层料浆首先减速。由于摩擦阻力的存在，近壁层存在层流层，层流层中的速度呈梯度递增，直至等于“柱塞”运动的速度。因此，膏体料浆的流型属于宾汉流体，其流变模型为：

$$\tau_w = \frac{4}{3}\tau_y + \frac{8v}{D}\eta_B \tag{3-17}$$

式中，τ_w 为管壁处切应力，Pa；τ_y 为浆体屈服应力，Pa；η_B 为浆体塑性黏度，Pa · s；v 为浆体的平均流速，$m \cdot s^{-1}$；D 为管道直径，m。

取浆体液面 1—1 和流出断面 2—2，根据伯努利方程，得：

$$\frac{H}{\alpha} = h_w + \frac{v^2}{2g} \tag{3-18}$$

式中，H 为“L”管中浆体液面高度，m；h_w 为沿程水头损失，m；α 为局部水头损失系数[30]，取 1.05；g 为重力加速度，取 $9.81m/s^2$。

摩阻损失与沿程水头损失的关系为：

$$i_m = \frac{h_w \rho_m g}{H + L} \tag{3-19}$$

式中，i_m 为摩阻损失，Pa/m。

浆体摩阻损失与管壁切应力关系[31]为：

$$i_m = \frac{4\tau_w}{D} \tag{3-20}$$

联立式（3-16）、式（3-18）、式（3-19），可得：

$$\frac{4}{3}\tau_y + \frac{8v}{D}\eta_B = \frac{Dh_w\rho_m g}{4(H + L)} \tag{3-21}$$

取不同料液高度 H_1、H_2，测出口断面流速 v_1，v_2，代入式（3-18）得沿程水头损失 h_{w1}、h_{w2}。

通过解方程组（3-22）即可得到屈服应力 τ_y 和塑性黏度 η_B：

$$\begin{cases} \frac{4}{3}\tau_y + \frac{8v_1}{D}\eta_B = \frac{Dh_{w1}\rho_m g}{4(H_1 + L)} \\ \frac{4}{3}\tau_y + \frac{8v_2}{D}\eta_B = \frac{Dh_{w2}\rho_m g}{4(H_2 + L)} \end{cases} \tag{3-22}$$

流变参数为浆体的固有属性，不同管径、不同流速下的水力坡度可由流变参数计算得出。宾汉塑性体摩阻损失计算公式为：

$$i_m = \frac{16}{3D}\tau_y + \frac{32v}{D^2}\eta_B \tag{3-23}$$

3.2.3.3 实验案例

利用上述实验原理与方法，对某铜矿全尾砂料浆进行流变参数分析，料浆质量浓度为69%~73%。在“L”管的盛料漏斗和管道中加入全尾砂浆，记录此时的料液面高度 H，打开末端的球阀，浆体在重力作用下开始流动。记录时间 t 内，流出的浆体重量 G，计算浆体流速 v，如式（3-24）所示：

$$v = \frac{4G}{t\rho_m \pi D^2} \tag{3-24}$$

式中，G 为时间 t 内流出的浆体质量，kg；t 为浆体流动的时间，s。

根据式（3-21）~式（3-23）即可得到不同质量浓度料浆的流变参数与摩阻损失，如表3-4和图3-14所示。可知，在实验水平内，屈服应力和塑性黏度均随质量浓度的提高呈指数规律上升。

表3-4 非胶结充填料浆流变参数和流态分析

质量浓度/%	流速/$m \cdot s^{-1}$	摩阻损失/$Pa \cdot m^{-1}$	屈服应力τ_y/Pa	塑性黏度 η_B/Pa·s
73	0.124	6478.2	58.79	0.1306
	0.055	6362.9		
72	0.5495	6090.2	53.49	0.0546
	0.3423	5945.4		
71	0.6414	6101.4	53.40	0.0386
	0.5051	5945.3		
70	0.7835	5624.1	52.03	0.0074
	0.6037	5607.2		
69	1.0327	5614.7	52.09	0.0044
	0.8662	5605.4		

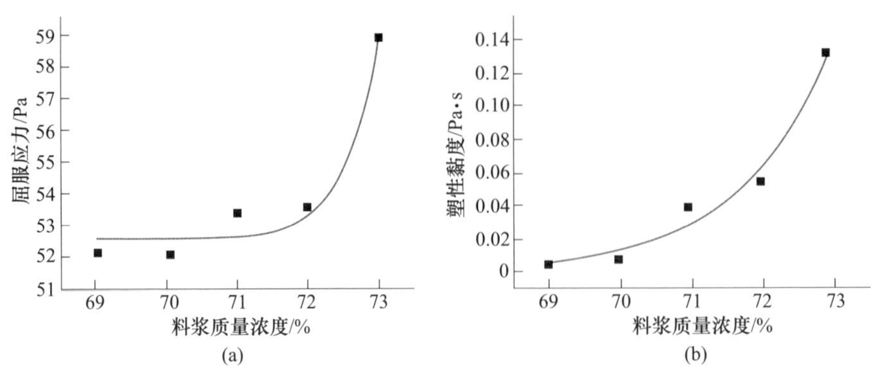

图 3-14　流变参数与质量浓度的关系
（a）屈服应力；（b）塑性黏度

3.2.3.4　适应性分析

A　测试方法适应性分析

"L"管测试法相对准确可靠，能够在实验室条件下模拟料浆在管道中的真实流动状态。然而，"L"管测量相对真实输送状态时间短、用料量少，不能完全模拟矿山充填的实际复杂情况[29]。

利用"L"管实验进行流变参数测试时，需要获取两个关键参数：液柱高度和流速。液柱高度即料浆在管道中达到力学平衡时的液柱高度。由于"L"管实验物料相对较少，同时多组配比条件下液柱高度差异较大，满管液柱高度是稳定输送时的动态参数，如何准确获取液柱高度是影响"L"管实验精度的重要因素。无法正确评估是否满管输送，则无法准确获取满管高度，这对计算流变参数存在较大影响。"L"管实验仪器相对简单，流速参数多根据料浆总量和总输送时间进行计算，有效输送量和有效输送时间难以准确把握，造成流速参数获取方面也存在一定技术误差。

B　测试结果适应性分析

"L"管测试是在简单实验室或现场条件下进行的接近现场工况的输送流动性实验。相对小型流变仪实验具有较高的可靠度，实验结果能够直接反映料浆的流动状态。通过"L"管实验可以反映某配比下的料浆离析性能和是否存在堵管风险等问题，同时也可反映出该料浆对自流输送倍线的要求。

3.2.4　倾斜管法

为了评价膏体输送的可靠性，国内外对膏体的流变特性进行了大量的研究。采用倾斜管道测定膏体料浆流变参数的方法，实验装置简单、操作方便、费用低，与工程实际较为吻合[32]。

3.2.4.1 实验装置

倾斜管道测试料浆流变参数的装置如图 3-15 所示。可以根据需要调整管道的倾斜角度。测试时，将制备好的高浓度料浆倒入受料漏斗，不断添加料浆使漏斗内的料浆面保持在同一高度。测定管道倾角和全断面浆体平均流速，即可计算出浆体的流变参数。

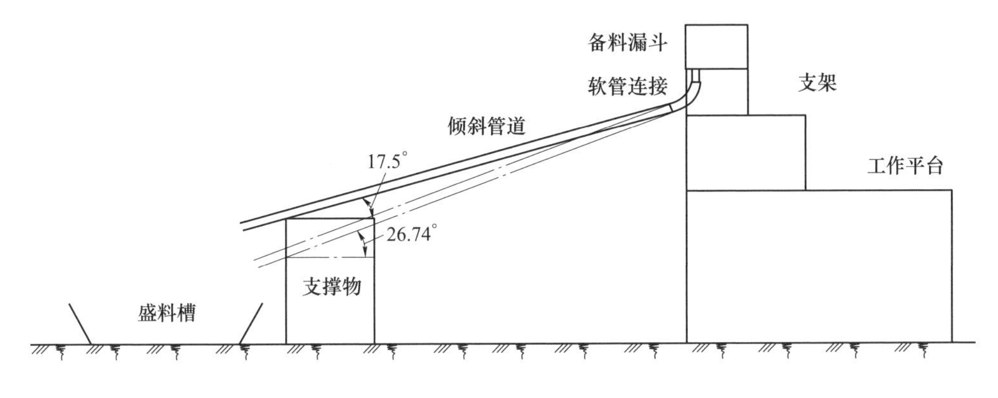

图 3-15 实验装置图

3.2.4.2 测试原理

为准确获取膏体料浆的流变参数，设计了倾斜管实验。根据水力学原理推导流变参数的计算方式。取管道内一段膏体微元进行受力分析，如图 3-16 所示。

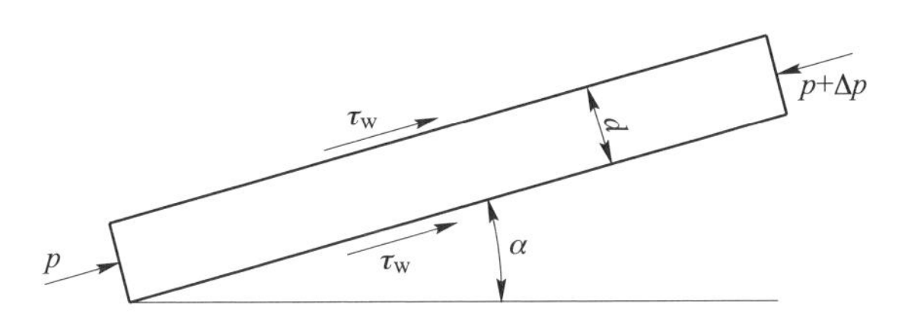

图 3-16 倾斜管内膏体受力分析

当膏体在倾斜管道中运动时，膏体微元的运动平衡方程为：

$$\tau_{w}\pi dl-\Delta p\pi\left(\frac{d}{2}\right)^{2}=\pi\left(\frac{d}{2}\right)^{2}l\rho g\sin\alpha \tag{3-25}$$

式中，τ_w 为浆体管壁切应力，Pa；d 为微元直径，m；l 为料浆微元体长，m；α 为管道倾角，(°)；Δp 为浆体两端面压差，Pa；ρ 为料浆密度，kg/m^3。

经过积分简化后得到：

$$\tau_{w}=\frac{D\Delta P}{4L}+\rho\frac{Dg}{4}\sin\alpha \tag{3-26}$$

式中，D 为管道直径，m；L 为管道长度，m。

根据 Buckingham 方程可知：

$$\frac{8v}{D}=\frac{\tau_w}{\eta_B}\left[1-\frac{4}{3}\frac{\tau_y}{\tau_w}+\frac{1}{3}\left(\frac{\tau_y}{\tau_w}\right)^4\right] \tag{3-27}$$

式中，τ_y 为屈服应力，Pa；η_B 为塑性黏度，Pa·s；v 为流速，m/s。

在柱塞流区，膏体切变率与切应力呈线性关系，联合式（3-26）、式（3-27），经过简化略去高次项可以得到：

$$\tau_w=\frac{4}{3}\tau_y+\frac{8v}{D}\eta_B \tag{3-28}$$

根据伯努利方程，考虑管道内膏体高度和膏体流速和压差的关系可以得到：

$$\Delta p=\rho\left(Lg\sin\alpha-giL-\frac{v^2}{2}\right) \tag{3-29}$$

式中，i 为水力坡度，Pa/m。

根据以往研究，膏体水力坡度可由式（3-30）计算：

$$i=\frac{16}{3D}\tau_y+\frac{32v}{D^2}\eta_B \tag{3-30}$$

联合式（3-27）~式（3-30）可以得到：

$$\frac{4}{3}\tau_y+\eta_B\frac{8v}{D}=\frac{\rho D}{4L}\left(gL\sin\alpha-g\frac{16gL}{3D}\tau_y-\frac{32gLv}{D^2}\eta_B-\frac{v^2}{2}\right)+\frac{\rho Dg\sin\alpha}{4} \tag{3-31}$$

通过改变角度 α 控制倾斜管的充填倍线，得到不同倾斜角度下的管道流速 v，管道直径 D、管道长度 L 和料浆密度 ρ 可以在实验前测定。方程可认为是关于屈服应力 τ_y 和塑性黏度 η_B 的方程。通过对不同倾斜角度下速度的测量，拟合出流变参数。根据实验方案进行流变参数的求解，进而研究不同物料配比下膏体管道阻力变化规律。

3.2.4.3 实验案例

以某铅锌矿膏体充填系统为工程背景，结合膏体制备工艺，选择灰砂比（质量比）、料浆质量分数、库存尾砂掺比和废石掺比 4 个因素，考察 4 个因素对膏体流变特性的影响[32]。

实验采用 2 寸半胶皮管，管道直径 0.063m，管道长度为 3m，漏斗内料浆高度在 $\alpha=17.5$ 时，$h_1=0.9$m，漏斗内料浆高度在 $\alpha=26.74$ 时，$h_2=1.35$m，保持 30s 以上稳定速度状态。类比同类矿山，膏体流速一般在 2.5m/s 以内。具体实验方案设计见表 3-5。

表 3-5　实验方案

水平	浓度/%	灰砂比	库存尾砂掺比/%	废石掺比/%
A_1	75.5	1∶7	7	16
A_2	76.0	1∶9	16	13
A_3	76.5	1∶11	4	10
A_4	77.0	1∶6	13	7
A_5	77.5	1∶8	1	4
A_6	78.0	1∶10	10	1

注：库存尾砂及废石掺比均为全尾砂掺量的百分比。

将配制好的料浆搅拌均匀，然后根据实验操作要求及规定测得不同浓度、不同配比条件下料浆的性能参数，详见表 3-6。

表 3-6　实验结果记录表

编号	密度 $\rho/\times10^3\text{kg}\cdot\text{m}^{-3}$	倾角 17.5°		倾角 26.74°		沿程阻力损失 h_ω/Pa	屈服应力 τ_y/Pa	塑性黏度 η_B/Pa·s
		流量 $/\text{cm}^3$	流速 $/\text{m}\cdot\text{s}^{-1}$	流量 $/\text{cm}^3$	流速 $/\text{m}\cdot\text{s}^{-1}$			
A_1	1.91	2638.4	0.836	4091.4	1.2964	0.0866	37.268	0.701
A_2	1.97	1755.4	0.5562	3208.4	1.0166	0.0471	61.057	0.746
A_3	2.00	1003.3	0.3179	2353.1	0.7456	0.0215	79.457	0.841
A_4	2.03	369.3	0.117	1502.0	0.4814	0.0041	96.553	1.030
A_5	2.08	276.1	0.0885	1291.7	0.4140	0.0020	100.860	1.188
A_6	2.12	124.8	0.04	1223.1	0.392	0.0012	108.564	1.121

从试验结果可以看出，采用倾斜管实验方法可以有效得到屈服应力和塑性黏度参数。在本实验案例中，料浆的塑性黏度受浓度、灰砂比、库存尾砂掺比及废石掺比四因素的影响，其影响程度从大到小顺序排列为：浓度>废石掺比>库存尾砂掺比>灰砂比，且四因素中浓度与灰砂比、库存尾砂掺比及废石掺比呈正相关性；灰砂比与浓度、库存尾砂掺比及废石掺比呈负相关性；废石掺比与浓度、砂灰比及库存尾砂掺比呈负相关性；库存尾砂掺比与浓度、灰砂比及废石掺比呈正相关性。

3.2.4.4　适应性分析

A　测试方法适应性分析

倾斜管实验是料浆在管道中利用不同倾角下的重力条件流动，在管道属性及膏体料浆物理力学性质确定的情况下，只要测定同一种管道两个不同倾角下充填料浆的平均流速，即可得到膏体料浆的屈服应力及塑性黏度。该方法的特点是在少量试验条件下即可得到流变参数，在大量多工况实验条件下可提高数据精度、减小系统误差和人为误差。倾斜管相对“L”管来讲，不需要测定液位高度，减少了堵管风险，大大提高了实验的可操作性，实验装置也更为简单，操作方便、费用低。但倾斜管实验仍属于小型测试系统，不能描述长时间输送状态下的流动特性，与工程实际还存在一定差异。

B　测试结果适应性分析

倾斜管实验结果可靠度与实验样本数量有关，同一配比料浆需要做多次实验拟合出流变参数，样本数量越多可靠性就越大，一般一种配比需要在 5 组实验以上。在多种配比条件下大大增加了物料用量和实验次数，延长了实验周期，使得实验灵活性降低。倾斜管实验本质上没有消除倾角对流变特性的影响。环管实验表明，在倾斜上行、倾斜下行、水平输送、弯管等不同管道布置形式下料浆流动特性和流变特性有较大差异，倾斜管实验不能反映输送角度对料浆流态的影响。

3.2.5　环管法

环管实验能够准确测定沿程阻力及流变参数。工程上为了指导生产实践，通常采用环管实验，但充填料浆环管实验要耗费较长的时间、大量的资金，以及人力、物力，因此并非所有矿山都具有进行环管实验的条件。

3.2.5.1　实验装置

环管实验系统主要包括 4 个子系统：制浆系统、加压输送系统、测量系统、给排水系统。布置情况如图 3-17 所示。

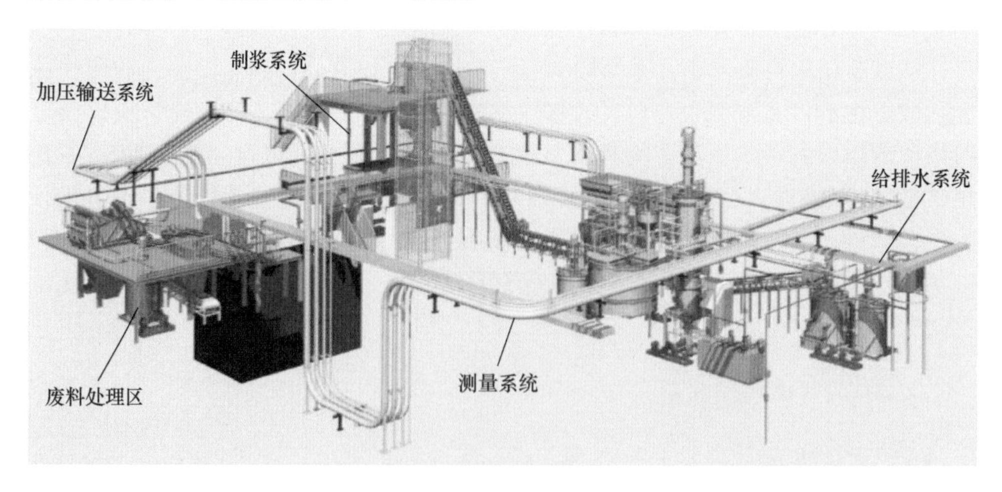

图 3-17　环管实验系统

（1）制浆系统，其功能是按照实验设计要求制备料浆。该系统包括搅拌槽、上料工作平台、给料行车、出料阀门、供料板车、数台不同量程电子秤等。制浆系统的核心是搅拌槽，考虑到运行中料浆用量要留 $1m^3$ 的余量，搅拌槽的容量一般在 $3m^3$ 左右，采用 1500r/min 左右的搅拌槽利于制备均匀高浓度料浆。

（2）加压输送系统，是环管实验的主体，通过柱塞泵控制不同输送流量和输送压力，选择不同管径直管、弯管，模拟井下充填管路的实际情况，以获得较为全面的管道输送参数。不同管径的无缝钢管以泵出口-搅拌槽-料斗，形成环路使料浆反复循环，便于获取多组数据，确保实验数据的准确性，且利于料浆反复利用。系统管径一般根据现场应用条件配置，一般在 $\phi 50 \sim \phi 250$ 之间，同时设置不同转弯半径的直角弯头、偏心管、变径管、三通、阀门。流量可调范围一般在 $30 \sim 100m^3/h$。

（3）测量系统，能够监测料浆的制备情况、输送量、供压情况，测试不同浆体各时段各工况点的状态参数。所获取的实验数据是浆体输送性研究的重要依据。该系统包括压力变送器、压差变送器、数据采集卡、流量计、数据处理的计算机、浓度壶等。压力变送器是测定管道内某点的压力值，用-于监测两点的压力差值，具有抗压范围大，测量精度准的特点，所以在环管系统设计中大量地采用这种传感器，取代原环管实验系统中常用的压力表。采用数据采集卡获取数据，避免了以往人为读数的误差，保证时间上的同一性。

（4）给排水系统，包括给水系统的水管、阀门等，和排水系统的管道、阀门、废浆池等。该系统为环管实验提供清水，用于提供在制浆过程中制备料浆用水、实验测试完成后清理废浆用水和检测实验系统可靠性的清水实验用水。

3.2.5.2　测试原理

水力坡度可由式（3-32）进行计算：

$$i = 1000 \cdot \frac{p_1 - p_2}{L} \tag{3-32}$$

式中，p_1，p_2 分别为 1 号，2 号压力变送器的监测数据，MPa；L 为两压力表之间的管道长度，27m；i 为水力坡度，MPa/km。

流变参数是计算浆体在不同流速条件下沿程阻力的关键，通过环管实验数据获得其相应的流变参数，为井下管线布置提供理论依据。本实验将膏体视为 Bingham 流体。由 Buckingham 方程可得，宾汉流体的沿程阻力损失与流变参数的关系如式（3-30）所示。

通过式（3-30）反算可得不同配比及浓度条件下膏体的屈服应力 τ_y 及塑性黏度值 η_B。

3.2.5.3　实验案例

流变参数是膏体管道流动特性分析的重要参数之一，环管实验是研究膏体流变特性的重要方法之一。实验基于考虑不同浓度及不同流速条件下膏体管道输送的阻力损失，对膏体流变参数进行分析。

以某铜矿全尾砂为原料，配置质量浓度范围为70%~76%的料浆，为减少实验次数，通过在循环管道中加入一定量的水对其进行稀释以调节浆体浓度，实际浓度通过浓度计进行实时监测。

将膏体视为宾汉流体，管道单位长度流动阻力 i 可根据式（3-30）计算。

利用实验结果的沿程阻力与流速数据，可对屈服应力及塑性黏度等流变参数进行推算，假设拟合公式如式（3-33）所示：

$$y = ax + b \tag{3-33}$$

则由式（3-30）、式（3-33）可得：

$$b = \frac{16}{3D} \cdot \tau_y \longrightarrow \tau_y = \frac{3D}{16} \cdot b$$

$$a = \frac{32}{D^2} \cdot \eta_B \longrightarrow \eta_B = \frac{D^2}{32} \cdot a$$

根据式（3-33）可计算出屈服应力与塑性黏度，结果见表3-7。

表3-7　流变参数计算结果

灰砂比	浓度/%	a	b	τ_y/Pa	η_B/Pa·s
1∶8	68.4	2.00	2.96	68.82	0.96
	67.6	1.98	2.57	59.75	0.95
	65.2	1.38	1.85	43.01	0.66
1∶6	68.4	2.92	3.66	85.10	1.40
	67.1	2.92	2.75	63.94	1.40
	66.1	1.99	2.74	63.71	0.96

通过环管实验方法测定的流变参数具有高度的工程实用性，可直接指导工程设计和工程应用。通过环管试压测定的流变参数也可验证其他流变参数测定方法的可靠性，尤其在设备仪器矫正、测试方法修正、误差分析等方面具有重要指导意义。

3.2.5.4 适应性分析

A 测试方法适应性分析

环管实验可根据工业需求模拟多种工况需求。管道布置形式可根据需求规划敷设路线，包括料浆上行管道、料浆下行管道、水平管道、多种弯管、变径管。该系统也可对不同管道材质下的流变特性进行分析。环管实验系统一般为全工业尺寸实验装置，包括管径、流量等指标均能够反应现场输送实际特征，系统能长时间稳定运行和连续监测，且所测定的特征指标可直接用来指导工程设计。环管实验系统一般包括众多精准的监测仪表和控制仪表，不仅能够对水量、干料添加量、搅拌时间、搅拌速率、输送流量等关键参数进行精准调节和控制，而且能够对不同管段的压力、流速、浓度等参数进行精准监测。环管实验系统具有全、大、精的特点，能够进行全方位、多视角分析。环管实验测得的管输阻力和流量等数据，根据克里格-马伦公式可推算出不同工况下的流变参数。

采用环管实验法测定的数据与现场最为吻合，但该环管实验要耗费较多物料、时间、资金、人力和物力，一般大型工程和重点工程有必要进行环管实验[33]。

B 测试结果适应性分析

环管实验中采用柱塞泵进行压力输送，由于泵压的不连续性，管内数据不稳定，其分布特征类似机械波，在某一数值上下波动。因此，选择一种合理的数据处理方法对实验结果的分析尤为关键。在分析时多采用正态分布对检测数据进行描述，对于正态分布的随机数据，一般可采用均值、中位数等对数据进行统计学分析，采用不同分析方法对统计数据也会产生一定差异。

环管实验是最接近实际生产的有效实验方法，其直接通过测量管道两端的压力降值精确计算管道中料浆输送阻力及流变参数，能够有效减小利用经验公式计算流变参数和沿程阻力带来的误差，该方法的实验结果可直接指导生产实践。

3.3 膏体流变特性影响因素

膏体在输送过程中以结构流的形式存在，有别于传统的固液两相流，表现出显著的非牛顿流体特性。于润沧院士以金川尾砂为对象研究发现，随着质量分数的增加，其流变特性逐渐发生变化，当质量分数超过“临界流态质量分数”时，料浆性质发生质的变化，从非均质的固、液两相流转变成似均质的结构流[34]。翟永刚等研究表明，不同高质量分数的料浆，流变模型不同，质量分数为69%~80%的料浆流变模型为屈服伪塑性体，质量分数为81%的料浆为Bingham流体[35]。

膏体在稳态流动过程中表现为黏塑性体，但在特殊环境和条件下，浆体受到动态作用力或发生动态变形时，弹性效应会发生重要作用，表现出黏弹塑性力学特性。研究表明，膏体料浆的流变性质、流变模型、流变方程是料浆制备、充填管道设计、管道输送阻力计算、参数优化等管道输送系统设计的基础，是膏体充填新模式的重要研究内容和关键技术之一[36]，为此，膏体流变参数的有效获取对膏体技术的推广具有至关重要的作用。

影响膏体流变性能的主要因素有物料的物化性质、膏体组成、外部环境[37]。其中，物料物化性质指尾砂的种类、容重、化学组成、颗粒大小及分布、液相pH值、盐度等；膏体组成包括固相含量（如体积分数、饱和度等）、粗颗粒含量、外加剂用量等；外部环境包括环境温度、磁场强度等；试验方法主要指膏体的剪切速率、剪切时间等实验方法[38, 39]。

众所周知，料浆体积分数是影响流变特性较为显著的因素，同时由于浓度响应特征往往受材料差异性影响较大，无法应用经验来准确判定某种充填材料的合理浓度区间。浓度的准确判定和控制是影响流变特性和输送性能的重要因素。

通过对大量矿山充填材料的差异性调研发现，选矿工艺也是造成差异性的主要原因，主要体现在：选矿工艺一方面造成了颗粒级配的差异，进而干料状态下的堆积密实度不同，形成孔隙率和饱水能力的差异；另一方面，细颗粒容易形成絮网状结构，对料浆的沉降性和稳定性也存在较大影响。

除体积分数和级配结构外，大量实验发现，材料本身密度性质、剪切时效性、料浆温度、高分子添加剂等也会对料浆流变性能产生影响。

3.3.1 体积分数

充填料浆屈服应力和塑性黏度随着体积分数的增加而增大，且胶结尾砂的屈服应力和塑性黏度相对于全尾砂充填料浆要大。以某镍矿为例，尾砂体积分数超过40%后，屈服应力迅速呈指数型增加，某铁矿全尾砂体积分数超过42%~45%后，屈服应力迅速增长[26]。当水泥体积分数超过35%~37%时，屈服应力开始呈指数增加。两种全尾砂和水泥在浓度较低时屈服应力均缓慢增长，上升至一定限度后，屈服应力迅速增长，表现出指数型增长的特点。材料这种随浓度变化的特性，使料浆在低浓度时极易分层离析，在高浓度时容易迅速稠化，失去流动性。在一定较窄的浓度范围，才能制备出既具有一定流动性，又表现出不易分层离析的料浆。受各自材料特性的影响，屈服应力和塑性黏度增长幅度、快慢有较大差异，如图3-18所示。

膏体料浆的屈服应力随着浓度的增加呈指数形式增长。膏体体积分数越高，体系中自由水含量越少，细颗粒与黏滞水间的静电吸附作用越强，同时颗粒间的

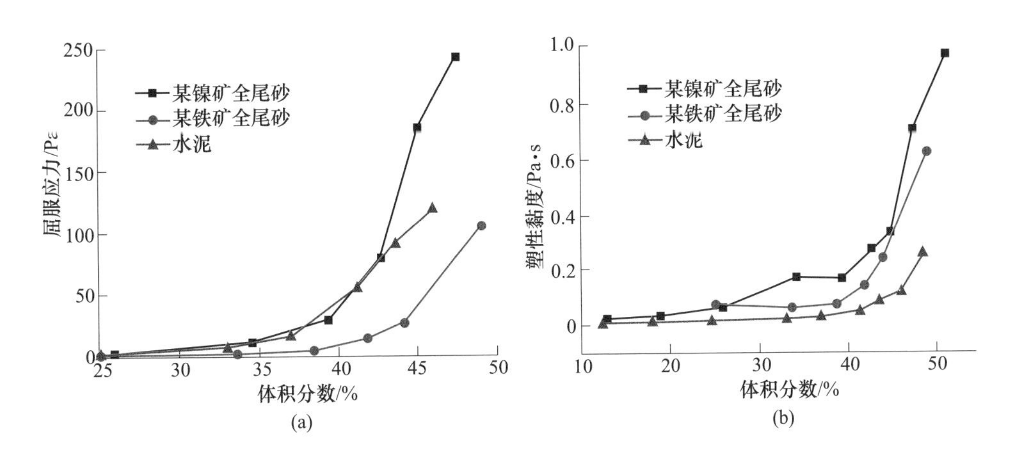

图 3-18 体积分数对流变参数的影响
（a）屈服应力；（b）塑性黏度

啮合作用增强导致屈服应力迅速增长。

体积分数表征了组成膏体的散体颗粒在流场作用下的分布特征。体积分数大小表示的是散体特征和流体特征占主导的程度，同时在流体曳力、静电作用力、孔隙水压力等作用下，散体特征与流体特征之间存在复杂的交互关系，体积分数是固液作用平衡关系的综合表征。

3.3.2 颗粒级配

颗粒级配是表征颗粒特性的综合指标，包含颗粒大小、粒度分布及颗粒的密实程度等。制备膏体的惰性材料以全尾砂应用最为广泛。传统意义上能够反映级配特征的参数主要有平均粒径、中值粒径、不均匀系数和曲率系数等，或者反映粒级粗细的特征粒径。但这些参数仍不能全面描述膏体材料在料浆中的级配特征。

徐文彬等[40]以充填料浆流变特性和颗粒级配为研究对象展开研究，对于颗粒对浆体流变特性的影响，认为细颗粒含量对膏体流变行为影响更大。龙海潮等[41]对高浓度水煤浆的流变行为进行研究，表明在固体浓度一定的条件下，浆体相对黏度随粗颗粒比例减小呈现由大变小、再由小变大的趋势。粗细颗粒对浆体流变特性的作用机制不同，粗颗粒通过相互碰撞和摩擦作用使黏度改变，而细颗粒通过吸附水间接增加浓度和形成絮网结构使黏度改变。孙南翔等[42]研究颗粒分布对高浓度水煤浆流变性能的影响，通过调节粗细煤粉配比，在粒度分布较宽的粗颗粒中加入粒度分布较窄的细颗粒，利用小颗粒来填充大颗粒间的空隙以提高固相颗粒堆积效率；随着级配方案中细颗粒的增加，水煤浆逐渐向剪切稠化行为转变，依次呈现出屈服伪塑性型、Bingham 型和胀流型三种流型。杨志强等[43]对粗骨料膏体料浆展开研究，发现某镍矿的废石和尾砂两种骨料的粒径级配不良，不能单独作为矿山充填骨料，需要将废石和尾砂进行混合才能作为金川充填法采矿的充填骨料，当废石与尾砂质量比为 6∶4 和 5∶5 两种混合骨料的堆积密实度较大，其不均匀系数和曲率系数满足良好级配的条件。对于废石尾砂质量比为 6∶4 和 5∶5 两种混合充填料浆，当料浆质量浓度大于 78%时属于高浓度浆体，符合 H-B 流变模型。

实验发现，堆积密实度与物料级配存在一定的联系，堆积密实度不仅能反映当前骨料的密实情况、孔隙率大小，还与骨料的特征粒径和负累积含量之间存在一定关系，如图 3-19 所示。堆积密实度与特征粒径基本呈线性关系，随着堆积密实度的增加，特征粒径逐渐增大。堆积密实度与负累计含量之间呈负线性增长关系，密实度越大，负累计含量越小。

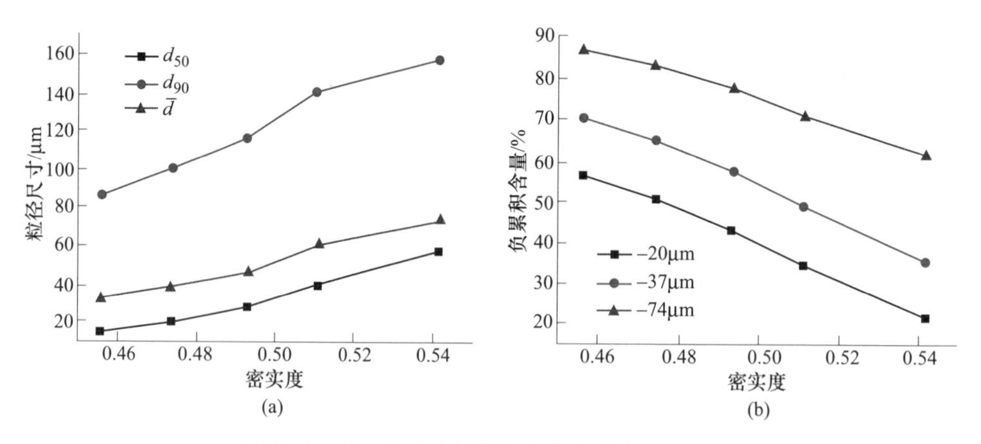

图 3-19　密实度和特征粒径与负累计含量的关系
（a）特征粒径；（b）负累积含量

利用堆积密实度整体评价骨料的级配结构存在合理性。但骨料在浆体中时，孔隙中的空气介质变成了水介质，骨料可以悬浮在水解质当中，骨料在水解质中的密实结构一方面决定了料浆的流动性，另一方面对料浆流变特性也产生了影响。

假设在理想状态下将膏体物料压实进某一体积 V 的容器内，逐渐往容器内添加水，直至水的体积等于容器内的孔隙体积。此时骨料堆积密实度 φ 等于料浆的体积分数 C_V，如式（3-34）所示：

$$\varphi = \frac{m_S/V}{m_S/V_S} = \frac{V_S}{V} = C_V \tag{3-34}$$

式中，m_S 为固体质量，kg；V_S 为固体体积，m^3；V 为容器体积，m^3。

在固体物料不变的情况下假设容器体积可以继续增大，水的体积逐渐增加并大于原容器内孔隙体积，此时固体物料的体积分数便是“松散”在水体中的“松散密实度”。由此可以理解为体积分数是密实度在浆体状态下的描述形式。

当 $C_V>\varphi$ 时，认为料浆部分仍处于干硬状态，不具备流动性；

当 $C_V=\varphi$ 时，认为料浆部分仍处于临界饱和状态；

当 $C_V<\varphi$ 时，认为料浆部分仍处于超饱和态，具有流动性。

膏体稳定系数见式（3-35），是将级配的概念扩展到了料浆状态，表示在单位料浆体积内固体颗粒的密实度占最大密实度的比例，反映了当前体积分数达到物料级配固有属性极限状态的程度[44]。

$$y=\frac{C_V}{\varphi} \tag{3-35}$$

从尾砂不同级配条件下的流变实验可以看出，骨料的密实度逐渐降低，在同一体积分数下，膏体稳定系数 C_V/φ 逐渐增加。测得屈服应力与膏体稳定系数的关系如图 3-20 所示。由图可知，在其他变量不变的情况下，屈服应力随膏体稳定系数的增加呈幂指数函数增长。

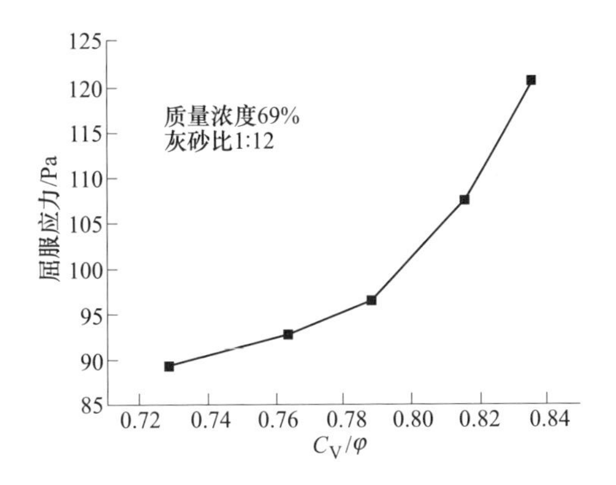

图 3-20　屈服应力随 C_V/φ 变化曲线

3.3.3　尾砂密度

生产实践中发现，使用不同矿山的全尾砂配制膏体时，其屈服应力变化范围差别很大，其所达到的理想浓度差别也较大。除了上节所研究的骨料级配的影响外，不同密度的材料对屈服应力也有一定影响。

相似级配不同密度的全尾砂制成的膏体，其屈服应力随体积浓度均表现出典型的指数型增长，如图 3-21（a）所示。当浓度较低时，不同密度膏体的屈服应力并未表现出明显的差异性特征，均在低屈服应力范围浮动。随着体积浓度的增加，尾砂密度较小的膏体，屈服应力在相对较低的浓度条件下即迅速增长，其

“临界浓度”较低。随着密度的逐渐增大，其“临界浓度”逐渐向曲线右侧移动，其理想模型如图 3-21（b）所示。根据前述研究，屈服应力随体积浓度的变化规律符合 $y = e^x$。从图中还可以看出，当体积浓度一定时，密度越大，屈服应力越小，即当体积分数为 C_{V1}时，有$\tau_3<\tau_2<\tau_1$。

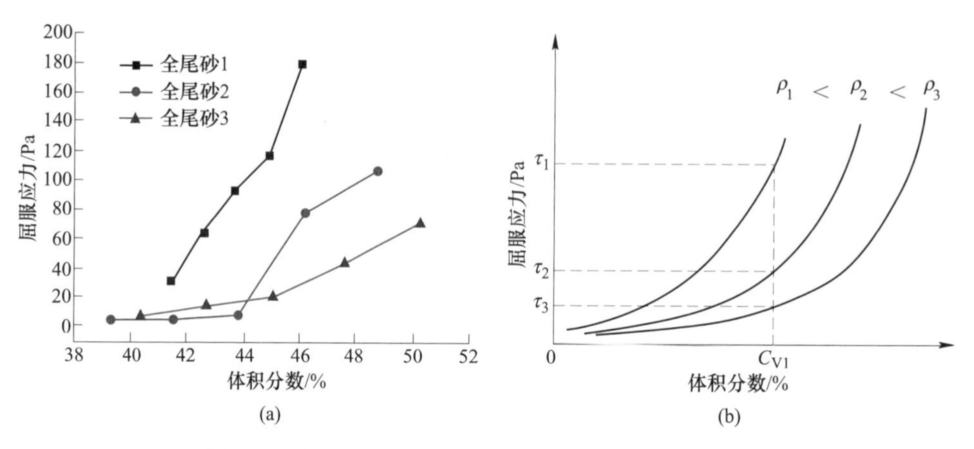

图 3-21　相似级配不同密度尾砂膏体屈服应力变化特征

（a）实验统计；（b）理想模型

3.3.4　剪切时效性

考虑到充填料浆多以水泥材料作为胶结剂，其水化时间效应对浆体会有显著影响。研究表明水灰比（质量比）（W/C）是影响料浆流变类型的主导因素，W/C 为 0.5、0.7 的料浆，具有屈服拟塑性的流变模式，而 W/C 为 0.7、1.0 的料浆表现出宾汉流变模式。随着水化时间的增加，搅拌状态下料浆的剪切力均增加，但是增加程度有限[45]。时间因素对膏体流变行为的影响主要表现在膏体的触变性，即当膏体受到剪切作用时，屈服应力和黏度会随着时间而减小，当去掉剪切作用时，屈服应力和黏度会随着时间增加。剪切速率上升过程的剪切应力大于下降过程，这是由于剪切作用导致浆体结构的破坏速率大于修复速率，则结构强度降低，剪切应力相应减小；下降过程中，随着剪切速率减小，结构的修复速率大于破坏速率，絮网结构得到恢复，但由于恢复需要一定的时间，即存在滞后性，因此在剪切速率上升及下降过程中形成了应力滞后环，且体积分数越高，滞后环的面积越大，其触变性越强[46]。

实验发现，固定剪切速率时，应力松弛特征曲线表现出一定的规律性，采用适合的数学模型对数据回归分析可以得到触变前后的屈服应力和塑性黏度，如图 3-22 所示。图 3-22（a）应力松弛曲线能够得到剪切应力随时间的变化行为，得到松弛平衡时的剪切应力和应力松弛时间。通过图 3-22（b）分别将应力松弛前后不同剪切速率的剪切应力值进行拟合，得到剪切应力随剪切速率的变化特征，并可以回归出触变前后的屈服应力和塑性黏度。

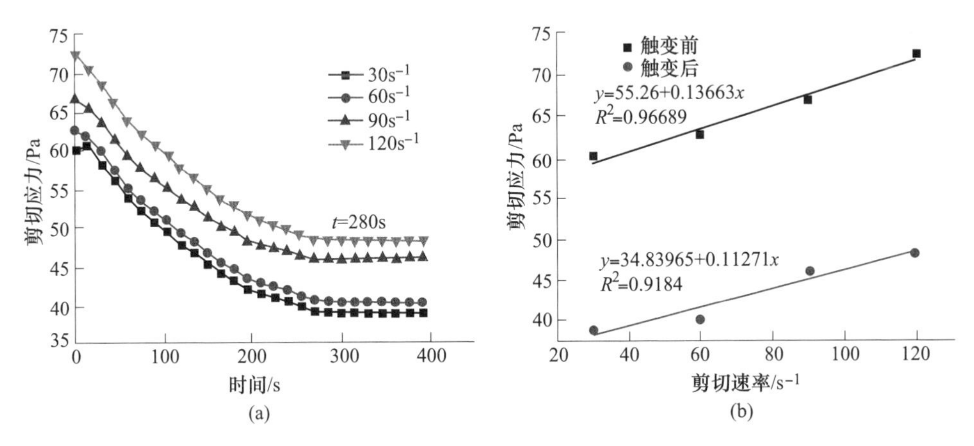

图 3-22　应力松弛曲线及参数回归

（a）应力松弛曲线；（b）触变前后参数回归

根据剪切速率为 $30s^{-1}$、$60s^{-1}$、$90s^{-1}$ 和 $120s^{-1}$ 下的应力松弛曲线，可以对每一时刻的屈服应力值进行回归分析。以某矿浓度为 68%，灰砂比为 1∶2 时的应力曲线为例进行描述。为优化分析数据量，每 15s 进行一次回归分析，共进行 26 次回归分析，得到 400s 内屈服应力值的变化曲线如图 3-23（a）所示。屈服应力在 280s 左右已经达到稳定状态。考虑到模型稳定性，需要对全部数据进行分段处理，即划分为数据稳定前和数据稳定后两个阶段。对稳定前 280s 内的数据进行处理后可以看出屈服应力随时间的变化符合负指数函数增长特征，如图 3-23（b）所示。塑性黏度随时间的变化幅度不是很大，从 20s 的最大值到 280s 左右时的稳定值，塑性黏度降低率为 23.59%，如图 3-23（c）所示。触变阶段的塑性黏度的变化可用线性函数进行描述。

具有触变时效性的水泥基浆体形成触变结构的方式有以下几种假说：（1）材料微粒之间电荷的相互作用。微粒不同部位相反电荷相互作用，形成一定的结构，此结构受到外力作用后被破坏，外力停止后重新形成，触变结构强度取决于电荷相互作用形成的吸引键的数量。（2）分子间作用力。微粒在静止状态下通过分子间的作用力发生聚集，形成一定的胶凝结构，在外力作用下结构被破坏，表现出触变性能。（3）氢键。材料的某些基团通过氢键形成一定的空间结构，受到外力时该结构被破坏，产生一定的流动性。（4）疏水缔合。主要是由于大分子的缔合作用形成了交联网络结构，在外力作用下，该结构发生变化，形成新的平衡状态。（5）材料自身的结构。某些交联的聚合物与具有特殊层状或网状结构的物质或通过反应生成的此类物质在水泥浆中形成立体网络结构，受到剪切

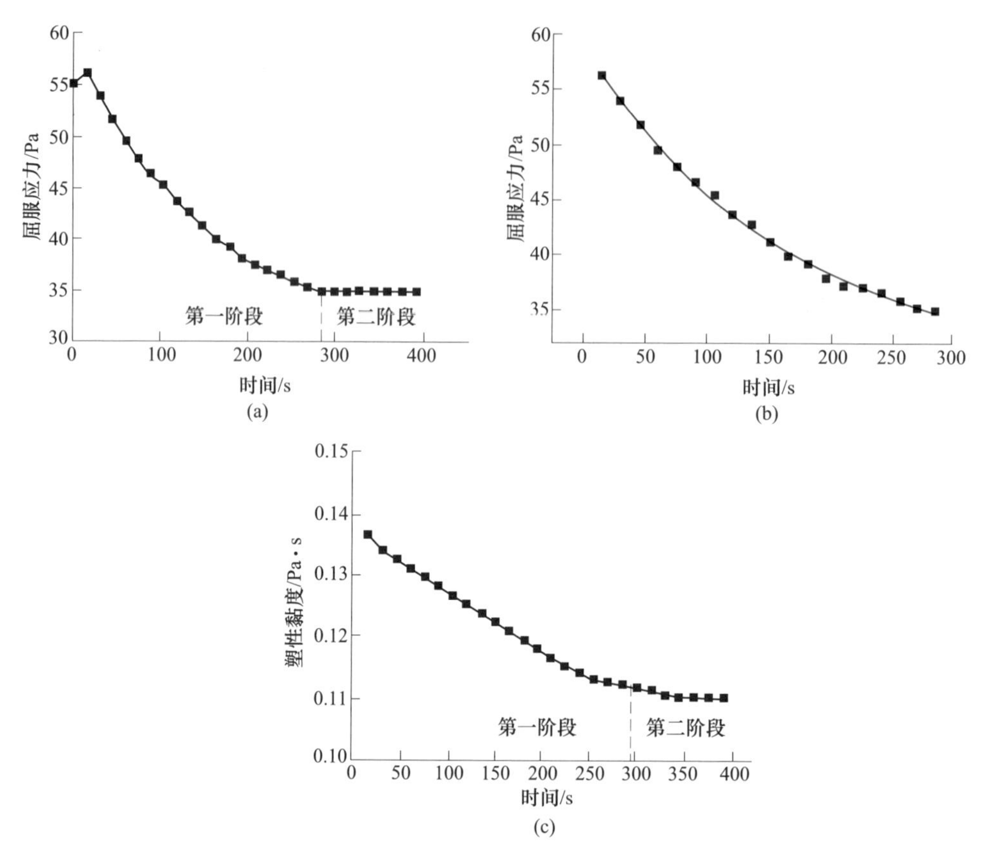

图 3-23　流变参数随时间变化曲线（质量浓度 68%，灰砂比 1：2）

（a）屈服应力随时间变化；（b）第一阶段屈服应力拟合曲线；（c）塑性黏度随时间变化

力时网络结构被破坏，表现出剪切变稀，静止后网络结构可很快恢复。

有学者认为触变性可能是微细观结构聚合和破坏动态平衡的结果。Schumann 发现当絮网结构在恒定剪切力作用下经历一定时间后，絮网结构的形状并不随时间的变化而变化。Swift、Friedlander 等将此现象称为粒径的自相似现象，并给出如下表达式：

$$n_i(t) = \frac{N_t^2}{\phi}\psi\left(\frac{N_t V_i}{\phi}\right) \tag{3-36}$$

式中，$n_i(t)$ 为 t 时刻 i 级絮网结构的颗粒数量浓度；N_t 为 t 时刻所有级别絮网结构的颗粒数量浓度总和；V_i 为 i 级絮网结构的体积；ϕ 为初始时刻颗粒的数量浓度；ψ 为自相似粒径分布函数，随着絮凝时间的增长并不发生变化。Koh、Spicer 在实验中证实了自相似现象；Coufort 发现形成的絮网结构粒径分布可用对数正态分布函数来表示。

在一定强度剪切力作用下絮凝增大了絮网结构粒径，但降低了絮网结构的密实度；而破裂减小了絮网结构粒径，但增加了絮网结构的密实度。Spicer 发现絮网结构的分形维数 D_{pf}（以周长为基准的分形维）在管道流过程中会有一个先增加，再逐渐下降到稳定值的过程。

在恒定剪切条件下，絮网结构未产生明显破坏，但却产生了强烈变形。但长时间后絮团结构发生重构，并产生新的平衡结构。Selomulya 依此提出了絮网结构随时间变化的模型：

$$\frac{d(D_f)}{d_t} = \left[c_1\left(\frac{d_f}{d_0}\right)^{c_2} + c_3AB\right] \times (D_{f,max} - D_f) \tag{3-37}$$

式中，c_1、c_2、c_3 为系数；AB 为动力学方程中絮凝项总和与破裂项总和的乘积；$D_{f,max}$ 为能形成的最大絮网结构分维。

经过大量研究认为，膏体料浆的触变性主要受絮网秩序的影响。在初始状态下，料浆在摩擦力、静电作用力和絮凝力作用下形成大量无序且力学稳定的絮网结构。如图 3-24 所示，在恒定剪切扰动作用下，絮网结构秩序逐渐发生变化，由无序化向有序化转变，并在新的力学平衡条件下趋于某一稳定形态。

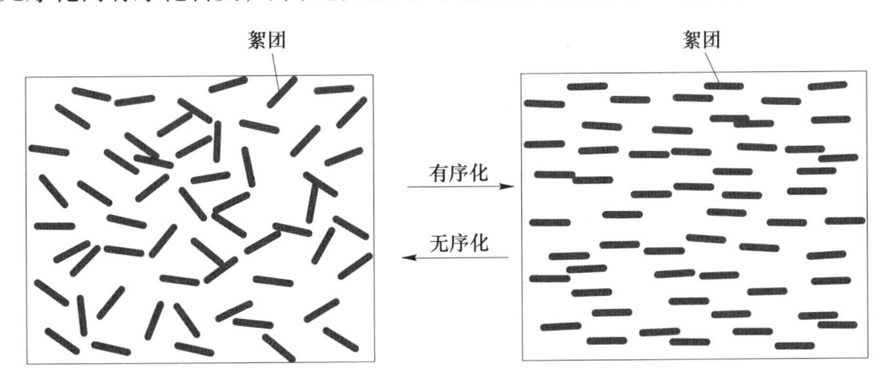

图 3-24　剪切作用下絮网秩序转变

3.3.5　料浆温度

充填料浆在输送过程中与外界存在大量的能量交换与转换。首先外界温度通过管壁与料浆存在能量交换，料浆在流动中与管道内壁摩擦作用也将使料浆温度发生改变，水泥的水化反应也能释放一定热量改变料浆温度，此外料浆在制备、搅拌过程中也存在能量的转化。不同矿山的充填系统在不同输送阶段也存在着能量转化和温度的改变。此外料浆在制备、搅拌过程中也存在能量的转化。实验表明，料浆温度不仅对流变参数（屈服应力和塑性黏度）有较大影响，同时对料浆的时变效应也存在一定的影响。薛振林等[39]研究表明对料浆屈服应力的影响顺序为质量浓度>温度>灰砂比，质量浓度影响较为显著；对料浆黏度的影响顺序为质量浓度>灰砂比>温度，但三者对黏度的影响程度不大；屈服应力和黏度与 3 个因素之间存在显著的 2 次非线性相关性，质量浓度、灰砂比和温度 3 因素中两两之间存在协同影响，屈服应力明显上升。

从图 3-25（a）中可以看出料浆的屈服应力随温度的增加逐渐减小。当温度为 5℃时，屈服应力为 145.63Pa；当温度升高至 50℃时，屈服应力值降低至 96.8Pa，平均每升高 1℃，屈服应力降低 1.085Pa。但屈服应力不是按线性降低，随着温度的升高，降低速率逐渐减小。屈服应力随温度的变化特征可用负指数函数进行描述。从图 3-25（b）中可以看出塑性黏度随着温度的升高逐渐降低。当温度为 5℃时，塑性黏度为 0.328Pa·s；当温度升高至 50℃时，塑性黏度值降低至 0.2Pa·s，平均每升高 1℃，塑性黏度降低 0.0028Pa·s。塑性黏度的变化幅度较小，基本符合线性变化特征。

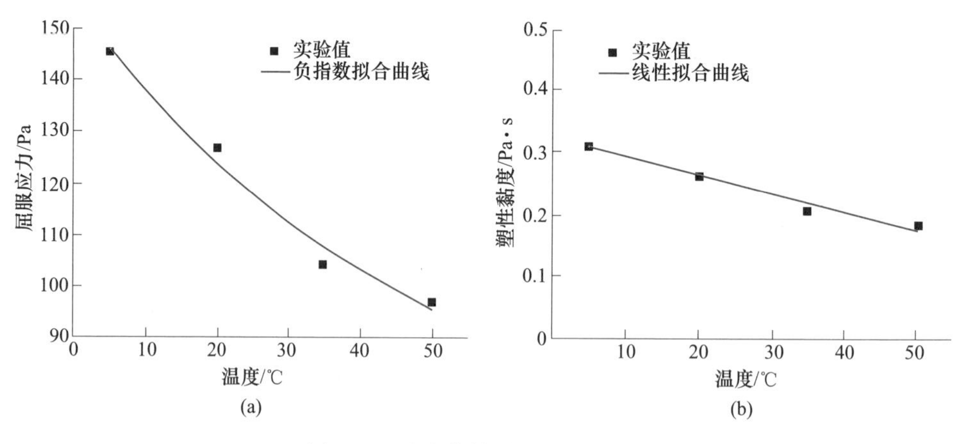

图 3-25　流变参数随温度变化曲线

（a）屈服应力随温度变化；（b）塑性黏度随温度变化

料浆中的颗粒在输送状态受到多种力的影响，包括液桥力、流体力、惯性力、范德华力、静电力等。流体力一般情况下总是存在，并且是影响细颗粒运动的主要因素之一。范德华力使得细颗粒流与传统粗大颗粒流在颗粒的接触力学、碰撞力学、动力学行为以及宏观运动规律和现象等方面都存在显著差异。范德华力是影响颗粒与其他颗粒絮团黏附强度的主要因素，对颗粒的接触后行为起主导作用。但范德华力属于近程力，在颗粒距离较远的情况下，其促进颗粒絮团间吸引的效果微弱。当温度升高时，料浆内部布朗运动加剧，颗粒及絮网结构逐渐摆脱范德华引力和静电力的束缚。

膏体料浆浓度高，内部存在大量絮网结构，具有一定的结构稳定性，如图 3-26（a）所示。随着温度的升高，絮团或絮网间的稳定结构被破坏，释放出一定量的自由水。自由水作为膏体料浆内部的运移通道，促进了闭合孔向半闭合孔和开放通道的转化，使料浆流动性增强，屈服应力和塑性黏度随之降低。当温度进一步升高，自由通道逐渐扩展，形成自由运移网络，如图 3-26（b）所示，料浆的流动性大大增强。温度的升高促进了浆体内部结构由絮网结构向液网结构的转化。当浆体中的液网结构逐渐丰富时，在流体力作用下颗粒及絮团结构的运移形态更加规则有序，使屈服应力和塑性黏度逐渐降低。

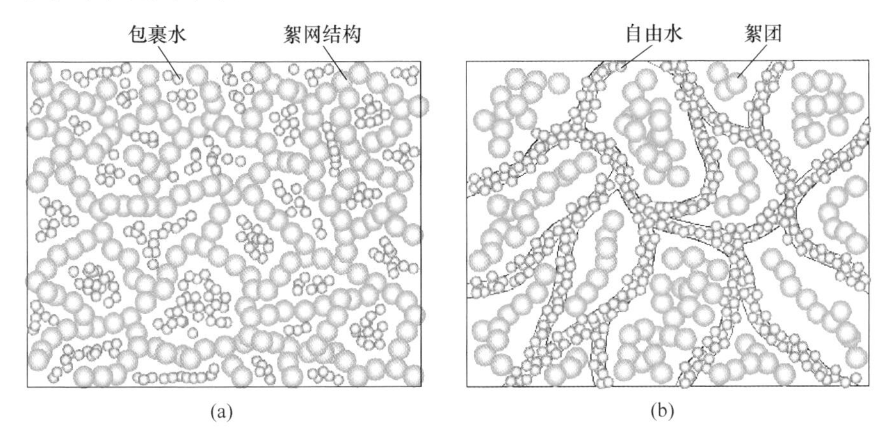

图 3-26 絮网结构向液网结构转化图
（a）絮网结构；（b）液网结构

3.3.6 高分子聚合材料

用以改善膏体流变及流动性能的高分子聚合材料通常是由多种外加剂组成，包括减水剂、缓凝剂、引气剂、保水剂等。其复配成分和比例应根据不同的物料成分、不同的物料物理化学性质、不同的使用温度、不同的强度等级要求、不同的泵送工艺等条件来确定。

图 3-27 为膏体料浆的屈服应力随着泵送剂掺量的增加发生的变化：（1）当不掺加泵送剂时，膏体料浆的屈服应力随着质量分数的增加而增大，且质量分数 $w \geqslant 74\%$时，膏体的屈服应力超过 200Pa，按照阻力计算不能满足管道输送的要求。（2）当开始添加泵送剂，膏体料浆的屈服应力随着泵送剂的掺量的增加而减少。曲线显示，泵送剂添加初期膏体料浆的屈服应力急剧减小，随着泵送剂掺量的增加，并超过一定数值的时候，膏体料浆的屈服应力减小速度降低并逐渐趋于平缓，说明泵送剂的掺量存在最佳值，并不是越多越好。本章实验显示泵送剂在该矿山的最佳掺量为水泥含量的 2.5%左右。（3）在添加泵送剂之前，膏体符合该矿山充填泵压输送要求的质量分数为 73%，添加泵送剂之后符合充填泵送要求的膏体质量分数可达到 80%。添加不同泵送剂后膏体料浆如图 3-28 所示。

高分子聚合材料之所以能够有效改善料浆流变性能，与料浆中颗粒静电作用

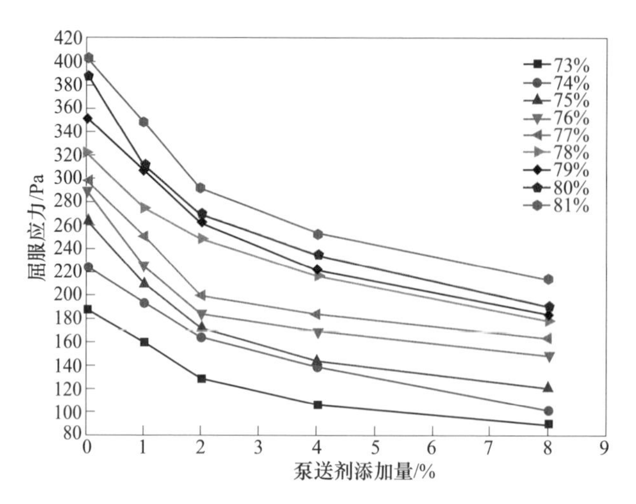

图 3-27　不同泵送剂掺量的屈服应力曲线

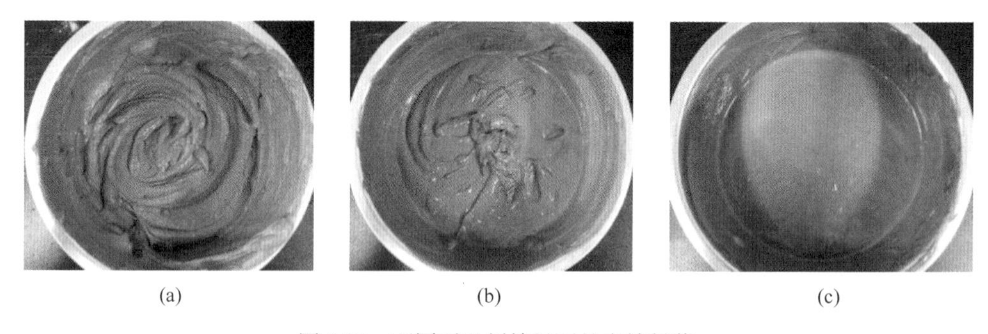

(a)　(b)　(c)

图 3-28　不同泵送剂掺量下的充填料浆

（a）泵送剂掺量为 0%；（b）泵送剂掺量为 2%；（c）泵送剂掺量为 8%

力息息相关。膏体料浆中颗粒表面的带电状态是决定颗粒分散或凝聚状态的重要因素。静电斥力是颗粒保持分散状态的原因之一，对膏体料浆的流变特性有重要影响。膏体浆体中，尾砂、水泥等细颗粒通过吸附溶解的泵送剂，使颗粒表面的带电状态发生变化，进而改变浆体中细颗粒之间的相互作用状态。例如水泥颗粒吸附带负电荷的泵送剂阴离子后，表面带负电荷，水泥颗粒产生静电排斥作用而处于分散状态。颗粒表面电位越高，产生的静电排斥力越大，分散效果越好。静电斥力的大小受到系统中介质的介电常数、颗粒的组成与粒径分布、浓度、泵送剂分子的组成及分子结构等的影响。

泵送剂与水泥颗粒的作用一方面表现在泵送剂对水泥浆体结构和性能的改善、对水泥水化产物的形成和形貌的影响。另一方面，水泥水化又影响着高效减水剂的分散作用。随着水泥水化的进行，泵送剂吸附层也不断被水泥水化产物覆盖，水泥颗粒中的水泥和水化产物颗粒开始凝聚，形成坚固的硬化体结构。高效减水剂与水同时加入时，高效减水剂参与水泥水化过程，形成有机矿物相并沉积在水泥颗粒表面，因此很多高效减水剂被无效消耗而不能起到分散作用。

膏体系统中泵送剂的消耗可分为三部分，如图 3-29 所示。第一部分被水泥的水化反应所消耗，其作用是改变水化产物的形貌；第二部分吸附在细颗粒或水化产物表面形成吸附层，这部分泵送剂对细颗粒分散起作用；第二部分泵送剂存留在溶液中，这部分泵送剂与吸附层之间保持动态吸附平衡，并随时补充由于水泥水化等因素消耗的泵送剂。在这三部分泵送剂中，存留在溶液中的泵送剂的量决定着泵送剂有效吸附层的厚度，也决定着泵送剂的分散效果。

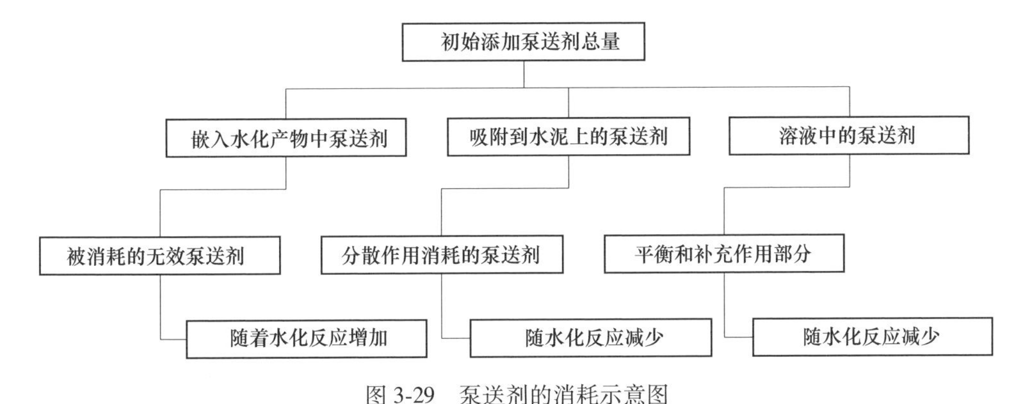

图 3-29　泵送剂的消耗示意图

因此，泵送剂对细颗粒具有分散作用的基础是形成一定厚度的有效吸附层。静电排斥作用只有在吸附层存在时才能对尾砂及水泥等细颗粒发挥有效的分散作用。静电排斥作用对细颗粒的分散效果受到高分子吸附层厚度与结构的影响。空间位阻作用是高分子聚合物的共有特性，萘系、脂肪族、氨基磺酸盐和聚羧酸系泵送剂等都具有空间位阻作用。空间位阻的分散能力取决于有效吸附层厚度和结构，而吸附层厚度又取决于泵送剂的分子量、分子结构和吸附方式等因素。根据高效减水剂的不同作用，提出如图 3-30 所示的高效减水剂作用示意图。

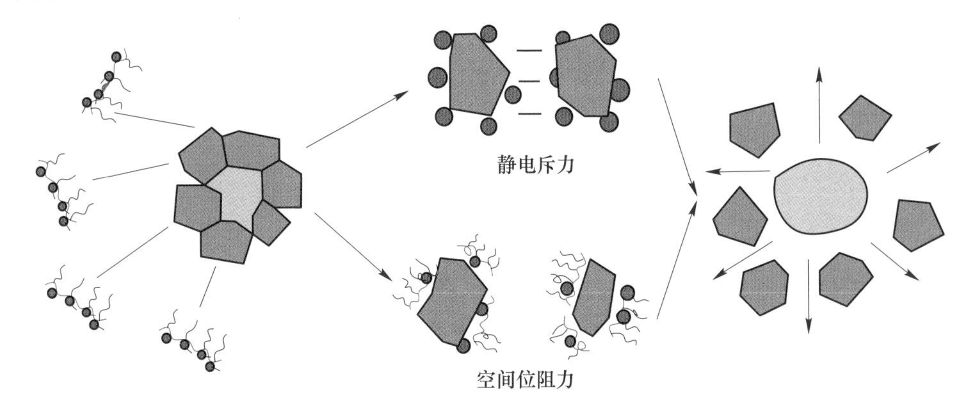

图 3-30　泵送剂的作用机理示意图

3.4　膏体流变测量分析

对于非牛顿流体，其本构方程中具有特定的流变物理参数，为此希望用流变实验方法去获得这些参数，构建完善的本构方程。使用这些确定的流变物理参数可以预测其他流动情况下膏体的流动特性。例如，膏体在管道输送时，通过圆管的流动属于测黏流动，同轴双转动圆筒间的流动也为测黏流动。因此可以开展同轴圆筒的流变实验，以获取膏体流动的物理参数，用于预测管道流动中的物理参数。从原理上讲，这样开展研究是可行的，因为膏体的本构方程不会随流动情况的变化而变化。然而实际情况下，通过流变实验所获得的流变参数与管道流动时的流变参数存在一定的差异。

造成膏体流变测量实验所获流变物理参数与实际流动情况下流变物理参数之间差异的原因可以归为三类，一是本构方程构建问题，二是流变实验设计问题，三是实际流动下参数测量问题。三种影响因素与膏体流变实验测定误差的关系如图 3-31 所示。

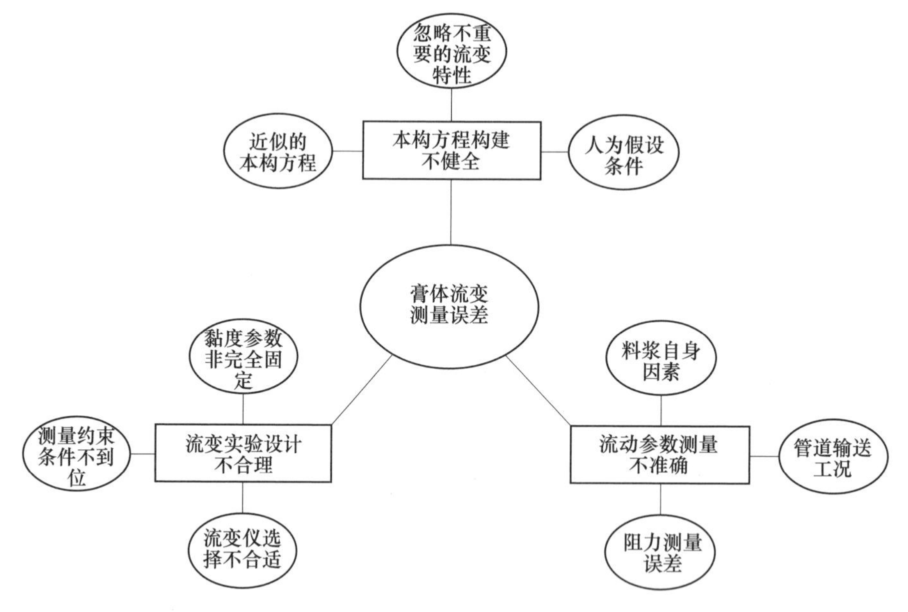

图 3-31　三种影响因素与膏体流变实验测定误差的关系图

3.4.1　本构方程构建问题

在流变学研究中，常采用的分析方法为“唯象理论”法，对实验现象进行概括和提炼，但不做深入解释，即对所研究的物体开展流变实验以获得物理现象，并以此为依据构建物体的本构方程，描述物体的形变规律。在非牛顿流体力学的框架下，本书所提及的四类非牛顿流体均由简单流体推导而出，即这四类流体的本构方程为近似的本构方程。这些近似的本构方程在构建时采用了一定的力学比拟法，即观测待研究物体所表现出的流变特性（黏性、弹性、屈服性、触变性），有目的的构建本构方程。在确定膏体的流变特性时，为了简化模型，忽略了一些不重要的流变特性。如常以 *Wi* 数或 *De* 数来判断物体的黏性与弹性，如果弹性效应不明显，则在构建本构方程时忽略。其次，对所研究物体作了一定的人为假设。有些本构方程的建立是以非牛顿流体在低速流动和流动变化缓慢的前提下建立的，所以在高速流动或者流动变化剧烈的情况下存在较大的误差。如常用的幂律流变模型，其本构方程中所定义的剪切速率值仅适于一定的取值范围，因此对于同一种被测物体，在相同的流动条件下，剪切速率在较高值域或者较低值域，模型的适应性将变差。此时需要依据流变实验所得的现象，对本构方程进行有目的的修正。除了以上原因，本构方程在建立时考虑因素可能不完全，如温度对本构方程建立的影响，悬浮液流变学中常遇到的触变性因素对本构方程建立的影响。

3.4.2 流变实验设计问题

通过流变实验可获得描述被测物体剪切应力-剪切速率的“流动曲线”，以及黏度-剪切速率的“黏度曲线”，在膏体流变实验设计中，往往存在三个不合理因素，分别是：黏度参数没有保持完全固定、流变测量约束条件不到位、选择的流变仪不合适。

（1）黏度参数没有保持完全固定。在进行流变实验获取膏体黏度曲线时，影响黏度变化的因素称为黏度参数，主要有物理化学性质、温度、环境压力、剪切速率、剪切历史和电场环境。基于控制变量法的实验设计思路，在研究其中一个因素对黏度的影响时，其余因素要保持完全固定不变。对于膏体，除了电场环境，其他五项因素均不可忽略。

但以往膏体流变实验基本忽略了样品温度、环境压力、剪切历史的影响。对于样品温度，寒冷地区的膏体充填料浆与热带地区的膏体充填料浆相比，黏度和屈服应力存在较大差异，如果实验室位于热带地区，为了测量寒冷地区膏体的流变特性，需要施加与寒冷地区相似的环境温度。对于环境压力，在分析浓密机耙架搅拌过程中的转速以及所受力矩时，需要分析浓密机底部压缩沉降区域内增稠后的尾砂料浆的流变参数，而且其上所覆静水压力以及泥层压力非常大。普通的旋转流变仪测量时，环境压力为大气压，这违背了黏度参数保持固定的原则，因此会引起相应的实验误差。再如管道输送，泵压输送条件下，管道内的膏体一般都是带压条件，采用处于大气压下的旋转流变仪进行测试，同样会引起实验误差。对此需要选择能够真实反映被测样品所处环境压力的测试方法。对于剪切历史，其主要影响具有触变性（时间依赖性）的膏体料浆。研究其他黏度因素的作用规律时，应该保持剪切历史的一致性，主要包含两点：一是保持流变实验的不同测量组具有相同的剪切历史；二是要保持流变测量样品与真实流动情况具有相同的剪切历史。后者在管道输送时非常重要，利用强搅拌后膏体的触变性可以降低管道阻力。在管道输送过程中的触变作用下，膏体料浆最终处于一个稳定的运行状态，为了测量这种稳定运行状态下膏体料浆的流变参数，在实验室进行流变实验时，需要考虑如何保持相同的剪切历史，使所测量样品的状态与管道内稳定运行的状态相同，这是流变实验所得流变参数与具体流动情况下流变参数存在误差的主要原因之一。

（2）流变测量约束条件不到位。膏体流变测量实验多数条件下开展的是测黏流动，其测定条件受到严格的限制。流变测量实验的约束条件主要有施加的剪切流动为层流、测量过程中流变仪不发生滑移、所测样品需要搅拌均匀、测量过程中被测样品无物理化学变化，满足上述约束条件下获得的流变测量结果才具有一定的可信度。对于膏体，其中最重要的两个约束条件为测量过程中流变仪无滑移和所测样品搅拌均匀。滑移现象是所有流变仪开展流变实验时均需要考虑的因素，滑移现象的发生会使流变测量数据出现极大的误差，这也是引起流变实验所得流变参数与实际情况存在误差的主要原因之一。在流变学测量中，真正均匀的样品是非常少的，且对于膏体这种高浓度悬浮液，其构成的尾砂粒径、粒径分布以及内部絮凝结构很难保证被测样品的各处均匀。这就要求进行膏体流变实验前制备好拌和均匀的膏体原料，且鉴于膏体各样品制备重复性较低，建议开展相同实验条件下的多组测量，求被测样品流变参数的平均值以降低实验误差。

（3）选择的流变仪不合适。目前开展的室内流变实验有多种，相应的流变仪或者黏度计也有多种。膏体流变实验测量中常使用旋转流变仪（旋转黏度计）、毛细管黏度计这两类。其中旋转流变仪（旋转黏度计）转子又分为平行板转子、锥板转子、同轴圆筒测量转子、桨式转子等。根据对膏体流变实验结果影响的显著性，选择流变仪或黏度计时，主要考虑控制滑移及对应剪切速率范围。测量膏体屈服应力时，桨式转子在避免滑移方面具有非常明显的优势，且适应的剪切速率测量范围更广。不同流变仪所获得的膏体的“流动曲线”如图 3-32 所示。

从图 3-32 可以看出，在较高剪切速率下，采用毛细管流变仪计、同轴圆筒式旋转流变仪、旋转叶片桨式流变仪所得流动曲线基本吻合，而在较低剪切速率下，所得数据存在显著差异。其中旋转叶片桨式流变仪所得的屈服应力值与流动曲线外推得出的屈服应力值具有很好的重合性。可见采用旋转叶片桨式流变仪进行膏体流变实验所获数据具有较高的真实性。

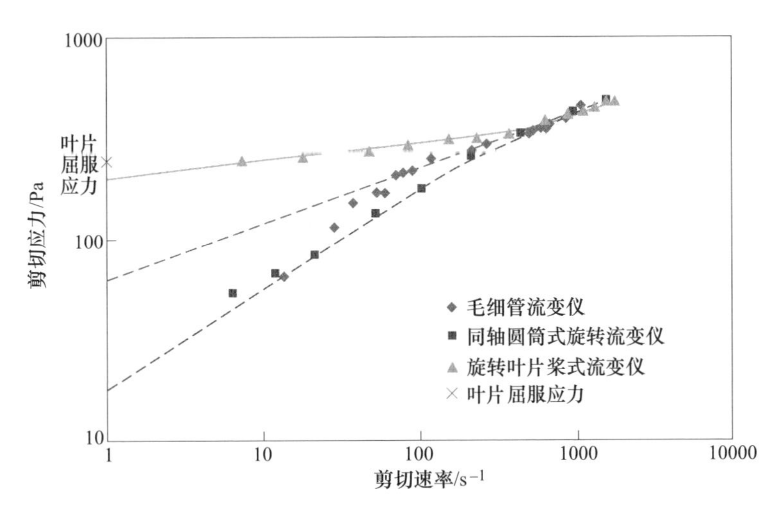

图 3-32 不同流变仪在不同剪切速率下所获膏体的流动曲线

3.4.3 实际流动下测量问题

以管道输送为例，为了验证实验室测得膏体流变参数的准确性，将其代入由膏体流变公式推出的管道阻力模型中，计算管道的输送阻力值，将获得的管道阻力值与实际测量的阻力值对比验证膏体流变参数的正确性。反之，通过环管实验获取管道的输送阻力，以流变学管阻计算公式为基础，倒推膏体流变参数，并将其与流变实验测得的参数进行对比。但发现所得结果的正确性与客观性受限于一定条件，如由管道阻力推出的膏体流变参数主要受三个因素影响，即料浆自身因素、管道输送工况和管道阻力测量误差。

(1) 料浆自身因素：如前所述，料浆的触变性及温度对黏度的影响、料浆制备的不均匀等因素，不仅对膏体流变实验本身造成影响，也对管道输送阻力产生非常明显的影响。管道输送阻力测量中，若不考虑这些因素，则理论计算与流变实验获得的结果将存在较大误差。

(2) 管道输送工况：利用流变参数推导的管道输送阻力计算模型是在层流与满管流动条件下得出的，若在输送过程中管道工况发生变化，那么通过阻力计算模型所得的结果也将存在一定误差，进而导致计算所需流变参数值与实验结果存在一定的误差。

(3) 管道阻力测量误差：管道阻力的测量方法与测量过程存在实验误差，并且选用的管道粗糙度以及局部阻力系数，都不可避免地会影响管道阻力计算的准确性。

在膏体流变参数测量时，以上三个影响因素往往不是单一发挥作用，常常同时存在多个因素的共同影响，而且各因素对流变参数测量结果的影响程度也不同。流变实验中尽量减少影响因素，同时避免重要影响因素，这是膏体流变实验设计的重要参考原则。

参考文献

[1] 赵梦军．基于旋转式的液体流变特性检测装置软件设计［D］．南京：南京邮电大学，2016.

[2] 史采星，郭利杰，杨超，等．某铜镍矿尾矿流变参数测试及管道输送阻力计算［J］．中国矿业，2018，27（S2）：138~141.

[3] 王新民，肖卫国，王小卫，等．金川全尾砂膏体充填料浆流变特性研究［J］．矿冶工程，2002，22（3）：13~16.

[4] 吕宪俊，金子桥，胡术刚，等．细粒尾矿充填料浆的流变性及充填能力研究［J］．金属矿山，2011，40（5）：32~35.

[5] Sofra F. Rheological properties of fresh cemented paste tailings［M］//Paste Tailings Management. Springer，Cham，2017：33~57.

[6] Nguyen Q D，Boger D V. Application of rheology to solving tailings disposal problems［J］. International Journal of Mineral Processing，1998，54（3~4）：217~233.

[7] Assaad J J，Harb J，Maalouf Y. Effect of vane configuration on yield stress measurements of cement pastes［J］. Journal of Non-Newtonian Fluid Mechanics，2016，230：31~42.

[8] Saak A W，Jennings H M，Shah S P. A generalized approach for the determination of yield stress by slump and slump flow［J］. Cement & Concrete Research，2004，34（3）：363~371.

[9] Clayton S，Grice T G，Boger D V. Analysis of the slump test for on-site yield stress measurement of mineral suspensions［J］. International Journal of Mineral Processing，2003，70（1）：3~21.

[10] Schowalter W R，Christensen G. Toward a rationalization of the slump test for fresh concrete：Comparisons of calculations and experiments［J］. Journal of Rheology，1998，42（4）：865~870.

[11] Liddel P V，Boger D V. Yield stress measurements with the vane［J］. Journal of Non-Newtonian Fluid Mechanics，1996，63（63）：235~261.

[12] Dombe G，Yadav N K，Lagade R M，et al. Studies on Measurement of Yield Stress of Propellant Suspensions using Falling Ball and Slump Test［J］. 2017.

[13] 陈健中．用旋转叶片式流变仪测定新拌混凝土的流变性能［J］．建筑材料学报，1992（3）：164~173.

[14] Vmeanf R，杨辉．用剪应力控制的流变仪研究超细水泥悬浮液的流变特性［C］// 岩石与混凝土灌浆译文集．1995.

[15] 田正宏，井锦旭，陈旭，等．混凝土流变参数十字搅拌轴测试方法［J］．建筑材料学报，2013，16（6）：949~954.

[16] 曹国栋．基于离散元的新拌混凝土的流变性及触变性研究［D］．湘潭：湘潭大学，2014.

[17] 黄玉诚，林天埜，卢少奇，等．煤矸石高浓度充填料浆流变参数测试方法研究与应用[J]．中国矿业，2016，25（2）：102~104.
[18] 邢鹏，杨锡祥，王洪江，等．拜什塔木铜矿高含泥全尾砂絮凝剂选型研究［J]．现代矿业，2016（3）：49~52.
[19] 徐继润，张丽莉，丁仕强．旋转流变仪测定易沉降悬浮液流变性的初步探讨［J]．过滤与分离，2008，18（2）：1~3.
[20] 张修香．矿山废石—尾砂高浓度充填料浆的流变特性及多因素影响规律研究［D]．昆明：昆明理工大学，2016.
[21] Clayton S，Grice T G，Boger D V. Analysis of the slump test for on-site yield stress measurement of mineral suspensions ［J]. International Journal of Mineral Processing，2003，70（1）：3~21.
[22] 沈慧明，吴爱祥，姜立春，等．全尾砂膏体小型圆柱坍落度检测［J]．中南大学学报（自然科学版），2016（1）：204~209.
[23] Pashias N，Boger D V，Summers J，et al. A fifty cent rheometer for yield stress measurement [J]. Journal of Rheology（1978~present），1996，40（6）：1179~1189.
[24] 李亮，张東，FERRI HASSANI，等．膏体尾矿屈服应力的坍落度试验研究［J]．金属矿山，2017（1）：30~36.
[25] 刘斯忠，王洪江，吴爱祥，等．微型圆柱筒测膏体塌落度试验研究［J]．黄金，2012，33（10）：21~25.
[26] 蔡嗣经，黄刚，吴迪，等．尾砂充填料浆流变性能模型与试验研究［J]．东北大学学报（自然科学版），2015，36（6）：882~886.
[27] 张修香，乔登攀．粗骨料高浓度充填料浆的管道输送模拟及试验［J]．中国有色金属学报，2015（1）：258~266.
[28] 邓代强，王莉，周喻，等．充填料浆 L 型管道自流输送模拟试验分析［J]．广西大学学报（自然科学版），2012，37（4）：837~843.
[29] 陈琴瑞，王洪江，吴爱祥，等．用 L 管测定膏体料浆水力坡度试验研究［J]．武汉理工大学学报，2011，33（1）：108~112.
[30] 许毓海，许新启. 高浓度（膏体）充填流变特性及自流输送参数的确定［J]．矿冶，2004（13）：16~19.
[31] 孙凯年，寿国华. 管径对宾汉体砂浆输送阻力影响的研究［J]．黄金，1988，9（5）：1~4.
[32] 李公成，王洪江，吴爱祥，等．基于倾斜管实验的膏体自流输送规律［J]．中国有色金属学报，2014（12）：3162~3168.
[33] 李国政，于润沧．充填料浆环管试验计算机仿真应用的研究［J]．黄金，2008，29（4）：21~24.
[34] 于润沧．料浆浓度对细砂胶结充填的影响［J]．有色金属工程，1984（2）：8~13.
[35] 翟永刚，吴爱祥，王洪江，等．全尾砂膏体充填临界质量分数［J]．北京科技大学学报，2011，33（7）：795~799.
[36] 胡华，孙恒虎，黄玉诚，等．似膏体粘弹塑性流变模型与流变方程研究［J]．中国矿业大学学报，2003，32（2）：119~122.
[37] 刘晓辉．膏体尾矿流变行为的宏细观分析及其测定方法［J]．金属矿山，2018（5）．

[38] 王新民，李帅，张钦礼，等．基于磁化水的含硫高黏性全尾砂充填新技术 [J]. 中南大学学报（自然科学版），2014（12）．

[39] 薛振林，张友志，鲍亚豪，等．考虑温度影响的全尾砂料浆流变性能研究 [J]. 金属矿山，2016（10）：35~39.

[40] 徐文彬，杨宝贵，杨胜利，等．矸石充填料浆流变特性与颗粒级配相关性试验研究 [J]. 中南大学学报（自然科学版），2016，47（4）：1282~1289.

[41] 龙海潮，夏建新，曹斌．粗细物料配比对浆体流变特性影响研究 [J]. 矿冶工程，2017，37（2）：6~10.

[42] 孙南翔，徐志强，曲思建，等．颗粒分布对高浓度水煤浆流变性能的影响 [J]. 煤炭工程，2015，47（3）：122~125.

[43] 杨志强，高谦，王永前，等．废石尾砂混合料浆流变特性及充填采场流动性试验 [J]. 厦门大学学报（自然科学版），2017，56（2）：294~299.

[44] 程海勇，吴顺川，吴爱祥，等．基于膏体稳定系数的级配表征及屈服应力预测 [J]. 工程科学学报，2018（10）：1168~1176.

[45] 刘泉声，卢超波，刘滨，等．考虑温度及水化时间效应的水泥浆液流变特性研究 [J]. 岩石力学与工程学报，2014，33（a02）：3730~3740.

[46] Wallevik J E. Rheological properties of cement paste: Thixotropic behavior and structural breakdown [J]. Cement & Concrete Research，2009，39（1）：14~29.

4 全尾砂深度浓密流变行为

全尾砂深度浓密指低浓度尾砂料浆与絮凝剂混合后，在重力-剪切作用下在浓密机内实现固液分离，制备出高浓度尾砂底流料浆的复杂动态过程，是膏体充填的重要环节。该过程尾砂料浆自上而下浓度由低到高，尾砂由单个颗粒相互联结形成絮团进而连成絮网，颗粒状态发生较大改变，从而引起料浆流变行为的改变。而浓密过程的料浆流变特征直接影响底流质量，进而影响膏体料浆的制备。

为此，本章从全尾砂深度浓密过程的特殊性、深度浓密全过程流变特性表征、细观结构特征与流变行为的关联、流变特性对全尾砂深度浓密规律的影响、基于流变特性的耙架扭矩模型等五个方面分析了全尾砂浓密的流变行为，以期为浓密机的工程参数设计提供理论指导。

4.1 全尾砂深度浓密过程

深度浓密是以浓密机为核心装备的脱水工艺，但传统浓密机的底流一般不能满足膏体充填的浓度要求。膏体浓密机具有特殊的给料井、较大的高径比，以及较陡的底部锥角，由此改善了尾砂颗粒的絮凝沉降效果，提升了底部料浆的压密脱水性能，可获得连续高浓度底流，是实现全尾砂深度浓密的主要装备。

4.1.1 膏体浓密机工作原理

膏体浓密机利用尾砂料浆中固体颗粒的絮凝沉降来进行连续浓密。在浓密机上部，低浓度全尾砂料浆首先进入中心给料井，与絮凝剂混合后，尾砂颗粒结成尺寸较大的絮团快速向浓密机下部沉降形成絮网，并在耙架剪切作用下絮团内部及外部水分不断逆流并向上排出，絮团在浓密机底部形成浓度较高的床层，如图4-1 所示。

图 4-1 为尾砂颗粒在膏体浓密机内的沉降过程示意图。选厂尾砂料浆和絮凝剂溶液同时进入给料井中，在絮凝作用下，尾砂料浆中颗粒凝聚、吸附成团；在自由沉降区（B 区）中，颗粒靠自重而迅速下沉；当到达压缩区（D 区）时，尾砂颗粒已经汇集成紧密接触的絮团；然后继续下沉到浓密区（E 区）。由于刮泥耙的运输，使 E 区形成一个锥形表面，浓密料浆受到刮泥耙的压力，进一步被压缩，挤出其中水分，最后由排料口排出底流料浆。

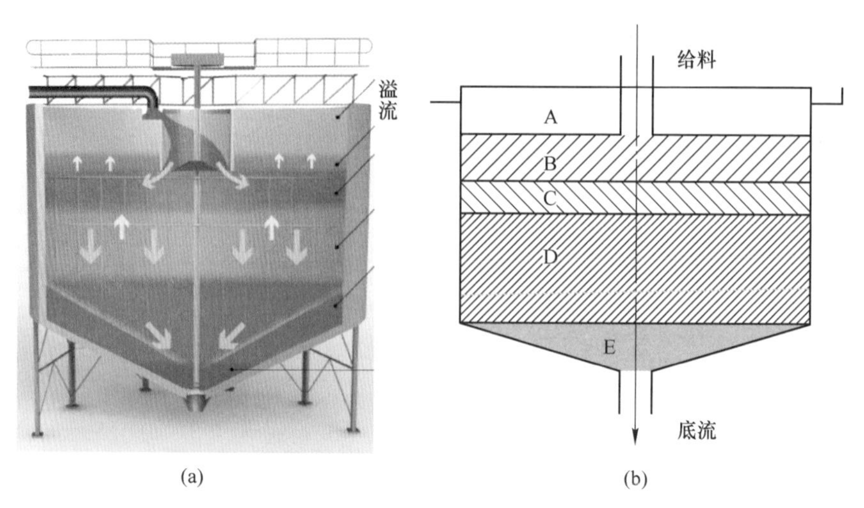

(a)　　(b)

图 4-1　膏体浓密机的浓密过程

（a）工作示意图；（b）分区示意图

尾砂颗粒由 B 区沉降至 D 区时，中间还要经过干涉沉降区（C 区）。在 C 区，一部分尾砂颗粒能够因自重而下沉，一部分颗粒又受到密集尾砂颗粒的干扰而不能自由下沉，形成了介于 B、D 两区之间的过渡区。A 区为澄清区，其中的澄清水从溢流堰流出。由此可见，在 5 个区域中，A、E 区是浓密的结果，B、C、D 区是浓密的过程。浓密机应该有足够的高度尺寸，该尺寸应该包括上述五个区所需要的高度。

此外，在全尾砂浓密过程中，浓密机内物料浓度逐渐升高至某临界值。达到该值后，尾砂絮团相互联结并形成网状结构，其结构强度可抵抗外力作用，该值也是干涉沉降区和压缩区的分界点。因此，也可将澄清区、自由沉降区、干涉沉降区统称为沉降区，即在该区域絮团未形成连续网状结构；压缩区和耙架运动区统称为压密区，即在该区域絮团形成连续网状结构。

4.1.2　膏体浓密机结构特点

膏体浓密机主要由浓密机壳体、稀释系统、中心给料井装置、搅拌耙动装置及自循环装置等组成。

4.1.2.1　浓密机壳体

浓密机壳体由一个直筒和一个锥形筒连接而成，具有较大的垂直高度与高径比，高径比一般介于 1~2 之间。这种特殊的结构是提高脱水效果、获得高浓度底流的基础。

4.1.2.2 稀释系统

稀释系统将尾砂料浆稀释到一定的浓度范围内以增强絮凝效果。根据稀释方式的不同，可将给料稀释系统分为动力稀释和非动力稀释。动力稀释主要是虹吸式稀释系统，利用浆体与清水的速度差，将上部澄清层中的水分吸入稀释管中，从而降低给料浓度；非动力稀释的原理是料浆密度高于澄清水密度，因而给料井砂浆液面低于外部澄清水液面，澄清水自高处自动流入料浆中，从而降低给料浓度。动力稀释需要料浆具有较高的流速，动力消耗较大；而非动力稀释对于稀释井结构尺寸的要求较为严格。

4.1.2.3 中心给料井

中心给料井的作用是使絮凝剂与料浆充分混合，促进絮团的形成，加快尾砂颗粒沉降速度，增大浓密机处理能力。其关键参数包括给料井的直径、给料井的高度等。给料管连接混合管，切向伸入给料井中，在给料井的井壁上安装有阻尼板，为料浆、水和絮凝剂的混合创造了有利条件。

4.1.2.4 搅拌耙动装置

膏体浓密机耙架由中心传动轴、水平横梁、导水杆以及刮泥耙组成。水平横梁用于固定竖直导水杆和刮泥耙，刮泥耙底部安装有耙刀，如图 4-2 所示。导水杆在压缩脱水过程中对料浆进行搅拌，破坏了料浆浓相层的平衡状态，在浓相层中制造出一个低压区域，这些低压区域就成了导水通道，导水通道的形成大大提高了泥床压缩脱水效率。导水杆数量应该适中，高浓度床层具有较大的阻力，若旋转导水杆的数量过多，则导水杆不仅无法达到较好的搅拌效果，反而会造成部

图 4-2 膏体浓密机耙动装置

分床层局部运动，从而大大增加驱动头的阻力，使得浓密机压耙停机。而刮泥耙则具有将底部沉积的高浓度尾砂耙运至底流排放口、刮除浓密机底部固结泥层的作用。

4.1.2.5　自循环装置

在膏体浓密机底部，当料浆浓度达到一定值之后，浆体呈非牛顿流体特征，其屈服应力较大，难以实现顺利排料。为此，需要设置自循环装置。自循环是指在浓密机底部将部分物料抽出，再泵入压缩床层的高位，利用高低浓度物料之间的流动混合作用，将浓密机底部物料进行流态化处理。自循环的目的在于增加浓密机内部物料的流动性，降低物料的耙动阻力和放料难度。自循环的方式有多种，其中最普遍的方式有高低位循环方式和外部剪切方式两种。高低位循环方式是指将浓密机底部的高浓度料浆经底流泵泵送至压缩床层，从而使压缩层底部的料浆呈流动状态，可有效地避免压耙事故的发生。外部剪切方式是指借助浓密机外部的搅拌，使底部浓度较大的料浆保持流动状态以达到避免压耙的目的。

此外，絮凝剂制备及添加装置和自动控制系统也是膏体浓密机的重要结构，在膏体浓密机的应用过程中发挥着重要的作用。

4.1.3　深度浓密过程的特殊性

膏体料浆具有“三不”特性，表明其浓度及流变性质较为稳定。与此不同，浓密过程中料浆浓度由低到高，物理作用（重力、剪切力）和化学作用（絮凝剂）持续影响料浆状态。不同沉降阶段料浆差异性较大，也引起流变性质的不稳定。因此，浓密过程具有特殊性，体现在以下 4 个方面：

（1）浓密过程的连续性。低浓度尾砂料浆浓密到高浓度料浆是连续渐变的过程，浓密机上部尾砂絮团的行为决定了溢流水澄清度，也将影响浓密机底流浓度的高低。

（2）给料浓度变化大。选厂质量浓度 10%～30%的尾砂料浆经深度浓密后形成质量浓度大于 70%的底流料浆，料浆由两相流转变为结构流。

（3）尾砂絮团状态变化大。低浓度时尾砂絮团未形成连续网状结构，其结构强度较低，高浓度时尾砂絮团形成连续网状结构，其结构强度明显增大。

（4）常规流变参数适应性差。剪切应力和黏度主要用于浓密物料（浓度较高时）耙架扭矩的计算和可泵性的评价，而难以描述浓密全过程料浆的流变行为。除此之外，该过程是以重力浓密理论为基础，料浆压力作用下产生的流变行为较为重要。因此，常规流变参数难以描述深度浓密全过程的料浆流变行为。

4.2　深度浓密全区域流变特性表征

深度浓密过程料浆浓度范围较大，料浆流变特征发生较大变化，剪切应力与塑性黏度等参数无法系统描述该过程料浆的流变行为，无法解释床层压缩慢、渗透性能差等问题，需寻求合理的参数表征料浆浓密阶段的流变特性。如4.1.1节所述，深度浓密包括沉降和压密两个子过程，但现有实验装置和方法难以直接划分这两个过程。沉降实验可以研究沉降区和部分压密区（压力相对较低时）的流变特性，该实验方法对应的料浆浓度较低，故本书中称为“低浓度区”；压滤实验可以实现浓密机压密区域高压力时料浆流变参数变化的物理模拟，该实验方法对应的料浆浓度较高，故本书中称为“高浓度区”。

4.2.1 浓密过程流变特性表征参数

絮凝剂的掺入将大大提高尾砂的沉降速率，絮凝后的尾砂易形成疏松的网状结构，结构内部包裹大量水分，导致沉积床层浓度较低；随着浓密过程的进行，料浆浓度逐渐升高，颗粒间距变小，水分上排及颗粒下降阻力增加，絮网结构强度逐渐增大，从而造成脱水速度降低。尤其是颗粒进入高浓度床层后形成连续多孔网状结构（见图4-3），大量的水封闭在其中，网状结构的存在影响脱水浓度和脱水速度[1]。必须将网状结构破坏，才能将水分排出以提高浓度。因此，在未形成连续网状结构时，颗粒下降阻力的表征是描述料浆流变特性的主要参数；在形成连续网状结构后，网状结构强度和颗粒下降阻力的表征是描述料浆流变特性的关键参数。国际上已经形成了利用凝胶浓度、压缩屈服应力、干涉沉降函数三参数的网状结构流变表征体系[2~4]。

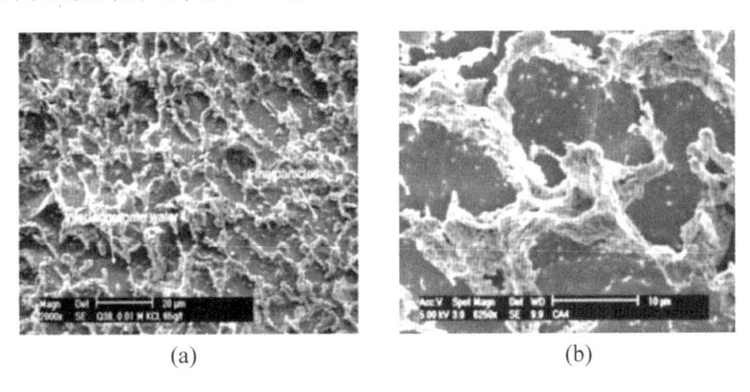

(a) (b)

图4-3 絮团网状结构[5~7]

(a) 放大13500倍；(b) 放大6750倍

4.2.1.1 凝胶浓度

随着浓密过程的进行，当浓度升高至临界值时，床层内部絮团相互联结并形成网状结构，且该网状结构具有强度并能够抵抗外部力作用，此临界值称为凝胶浓度。凝胶浓度的检测是研究絮团何时在底部形成网状结构的过程，网状结构的颗粒将受上部物料重力产生的压应力。由于絮凝网状结构具有可压缩性，压缩应力可将水挤出絮团，从而使得浓度高于凝胶浓度。因此，沉降实验中，达到凝胶浓度后，沉降液面不会停止下降，在压缩作用下，沉降过程会继续进行。然而，浓度越高，网状结构强度越大，当网状结构强度与上部物料产生的压缩应力相等时，沉降停止。压缩应力随着床层高度的增加而增大，相应地，网状结构的强度也随之增大。在沉降床层内部，固体浓度会随着高度的增加而增加。如果初始浓度和初始高度改变，则床层中的最大压缩应力也会改变，此时，床层平均浓度也会改变。

4.2.1.2　压缩屈服应力

颗粒进入压密区域后，作用在颗粒上的压缩应力便可在整个网状结构的内部传递。因此，在网状结构中引入固体压力的概念，且认为当压力足够小的情况下，网状结构将保持固体状态且能够抵抗外部压力，当外加力（重力或剪切力）增加达到一个临界点，颗粒之间的网状结构将被破坏，并重新排列，产生塑性变形，造成浓度的升高。压缩屈服应力 $p_y(\phi)$ 是指在一定浓度下，浆体网状结构屈服压缩，并使得浆体浓度进一步提升所必须施加的应力。因此，压缩屈服应力 $p_y(\phi)$ 随固体体积分数 ϕ 的增加而增大，这是由于单位体积内颗粒数量越多，接触就会越多，从而造成网状结构强度越大。压缩屈服应力表征浆体的脱水阻力，在一定压力或剪切力作用下，浆体可能达到的最大浓度。

4.2.1.3　干涉沉降系数

水与尾砂颗粒之间的作用力包括水力曳力[8]和流体动力阻力[9]。同时根据沉降理论[10,11]，在自由沉降阶段，干涉沉降因子 $r(\phi)$ 用来表征脱水速度影响下的颗粒流体动力相互作用系数，是一种无量纲因子[12]。该脱水速度由基于单颗粒（絮团）的 Stocks 沉降速度计算得出。干涉沉降因子、水力曳力和颗粒体积组合起来共同称为干涉沉降系数，该系数的物理意义为单位面积上浆体的黏度，即黏度的面密度，与渗透性和自由沉降速度负相关，见式（4-1）及式（4-2）：

$$\begin{cases} R(\phi) = (\lambda / V_p) r(\phi) \\ u = \dfrac{u_{st}(1-\phi)}{r(\phi)} \end{cases} \tag{4-1}$$

$$R(\phi) = (\lambda / V_p) \frac{u_{st}(1-\phi)}{u} \tag{4-2}$$

式中，$R(\phi)$ 为干涉沉降系数，Pa · s/m；λ 为斯托克斯曳力系数；V_p为颗粒（絮团）体积，m^3；u 为不同浓度下的沉降速度，m/s；u_{st}为斯托克斯沉降速度，m/s。

其中，斯托克斯沉降速度 u_{st}计算见式（4-3）：

$$u_{st}=\frac{d_p^2\Delta\rho g}{18\eta}=\Delta\rho g\frac{V_p}{\lambda_{st}} \tag{4-3}$$

在压密床层内部，$r(\phi)$ 指在浓度为 ϕ 时，液体流过固体网状结构或孔隙结构的阻力。当浓度 $\phi\to1$ 时，$r(\phi)\to\infty$；当 $\phi\to0$ 时，$r(\phi)\to1$。随着固体浓度的增加，颗粒间相互作用增加，而 $R(\phi)$ 也以非线性形式增加。

此处的干涉沉降不仅专门针对低浓度沉降，而且表征从低浓度浆体到高浓度浆体或膏体的全范围浓度下的固液逆向流动。

4.2.2 低浓度区全尾砂浓密流变特性

量筒沉降实验是研究全尾砂浓密性能的主要研究手段之一。由于底部压力较小，床层压缩排水过程不深入，因此该方法的主要研究对象是浓密过程中的低浓度区域。

4.2.2.1 理论基础和数学模型

A 沉降过程

通常用固液界面随时间的改变表示沉降速度，这是一个非稳态过程，其描述如图 4-4 所示。其中，在初始时刻（$t=0$ 时），沉降柱内各高度初始浓度 ϕ_0相等；在 $0<t\leqslant t_1$时，沉降柱顶部形成上清液，浓度为 0，固液界面分离高度 $h(t)$ 处浓

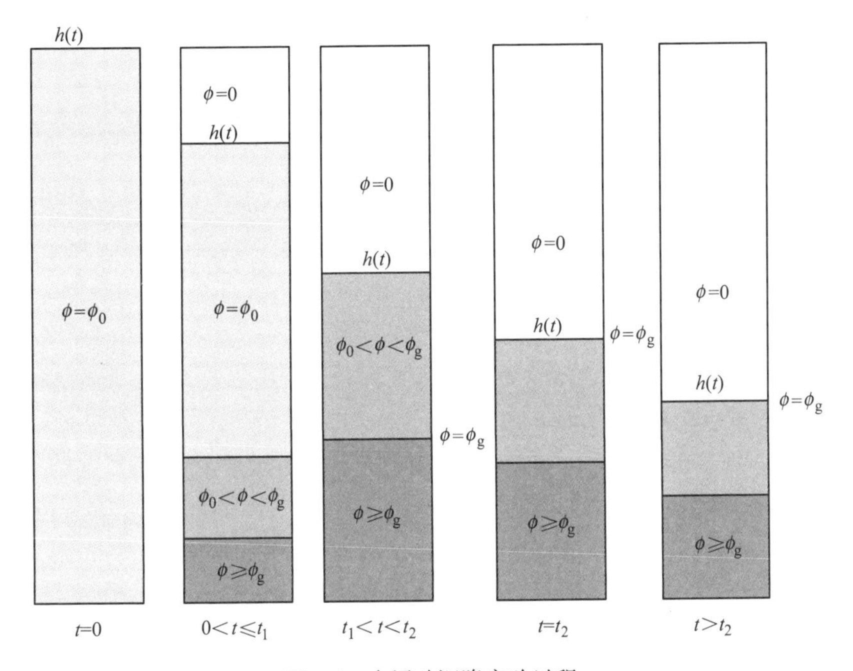

图 4-4 全尾砂沉降实验过程

度仍为初始浓度，底部开始形成过渡层（$\phi_0<\phi<\phi_g$）和压缩层（$\phi \geqslant \phi_g$）；在$t_1<t<t_2$时，上清液区域不断扩大，分离高度处浓度开始高于初始浓度，过渡层上移，压缩层升高；当$t=t_2$时，过渡层刚好完全消失，界面分离高度处浓度恰好为凝胶浓度ϕ_g；在$t>t_2$时，压缩作用下，底流浓度进一步提高，最终形成平衡状态，界面分离浓度仍为凝胶浓度。

B　沉降过程数学模型

在得到沉降过程的直观认识以后，对颗粒沉降和液体上排过程中的力学关系进行分析，并建立相关的数学方程。

如图 4-5 所示，颗粒沉降过程中，在密度差的作用下，固体颗粒下降占据液体的位置，从而造成液体的上排。下降速度为u，流体上排速度为w，上部澄清液体对下部床层产生压力作用。颗粒固液运动可由固液连续性方程、质量平衡方程及力学平衡方程描述。

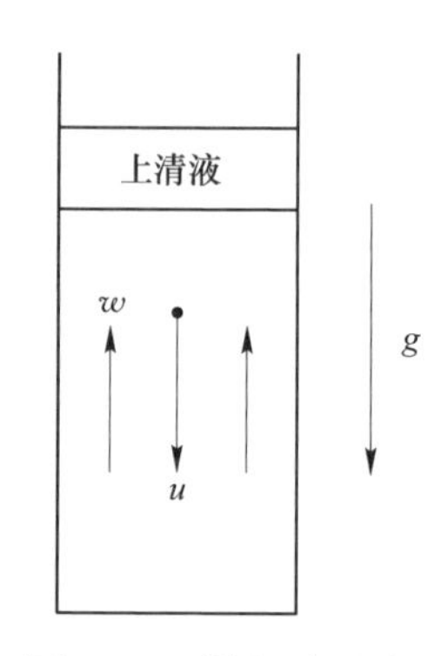

图 4-5　颗粒沉降示意图

（1）固液连续性方程。分别对固体和液体列出连续性方程，如式（4-4）和式（4-5）所示：

$$\frac{\partial \phi}{\partial t} - \frac{\partial(\phi u)}{\partial z} = 0 \tag{4-4}$$

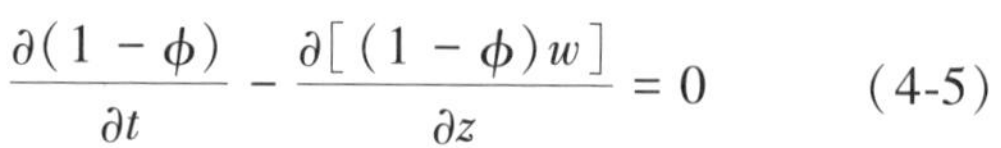

$$\frac{\partial(1-\phi)}{\partial t} - \frac{\partial[(1-\phi)w]}{\partial z} = 0 \tag{4-5}$$

式中，ϕ为固体体积分数，%；u为固体沉降速度，m/s；w为液体上升速度，m/s；t为沉降时间，s；z为沉降高度，m。

（2）质量平衡方程。对于同一沉降实验，固体浓度的增加必然造成液体浓度的减小，二者的平均值为浆体初始浓度，其浓度与时间的梯度大小相等方向相反，由于固体体积分数与液体体积分数之间的关系为$\frac{\partial \phi}{\partial t} - \frac{\partial(1-\phi)}{\partial t} = 0$，因此将式（4-4）和式（4-5）相加，得到间歇沉降实验中的质量平衡方程，见式（4-6）及式（4-7）：

$$\phi u + (1-\phi)w = 0 \tag{4-6}$$

$$u - w = \frac{u}{1-\phi} \tag{4-7}$$

该质量平衡方程又可以认为是固液逆向运动速度的表达式，固液逆向运动相对速度取决于沉降速度和固体浓度。

（3）力学平衡方程。如图 4-6 所示，在溶液中沉降的颗粒受三个力的作用：重力F_g、水力曳力F_d、随机布朗作用力F_b，重力表达见式（4-8）：

$$F_g = -\Delta \rho g V_p \tag{4-8}$$

式中，F_g 为颗粒所受重力，N；$\Delta\rho$ 为固液密度差，kg/m³；V_p 为固体颗粒体积，m³。

水力曳力见式（4-9）：

$$F_d = -\lambda d_p \eta u \tag{4-9}$$

式中，F_d为颗粒下降过程中的水力曳力，N；η 为液体黏度，Pa · s；d_p为颗粒直径，m。

当沉降进入到一定程度时，颗粒物料受第四个力的影响：颗粒压力。对于絮凝后浓度高于凝胶浓度的溶液，p 为颗粒网状结构的弹性应力，且 p 沿垂直方向上的数值随着高度的增加而增加，即存在着液体与固体的压力梯度。压力的存在意味着，在浓密区域中不是对单个颗粒进行力学分析，而是对一定体积的溶液进行力学建模，见式（4-10）及式（4-11）：

$$-F_d + p + F_g = 0 \tag{4-10}$$

$$\frac{\Delta\rho g r(\phi)}{u_{st}} \cdot \frac{\phi}{1-\phi}(u-w) + \frac{\partial p}{\partial z} + \Delta\rho g\phi = 0 \tag{4-11}$$

式中，ϕ 为固体体积分数；$u-w$ 为固液相对运动速度。

式（4-11）中左边第一项是指流体动力学阻力，第二项是指网状结构中的颗粒压力梯度和流体压力梯度，第三项是指作用在液体上的离心力（沉降实验中为下向力），如图 4-6 所示。

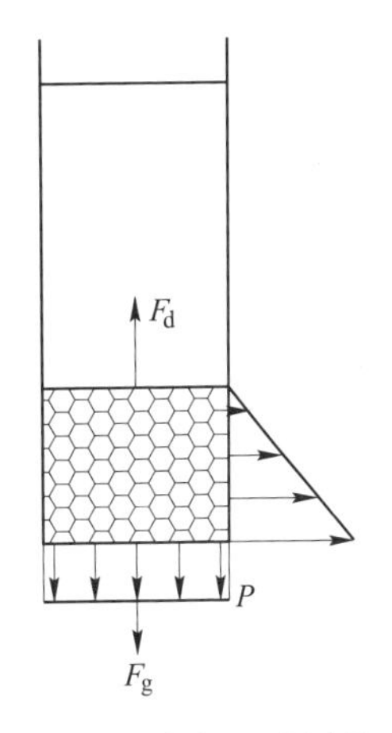

图 4-6 絮凝沉降网状结构受力分析

絮凝后的颗粒在量筒内重力沉降，其初始浓度为 ϕ_0，初始高度为 h_0，当压缩过程停止，沉降速度为 $u=0$。将式（4-9）和式（4-11）综合，可以得到局部沉降速度，见式（4-12）：

$$u = \frac{u_{st}(1-\phi)}{r(\phi)}\left(1 + \frac{\partial p/\partial z}{\Delta\rho g\phi}\right) \tag{4-12}$$

连续性方程（4-4）可以简化为式（4-13）：

$$\frac{\partial\phi}{\partial t} = \frac{\partial(\phi u)}{\partial z} \tag{4-13}$$

式（4-12）和式（4-13）的未知数为 ϕ，u，p。需要建立第三个方程，将颗粒压力与 ϕ 和 u 联系起来。

对于稳态流体，忽略内力、体积剪切和壁面剪切力，有式（4-14）及式（4-15）：

$$p = p_{os}(\phi) \tag{4-14}$$

$$\frac{\partial \phi}{\partial t} = \left(\frac{\mathrm{d}p_{os}}{\mathrm{d}\phi}\right)\frac{\partial \varphi}{\partial z} \tag{4-15}$$

式中，p_{os}为渗透压，0. 101325MPa。

式（4-13）~式（4-15）共同构成了稳态悬浮液的表达方程。

4.2.2.2　流变参数计算方法

A　凝胶浓度和压缩屈服应力

在数学建模中，凝胶浓度对于絮团结构和絮团内部相互作用机理的说明具有重要意义。根据式（4-11），在不同高度上，浆体网状结构压力等于该浓度下的压缩屈服应力。因此，溶液内的压力梯度可以表示为固液密度差、固体体积分数和重力加速度三个因素的方程：

$$\frac{\mathrm{d}p}{\mathrm{d}z} = -\Delta\rho g\phi \tag{4-16}$$

式（4-16）可以转化为式（4-17）：

$$\int \mathrm{d}z = \frac{1}{\Delta\rho g}\int \frac{-1}{\phi}\mathrm{d}p \tag{4-17}$$

当初始浓度低于凝胶浓度时，沉降床层上部 $z=h_f$的固体网状结构压力为 0。在悬浮液底部，$z=0$，网状结构压力 p_{base}由上部悬浮液数量决定，见式（4-18）：

$$p_{base} = \Delta\rho g\phi_0 h_0 \tag{4-18}$$

将边界条件代入式（4-17）中，得式（4-19）：

$$\int_0^{h_f}\mathrm{d}z = \frac{1}{\Delta\rho g}\int_{\Delta\rho g h_0\phi_0}^{0} -\frac{1}{\phi}\mathrm{d}p \tag{4-19}$$

在平衡状态下，床层内物料遵从式（4-20）：

$$p = p_y(\phi) \tag{4-20}$$

沉降实验中，初始浓度恒定，变化初始沉降高度，绘制平均浓度与平均压缩屈服应力（$\phi_{av,i}$，$p_{base,i}/2$）关系曲线（见图 4-7），将图中拟合线延长交至纵轴，其截距即为凝胶浓度。同时，可获得多组浓度与压缩屈服应力的数据（ϕ_i，$p_{yi}(\phi)$）。

B　干涉沉降系数

本节中干涉沉降系数适用的浓度范围为浓密机内的所有浓度，即在给料浓度与底流浓度范围之间。同时适用范围为物料的压缩屈服应力小于 200Pa 的情况。本测试中在不同的初始浓度下，开展量筒实验，并检测初始沉降速度。根据初始体积分数、初始高度、初始沉降速度、固液密度差、初始浓度对应的压缩屈服应力等参数来计算干涉沉降系数。

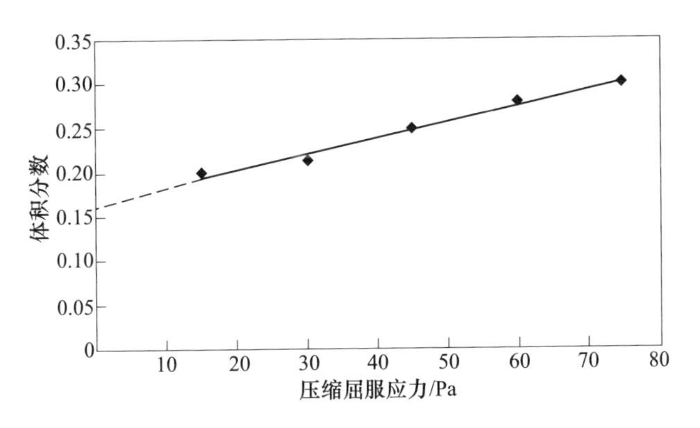

图 4-7　凝胶浓度求解示意图

根据式（4-1）及式（4-3）得到式（4-21）：

$$R(\phi) = \frac{\lambda}{V_{\mathrm{p}}} r(\phi) = \frac{\Delta\rho g r(\phi)}{u_{\mathrm{st}}} \tag{4-21}$$

代入式（4-11）中，可得沉降过程中受力平衡的简化形式见式（4-22）：

$$R(\phi)\frac{\phi}{1-\phi}(u-w) + \frac{\partial p}{\partial z} + \Delta\rho g\phi = 0 \tag{4-22}$$

沉降过程是由颗粒下向运动和水向上流动开始的。固液分离界面处网状结构压力为0，向下逐步增加，底部达到浆体的压缩屈服应力。因此，在沉降的开始阶段，悬浮液内部的压力梯度见式（4-23）：

$$\frac{\partial p}{\partial z} = \frac{0 - p_y(\phi_0)}{h_0 - 0} = -\frac{p_y(\phi_0)}{h_0} \tag{4-23}$$

代入式（4-22）中，得到初始沉降速度，见式（4-24）：

$$u_0 = \frac{\Delta\rho g\,(1-\phi_0)^2}{R(\phi_0)}\left(1 + \frac{\partial p}{\partial z}\cdot\frac{1}{\Delta\rho g\phi_0}\right) \tag{4-24}$$

式（4-24）简化为式（4-25）：

$$u_0 = \frac{\Delta\rho g\,(1-\phi_0)^2}{R(\phi_0)}(1-\varepsilon) \tag{4-25}$$

式中，ε 是指初始浓度下，悬浮液的压缩屈服应力与底部网状结构压力的比值，由式（4-26）表达：

$$\varepsilon = \frac{\partial p}{\partial z}\cdot\frac{1}{\Delta\rho g\phi_0} \tag{4-26}$$

ε 给出了网状结构对于沉降速度阻力的检测指标。

因此，压缩屈服应力受到初始沉降速度的影响。当初始浓度低于凝胶浓度时，压缩屈服应力为0，此时，初始沉降速度见式（4-27）：

$$u_0 = \frac{\Delta\rho g\ (1 - \phi_0)^2}{R(\phi_0)} \tag{4-27}$$

将式（4-1）转化后，得到干涉沉降系数，见式（4-28）：

$$R(\phi_0) = (1 - \varepsilon)\ \frac{\Delta\rho g\ (1 - \phi_0)^2}{u_0} \tag{4-28}$$

因此，当初始沉降浓度高于凝胶浓度时，干涉沉降系数的计算是基于初始沉降速度和初始压缩屈服应力。当压缩屈服应力较小时，干涉沉降系数估算的上限可以忽略 ε 值。当初始浓度低于凝胶浓度时，干涉沉降系数可以由初始沉降速度单独计算出来。

4.2.2.3　凝胶浓度及低浓度区压缩屈服应力分析

应用如图 4-8 所示沉降实验研究装置对某铜矿尾砂开展动态浓密研究，尾砂密度 2662kg/m^3，絮凝剂为 XT9020，尾砂初始体积分数为 7.78%。充分考虑耙架剪切作用对浓密的效果影响，采用恒定初始浓度、不同初始压力、不同耙架转速的实验方法检测凝胶浓度和压缩屈服应力。

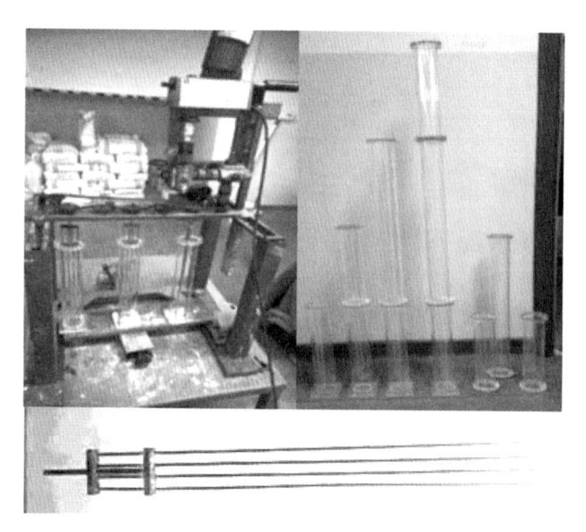

图 4-8　沉降实验研究装置

A　凝胶浓度分析

凝胶浓度随耙架转速的变化情况如表 4-1 所示。沉降过程施加剪切作用后，凝胶浓度明显增加，随着耙架转速的增大，凝胶浓度先增大后减小，耙架转速 1.24r/min 时凝胶浓度获得最大值。未施加剪切作用时，絮团结构较为稀松，絮团内部水分较多，单位体积内浓度较低；随着剪切作用的施加，絮团结构被打破，絮团内部分水分外排，颗粒之间的距离越小，表现为形成连续网状结构时的浓度越大；随着耙架剪切作用的持续增强，纵使絮团尺寸较之未剪切时小，但使得泥层内料浆泥层较为紊乱，絮团与水相互融合，凝胶浓度又逐渐下降。

表 4-1 不同耙架转速时凝胶浓度变化

耙架转速/r · min^{-1}	0	0.31	0.42	1.24	1.67	2.10
凝胶浓度/%	0.301	0.313	0.329	0.378	0.369	0.358

B 压缩屈服应力分析

压缩屈服应力随耙架转速的变化情况如图 4-9 所示。任一耙架转速条件下，压缩屈服应力随底流浓度变化规律一致，底流体积分数越大，压缩屈服应力越大。耙架转动明显改善了料浆压缩性，具体表现为同一压缩屈服应力下，耙架转动实验组获得的底流体积分数更大。随着耙架转速增加，压缩性先升高后降低。具体表现为转速在 0~1.24r/min 时，同一底流体积分数，耙架转速越大，压缩屈服应力越小；转速在 1.24~2.10r/min 时，同一底流体积分数，耙架转速越大，压缩屈服应力越大。实验范围内，相同底流体积分数时，耙架转速 1.24r/min 对应的压缩屈服应力最小，表明絮团结构破坏、进一步密实需要的压力最小；耙架转速 0r/min 对应的压缩屈服应力最大，表明破坏絮团结构、进一步密实需要的压力最大。

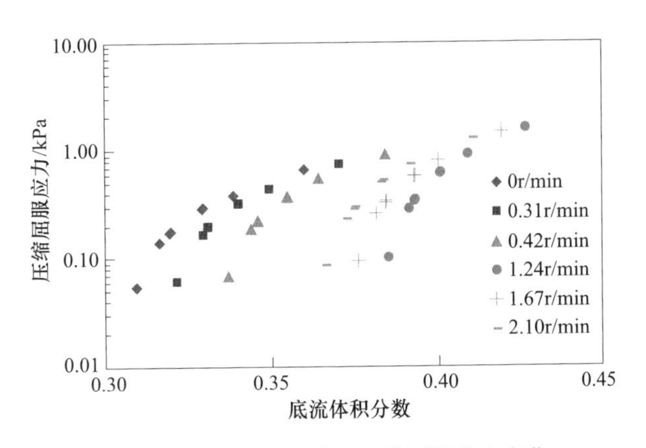

图 4-9 不同剪切环境下压缩屈服应力变化

4.2.2.4 低浓度区干涉沉降系数分析

应用如图 4-8 所示沉降实验研究装置，采用恒定初始液面高度、不同初始浓度的实验方法检测干涉沉降系数。干涉沉降系数随耙架转速的变化规律如图 4-10 所示。任一耙架转速，干涉沉降系数随底流浓度变化规律一致，底流浓度越大，干涉沉降系数越大。耙架转动明显改善了料浆渗透性，具体表现为同一底流体积分数，耙架转动实验组对应的干涉沉降系数更小。相同底流体积浓度时，耙架转

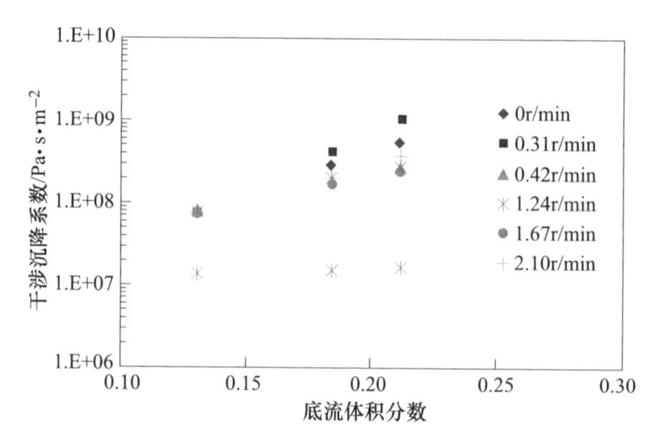

图 4-10　不同剪切环境下干涉沉降系数变化

速 1. 24r/min 对应的干涉沉降系数最小。

随着耙架转速增加，渗透性先升高后降低。具体表现为转速在 0~1. 24r/min 时，同一底流体积分数，耙架转速越大，干涉沉降系数越大。实验范围内，相同底流体积分数时，耙架转速 1. 24r/min 对应的干涉沉降系数最小，表明液体渗透上排、颗粒下降的阻力最小，耙架转速 0r/min 对应的干涉沉降系数最大，表明液体渗透上排、颗粒下降的阻力最大。

4. 2. 3　高浓度区全尾砂浓密流变特性

工业膏体浓密机底部压力可达数百千帕，难以利用实验浓密装置进行物理模拟。该区域浓密的本质是高浓度下液体在颗粒孔隙之间的渗流，关键在于流体通过多孔颗粒结构时的流动阻力，即颗粒群的渗透性，这与压滤过程具有相似性，虽然两者工艺不同，但都反映了不同压力下絮团变化的本质属性。因此，在室内开展压滤实验不仅能够模拟浓密机高浓度区域尾砂絮团受力状态，而且能够从另外一个角度解释脱水过程。本部分将采用理论分析的方法，开展高浓度区高压力作用下尾砂浓密性能的研究。

4. 2. 3. 1　理论基础和数学模型

沉降一般指在低浓度下颗粒在液体中的下沉；而压滤指的是高浓度下液体在颗粒孔隙之间的渗流。由于二者均为在一定压差下液体或者颗粒的定向运动，且由于固液密度差，两相之间的相对运动始终存在。因此，沉降与压滤的固液运动过程极为相似。

A　沉降阶段尾砂受力分析

假设尾砂絮团为一密实圆球体，在沉降过程中絮团之间无接触，因此在该阶段絮团之间的相互作用为零。在沉降过程中，絮团所受的外力主要有三个，即颗

粒的重力 G、液体的浮力 F_1 和流体向上的水力曳力 F_2，其受力情况如图 4-11（a）所示。因此在沉降过程中，絮团受到的合力表示为 $G-(F_1+F_2)$。而在压滤过程中，除上述三个力以外，絮团还受到另外两个力的作用：过滤压力 p_1、水力曳力 p_2，方向均向下。此时，絮团所受的合力为：$(G+p_1+p_2)-(F_1+F_2)$，其受力状况如图 4-11（b）所示。

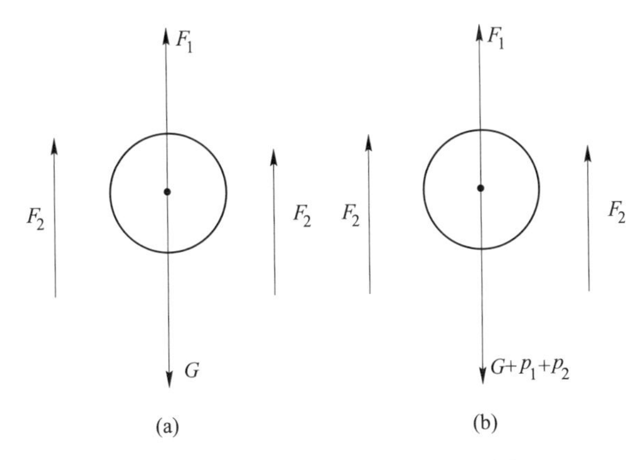

图 4-11 沉降阶段尾砂颗粒受力分析

（a）沉降过程；（b）压滤过程

B 高浓度区与压滤过程尾砂受力分析

浓密过程高浓度区的颗粒与滤饼中颗粒状态相似，絮团接触紧密，形成网状结构，除受重力、浮力外，还能够传递外力，受到相邻絮团的挤压，即内部应力 τ。除此之外，絮团在床层和滤饼内均受到流体剪切力的作用，但方向相反，其受力分析如图 4-12 所示。因此，两种情况下，固液受力及运动是相似的。

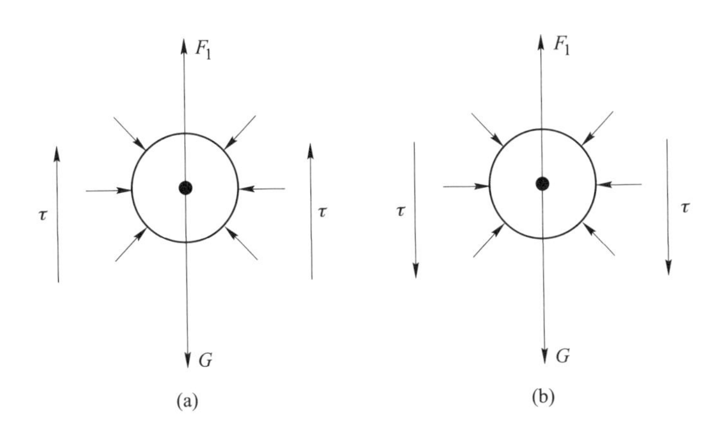

图 4-12 床层压缩阶段尾砂颗粒受力分析

（a）压密阶段尾砂；（b）压滤过程尾砂

C　液相运动的相似性

浓密过程中，絮团向下运动，液体向上流动，在补充絮团尾部空间的同时，在尾部产生紊流，继而产生水力曳力。由于整体体积不变，根据质量守恒方程和连续性方程，在任一高度的截面上，固体向下的通量等于液体向上的通量。在重力沉降中，由于向下沉降絮团占据了液体的空间，造成液体向上运动；在压滤中，由于压差的作用，液体沿着颗粒间的连通孔隙向下运动。对于压滤过程，在滤饼压缩完成之前，由于液体无法全部流出，因此，固液密度差一直存在；此时，尾砂的沉降速度必然大于液体向下的流出速度。在这种情况下，尾砂向下运动留下的后部空间由两部分液体补充：一部分为向下流动的上层液体，另一部分为向上运动的下层液体。

因此，浓密过程高浓度区域与压滤过程中的絮团力学行为实质是相似的，具有力学上的一致性。这两个过程中，均在一定压力梯度下克服颗粒群阻力产生定向渗流（自高压力流向低压力方向）；同时，在渗流过程中，颗粒群孔隙率逐步减小，渗流阻力增大。浓密过程与压滤过程除液体流动方向不同以外，受力模式相同，具有较好的相似性，如图 4-13 所示。因此可通过压滤实验来表征浓密机高浓度区域的固液逆向运动过程。

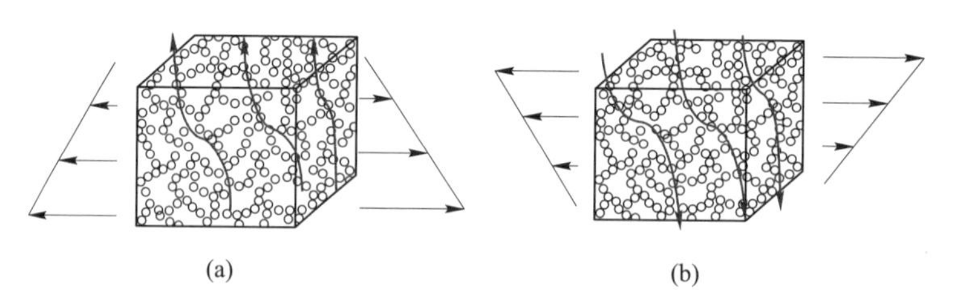

图 4-13　压力与液相流动方向之间的关系
（a）沉降过程；（b）压滤过程

D　多段压滤数学模型

多压力过滤是在恒压过滤的基础上发展出来的[13]，当恒压过滤进行到无液体流出时，提高过滤压力，进入下一阶段的恒压过滤。不同的压力下，料浆浓度不同，滤液流出速度也不同，从而计算料浆的阻力[14]。多压力过滤过程有以下几个阶段[15]：初始滤饼形成、滤饼压缩、滤饼生长，其过程如图 4-14 所示。

a　滤饼开始形成

在初始压力 p_1、初始浓度 ϕ_0时，自下而上的形成一个平均浓度为 ϕ_1的滤饼。在该压力作用下，滤液不断从底部流出，滤饼厚度不断增加，平均浓度仍为 ϕ_1。此浓度和压力下，滤饼比阻为 A_1，有式（4-29）：

$$\frac{\mathrm{d}V}{\mathrm{d}t}=\frac{p_1}{\eta A_1 B} \tag{4-29}$$

式中，p_1为初始过滤压力，Pa；η 为液体黏度，Pa·s；B 为滤饼厚度，m；A_1为压力 p_1时的滤饼比阻，m^{-2}；V 为滤饼体积，m^3；t 为过滤时间，s。

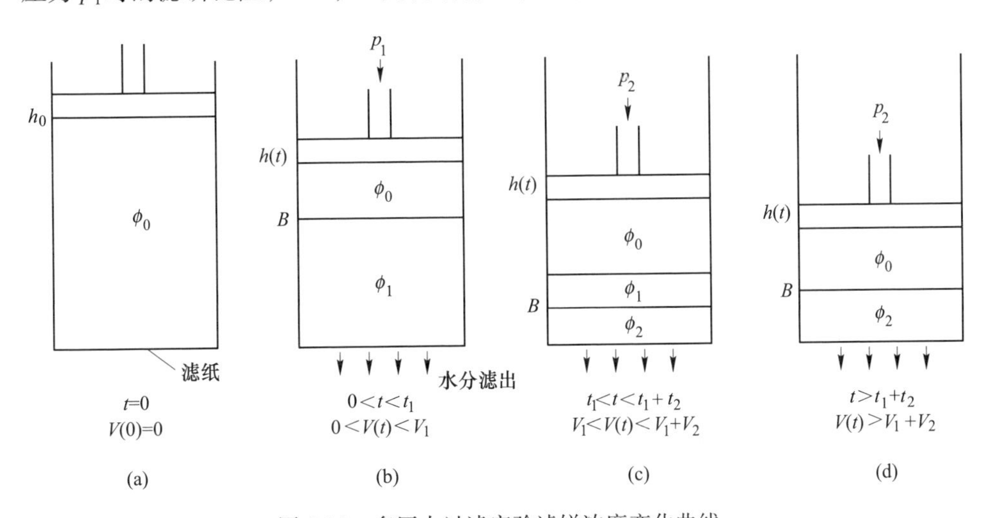

图 4-14 多压力过滤实验滤饼浓度变化曲线

（a）初始状态；（b）初始滤饼形成；（c）滤饼压缩；（d）滤饼生长

根据固体质量守恒方程，当浓度为 ϕ_1时，滤饼厚度 B 与滤液比容 V 之间的关系见式（4-30）：

$$B = \frac{\phi_0}{\phi_1 - \phi_0}V \tag{4-30}$$

式中，ϕ_0为初始体积分数,%；ϕ_1为压力 p_1时对应的滤饼体积分数,%；V 为滤液比容，单位过滤面积流出的滤液体积，m^3/m^2。

因此，将式（4-29）代入式（4-30），时间从 t_0至 t_1，液滤比容从 V_0至 V，得式（4-31）~式（4-35）：

$$\frac{\mathrm{d}V}{\mathrm{d}t} = \frac{p_1}{\eta A_1\left(V\frac{\phi_0}{\phi_1 - \phi_0}\right)} = \frac{p_1}{\eta A_1 V\left(\frac{\phi_0}{\phi_1 - \phi_0}\right)} \tag{4-31}$$

$$\frac{V\mathrm{d}V}{\mathrm{d}t} = \frac{p_1}{\eta A_1\left(\frac{\phi_0}{\phi_1 - \phi_0}\right)} \tag{4-32}$$

$$\frac{\mathrm{d}V^2}{2\mathrm{d}t} = \frac{p_1}{\eta A_1\left(\frac{\phi_0}{\phi_1 - \phi_0}\right)} \tag{4-33}$$

$$V^2 = \frac{2tp_1}{\eta A_1\left(\frac{\phi_0}{\phi_1 - \phi_0}\right)} \tag{4-34}$$

$$t - t_0 = \frac{\eta A_1}{2p_1} \cdot \frac{\phi_0}{\phi_1 - \phi_0}(V^2 - V_0^2) \tag{4-35}$$

式中，t 为过滤时间，s；t_0为初始过滤时间，s。

假设（t_0，V_0）=（0，0）表示过滤初始状态，则有式（4-36）及式（4-37）：

$$t = \frac{\eta A_1}{2p_1} \cdot \frac{\phi_0}{\phi_1 - \phi_0}V^2 \tag{4-36}$$

$$\frac{d(t/V)}{dV} = \frac{dt}{dV^2} = \frac{\eta A_1}{2p_1} \cdot \frac{\phi_0}{\phi_1 - \phi_0} \tag{4-37}$$

由图 4-15 和图 4-16 可知[16,17]，床层形成阶段，床层浓度与过滤时间的关系是线性的，而到了床层压缩阶段，床层浓度与过渡时间的关系是非线性的。无论是线性阶段还是非线性阶段，该曲线斜率代表了床层形成速度和床层压缩速度，斜率越小，速度越快。

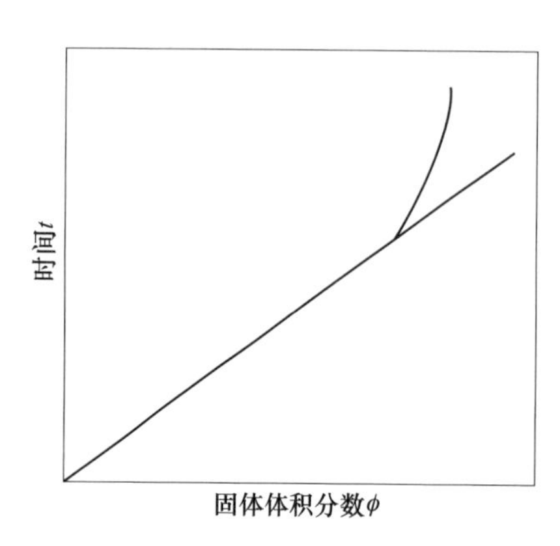

图 4-15　单压力恒压过滤滤饼体积分数曲线

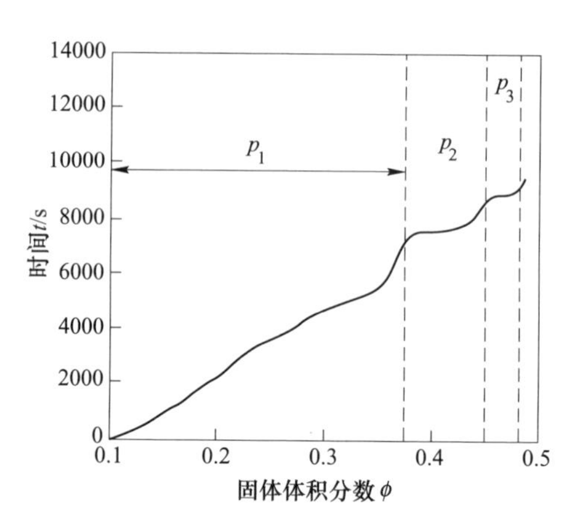

图 4-16　多压力过滤滤饼体积分数曲线

b　滤饼压缩

当时间 $t = t_1$时，滤液比容 $V = V_1$，滤饼厚度为 B_1，由式（4-31）可得：

$$B_1 = \frac{\phi_0}{\phi_1 - \phi_0}V_1 \tag{4-38}$$

式中，B_1 为压力 p_1、时间 t_1 时的滤饼厚度，m；V_1 为时间 t_1 时的滤液比容，m^3/m^2。

此时，压力由 p_1增加至 p_2，滤饼开始压缩。新滤饼厚度为 B'，其平均浓度

为 ϕ_2。新滤饼是从浓度为 ϕ_1 的原滤饼底部开始生长，外界压力为 p_2，滤饼阻力为 A_2，有：

$$\frac{\mathrm{d}V}{\mathrm{d}t}=\frac{p_2}{\eta A_2 B'} \tag{4-39}$$

式中，p_2 为第二过滤压力，Pa；B' 为压力 p_2、时间 t_1+t_2 时的滤饼厚度，m；A_2 为时间 t_1+t_2 时的滤饼比阻，m^{-2}。

滤饼厚度 B'，滤饼浓度 ϕ_2，滤液比容之间的质量守恒方程，见式（4-40）：

$$B'=\frac{\phi_1}{\phi_2-\phi_1}(V-V_1) \tag{4-40}$$

式中，ϕ_2 为压力 p_2 时对应的滤饼浓度,%；

将式（4-39）代入式（4-40）中，并建立从时间 t_1 至 t，滤液比容从 V_1 至 V 的方程，见式（4-41）：

$$t=\frac{\eta A_2}{p_2}\cdot\frac{\phi_1}{\phi_2-\phi_1}(V-V_1)^2+t_1 \tag{4-41}$$

在滤饼形成过程中，有式（4-42）及式（4-43）：

$$\frac{\mathrm{d}(t/V)}{\mathrm{d}V}=\frac{\eta A_1}{2p_1}\cdot\frac{\phi_1}{\phi_2-\phi_1}\left(1-\frac{V_1^2}{V^2}\right)-\frac{t_1}{V^2} \tag{4-42}$$

$$\frac{\mathrm{d}(t/V)}{\mathrm{d}V}=\frac{\mathrm{d}t}{\mathrm{d}V^2}=\frac{\eta A_2}{2p_2}\cdot\frac{\phi_1}{\phi_2-\phi_1}\left(1-\frac{V_1}{V}\right) \tag{4-43}$$

c　滤饼生长

当时间 $t=t_1+t_2$，滤液比容 $V=V_1+V_2$ 时，新滤饼（浓度 ϕ_2）厚度达到老滤饼（浓度 ϕ_1）的顶部时，式（4-42）简化为式（4-44）：

$$t_2=\frac{\eta A_2}{2p_2}\cdot\frac{\phi_1}{\phi_2-\phi_1}V^2 \tag{4-44}$$

式中，t_2 为压力 p_2 的过滤时间，s；A_2 为压力 p_2 时的滤饼比阻，m^{-2}。

同理，新滤饼厚度 B_2 表达见式（4-45）：

$$B_2=\frac{\phi_1}{\phi_2-\phi_1}V_2 \tag{4-45}$$

式中，B_2 为压力 p_2、过滤时间 t_1+t_2 时的滤饼厚度，m；V_2 为压力 p_2 时的滤液比容，单位过滤面积流出的滤液体积，$\mathrm{m}^3/\mathrm{m}^2$。

由于各阶段滤饼中固体质量相等，可得式（4-46）：

$$\phi_2 B_2=\phi_1 B_1 \tag{4-46}$$

将式（4-45）代入式（4-46）中，得到式（4-47）：

$$V_2=\frac{\phi_0}{\phi_2}\cdot\frac{\phi_2-\phi_1}{\phi_1-\phi_0}V_1 \tag{4-47}$$

式（4-46）及式（4-47）可用来量化滤饼生长阶段中 V_1 与 V_2 的关系。

在滤饼生长阶段，p_2 持续作用，原始悬浮液（ϕ_0）继续压缩，二阶段滤饼厚度（浓度 ϕ_2）继续增加至 B''。因此，在滤饼生长阶段，式（4-39）转化为式（4-48）：

$$\frac{\mathrm{d}V}{\mathrm{d}t} = \frac{p_2}{\eta A_2 B''} \tag{4-48}$$

式中，B'' 为二阶段滤饼厚度，m。

在滤饼生长阶段，对于浓度 ϕ_2，厚度 B''，滤液比容 V 的质量守恒方程见式（4-49）：

$$B'' = \frac{\phi_0}{\phi_2 - \phi_0} V \tag{4-49}$$

因此，将式（4-49）代入式（4-48），计算比容从 V_1+V_2 至 V 的时间 t，见式（4-50）：

$$t = \frac{\eta A_2}{2p_2} \cdot \frac{\phi_0}{\phi_2 - \phi_0}\left[V^2 - \frac{\phi_1(\phi_2 - \phi_0)}{\phi_2(\phi_2 - \phi_0)} V_1^2\right] + t_1 \tag{4-50}$$

在滤饼生长过程中，有式（4-51）及式（4-52）：

$$\frac{\mathrm{d}(t/V)}{\mathrm{d}V} = \frac{\eta A_2}{2p_2} \cdot \frac{\phi_0}{\phi_2 - \phi_1}\left[1 + \frac{\phi_1(\phi_2 - \phi_0)}{\phi_2(\phi_1 - \phi_0)} \cdot \frac{V_1^2}{V^2}\right] - \frac{t_1^2}{V^2} \tag{4-51}$$

$$\frac{\mathrm{d}t}{\mathrm{d}V^2} = \frac{\eta A_2}{2p_2} \cdot \frac{\phi_0}{\phi_2 - \phi_0} \tag{4-52}$$

由式（4-48）和式（4-52）可知，在滤饼生长和过滤初始状态时，滤液流出速度梯度 $\mathrm{d}t/\mathrm{d}V^2$ 具有相同的数学方程；因此，滤饼生长过程中的 $\mathrm{d}t/\mathrm{d}V^2$ 梯度可以用于计算多段压滤过程中的渗透性能[14]。$1/V^2$ 表示了多压力过滤与单压力过滤梯度的共同点：在滤饼形成阶段，$\mathrm{d}t/\mathrm{d}V^2$ 等于 $\mathrm{d}(t/V)/\mathrm{d}V$。在多压力过滤中，在滤饼压缩后的滤饼生长过程中，$\mathrm{d}t/\mathrm{d}V^2$ 的预测值仍然是一个常数。同时，$\mathrm{d}t/\mathrm{d}V^2$ 消除了过滤过程中时间的影响。因此，该梯度可以用于多压力过滤实验中干涉沉降系数 $R(\phi)$ 的计算。

4.2.3.2　高浓度区域压缩屈服应力分析

针对浓密机高浓度区域的特点，墨尔本大学研发了模拟浓密机高浓度区域的压滤装置（见图 4-17）。该装置压力范围为 5～1500kPa，包括控制和压滤两个模块，控制软件基于压滤模型编程，气动控制活塞实现不同阶段压力切换。在某一压力下，圆柱容器中的料浆开始脱水，系统自动收集脱水体积、时间及压力等数据，进而计算压缩性及渗透性等相关参数。在该阶段压力下料浆不再脱水时，系统自动转入下一阶段压力，依次获取不同压力下的脱水参数。压滤模块承载料浆的圆筒直径 40mm，圆筒底部布置滤纸，滤纸孔隙尺寸 $2\times10^{-6}\mu m$，可确保水分析出，避免全尾砂颗粒析出。此处借助此装置对 4.2.2 节中不同剪切环境下沉降实验的底流料浆进行压缩屈服应力研究，压力分别为 5kPa、10kPa、20kPa、50kPa、100kPa、150kPa、200kPa、300kPa。根据理论模型和压滤实验，压缩屈服应力随耙架转速的变化规律如图 4-18 所示。随着压力的增加，料浆浓度逐步增加。剪切可改善压缩性能，具体表现为同一底流浓度下，剪切环境下需要的压缩屈服应力更小，但是施加剪切作用的各组中差异性较小。在相同体积容器内，颗粒半径越大，颗粒之间的距离越小。未施加剪切作用时，絮团颗粒尺寸较大，内部包裹水分较多。同一压缩屈服应力下，施加剪切作用后，絮团平衡结构被打破，絮团尺寸降低，从而提高了床层的体积分数。

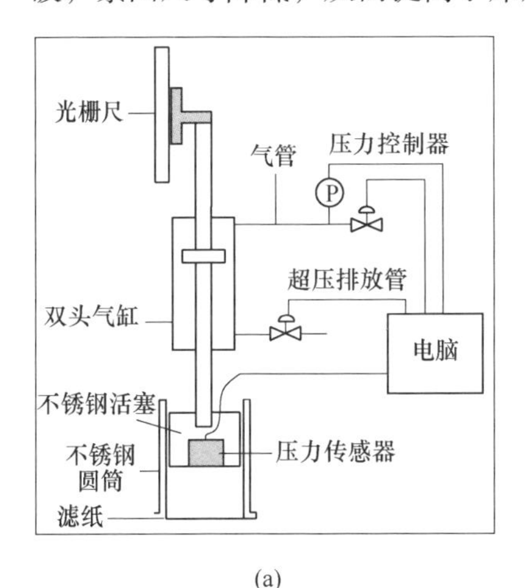

(a)

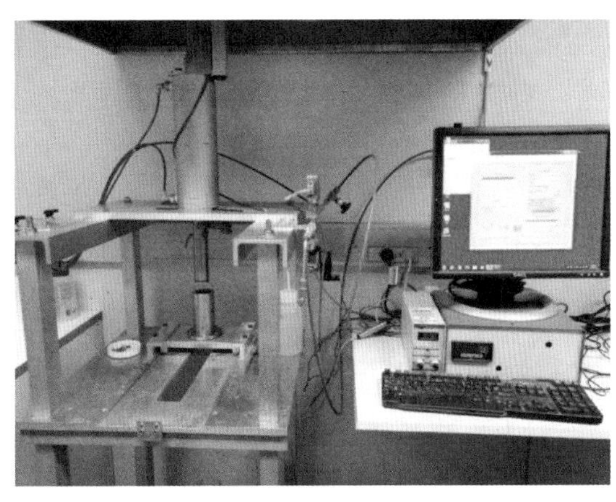

(b)

图 4-17 压滤实验装置

(a) 示意图；(b) 测试图

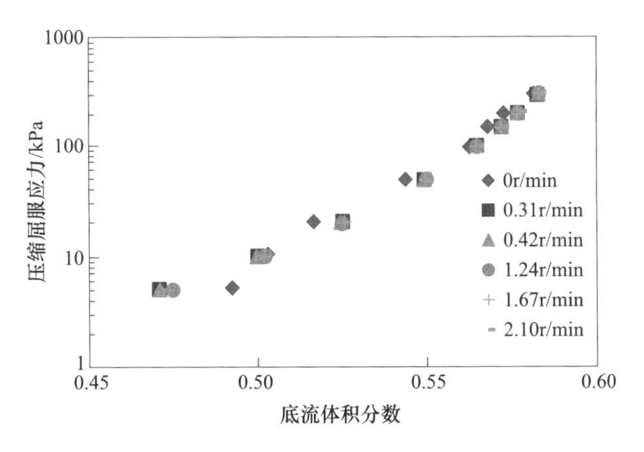

图 4-18 不同剪切环境下压缩屈服应力变化

4.2.3.3　压缩区域干涉沉降系数分析

干涉沉降系数计算见式（4-53）：

$$R(\phi_\infty)=\frac{2}{\frac{\mathrm{d}\beta^2}{\mathrm{d}p}}\left(\frac{1}{\phi_0}-\frac{1}{\phi_\infty}\right)(1-\phi_\infty)^2 \tag{4-53}$$

式中，β^2为过滤参数，可由式（4-54）计算：

$$\beta^2=\frac{1}{\frac{\mathrm{d}(t/V)}{\mathrm{d}V}} \tag{4-54}$$

在多压力过滤实验中，β^2 可由式（4-55）计算：

$$\beta^2=\frac{1}{\frac{\mathrm{d}t}{\mathrm{d}V^2}} \tag{4-55}$$

基于压滤理论，压滤体积与时间的关系可由实验获得，并最终得到干涉沉降系数变化规律，见图 4-19。随着料浆浓度的增加，干涉沉降系数逐步增加；浆体浓度越高，干涉沉降系数越大。当体积分数小于 54%时，剪切可改善渗透性能，具体表现为同一底流浓度条件下，剪切环境下的干涉沉降系数更小；当体积分数大于 54%时，剪切环境下渗透性改善不明显，耙架转速 1.24r/min 时，渗透优势依然较为明显。

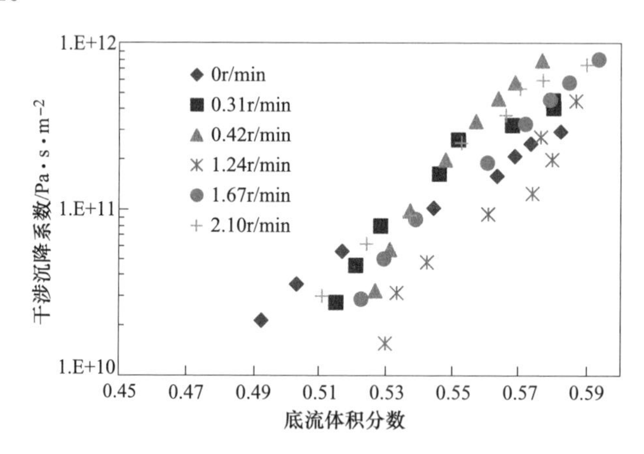

图 4-19　不同剪切环境下干涉沉降系数变化

4.2.4　深度浓密全区域流变特性

在分别获得了低浓度区和高浓度区浆体浓密流变参数后，本节对深度浓密全区域的料浆流变行为进行分析。

4.2.4.1 压缩屈服应力响应

全尾砂絮团的脱水程度和速度决定其浓密性能，而沉降速率、底流浓度等参数难以表征浓密过程全尾砂絮团的脱水情况。根据现代脱水理论，凝胶浓度和压缩屈服应力可以表征絮团脱水程度，干涉沉降系数可以表征絮团脱水速度。因此，三者即为全尾砂絮团脱水的表征参数。尾砂的脱水表征参数与底流浓度具有固定的数学模型[1,18]，对图 4-9 和图 4-18 中的压缩屈服应力数据进行拟合，可获得深度浓密全过程压缩屈服应力变化规律，进一步分析尾砂絮团压缩性能变化规律，拟合曲线如图 4-20 所示。

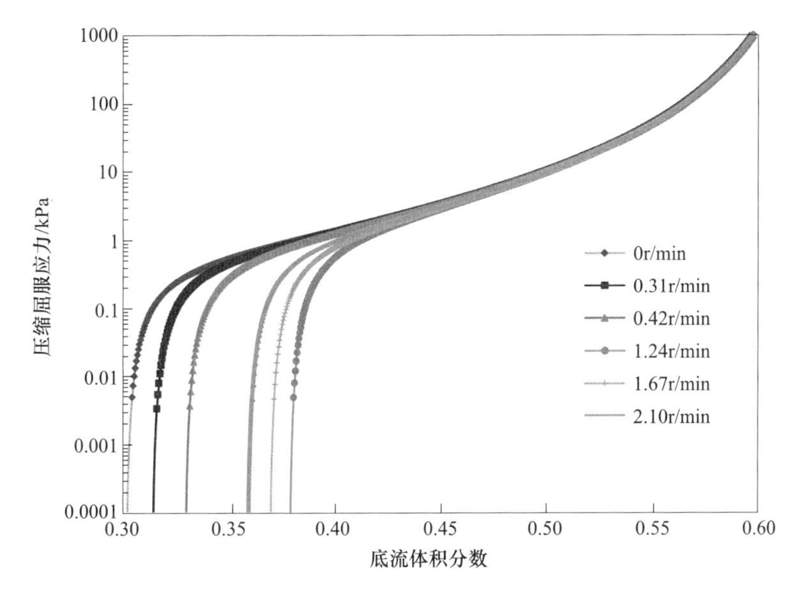

图 4-20 不同剪切环境下压缩屈服应力与底流浓度拟合曲线

如图 4-20 所示，压缩屈服应力随浓度增加呈近似幂函数式增长；低压缩屈服应力时，各耙架转速下变化曲线呈分离状态。这是由于耙架未转动时，絮团内水分无法有效排出，絮团群内部无法形成有效的导水通道。当施加剪切力时，絮团受耙动作用逐渐破坏，絮团内水分逐渐排出。同时，耙架的转动使絮团群内部形成有效的导水通道，絮团群更为密实，表现为同一底流浓度时需要的压缩屈服应力更小。随着浓度进一步提高，各转速下的曲线依次与耙架未转动时的曲线重合。这是由于压缩屈服应力的增加，絮团之间相互重叠挤压，各耙架转速下絮团尺寸及含水情况趋于一致，耙架压缩作用逐渐弱化。

由于全尾砂密实孔隙率为 39.74%，可知尾砂极限密实体积分数为 60.26%，为精确描述不同耙架转速下压缩屈服应力随底流浓度的变化规律，对该拟合曲线进行数学表达，各曲线可用式（4-56）表示：

$$p_y(\phi)=\left[\frac{a(\phi_{cp}-\phi)(b+\phi-\phi_g)}{\phi-\phi_g}\right]^{-k} \tag{4-56}$$

式中，a、b、k 均为拟合参数；ϕ_{cp}为极限体积分数。结合表 4-1 中凝胶浓度及图 4-20，各拟合参数见表 4-2。

表 4-2　压缩屈服应力与底流体积分数曲线拟合参数值

耙架转速/r · min^{-1}	0	0.31	0.42	1.24	1.67	2.10
a	0.0000265	0.000025633	0.000025251	0.000026262	0.000025951	0.00002561
b	0.01	0.01	0.01	0.01	0.01	0.01
k	0.9332	0.9310	0.9301	0.9332	0.9324	0.9315

4.2.4.2　干涉沉降系数变化

尾砂的干涉沉降系数与底流浓度也具有相应的数学模型，将实验数据进行拟合得浓密机全应力范围内干涉沉降系数随底流浓度变化规律（见图 4-21）。干涉沉降系数随浓度增加呈幂函数增长，体积分数小于 17%时，全尾砂料浆易受耙架耙动负面影响，剪切环境下的渗透性一定程度上低于未剪切条件下渗透性。随着体积分数（17%～54%）继续增加，耙架对絮团破坏更加明显，同时耙架形成的导水通道利于水分上排，絮团单位体积内的密度更大，较之未耙动时渗透性明显增强。体积分数大于 54%时，不同耙架转速下渗透性能基本一致，这是由于絮团结构强度不足以抵抗高压力，絮团结构完全破坏且趋于统一。

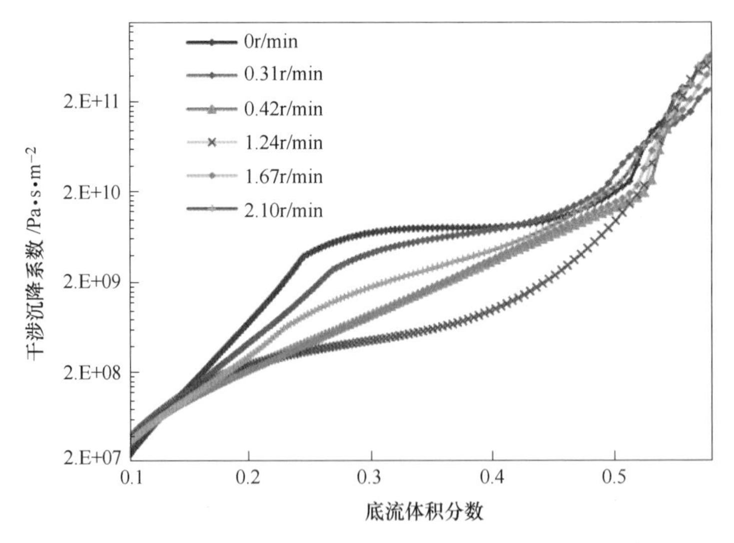

图 4-21　不同耙架转速下干涉沉降系数与底流浓度拟合曲线

为精确描述不同耙架转速下干涉沉降系数随底流体积分数变化规律，对该拟合曲线进行数学表达，各曲线可用表达式（4-57）表示：

$$R = r_a (\phi - r_g)^{r_n} + r_b \tag{4-57}$$

式中，r_a、r_b、r_g、r_n均为拟合参数。结合图 4-21，各拟合参数见表 4-3。

表 4-3 干涉沉降系数与底流体积分数曲线拟合参数值

耙架转速/r·min^{-1}	0	0.31	0.42	1.24	1.67	2.10
r_a	2.0×10^{13}	4.4×10^{12}	2.1×10^{12}	3.2×10^{11}	9.6×10^{11}	4.7×10^{12}
r_g	-0.07	-0.07	-0.06	-0.02	-0.03	-0.05
r_n	6.01	3.71	3.71	2.05	3.62	3.85
r_b	2.032	3.373	1.265	1.241	2.354	2.965

4.3 浓密尾砂细观结构与流变特性关系

深度浓密过程中，料浆浓度大于凝胶浓度时，絮团开始形成连续网状结构，料浆表现出明显的压缩性和渗透性。细观结构演变是料浆宏观流变行为的内在体现，本节应用如图 4-22 所示连续浓密实验装置进行连续浓密实验研究，并依次采用原位取样“速冻冻干法”对底部压缩床层进行取样制备、采用 CT 对高浓度料浆进行扫描、采用图像处理及模型重构等手段对高浓度床层细观结构进行研究，分析浓密尾砂细观结构与流变特性的关系。

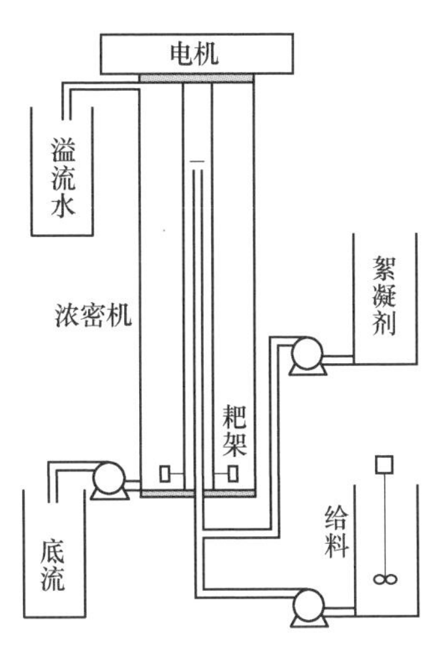

(a)

(b)

图 4-22 小型浓密机连续浓密实验平台
(a) 结构示意图；(b) 实物图

4.3.1　浓密尾砂细观结构特征与分布规律

为了避免取样过程对床层扰动的影响，仅对样品核心直径 10mm 范围内、高度 100mm 内的图像进行分析。利用 CT 扫描高浓度料浆得到一系列连续 CT 图像，并将 CT 图像进行二值化处理，对每个图像进行叠加后，利用 Image Pro Plus 等图像处理软件实现 CT 图像的三维可视化重构，如图 4-23 所示。从三维重构出的立体图像可以发现试样中孔隙的分布位置和规律，立体图像中黑色或绿色部分表示孔隙，白色或灰色部分表示尾砂絮团。

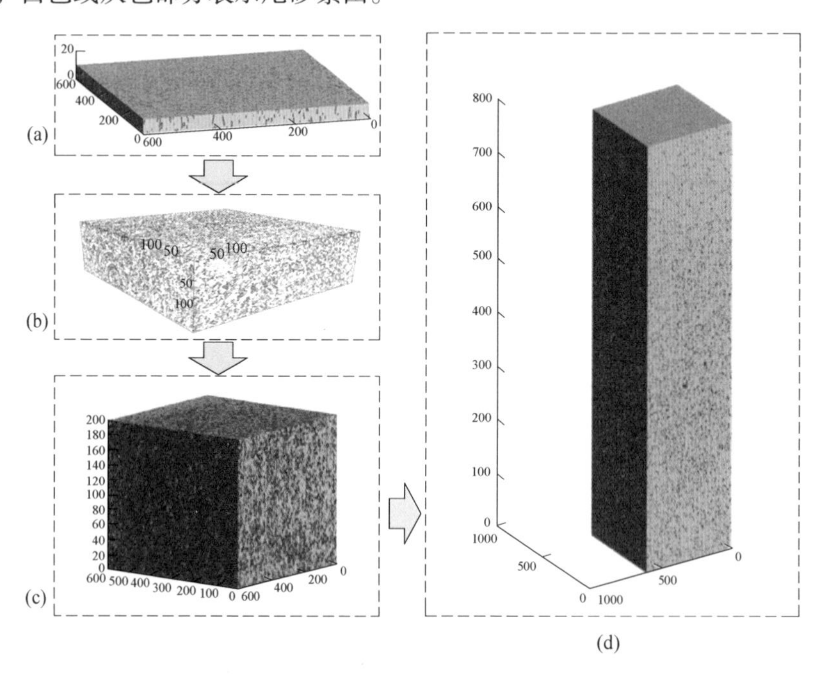

图 4-23　CT 扫描结果三维重构过程示意

（a）图像分层插入；（b）二值化图像连接；（c）形成孔隙体；（d）样品重构结果

4.3.1.1　不同高度上三维孔隙细观特征

压缩床层下部浓度高，上部浓度低。根据三维重构结果提取样品柱中的三维孔隙结构，以固定间隔提取断层截面，如图 4-24 所示。每个断层截面厚度为 0.5mm，得到特定位置处的孔隙三维形貌。

图 4-25 为非剪切样品内部不同高度处细观孔隙结构，床层高度对孔隙形貌影响较大。在床层底部，压缩过程较为深入，孔隙之间的连通性能较差，孔隙呈碎片化分布，多表现为独立的或不与网状结构连通的团状孔隙；而在床层的中部和上部，孔隙呈扁平状或扁曲面状，孔隙之间连通性较好，呈网络状分布，易在剪切作用的引导下将水分排出。

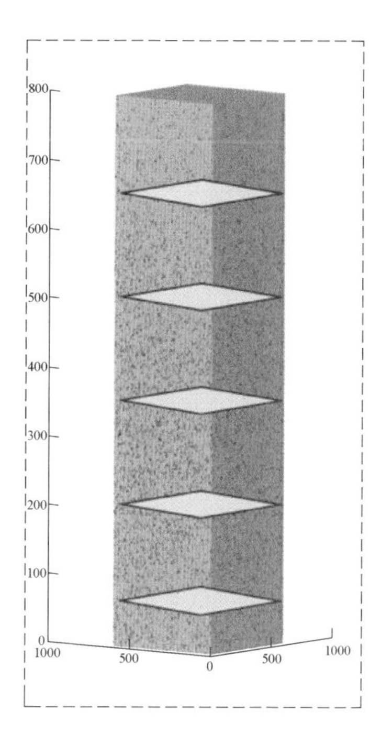

图 4-24　三维孔隙结构提取与切割

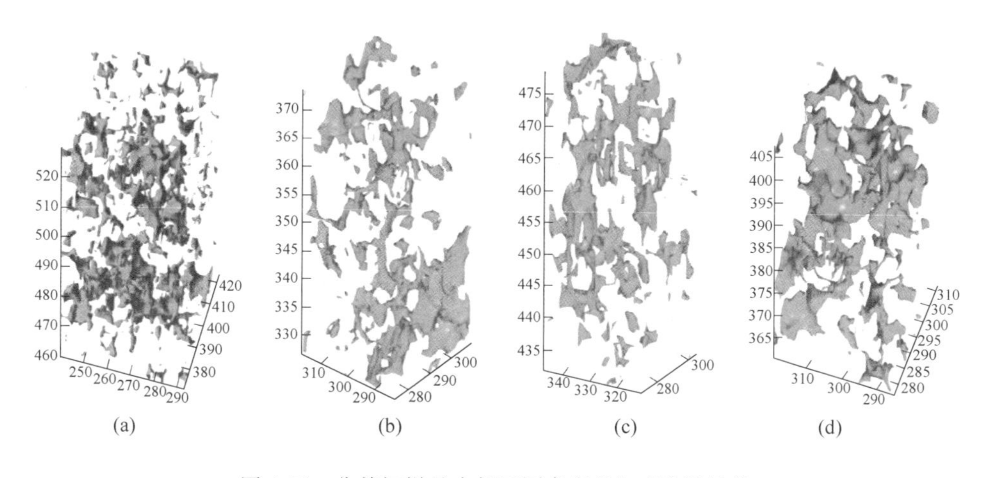

图 4-25　非剪切样品内部不同高度处细观孔隙结构

（a）1cm 高度处；（b）3cm 高度处；（c）5cm 高度处；（d）7cm 高度处

图 4-26 为剪切样品内部不同高度处的细观孔隙结构。剪切作用对孔隙形貌影响较小，各个高度处的孔隙形状与剪切作用发生前极为相似，但孔隙分布更加均匀，所占区域面积明显减少，孔隙连通程度得到改善。剪切作用引入后，孔隙

率发生了较大的变化。因此剪切作用主要提供外部动力，创造导水通道，从而将水分排出。

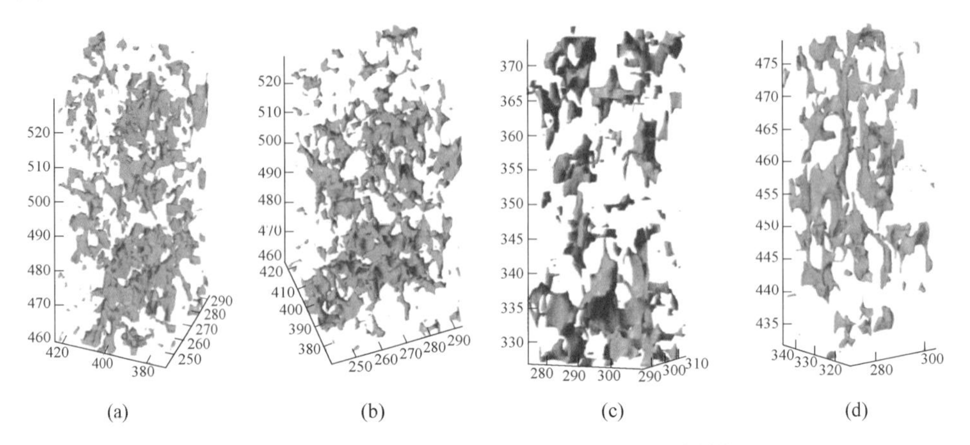

图 4-26　有剪切样品内部不同高度处细观孔隙结构

（a）1cm 高度处；（b）3cm 高度处；（c）5cm 高度处；（d）7cm 高度处

4. 3. 1. 2　剪切作用对孔隙结构分布规律的影响

结合前述分析，将不同泥层高度的孔隙结构进行整合，得到 CT 扫描样品不同剪切环境下孔隙分布状态，如图 4-27 所示。两种剪切环境下孔隙分布均较为密集，非剪切环境下孔隙结构呈现“短粗”状，且上下孔隙连通性较弱，剪切环境下孔隙结构呈现“细长”状，且上下孔隙连通优势较为明显。为更好描述两种剪切环境下孔隙分布特征，对孔隙结构进行统计分析。

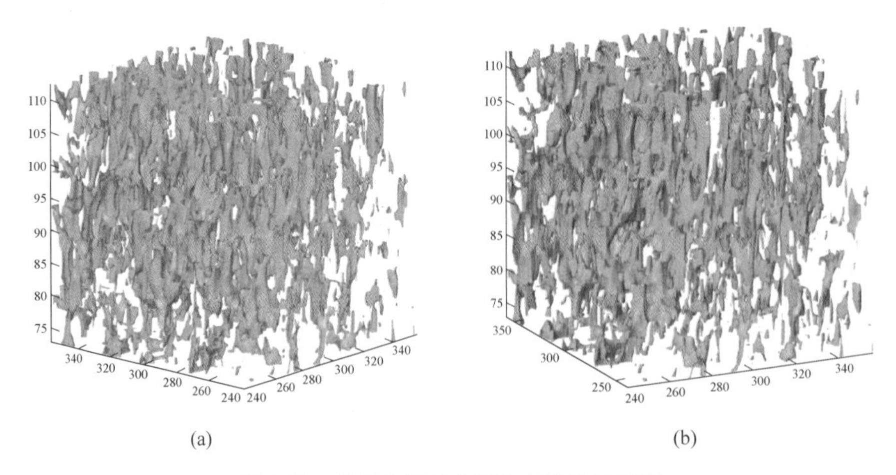

图 4-27　剪切作用对孔隙分布规律的影响

（a）剪切前；（b）剪切后

图 4-28 为不同泥层高度处的孔隙率。孔隙率随着床层高度的增加而增加，非剪切环境下，孔隙率由 43.4%增加至 49.6%，平均孔隙率为 47.62%。剪切环境下，孔隙率由 37.8%缓慢增加至 43.5%，平均为 40.98%。剪切环境下的孔隙率更低，表明尾砂颗粒更密集，料浆浓度更高。图 4-29 为剪切作用对孔隙数量的影响，无剪切的试样孔隙数量为 8036 个，有剪切的试样孔隙数量为 7968 个，剪切作用对孔隙数量的影响不大。表明剪切环境下，孔隙分散更为均匀。

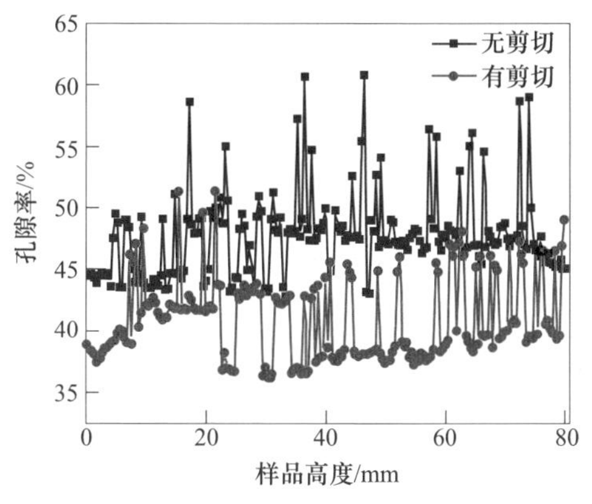

图 4-28 剪切作用对孔隙率的影响

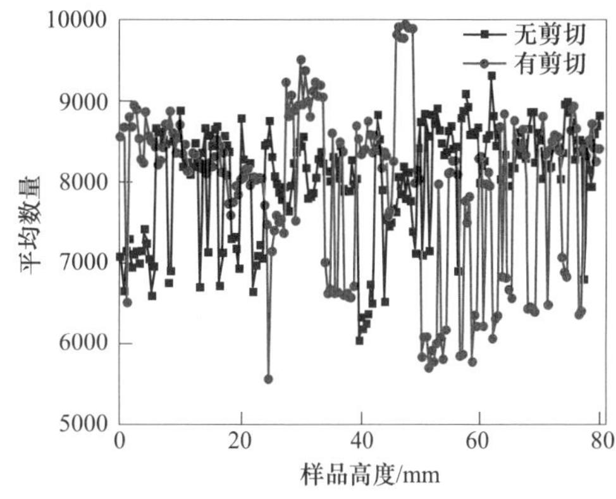

图 4-29 剪切作用对孔隙数量的影响

为更好地观察剪切作用对孔隙尺寸的影响，提取图 4-27 中的部分区域并将其放大，得到图 4-30。非剪切环境下，孔隙尺寸差异性较小，但大尺寸数量较多；剪切环境下，孔隙尺寸差异性较大，但小尺寸数量较多。无剪切试样的最大孔隙尺寸为 44.12μm，最小孔隙尺寸为 16.03μm，平均孔隙尺寸为 23.11μm；

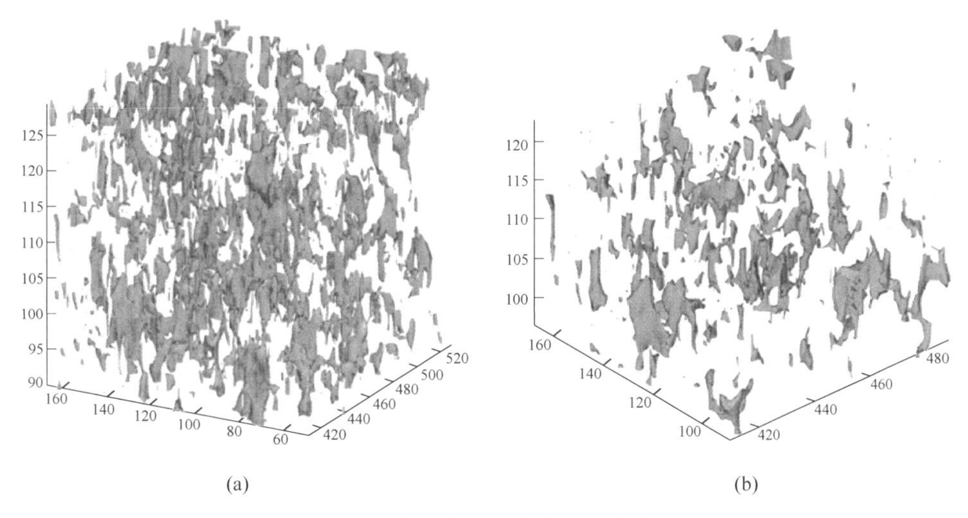

图 4-30 剪切作用对孔隙尺寸的影响

（a）剪切前；（b）剪切后

有剪切试样的最大孔隙尺寸 33.21μm，最小孔隙尺寸为 7.02μm，平均孔隙尺寸为 19.01μm，有剪切作用比无剪切作用的平均孔隙尺寸减小 4.09μm，平均尺寸下降了 17.70%。剪切作用会大大降低孔隙的平均尺寸，其统计数据如图 4-31 所示。

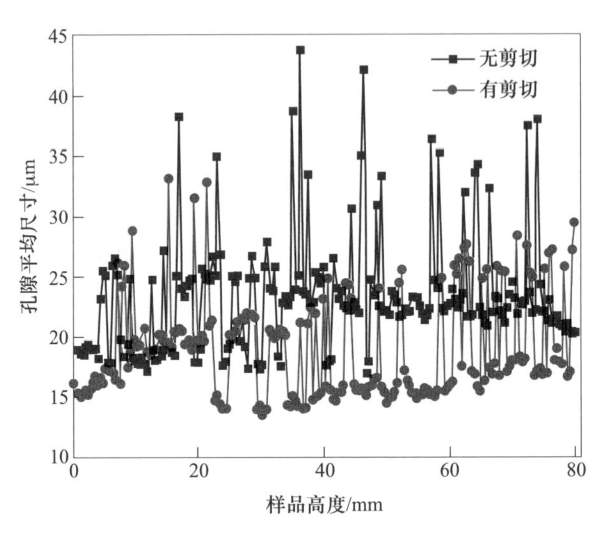

图 4-31 剪切前后孔隙尺寸分布规律

4.3.2 细观结构特征与流变行为关联分析

剪切环境下料浆具有良好的流变特性，此处考察剪切环境下料浆细观结构特征与流变行为的内在联系。根据前面研究可获得不同样品高度时的料浆浓度。收集泥层压力和料浆浓度等数据，并将数据进行拟合，如图 4-32 所示，在该图中寻找对应不同样品高度时的料浆浓度并标记，即可获得对应样品高度时的压缩屈服应力，见表 4-4。

表 4-4 不同样品高度时的料浆浓度

样品高度/cm	1	3	5	7
压缩屈服应力/kPa	11.45	11.09	10.57	10.25
底流质量浓度/%	66.2	63.4	58.7	55.8

为更好地对孔隙结构进行分析，对图 4-26 进行处理，提取每个样品高度最具代表性的单群体孔隙结构，对应见图 4-32 不同高度处的浓度及压缩屈服应力。细观结构与流变特性的关系如下：（1）样品高度为 1cm 时，孔隙较为独立，难以形成优势导水通道，表明该高度时料浆较为密实，水分被固体颗粒隔离，颗粒网状结构强度大，表现为压缩屈服应力大（11.45kPa），料浆质量分数大

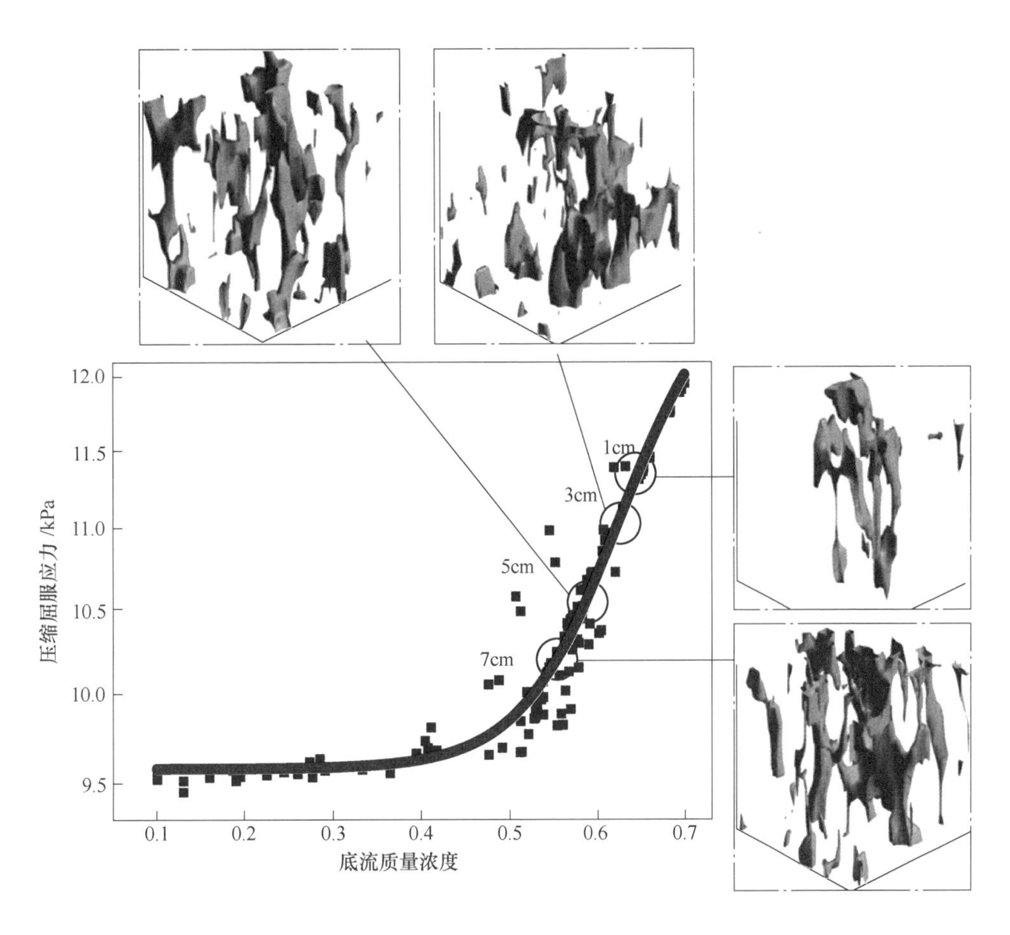

图 4-32 细观结构、底流浓度与压缩屈服应力的关系（绿色代表孔隙）

(66.2%)；(2) 样品高度为 3cm 时，包括一端封闭的圆筒形孔隙、一端封闭的楔形孔隙或圆锥形孔隙，孔隙处于网状结构的边缘，形成局部区域的导水通道，稳定状态下料浆内水分较难排出，网状结构强度较大，表现为压缩屈服应力较大(11.09kPa)，料浆质量分数较大（63.4%）；(3) 泥层高度为 5cm 时，主要为两端开口的树杈形孔隙，该类孔隙处于网状结构的节点位置，与上下孔隙连通程度较高，连通位置也较多，是组成导水通道的重要方面，网状结构强度较低，表现为压缩屈服应力较低（10.57kPa），料浆质量分数较小（58.7%）；(4) 泥层高度为 7cm 时，主要为四周开口的平行板孔隙，该类型是构成导水通道的主要部分，与四周孔隙连通程度均较好，网状结构强度低，表现为压缩屈服应力低(10.25kPa)，料浆质量分数小（55.8%）。总体上，细观孔隙结构发育越明显，压缩屈服应力越小，细观孔隙结构发育差，压缩屈服应力较大。

4.4　流变特性对全尾砂深度浓密规律的影响

全尾砂深度浓密性能主要是指膏体浓密机底流浓度与固体通量、处理能力的匹配性关系，料浆流变特性贯穿整个浓密过程，其变化规律对深度浓密性能起决定性作用。该部分以膏体浓密机模型为基础，获得基于流变特性的浓密性能分析方法，并针对某铜矿膏体浓密机进行分析，得出全尾砂深度浓密的规律。

4.4.1　全尾砂深度浓密性能分析

4.4.1.1　浓密模型结构

以浓密机底部为中心，竖直向上（高度）为 z 轴，建立直径 $d(z)$ 与浓密机高度 z 为函数的膏体浓密模型（见图 4-33）。以凝胶浓度为界限，膏体浓密机内可划分为两个区域，上部为沉降区，下部为压密区。

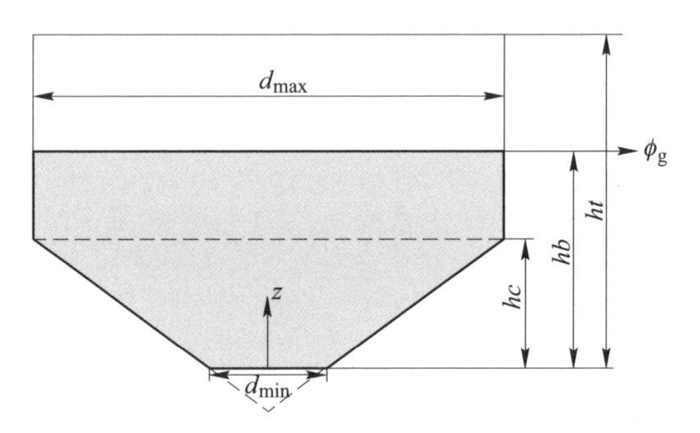

图 4-33　膏体浓密机模型

z—浓密机高度；hb—泥层高度；hc—锥体高度；ht—浓密机高度；d_{min}—浓密机最小直径；d_{max}—浓密机最大直径

对该模型作如下假设：

（1）伪二维模型：该模型基础为一维模型，可通过底部锥角转换为二维模型，但不能解释扰流作用，可分析竖向脱水，并忽略非各向同性渗透作用。

（2）固体直线沉降：浓密机内同一高度处的沉降速率和渗透性一致，固体运动只产生竖向位移，而忽略横向位移。

（3）溢流无固体析出：浓密机内所有固体均被絮凝剂捕捉并沉降到浓密机底部，上部澄清水含固量为0，溢流水无固体析出。

（4）稳态浓密模型：模拟膏体浓密机稳态条件下浓度分布规律。

4.4.1.2　浓密性能分析基础理论

A　沉降区域

静态条件下沉降区域固体沉降速率仅为浓度的方程，与下部絮团群没有力学关系。Coe-Clevenger 理论[19]（简称 C-C 理论）提出该区域固体沉降速率 $u(\phi)$ 数学模型见式（4-58）：

$$u(\phi)=\frac{\Delta\rho g\ (1-\phi)^2}{R(\phi)} \tag{4-58}$$

自由沉降区域固体通量与浓度关系见式（4-59）[2,20]：

$$q = \frac{u(\phi)}{1/\phi - 1/\phi_u} \tag{4-59}$$

将式（4-58）代入式（4-59）得式（4-60）：

$$q = \frac{\Delta\rho g\,(1-\phi)^2}{(1/\phi - 1/\phi_u)R(\phi)} \tag{4-60}$$

式中，q 为固体质量通量，t/(h·m^2)，是指单位时间内浓密机单位面积的固体质量；ϕ_u 为底流体积分数,%。

给定底流浓度条件下，即可获得不同浓度与固体通量的关系。

B 压密区域

Buscall-White 理论（简称 B-W 理论）认为[3]，压密区域絮团形成连续网状结构，颗粒运移受重力和结构力双重影响，颗粒沉降速率不再仅与浓度有关，式（4-60）不再适用于该区域浓密规律的研究。连续浓密过程中，固体通量与液体通量之和等于系统运行通量，根据此质量守恒定律有式（4-61）：

$$\phi u + (1-\phi)w = \frac{q_u}{\phi_u} \tag{4-61}$$

式中，q_u为底流固体通量，t/(h·m^2)。

q 为固体体积通量，其可由式（4-62）表示：

$$q = -u\phi \tag{4-62}$$

结合式（4-61）和式（4-62），可得固体与液体流动速率差 $u-w$：

$$u - w = -\frac{1}{1-\phi}\left(\frac{q}{\phi} - \frac{q_u}{\phi_u}\right) \tag{4-63}$$

结合关系式（4-11），可得式（4-64）：

$$\frac{\partial p_y(\phi)}{\partial z} = \frac{R(\phi)}{(1-\phi)^2}\left(q - q_u\frac{\phi}{\phi_u}\right) - \Delta\rho g\phi \tag{4-64}$$

将式（4-64）转化为微分形式（4-65）：

$$\frac{\partial\phi}{\partial z} = \frac{\dfrac{R(\phi)}{(1-\phi)^2}\left(q - q_u\dfrac{\phi}{\phi_u}\right) - \Delta\rho g\phi}{\dfrac{\mathrm{d}p_y(\phi)}{\mathrm{d}z}} \tag{4-65}$$

浓密机固体连续性方程如式（4-66）所示：

$$\frac{\partial q}{\partial z} = \frac{\partial\phi}{\partial t} \tag{4-66}$$

式（4-65）和式（4-66）即可描述压密区域尾砂絮团连续浓密过程。浓密机稳态条件下，固体通量与底流固体通量相等，即 $q = q_u$，因此固体连续性方程即可忽略，式（4-65）可转换为式（4-67）：

$$\frac{\partial \phi}{\partial z}=\frac{\dfrac{R(\phi)}{(1-\phi)^{2}}q_{u}\left(1-\dfrac{\phi}{\phi_{u}}\right)-\Delta\rho g\phi}{\dfrac{\mathrm{d}p_{y}(\phi)}{\mathrm{d}z}} \tag{4-67}$$

间歇沉降过程中，底流浓度处固体通量值为 0，方程可转换为式（4-68）：

$$\frac{\partial \phi}{\partial z}=\frac{\dfrac{R(\phi)}{(1-\phi)^{2}}q-\Delta\rho g\phi}{\dfrac{\mathrm{d}p_{y}(\phi)}{\mathrm{d}z}} \tag{4-68}$$

在连续稳态浓密过程，基于所建稳态浓密机模型，在竖直高度上，浓密机直径不尽相同，因此压密区域浓度与高度相关的二维微分方程见式（4-69）：

$$\frac{\mathrm{d}\phi(z)}{\mathrm{d}z}=\frac{[R(\phi(z))/(1-\phi(z))^{2}][q/\alpha(z)][1-\phi(z)/\phi_{u}]-\Delta\rho g\phi(z)}{\mathrm{d}p_{y}(\phi(z))/\mathrm{d}\phi(z)} \tag{4-69}$$

式中，$\alpha(z)$ 为浓密机形状系数，描述浓密机截面积随高度变化情况，可由式（4-70）获得：

$$\alpha(z)=\left(\frac{\mathrm{d}\phi(z)}{d_{\max}}\right)^{2} \tag{4-70}$$

$\alpha(z)$ 越大表明浓密机直径越接近最大值 $d_{\max}$；当 $\alpha(z)=1$ 时，浓密机直径及截面积取得最大值，高度继续增加，浓密机截面形状不再变化。如图 4-34 所示，泥层高度 $z=hb$ 处的浓度为凝胶浓度，在高度 $z=0$ 处的浓度为底流浓度，因此可得边界方程（4-71）：

$$\begin{cases}\phi(0)=\phi_{u}\\ \phi(hb)=\phi_{g}\end{cases} \tag{4-71}$$

为节省计算时间，式（4-69）进一步转换为式（4-72）：

$$\frac{\mathrm{d}z(\phi)}{\mathrm{d}\phi}=\frac{\mathrm{d}p_{y}(\phi)/\mathrm{d}\phi}{[R(\phi)/(1-\phi)^{2}][q/\alpha(z(\phi))](1-\phi/\phi_{u})-\Delta\rho g\phi} \tag{4-72}$$

边界条件相应地进行转换，见式（4-73）：

$$\begin{cases}z(\phi_{u})=0\\ z(\phi_{g})=hb\end{cases} \tag{4-73}$$

因此，以凝胶浓度为界限，当浓度小于凝胶浓度时采用 C-C 理论分析，当浓度大于凝胶浓度时采用 B-W 理论分析，将两种理论合并，即可获得膏体浓密机全区域性能数学分析模型，如图 4-34 所示。

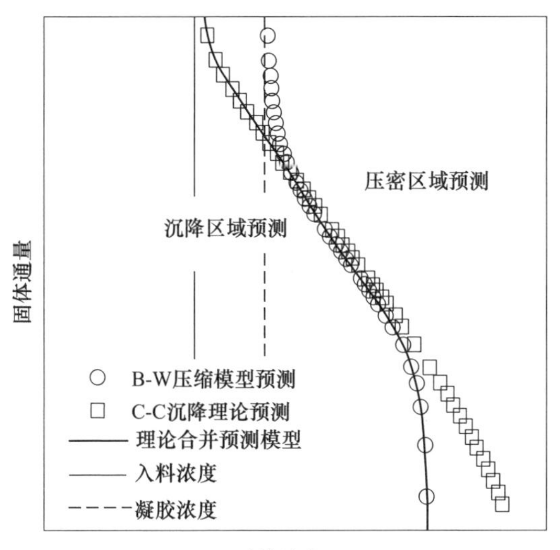

图 4-34 C-C 理论与 B-W 理论合并曲线[21]

由式（4-60）及式（4-72），该模型输入参数如下：

（1）压缩屈服应力曲线，见式（4-56）及图 4-20；（2）干涉沉降系数曲线，见式（4-57）及图 4-21；（3）入料质量分数为 18.87%，体积分数为 7.78%；（4）尾砂密度 2662kg/m³，水的密度为 1000kg/m³；（5）以某铜矿膏体浓密机为原型，各参数见表 4-5。

表 4-5 膏体浓密机尺寸

参数	d_{min}	d_{max}	hc	hb	ht
数值/m	2	14	3.5	0~12	14

4.4.2 全尾砂深度浓密规律分析

4.4.2.1 固体通量-底流浓度曲线分析

不同泥层高度条件下，固体通量和底流浓度相互制约，不同尾砂的固体通量-底流浓度曲线变化规律不一致，以下分析只针对该铜矿全尾砂浓密规律。非剪切环境不同泥层高度下浓密性能变化规律如图 4-35 所示。泥层高度越大，极限底流浓度越大，泥层高度 11.5m 时，底流体积分数为 9%~53%，固体通量为 0.01~65.0t/(h·m²)。在给定的泥层高度下，固体通量与底流浓度呈负相关，即固体通量越大，底流浓度越小。浓度未达到凝胶点时（沉降区域），各泥层高度下固体通量相同，且随浓度增加固体通量迅速降低。这是由于颗粒尚未进入压密阶段，尾砂絮团变化仅与浓度有关。浓度达到凝胶点后（压密区域），尾砂获得足够停留时间，受重力和絮团网状结构影响，泥层越高，底部承载压力越大，絮团结构越密实，脱水性能越好，表现为底流浓度-固体通量曲线开始分离。尾砂絮团处于压密区域时，泥层高度越大，相同底流浓度下固体通量越大。当固体通量趋近于0时，浓度仅与泥层高度有关。需要注意的是，泥层高度≥8m时，固体通量与底流浓度曲线差异性较小，浓密性能受高度影响逐渐减小。表明泥层压力增加至一定值时，絮团网状尺寸趋于一致，絮团内含水率差异性变小，固体浓度趋于统一，此时料浆压缩性和渗透性相差不大。

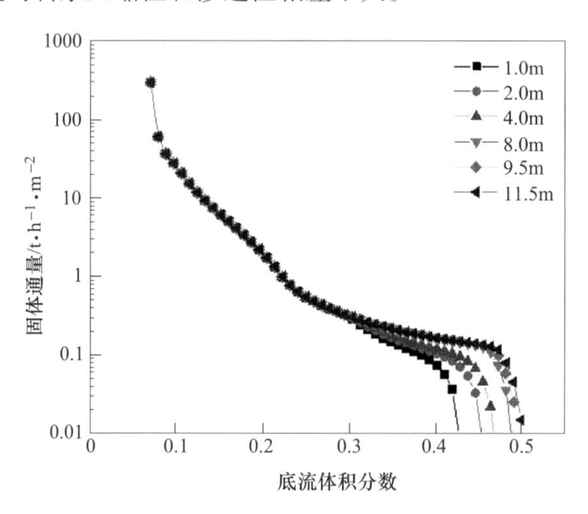

图 4-35　非剪切环境下固体通量随底流浓度变化规律

由4.3节分析知，在剪切环境中，上述用于实验研究的小型浓密机耙架转速为1.24r/min时，浓密机内料浆流变性能较好，因此只分析该剪切环境下的浓密性能。不同泥层高度下浓密性能变化规律见图4-36。固体通量随底流浓度增加而不断减小。不同泥层高度下的关系曲线由重合逐渐分离，分离点在凝胶浓度附近，说明泥层高度对沉降区域影响较小，对压密区域影响较大。泥层越高，泥层压力越大，则获得底流体积分数越大，同一底流体积分数，固体通量越大。泥层高度为11.5m时可达到最大体积分数为59%，泥层高度为1m对应的体积分数为51%，该剪切环境下，固体通量为0.01～584.9t/(h·m^2)。当泥层高度超过8m时，性能曲线差异性不明显，表明随着泥层压力增加，性能提升将愈发困难。泥层高度越高，浓密机料浆存储体量越大，越有利于提高充填系统的稳定性。

由以上分析知，不同剪切环境下，泥层高度超过8m时，浓密性能改善不明显。针对该铜矿物料，认为泥层高度8m时可代表最佳的浓密性能。为量化分析剪切环境下浓密性能的改善效果，对泥层高度8m时的浓密性能进行比较。在相同底流浓度下，固体通量的比值作为衡量剪切环境下浓密效果改善的指标，如图

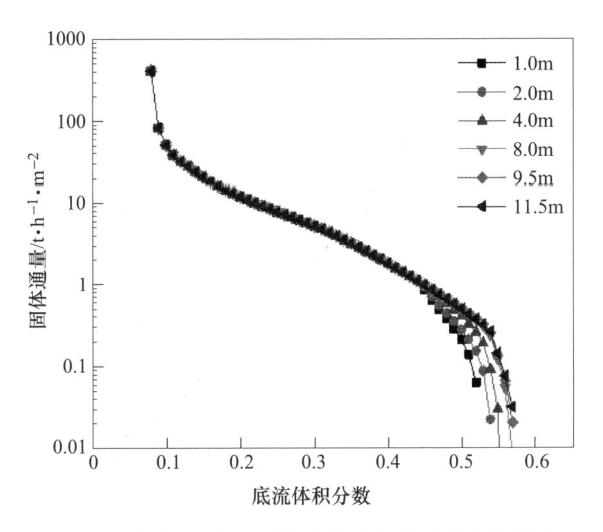

图 4-36 剪切环境下固体通量随底流浓度变化规律

4-37 所示。浓密性能最低改善倍数为 1.38，最高改善倍数为 9.22，平均改善倍数为 5.43。可见，不同剪切环境下的流变特性对深度浓密性能具有较大的影响。

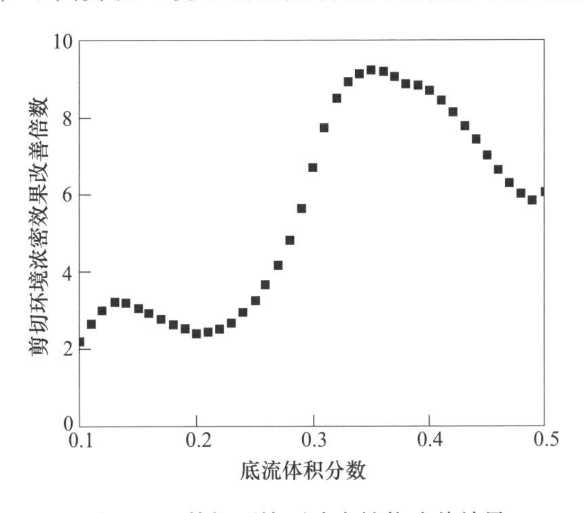

图 4-37 剪切环境下浓密性能改善效果

4.4.2.2 处理能力-底流浓度曲线分析

仍以某铜矿膏体浓密机为原型，结合图 4-34 与表 4-5 中的尺寸，分析处理能力与底流浓度的关系。根据充填工艺要求，浓密机每天需要处理干尾砂量为 1325t，浓密机底流质量浓度为 70%~72%。处理能力为固体通量与浓密机内对应高度截面的乘积。将体积分数转换为质量浓度，耙架未转动时（非剪切环境下）处理能力与底流浓度的变化规律如图 4-38 所示。

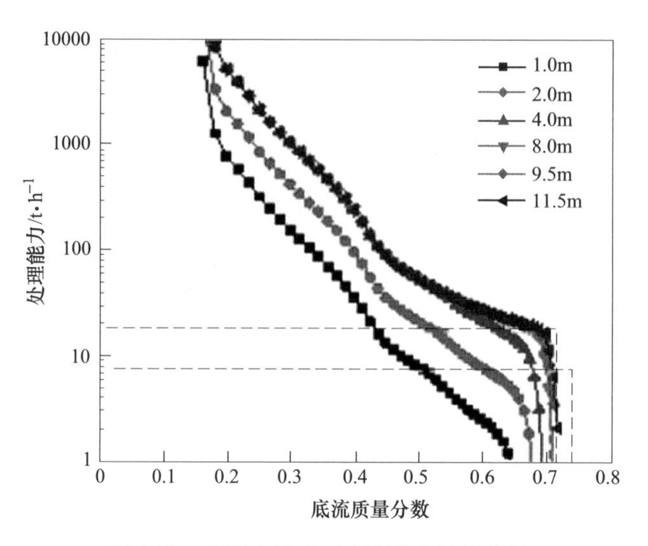

图 4-38　耙架未转动时膏体浓密性能曲线

如图4-39所示，若泥层高度小于3.5m，浓密机直径随高度增加而持续变化，当泥层高度为1m、2m时，浓度-处理能力曲线始终处于分离状态，同一浓度下，泥层越高则浓密机处理能力越大。若泥层高度不小于3.5m，浓密机直径取得最大值且维持不变，其性能曲线与底流浓度-固体通量变化规律一致，泥层高度为4m、8m、9.5m及11.5m时，沉降区域内固体处理能力仅与浓度有关，不受泥层高度影响；压密区域内，曲线开始分离，固体处理能力为底流浓度与泥层高度的方程；泥层高度不小于8m时，其性能曲线与底流浓度-固体通量变化规律一致，处理能力受高度影响较小，当处理能力趋近于0时，底流浓度仅与泥层高度有关。

结合现场生产要求，要达到目标底流浓度值，泥层高度需大于8m；以泥层高度11.5m为例，当底流浓度为70%时，对应的浓密机处理能力为18.2t/h，当底流浓度为72%时，对应的浓密机处理能力为6.6t/h。在保证充填质量的前提下，浓密机底流排放含固量为6.6～18.2t/h，即浓密机底流排放量为5.04～14.64m³/h。即使膏体浓密机24h连续运转，日处理尾砂量436.7t，也远未达到生产要求（1325t）。因此耙架不发生转动时，该膏体浓密机无法达到生产需求。剪切环境下处理能力与底流浓度的变化规律如图4-39所示，与图4-38类似，当泥层高度为1m、2m时，浓度-处理能力曲线始终处于分离状态，同一浓度下，泥层越高则浓密机处理能力越大。泥层高度不小于3.5m时，浓密机直径取得最大值且维持不变，其性能曲线与底流浓度-固体通量变化规律一致，在沉降区域内固体处理能力仅与浓度有关，不受泥层高度影响；在压密区域，曲线开始分离，固体处理能力开始受高度影响。泥层高度不小于8m时，其性能曲线与底流

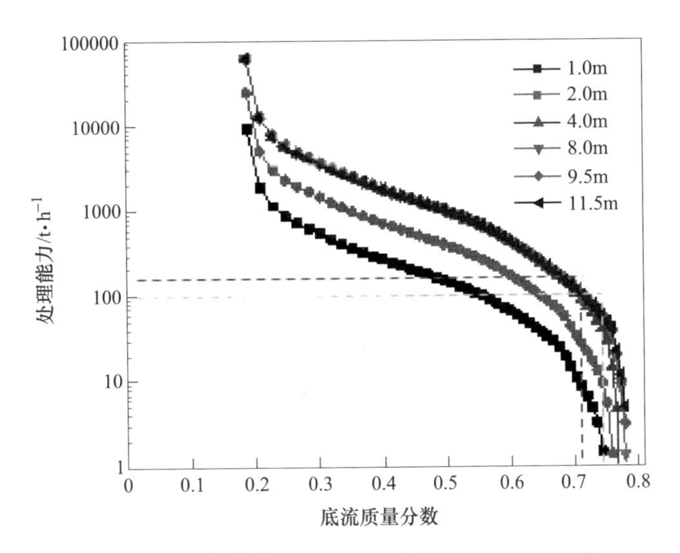

图 4-39 耙架转速 1.24r/min 时膏体浓密性能曲线

浓度-固体通量变化规律一致，处理能力受高度影响较小，当处理能力趋近于 0 时，底流浓度仅与泥层高度有关。

不同泥层高度下底流浓度均可达到 70%以上，以泥层高度 11.5m 时为例进行分析，底流浓度为 70%时，对应浓密机处理能力为 115.2t/h，底流排放量为 92.7m^3/h；当底流浓度为 72%时，对应浓密机处理能力为 83.3t/h，底流排放量为 63.7m^3/h。在浓密机底流排放含固量为 83.3~115.2t/h 时，满足尾砂消耗要求。在浓密机底流排放量为 63.7~92.7m^3/h 时，可保证底流浓度介于 70%~72%之间。

4.4.2.3 深度浓密规律适应性分析

采集该膏体浓密机实际生产数据，统计其 5 小时内底流浓度及底流流量。底流浓度的变化规律如图 4-40 所示，底流浓度随运行时间增加上下波动，但波动范围较小，基本呈稳定趋势。底流质量浓度最高为 72.27%，最低为 70.04%，平均值为 71.04%，底流质量浓度值介于 70%~72%的所占比例为 97.17%，基本满足膏体充填对浓密机底流浓度的要求。

底流排放量的变化规律如图 4-41 所示，随运行时间增加，底流排放量呈上下波动，排放流量范围为 61.0~98.0m^3/h，平均为 75.1m^3/h，即浓密机处理能力为 76.7~127.2t/h，平均为 102.0t/h。与该部分分析的底流浓度与处理能力关系（底流浓度为 70%~72%时，浓密机处理能力为 83.3~115.2t/h，底流排放量为 63.7~92.7m^3/h）基本一致，相关参数总结见表 4-6。表明 4.4 节基于流变特性的全尾深度浓密规律分析具有较好的适应性。

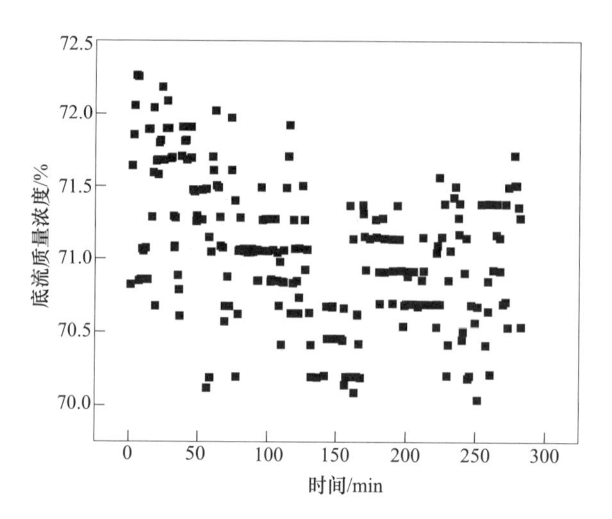

图 4-40　工业膏体浓密机底流浓度变化规律

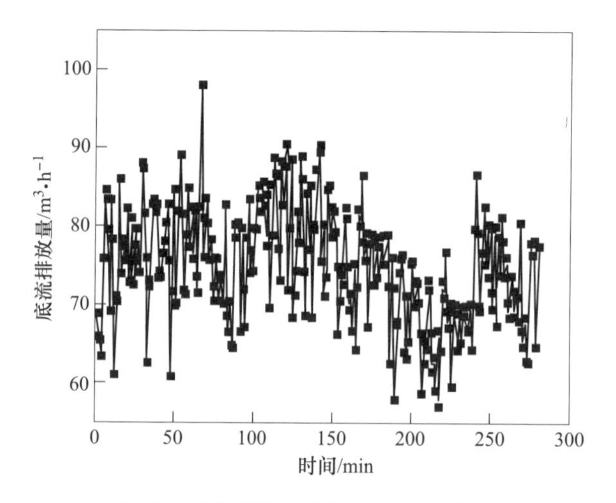

图 4-41　工业膏体浓密机底流实际排放量

表 4-6　浓密性能运行参数实际及理论值

参数	实际值			理论值		
	实际底流浓度 /%	实际底流排放量 /$m^3 \cdot h^{-1}$	实际处理能力 /$t \cdot h^{-1}$	理论底流浓度 /%	理论底流排放量 /$m^3 \cdot h^{-1}$	理论处理能力 /$t \cdot h^{-1}$
最大值	72. 27	98. 0	127. 2	72	92. 7	115. 2
最小值	70. 04	61. 0	76. 7	70	63. 7	83. 3
平均值	71. 04	75. 1	102. 0	71	78. 2	99. 25

4.5 基于流变特性的耙架扭矩模型

在膏体浓密机生产的过程中，搅拌耙驱动扭矩是关键设计参数之一。如前述分析，耙架剪切作用直接影响浓密机压缩浓密阶段的尾砂脱水程度和脱水速度，决定浓密机底流浓度[22]。如果浓密机扭矩过低，将容易产生压耙、鼠洞现象，而扭矩过高，则可能产生泥圈、底流浓度低等问题[23]。鉴于耙架是保证浓密机高效脱水和正常运行的重要部件，因此耙架扭矩是影响膏体浓密机高效脱水效果的关键因素。4.1.3 节指出，剪切应力用于分析浓密物料的可耙性，该部分针对膏体浓密机絮凝网络结构特征和高浓度料浆的初始剪切应力变化规律，提出了扭矩的计算模型，并结合某铅锌矿膏体浓密机运行情况进行了验证。

4.5.1 耙架扭矩模型的建立

根据 4.1.2 节的描述，可获得膏体浓密机耙架示意图如图 4-42 所示，图中 D 为耙架水平横梁长度，H 为耙架水平横梁距浓密机底端的高度，L 为刮泥耙斜长，θ 为浓密机锥角，$d_1 \sim d_6$ 为导水杆直径，$h_1 \sim h_6$ 为导水杆长度，$r_1 \sim r_6$ 为导水杆距离中心传动轴的水平距离。随着浓密过程的进行，尾砂颗粒不断下降，颗粒间距减小，浓度高于凝胶浓度的料浆开始形成絮网结构泥床。通过沉降区的尾砂颗粒进入压密区，设泥层总高度为 H_s，压缩浓密区距离浓密机底部的高度为 H_c，对应此处料浆质量浓度为 C_c。

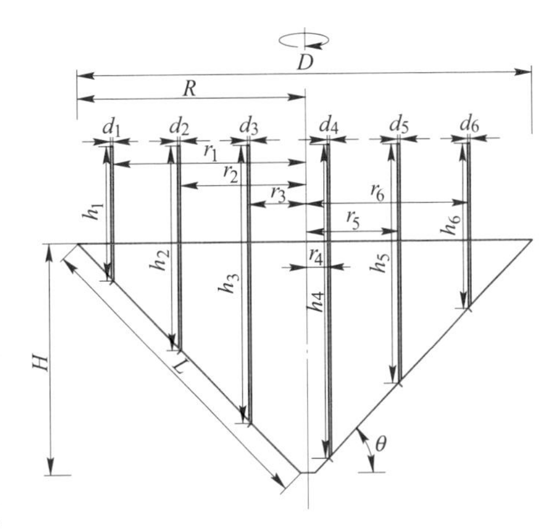

图 4-42 膏体浓密机耙架示意图

耙架剪切作用破坏泥床絮网结构，使得絮团尺寸降低，絮网孔隙水排出，尾砂颗粒进一步脱水至底流质量浓度 C_u。由于料浆距离浓密机底部越近时浓度越高，将压缩浓密区的料浆质量浓度 C 与泥床高度 h 进行积分处理，得到压缩浓密区任意高度的料浆浓度见式（4-74）：

$$\mathrm{d}C = k_c \int \mathrm{d}h, \quad \begin{cases} C = C_c, h = H_c \\ C_c < C < C_u, 0 < h < H_c \\ C = C_u, h = 0 \end{cases} \tag{4-74}$$

式中，k_c为料浆固体质量分数与泥床高度的相关系数。

式（4-74）可计算压缩浓密区任意高度位置的料浆浓度，结合实验测量获得料浆初始剪切应力与浓度的函数关系，即得到相应高度位置的料浆初始剪切应力。

耙架在膏体浓密机高浓度泥床中转动时，剪切作用发生在耙架运动轨迹形成的剪切体的周边，侧面剪应力为τ_s，上下端面剪切应力τ_e，耙架各部件周边剪应力如图 4-43 所示。将耙架扭矩视为水平横梁、导水杆和刮泥耙在泥床料浆中剪切体侧面扭矩 T_s和上下端面扭矩 T_e之和[24]。

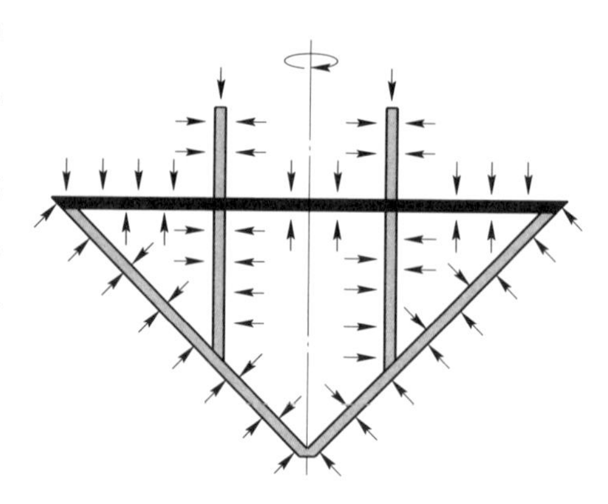

图 4-43　耙架剪切应力分布示意图

水平横梁与中心传动轴相连，转动时的轨迹为一圆柱体，如图 4-44（a）。水平横梁克服浆体的屈服应力才能够转动，转动使周围一定区域内的浆体发生剪切作用。计算水平横梁的扭矩[24~26]见式（4-75）：

$$T_1 = T_s + 2T_e \tag{4-75}$$

将水平扭矩表示为剪切应力的函数，则式（4-75）变成：

$$T_1 = (\pi DH)\frac{D}{2}\tau_s + 2 \times 2\pi\int_0^{D/2}\tau_e R^2 \mathrm{d}R \tag{4-76}$$

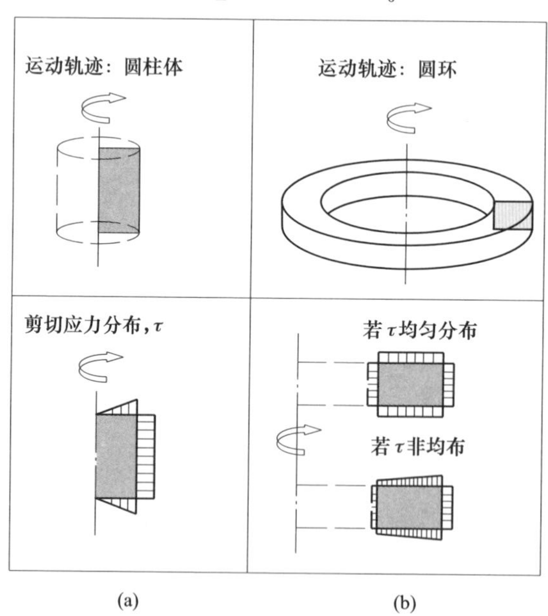

图 4-44　不同构件运动轨迹及应力分布模型
（a）水平横梁；（b）导水杆

导水杆浸没在浆体中，克服浆体的屈服应力而转动，转动扫过的面为一圆环体，产生四个剪切面，内外圆柱面和上下圆环面。其受力分析见图 4-44（b），当导水杆半径较小时，可以认为应力均匀分布。由于导水杆一般是固定在支架与刮泥耙上，其转动过程中扫过的上下圆柱面已包含在支架和刮泥耙的受力分析中，不再考虑。由上述受力分析知，各导水杆运动时扭矩之和见式（4-77）：

$$T_2 = \sum (T_s + T_e) \tag{4-77}$$

$$T_2 = \sum_0^i \left\{ \pi D h_i r_i \tau_s + 2\pi \int_0^{d_i/2} \tau_e [(r_i + x)^2 - r_i^2] \, dx \right\} \tag{4-78}$$

刮泥耙的扭矩 $T_3 = T_s$，此时 $T_e = 0$，以耙子转动中心为原点建立坐标系，在耙子长度方向上取微元 dx，分析其受力情况：

$$T_3 = \frac{\pi D}{L} \sin\theta \int_0^L \tau_s x^2 dx \tag{4-79}$$

假设浓密机同一高度的泥床料浆浓度相同，则该高度位置的水平横梁、导水杆和刮泥耙剪切体侧面剪切应力τ_s和上下端面剪切应力τ_e相等[27]。将耙架下底端料浆浓度视为底流浓度，在不同剪切高度条件，计算相应高度位置的泥床料浆浓度和侧面剪切应力τ_s和上下端面剪切应力τ_e。对式（4-75）~式（4-79）整理后，得到耙架扭矩 T_m，由式（4-80）~式（4-82）给出：

$$T_1 = \tau_s \pi D^2 \left(\frac{H}{2} + \frac{D}{3} \right) \tag{4-80}$$

$$T_2 = \sum_0^i \left\{ \tau_s \pi \left[D h_i r_i + \frac{d_i^2}{2} \left(\frac{d_i}{6} + r_i \right) \right] \right\} \tag{4-81}$$

$$T_3 = \tau_s \frac{\pi D L^2}{3} \sin\theta \tag{4-82}$$

$$T_m = T_1 + T_2 + T_3 \tag{4-83}$$

综合式（4-80）~式（4-82）计算过程，可得到膏体浓密机耙架扭矩 T_m的计算模型：

$$T_m = \tau_s \pi D^2 \left(\frac{H}{2} + \frac{D}{3} \right) + \sum_0^i \left\{ \tau_s \pi \left[D h_i r_i + \frac{d_i^2}{2} \left(\frac{d_i}{6} + r_i \right) \right] \right\} + \tau_s \frac{\pi D L^2}{3} \sin\theta \tag{4-84}$$

根据式（4-84），耙架扭矩随底流浓度升高而增大，底流浓度对浓密机运行时的扭矩百分比的影响幅度可呈现为指数函数关系。与此同时，泥床高度对耙架扭矩影响较小。

4.5.2 运行数据与扭矩模型的相互验证

某铅锌矿全尾砂的粒级组成较细，密度为 2750kg/m^3，平均粒径为

75.59μm，中值粒径为34.95μm，-20μm的颗粒累计含量占37.20%。采用Brookfield R/S旋转流变仪对不同浓度的样品尾砂剪切应力进行检测，如图4-45所示。全尾砂料浆的初始剪切应力随浓度上升而增大。特别是在质量浓度达到72%时，全尾砂料浆初始剪切应力急剧增加。当浓度上升至76%时，初始剪切应力为164.25Pa，是浓度为66%时初始剪切应力24.65Pa的6.7倍。将料浆质量浓度C和料浆初始剪切应力τ的实测数据值进行指数函数拟合可得：

$$\tau = 4 \times 10^{-4} e^{0.2104C} \tag{4-85}$$

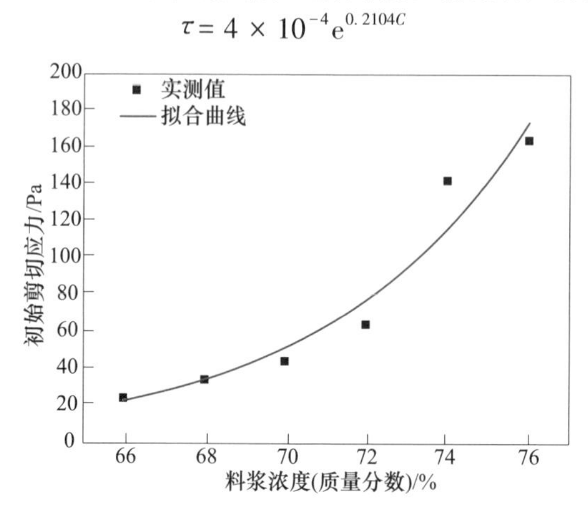

图4-45　不同浓度的全尾砂料浆初始剪切应力

通过沉降实验测得稳定运行状态下的全尾砂料浆胶凝质量浓度为38.6%，即为泥床高度顶端H_s处的浓度，预计浓密机锥高处的质量浓度为59.69%，即耙架水平横梁高度H=4.58m。当泥床高度H_s为1~10m时，按式（4-74）计算压缩浓密区不同高度的料浆浓度，对应的料浆初始剪切应力由式（4-85）计算。

该铅锌矿采用11m直径膏体浓密机，锥角45°，耙架最大扭矩为650200N·m。将前述的尾砂基本物理参数和流变参数，以及膏体浓密机耙架和刮泥耙实测尺寸（见表4-7），代入耙架扭矩计算模型进行分析。

表4-7　某铅锌矿膏体浓密机耙架实测尺寸

项目名称	值/mm	项目名称	值/mm	项目名称	值/mm
D	9260	h_1	1585	r_1	3965
H	4580	h_2	3510	r_2	2515
L	6774	h_3	5270	r_3	1105
θ	450	h_4	5315	r_4	420
$d_1 \sim d_5$	50	h_5	3820	r_5	1850
H_s	1000~10000	h_6	3170	r_6	3820

4.5.2.1 泥床高度对耙架扭矩的影响

在底流质量浓度为66%~76%范围内，泥床高度增大时，模型预测的耙架扭矩百分比如图4-46所示。耙架扭矩随底流浓度增大而上升，底流质量浓度为66%时，扭矩百分比为7.93%~8.19%；底流质量浓度76%时，扭矩百分比为12.59%~12.86%。泥床高度不变时，底流浓度升高造成的扭矩增大幅度为4.67%。同时，耙架扭矩总体随泥床高度变化不大，在泥床高度1m时，底流质量浓度66%时，扭矩最大值为8.19%；底流质量浓度76%时，扭矩最大值为12.86%。底流浓度不变时，泥床高度上升造成扭矩增大幅度为0.27%。

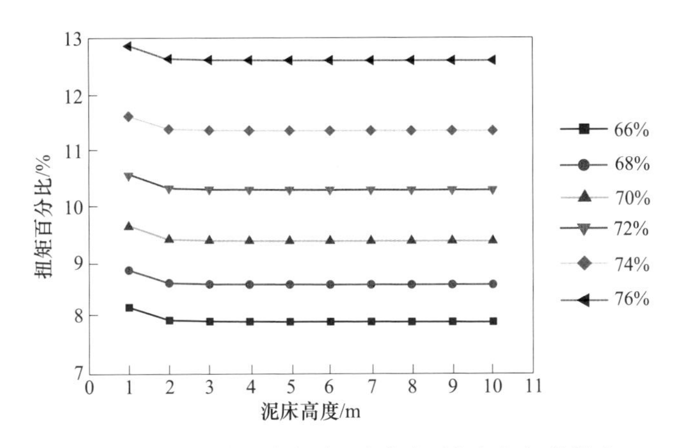

图4-46 不同底流浓度时泥床高度对耙架扭矩的影响

4.5.2.2 底流浓度对耙架扭矩的影响

不同底流浓度的扭矩预测结果表明，耙架扭矩随着底流浓度上升而增加。以泥床高度5m时的预测情况为例，底流浓度为耙架扭矩百分比数值为7.93%，而底流质量浓度为76%时，扭矩百分比上升至12.60%，如图4-47所示。通过对耙架扭矩百分比和底流浓度的拟合，两者为指数函数关系，如式（4-86）所示：

$$T_m = 3.96695 + 0.0234 \times e^{0.07777C} \tag{4-86}$$

该铅锌矿膏体浓密机运行约64h的生产过程中，经历了7次正式的充填，1次12h的停止进料。泥床高度由2.5m逐步升高，最高达到9m。底流质量浓度变化范围为66%~74%，耙架扭矩百分比大部分时间保持在6%左右，只有约12h过程中扭矩达到8%~12%，如图4-48所示。浓密机在0至64h的运行过程中，泥床高度保持在2.5m至9.18m范围内大幅度波动，最后下降到3.5m，但浓密机耙架扭矩百分比大部分时间保持在6%左右，与计算模型中泥床高度对耙架扭矩影响较小的预测相符。

结合浓密机实际运行过程中底流浓度和耙架扭矩百分比变化曲线（见图

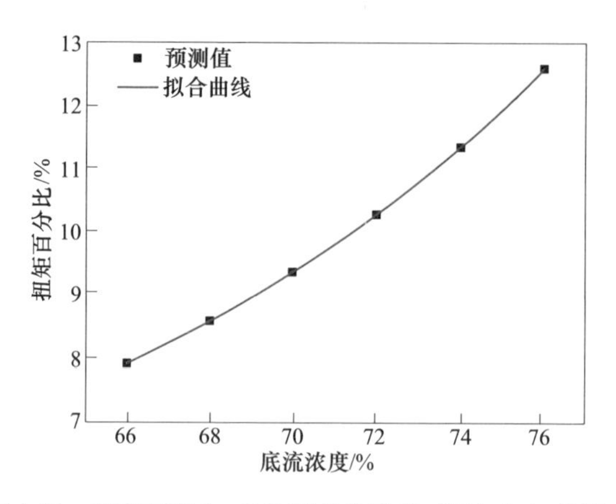

图 4-47　泥床高度 5m 条件下底流浓度对耙架扭矩的影响

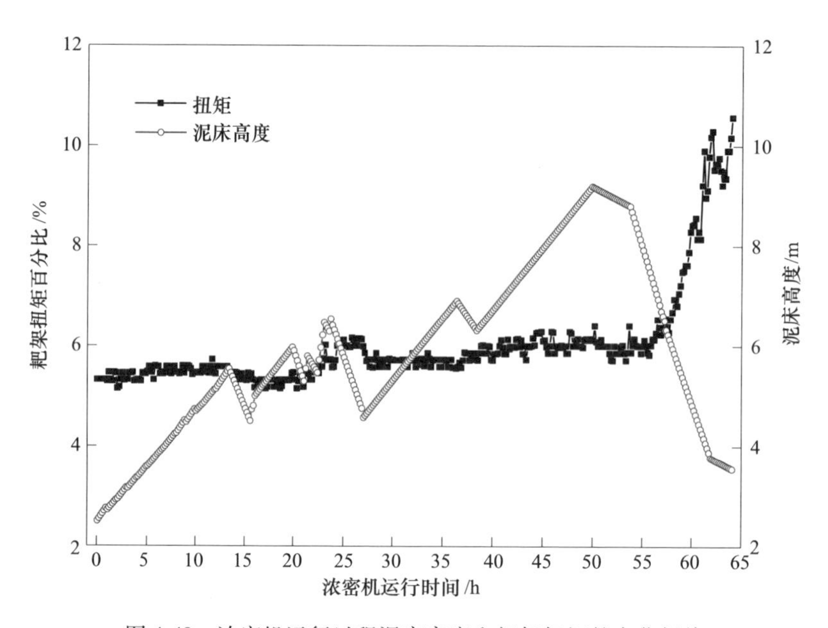

图 4-48　浓密机运行过程泥床高度和耙架扭矩的变化规律

4-49)，可知耙架扭矩随底流浓度增加而上升，在浓密机运行期间，由最初底流质量浓度 65. 8%上升至 72. 3%。当浓密机底流质量浓度在 66%~70%之间时，耙架扭矩百分比保持在 6%左右。但底流质量浓度上升至 72%时，耙架整体扭矩百分比由 5. 8%剧增至 10. 4%，扭矩百分比增加 4. 6%。计算模型预测的耙架扭矩随底流浓度呈指数上升，增大幅度为 4. 67%，与实际值基本相符。

将浓密机运行过程中底流浓度和扭矩百分比的变化实测数据进行拟合（见图

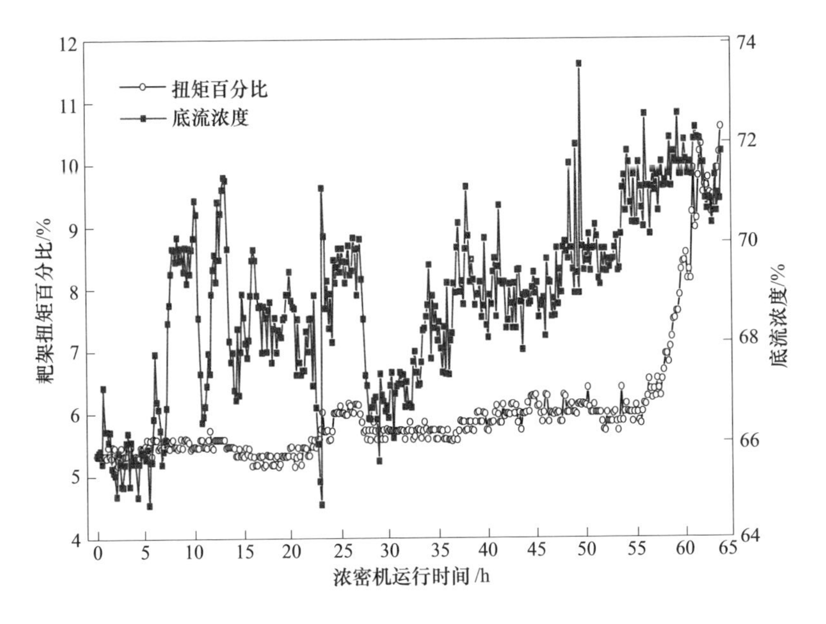

图 4-49 浓密机运行过程底流浓度和耙架扭矩的变化规律

4-50)，得到耙架扭矩百分比 T 与底流质量浓度 C 的拟合函数（式（4-87）），两者呈指数关系，与模型预测规律相符。

$$T = 5.1924 + 9.266 \times 10^{-13} e^{0.39687C} \tag{4-87}$$

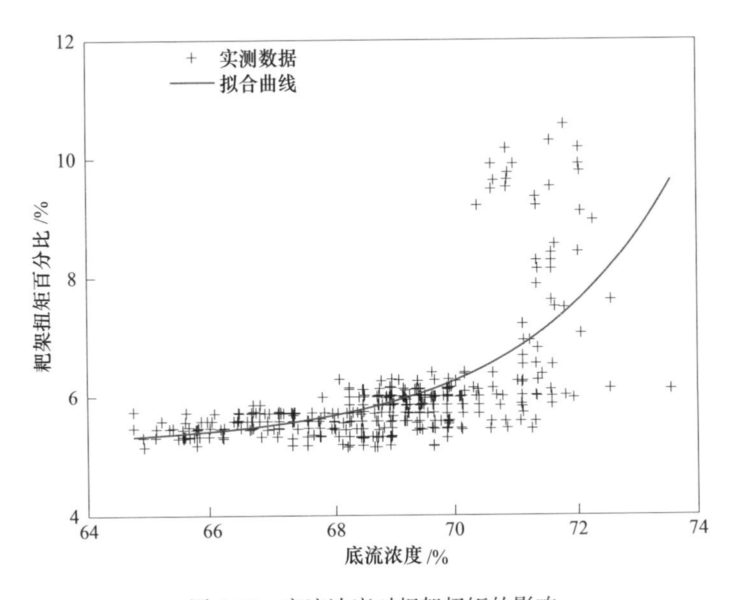

图 4-50 底流浓度对耙架扭矩的影响

参 考 文 献

[1] Nehdi M, Rahman. Estimating rheological properties of cement pastes using various rheological models for different test geometry, gap and surface friction [J]. Cement and concrete research, 2004 (34): 1993~2007.

[2] Usher S P. Suspension dewatering: characterisation and optimization [D]. Melbourne: The University of Melbourne, 2002.

[3] Green M D. Characterisation of suspensions in settling and compression [D]. Melbourne: The University of Melbourne, 1997.

[4] Buscall R, White L R. The consolidation of concentrated suspensions. Part 1: The theory of sedimentation [J]. Journal of the Chemical Society Faraday Transactions 1, 1978, 83 (3): 873~891.

[5] 霍宏涛. 数字图像处理 [M]. 北京: 北京理工大学出版社, 2002.

[6] 岗萨雷斯, 等. 数字图像处理（MATLAB 版）[M]. 北京: 电子工业出版社, 2006.

[7] 施斌, 李生林, M. Tolkachev. 粘性土微观结构 SEM 图像的定量研究 [J]. 中国科学 A 辑, 1995 (6): 666~672.

[8] 吴爱祥, 焦华喆, 王洪江, 等. 全尾砂絮凝沉降特性实验研究 [J]. 北京科技大学学报, 2011 (12): 1437~1441.

[9] 张钦礼, 周登辉, 王新民. 超细全尾砂絮凝沉降实验研究 [J]. 广西大学学报（自然科学版), 2013 (2): 451~455.

[10] 焦华喆, 王洪江, 吴爱祥, 等. 全尾砂絮凝沉降规律及其机理 [J]. 北京科技大学学报, 2010 (6): 702~707.

[11] Vold M J. Computer simulation of floc formation in a colloidal suspension [J]. Journal of Colloid Science, 1963 (7): 684~695.

[12] Frank M White, 陈建宏, 译. 流体力学 [M]. 北京: 世界图书出版公司, 1992.

[13] 谭蔚, 耿亚梅, 冯国红, 等. 新型动态扫流板框压滤机滤室流动形态研究 [J]. 高校化学工程学报, 2013, 27 (6): 931~936.

[14] 吴鹏云. 厢式压滤机存在的问题及改进措施 [J]. 矿山机械, 2013, 41 (3): 140~142.

[15] 李阳, 侯军锁, 高文. 颗粒层过滤除尘的实验研究及分析 [J]. 能源环境保护, 2013 (4): 22~25.

[16] Robles Ruano M V, Ribes J, et al. A filtration model applied to submerged anaerobic MBRs (SAnMBRs) [J]. Journal of Membrane Science, 2013 (444): 139~147.

[17] Merino F, Penacho L, Iribarren M, et al. System and method for filtration of liquids [P]: U. S. Patent 8, 591, 745. 2013.

[18] Kynch G J. A theory of sedimentation [J]. Translation. Faraday Society, 1952, 48: 166~176.

[19] Coe S H, Clevenger G H. Methods for determining the capacities of slime-settling tanks [J]. AIME Transactions American Institute of Mining Engineering, 1916 (55): 356~384.

[20] White K L L. Solid/liquid separation of flocculated suspensions [J]. Advances in Colloid and

Interface Science, 1994, 51 (94): 175~246.

[21] Usher S P, Scales P J. Steady state thickener modelling from the compressive yield stress and hindered settling function [J]. Chemical Engineering Journal, 2005, 111 (2~3): 253~261.

[22] Brendan R. Gladman, Murray Rudman, Peter J. Scales. The effect of shear on gravity thickening: Pilot scale modelling [J]. Chemical Engineering Science, 2010 (65): 4293~4301.

[23] M. Rudman, D. A. Paterson, K. Simic. Efficiency of raking in gravity thickeners [J]. International Journal of Mineral Processing, 2010 (95): 30~39.

[24] Joseph J. Assaad, Jacques Harb, Yara Maalouf. Effect of vane configuration on yield stress measurements of cement pastes [J]. Journal of Non-Newtonian Fluid Mechanics, 2016 (230): 31~42.

[25] 吴爱祥，焦华喆，王洪江，等．深锥浓密机搅拌刮泥耙扭矩力学模型［J］. 中南大学学报（自然科学版），2012，43（4）：1469~1474.

[26] 王洪江，周旭，吴爱祥，等．膏体浓密机扭矩计算模型及其影响因素［J］. 工程科学学报，2018，40（6）：673~678.

[27] 商鹏，闫晓阳，赵嫦虹，等．新型浓密机耙架的设计与研究［J］. 煤炭技术，2014，33（8）：189~192.

5 膏体搅拌流变行为

搅拌环节是将浓密机尾砂底流与水泥、粗骨料、外加剂等所需物料按一定比例进行拌合制备成均匀膏体。搅拌过程中，各物料颗粒在搅拌机叶片的转动、推动作用下，相互冲击碰撞，沿着滑动面产生剪切变形及位移，物料的团聚结构受到破坏，团聚的颗粒进一步分散。伴随搅拌的对流运动、扩散作用和剪切作用，物料由散体、浆体等形态转变为流动性良好的均质膏体，该过程伴随着物料流变特性的显著变化。

随着活化搅拌设备在膏体制备中的应用，活化膏体的流变行为也受到广泛关注。膏体的活化是在均化搅拌基础之上，通过进一步打破颗粒之间水化膜的覆盖及包裹，揭露出颗粒新鲜面，从而改善膏体输送及力学性能。

为此，本章结合矿山常用搅拌机特征，以膏体物料均化、活化以及膏体细观结构演化为切入点，探讨了搅拌过程中膏体的细观结构演化与流变特性变化的关联性，阐述了搅拌机功率与流变特性的关系。

5.1 膏体搅拌的剪切作用

膏体搅拌是一个复杂的过程，其中剪切作用是促进均化的最重要因素。剪切运动是指物料各组分沿滑动面产生相对滑动、逐渐分布均匀的现象。本小节从分析膏体搅拌机的剪切运动入手，研究了剪切作用下多尺度物料的剪切分散。

5.1.1 膏体搅拌机的剪切运动

在膏体拌合的过程中，由于流体的表面张力作用，固体颗粒易聚集成小的球体，被流体介质包裹，称为细观组分的团聚现象。团聚现象影响了膏体物料的细观匀质性，对膏体的强度和耐久性能有很大影响[1]。团聚颗粒球体随着搅拌机构的转动和推动，不同物料之间由于速度差造成颗粒相互冲击碰撞，自身沿着滑动面产生剪切变形位移，从而破坏团聚颗粒的剪应力、表面张力、内聚力、分子库仑力，实现团聚颗粒球体自身破坏，使团聚颗粒球体得到分散，这种运动形式称为剪切混合。剪切作用产生剪切力场或旋涡，小尺度混合实现了拌合物料在细观上的均布，料浆流变参数的降低进一步提升了膏体拌合性[2]。

由于搅拌机体积大小、叶片类型及搅拌速度的不同，一般难以直接了解搅拌机剪切作用的效果强弱。为了比较不同搅拌机的剪切作用，必须建立一个统一的物理量来量化搅拌的剪切作用。为此，在研究搅拌对流体流变影响过程中，参照流变学中已有概念引入物理量剪切速率，以此比较不同搅拌条件下的剪切强度。剪切速率 $\dot{\gamma}$ 与角速度成正比、叶片半径与槽体半径的平方差成反比，具体计算见式（5-1）[3]：

$$\dot{\gamma} = \delta \frac{2r_a r_b \omega}{r_b^2 - r_a^2} \tag{5-1}$$

式中，r_a 为搅拌机叶片半径，m；r_b 为搅拌机槽体半径，m；ω 为搅拌机角速度，rad/s；δ 为与搅拌机叶片相关的剪切系数，$\delta \leqslant 1$。

一般认为叶片型搅拌机的 δ 近似等于 1。公式中物理量的实际应用可以参见图 5-1，图中为一台典型双卧轴连续式搅拌机。在进行搅拌机设计时，并不能仅考虑剪切速率的大小，而应该综合比较其他物理量，例如叶片排量及能耗等参数，以最终确定搅拌机几何尺寸。

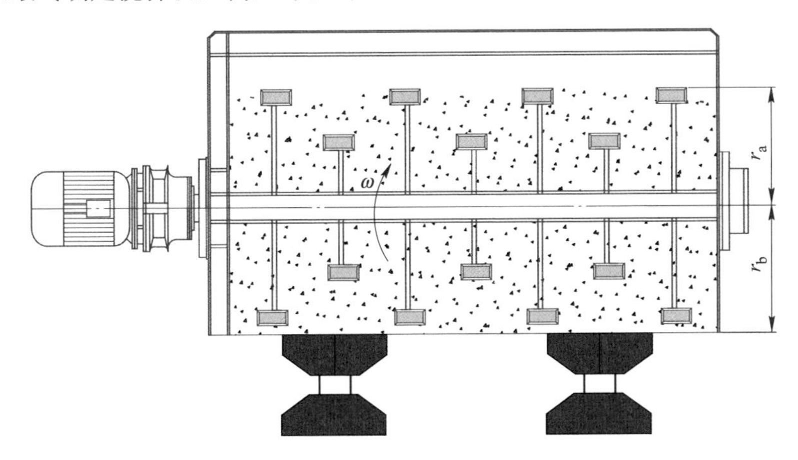

图 5-1 双卧轴搅拌机剪切速率计算

5.1.2 多尺度物料的剪切分散

结合现场搅拌过程中全尾砂、粗骨料、水泥等物质的物理状态变化过程，分析物料由初始状态制备成均质活化膏体的全过程，绘制膏体搅拌细观变化示意图如图 5-2 所示。图中横轴表示搅拌进程，纵轴为物料的体积变化趋势，正方向表示颗粒聚集，负方向表示颗粒分散。

当水泥及粗骨料进入到搅拌机中与全尾砂浆接触后，水泥、尾砂在水的张力作用下生成“核”状颗粒，而粗骨料颗粒尺寸较大不易凝聚成团，首先被浸湿；在叶片扰动下，浸湿的骨料与干粉状的水泥相互接触，粗骨料外表形成水泥包裹层，而部分“核”状颗粒吸收少量水分后与干水泥颗粒接触，尺寸变大。

随着搅拌的进行，凝聚成团的水泥、尾砂、粗骨料表面被浸湿，并通过液桥

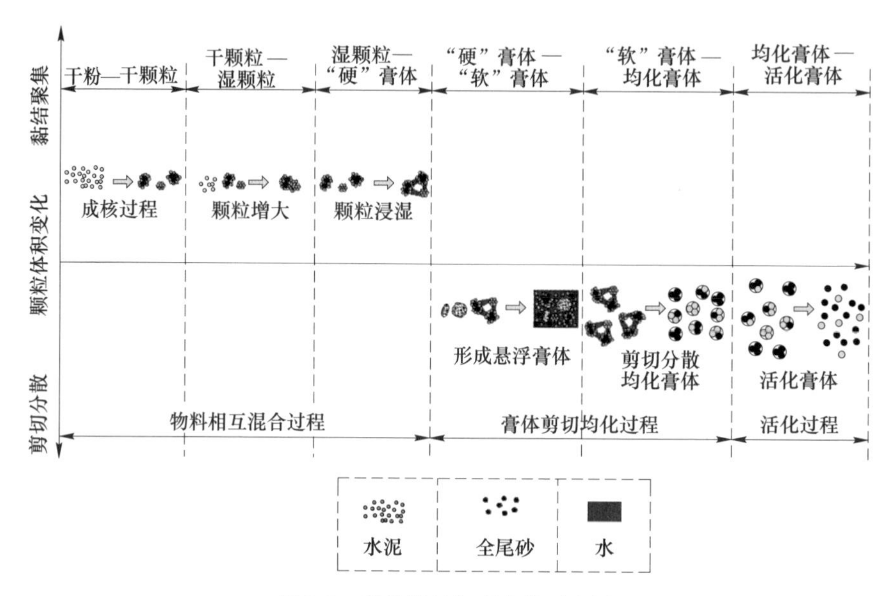

图 5-2　膏体搅拌细观变化示意图

作用相互吸引。在进一步强搅拌下，成团颗粒之间液桥被打破，拌合物成为悬浮料浆。悬浮浆体在强剪切下，悬浮体系中的颗粒聚集体被充分打散，最终形成活化膏体，完成物料从干水泥到膏体的转变。合理的膏体搅拌使物料产生更多轨迹交叉，促进物料的轴向、径向循环运动，实现物料在宏观及细观上快速均质化。另一方面，搅拌过程的强烈剪切作用增加了物料与叶片的剪切及撞击，能够激发物料的相互碰撞，促进物料的扩散运动，使膏体料浆快速达到细观上的均质，实现膏体料浆活化。

5.2　膏体剪切均化过程对流变特征影响

膏体的搅拌剪切是一个非常复杂的过程。在搅拌机的强烈剪切作用下，水泥颗粒分散-浸湿，其流动及输送性能改善[4]。随着物料及剪切速率的变化，膏体可能出现类似剪切稀化现象，也有可能发生增稠现象，而均化目的在于使物料充分分散。均化过程中物料实现了从散体到流体的相变过程，其流变特征发生了较大改变。全尾砂膏体作为一种典型的复杂悬浮体系，同时也是一种具有触变性的标准分散体系，其流变特性受到搅拌剪切作用的影响[5]。因此，研究剪切作用下膏体流变性能影响，对揭示膏体均化机制及开展搅拌研究具有重要意义，为此本节重点阐述了膏体均化过程流变特征及其作用机制。

5.2.1　膏体均化过程的流变演化

一方面，膏体在搅拌均化过程中，干燥的颗粒表面逐渐被水浸湿并被水膜包裹，相当于在颗粒表面形成了一层润滑膜，降低了颗粒之间滑移时的摩擦阻力，可大大降低膏体屈服应力。搅拌剪切作用也逐渐分散了被黏结力结合在一起的水泥团，团块的分散也有助于改善膏体流动性。

另一方面，膏体是一种具有复杂三维网状结构的流体，在低流速或者静止时，由于网状结构互相缠结，塑性黏度较大，因此呈黏稠状。然而在剪切作用下，这些散乱分布的链状颗粒群逐渐分散，并进一步提高物料的均质性，三维网状结构被破坏，而膏体物料的流变参数也随之减小。当这种网状结构是由水化膜及黏结力等形成时，剪切破坏后是不可恢复的。但当这种由颗粒之间水膜、势能作用形成的三维网状结构，在经受剪切作用破坏之后，一般经过一定时间的静置是可以恢复的，因此也被认为是膏体产生触变性的机制之一。

膏体伴随着以上两种变化过程逐步均化，这两种变化都可以促使膏体流动性改善，降低膏体屈服应力及黏度，致使膏体在剪切作用下表现出类似剪切稀化现象。剪切过程中流变参数的降低不管是上述哪种现象导致的，其结果都有利于改善膏体的流动性。

5.2.1.1 搅拌剪切作用下膏体流变参数演化

膏体搅拌均化实质是一个物料在不断剪切下分散的过程，剪切作用下膏体细观结构将做出响应并导致其流变特征发生变化。简单的说，在搅拌剪切作用下膏体颗粒之间发生位置、距离等变化从而导致流变特征的改变，搅拌剪切破坏了包括水化膜、水膜及势能等形成的三维网状结构、絮团等。导致流变特征变化既有可恢复的触变性，也有不可恢复的颗粒空间位置迁移等结构破坏。

剪切作用下膏体细观结构响应对膏体流变影响，可通过使用流变仪控制剪切速率（CSR）模式，模拟膏体的搅拌剪切作用，并获取应力应变曲线，分析剪切作用下膏体的流变特征演化。流变测试分为三个阶段：剪切速率线性增大（t_1阶段）；剪切速率保持不变，直到屈服应力趋于定值（t_2阶段）；剪切速率线性减小至零（t_3阶段）。如果在剪切作用下测试样品的流变参数发生变化，产生的两个应力曲线不重合，出现滞回环，如图 5-3 所示。在搅拌研究中常用这种方法来获取物料剪切流变特征，结合功率分析最佳搅拌时间等。

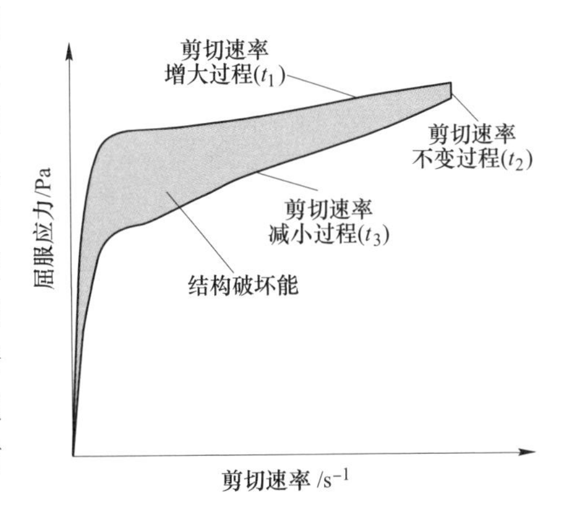

图 5-3 膏体剪切作用下形成的滞回环

在这种方法中可通过积分求滞回

环面积，量化流变参数的变化。首先积分求得图 5-3 中阴影部分（滞回环）面积，然后应用物理量纲推导可知，这种滞回环的物理意义是，在单位时间内剪切破坏单位体积物料网状结构所需能量，如式（5-2）所示：

$$A = \tau\dot{\gamma} = \frac{F}{l^2 t} = \frac{Fl}{l^3 t} = \frac{E}{l^3 t} = \frac{E}{Vt} \tag{5-2}$$

式中，A 为单位时间内破坏单位体积物料网状结构所需能量，J/($m^3 \cdot s$)；τ 为屈服应力，Pa；$\dot{\gamma}$ 为剪切速率，s^{-1}；F 为作用力，N；l 为距离，m；t 为时间，s；V 为体积，m^3；E 为能量，J。

需要指出的是，虽然某些触变性材料的触变性也可以通过该方法进行测试[6]，例如油漆，但其触变性并不等同于剪切作用下所引起的流变特性演变。物料均质化后出现的类似剪切稀化仅表示流体在剪切作用下出现屈服应力及黏度降低，而并不一定出现触变性定义中的“在静置过程中，屈服应力及黏度逐渐恢复”的可逆物理现象[7]。

5.2.1.2　膏体搅拌过程流变演化特征

为研究膏体搅拌剪切作用下流变演化规律，通过膏体在不同条件下的流变测试，包括影响因素及静止恢复测试，测试全尾砂粒级、膏体浓度、水泥添加量和静置时间等因素对膏体流变特性的影响规律，分析膏体搅拌过程流变特征演化的影响因素及其可恢复性，确定膏体临界粒级及临界浓度。

由于粒级对料浆的流变特性影响较大[5]，对某铜矿全尾砂进行湿筛分级，筛分为大于 140 目（105μm）、140～325 目（105～45μm）、325～500 目（45～25μm）和小于 500 目（25μm）四种粒级范围。应用 R/S 型四叶桨式旋转流变仪测试膏体料浆流变特性。根据全尾砂膏体及混凝土的剪切稀化测试方法及结果，设定流变测试时间为 960s，其中 0～180s 剪切速率线性增大（t_1 阶段），180～780s 恒定剪切速率为 $360s^{-1}$（持续 10min 的剪切作用，认为足以破坏絮网结构，t_2 阶段），780～960s 剪切速率线性减小至 0（t_3 阶段）。

在不同的水泥添加量、粒级组成及浓度下，测试膏体料浆的流变特性，并通过积分求单位时间内破坏单位体积物料网状结构所需能量 A，单位为 Pa/s，结果如图 5-4 所示。

图 5-4 各图中上半部分曲线为剪切速率增大阶段（t_1 阶段），直线部分为恒定剪切速率阶段（t_2 阶段），下部曲线为剪切速率减小阶段（t_3 阶段）。

测试结果显示，当灰砂比作为单因素变量时，水泥添加量越大，料浆在剪切作用下产生的流变变化越显著，如图 5-4（a）所示，可以认为水泥添加量对搅拌过程流变演化具有显著影响。因此，在研究不同灰砂比膏体流变特性时，必须充分考虑搅拌剪切对流变参数的影响。

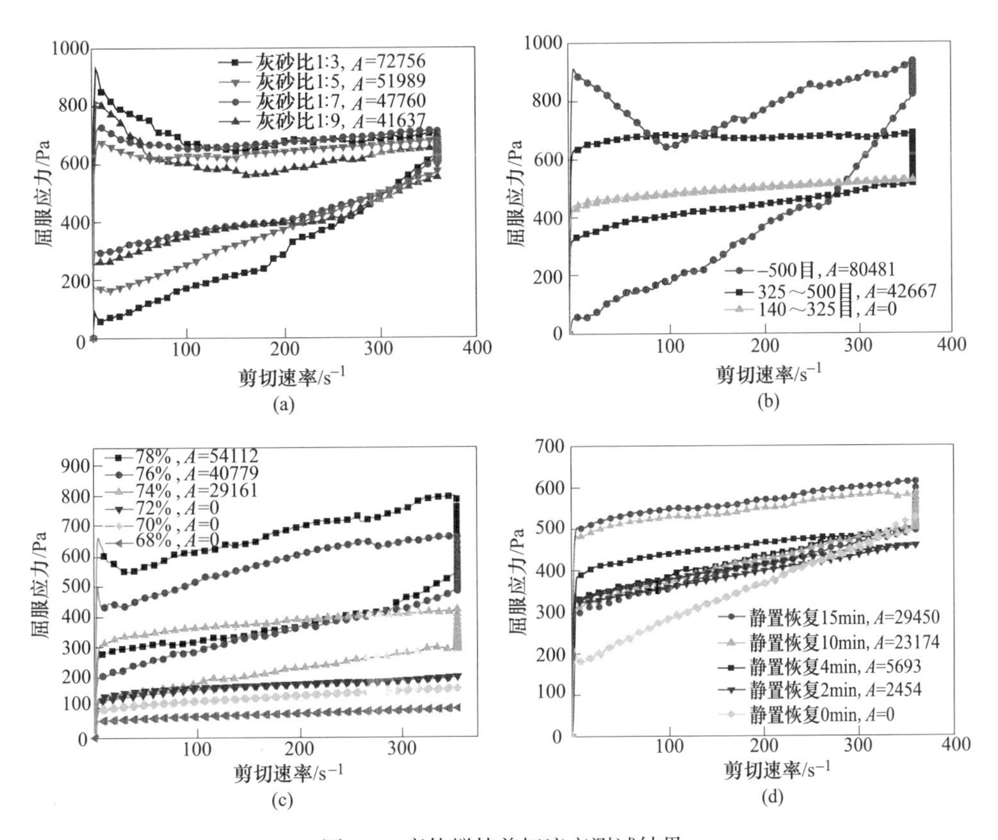

图 5-4 膏体搅拌剪切流变测试结果

（a）灰砂比（质量比）测试，浓度 76%；（b）尾砂粒级测试，浓度 70%；
（c）浓度测试，无水泥；（d）恢复时间测试，浓度 76%，无水泥

不同粒级分布下尾砂浆体的流变测试结果如图 5-4（b）所示。其中，粒级+140 目（+105μm）尾砂制备的浆体极易发生离析，无法保证料浆的稳定性，所以实验只对另三种尾砂进行测试。结果显示，当料浆中不含-325 目（-45μm）粒级尾砂时，体系并不具备类似剪切稀化特性；而对于-325 目（-45μm）尾砂制备的浆体，其流变特性对剪切作用具有高灵敏性。因此，可以认为膏体搅拌过程中出现的类似剪切稀化特征存在临界粒级，当膏体体系中尾砂粒级均大于该临界值时，膏体体系不具有这种特性。

在不同浓度下，如图 5-4（c）所示，料浆的应力峰值不同，随浓度增大而增大；且料浆的浓度存在临界值，超过该浓度，颗粒之间距离减小，颗粒可以相互吸附、搭接形成网状结构，在剪切作用下表现出流变特征的改变，实验中上行与下行应力应变曲线不重合。该实验材料的临界浓度介于 72%~74%。

在 10min 的强搅拌作用后，进行不同时间的静置，最后在控制剪切速率模式

下对其流变特性进行测试，获得静置时间对流变特性的影响，如图 5-4（d）所示。结果表明，料浆在强搅拌作用下，其细观结构遭到破坏，所测得的滞回环面积为零。但是，在料浆进行 2min 静置处理后，所测滞回环面积不再为零，表明料浆在静置后其细观絮网结构开始恢复；料浆在静置 15min 后，滞回环面积仅恢复到原面积的 3/4 左右（相比图 5-4（c）中浓度为 76%时的滞回环面积）。实验结果表明，全尾砂膏体料浆搅拌过程出现的类似剪切稀化现象具有一定的可恢复性，其中剪切破坏必须有外界的干预，而静置恢复可由料浆体系自发进行，且过程较为缓慢，甚至无法完全恢复。膏体料浆具有网状结构体系，其应力峰值部分归因于粒间键的吸引力，对扰动非常敏感，在恒定剪切速率 t_2 阶段，屈服应力逐渐减小（约 1min）并最终趋于某一定值。

5.2.1.3 考虑剪切作用的膏体流变本构模型

为了研究剪切均化过程的膏体流变特性，建立考虑剪切作用的膏体流变本构模型。在建立一个实用的流变本构模型时，除考虑其正确性之外，还应尽量满足：模型应尽可能简单；本构关系中的参数量应尽可能少，并且这些参数应该易于测量。考虑剪切作用的膏体流变本构模型，包括在搅拌剪切作用下膏体剪切应力与黏度的变化关系。

在对剪切应力与细观结构关系的研究中，Cheng 和 Evans[9] 提出了流体的剪切应力方程：

$$\tau = \eta(\lambda, \dot{\gamma})\dot{\gamma} \tag{5-3}$$

$$\frac{d\lambda}{dt} = f(\lambda, \dot{\gamma}) \tag{5-4}$$

式中，τ 为剪切应力，Pa；η 为黏度，Pa · s；$\dot{\gamma}$ 为搅拌过程的剪切速率，s^{-1}；λ 为膏体的结构系数，与颗粒的相互吸附作用及搅拌剪切历史相关，具体物理含义详见式（2-85）。

基于 Evans 的剪切应力方程，Coussot[10] 建立了相关的黏度方程：

$$\eta = \eta_0(1 + \lambda^n) \tag{5-5}$$

$$\frac{d\lambda}{dt} = \frac{1}{\theta} - \alpha\dot{\gamma}\lambda \tag{5-6}$$

式中，η_0、n、θ、α 都是与膏体本身材料相关的系数。其中 θ 是指材料在剪切作用下破坏的细观结构恢复特征时间。

对膨胀性土浆体、混凝土等悬浮体的核磁共振（MRI）实验结果与宏观流变测试结果进行比较[11]，结果表明该模型与实验结果高度吻合。同时，为了验证结构系数与流变之间存在的密切关系，在 5.3 节中进行了专门的研究。需要特别指出的是，符合以上模型的膏体等悬浮体需具备以下特征：对于某一状态下的膏体，其在自然状态下的细观结构恢复及剪切作用下的细观结构破坏所需的特征时间均是一个固定值；其特征时间越短，说明该材料对搅拌剪切作用的影响越敏感，即搅拌对这种材料的流变参数的影响越大[12]。

为了更为简单有效地分析悬浮体剪切作用下流变特征，综合前人的研究成果，Nicolas Roussel 提出了搅拌剪切作用下流变本构模型[13]：

$$\tau = (1 + \lambda)\tau_y + k\dot{\gamma}^n \tag{5-7}$$

$$\frac{\partial \lambda}{\partial t} = \frac{1}{T\lambda^m} - \alpha\dot{\gamma}\lambda \tag{5-8}$$

式中，T、m、α 均为与膏体剪切流变特征相关系数；τ_y 为屈服应力，Pa；k 为稠度系数，$Pa \cdot s^n$；其他参数的物理意义同上所述。

从上述实验可以看出，膏体物料细、含固量高导致颗粒之间相互吸附能力强，因此所需的搅拌剪切时间长，该模型中 α 值一般比混凝土小，其网状结构更难以破坏。在该本构模型中，其涉及的系数与剪切历史密切相关，在强烈的剪切作用下可以认为膏体的细观结构全部被破坏，此时 λ 等于 0。同理，假设在搅拌剪切初始时，λ 等于 1。

大量的研究结果表明，均质性良好的膏体流变参数符合宾汉特征，可以认为 $n=1$，并认为 $k=\eta_B$ 中 η_B 为塑性黏度。同时假设，膏体在静止状态时其细观结构的恢复随时间线性增加，即 $m=0$。因此，该本构模型可转换为：

$$\tau = (1 + \lambda)\tau_y + \eta_B\dot{\gamma} \tag{5-9}$$

$$\frac{\partial \lambda}{\partial t} = \frac{1}{T} - \alpha\dot{\gamma}\lambda \tag{5-10}$$

在悬浮体剪切流变学的研究过程中，基于本节上述实验结果，并结合刘晓辉等人的研究发现，膏体的细观结构恢复时间远大于其剪切破坏时间[14,15]，且在搅拌剪切下这种细观结构的破坏有时不可逆，即不可恢复。因此，可以认为在式（5-10）中，$\frac{1}{T}$ 趋于 0，式（5-10）可以变换为：

$$\tau = (1 + \lambda)\tau_y + \eta_B\dot{\gamma} \tag{5-11}$$

$$\frac{\partial \lambda}{\partial t} = -\alpha\dot{\gamma}\lambda \tag{5-12}$$

进一步对公式求解：

$$\lambda = \lambda_0 e^{-\alpha\dot{\gamma}t} \tag{5-13}$$

将上式代入式（5-11）中，得到：

$$\tau = (1 + \lambda_0 e^{-\alpha\dot{\gamma}t})\tau_y + \eta_B\dot{\gamma} \tag{5-14}$$

从该模型中可知，膏体在恒定剪切速率作用下，其剪切应力随剪切时间呈指数递减，且认为强烈搅拌作用下这种改变不可逆，忽略其恢复系数，正如图 5-5 所示。

因此，基于以上的推导，当 $\lambda = 0$ 时，该本构模型即为宾汉模型。也就意味着，在强剪切作用下膏体细观结构被完全破坏，此时制备的新鲜膏体，其剪切应力随剪切速率成线性增长，流变方程符合宾汉模型。相比于搅拌前，膏体的剪切应力显著减小，制备的膏体均质稳定具有良好的流动性。

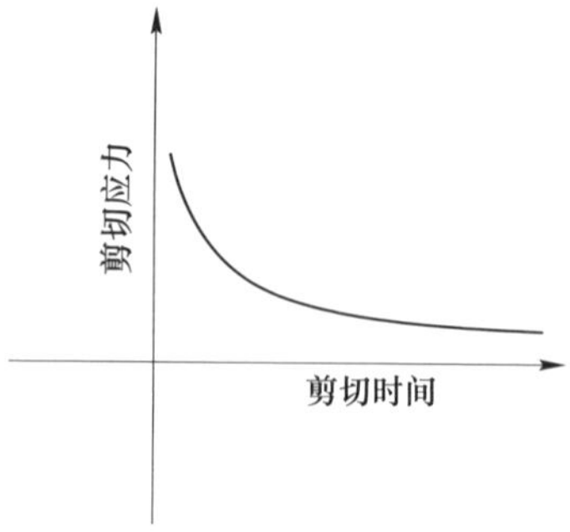

图 5-5　恒定剪切速率下膏体剪切应力与剪切时间关系曲线

5.2.2　搅拌剪切对膏体触变性影响机制

膏体的触变性是指其细观结构受到扰动后，屈服应力及黏度降低，但随着静置时间增加，颗粒、离子、水分子之间又组成新的平衡体系，膏体的屈服应力及黏度逐渐恢复的性质。影响膏体触变性因素的较多，主要包括灰砂比、尾砂粒级组成及浓度等[16]。其中，尾砂粒级分布是影响料浆触变性的主要因素，当料浆中颗粒较大时，使颗粒聚集的异性电荷吸附、氢键作用、范德华力等各种力的作用，相比于重力及阻力都属于微力，大颗粒之间难以絮凝形成网状结构，从而不表现出触变特征。

因此，可以认为颗粒之间的相互作用力是膏体具有触变性的关键因素[17]。基于这种假设，触变性流体研究发展了颗粒流相互作用理论（Particle Flow Interaction theory，PFI-theory），该理论由 Tattersall 等人[18,19]提出，最早用于解释混凝土的触变现象，经过 Banfill 等人[20]的发展，目前广泛应用于悬浮体等具有触变性的非牛顿流体。PFI 理论阐述的是颗粒之间相互聚集、分散及再次聚集的过程，通过对不同粒级的颗粒分类，并利用数学关系建立了该过程颗粒之间相互作用力模型，分析了触变性减阻机制。

5.2.2.1　势能作用下的颗粒聚集

膏体搅拌过程出现流变演化是颗粒在搅拌剪切作用下的响应过程。而影响颗粒响应的作用力大小是颗粒与颗粒之间的势能，颗粒的势能是范德华力、静电力和空间障碍的综合作用。为了改善膏体的工作性能，就需要尽可能地将颗粒分散均质化，这就给膏体的搅拌带来了挑战。如图 5-6 所示，颗粒之间的相互作用力（势能）与颗粒之间距离的相互关系。当外界作用力（剪切作用力）大于颗粒间相互作用力（总势能 V_t）时，颗粒相互分离[21]。

颗粒的相互作用力（势能）关系到颗粒的各种流变行为，因此，研究颗粒在相互作用力下的聚集至关重要。为此，提出了两种颗粒相互作用力的基本假

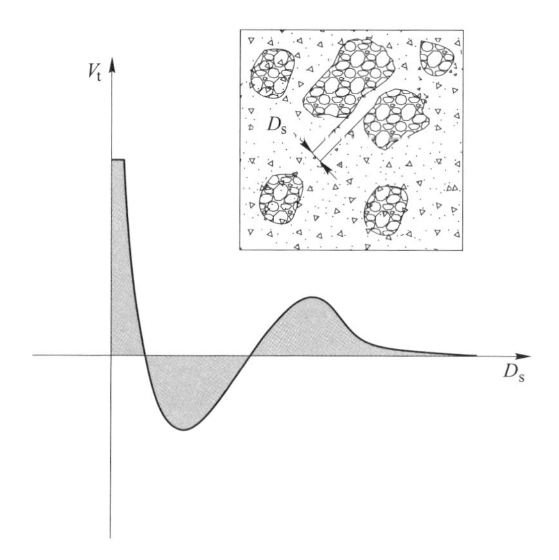

图 5-6 颗粒之间总势能与颗粒距离的关系

设。第一种是可逆聚集，指在一定的剪切作用下可实现分离（即分散）的连接形式，在剪切作用停止后，颗粒间相互作用力依然存在，静止的颗粒在这种力的作用下可以重新聚集；第二种是永久聚集，是指在一定剪切速率下无法分散的连接形式。在悬浮流体中，某个颗粒可以同时存在永久和可逆聚集，为区分两种不同的聚集作用，假设某个颗粒与周围颗粒存在 J 个可逆连接点，同理假设存在 J^p 个永久连接点，定义该物理量的单位为 m^{-3}，其中 p 代表永久聚集（permanent）。两种聚集示意图如图 5-7 所示。

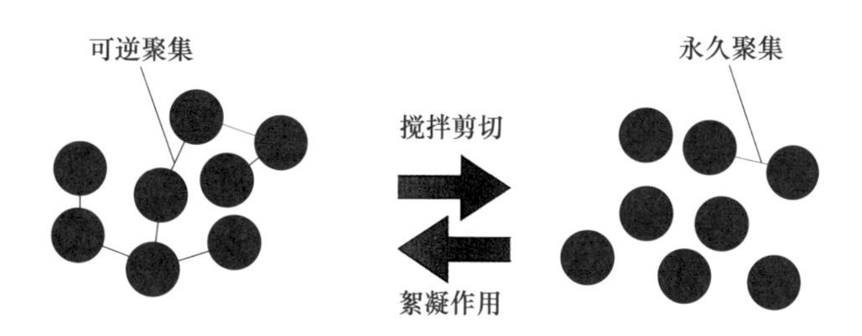

图 5-7 势能作用下颗粒的两种聚集方式

5.2.2.2 颗粒的聚集模型

在研究颗粒的相互作用力时，颗粒本身的重力至关重要。从颗粒的粒级曲线可知，膏体体系中颗粒粒级范围分布广，从微米级到毫米级。然而当颗粒粒径超过一定范围时，颗粒之间的相互作用力在重力面前均属于微力，甚至可以忽略不计。基于上述因素的考虑，结合膏体等悬浮体触变性研究成果，将小于临界粒径的颗粒称为3类颗粒，而将大于临界粒径的颗粒称为4类颗粒。可以认为体系中3类颗粒的存在是膏体发生触变的必要条件。

当分析4类颗粒所受作用力时，由于它们的动能（或惯性）足够大，而此时颗粒之间的势能属于微力。这种情况下，颗粒不（或只是轻微地）受总势能影响，颗粒不再通过范德华力、氢键等作用力相互聚集，而通过纯粹的硬球碰撞模型相互作用。因此，颗粒之间的总势能可视为0，这意味着 $J_4 = J_4^p = 0m^{-3}$，其中下标4代表颗粒类型为4类（在悬浮体触变性研究中已将1(J_1) 和2(J_2) 定义为与水分子相关的吸附作用力，将颗粒按粒级不同分别定义为3和4只是一种命名习惯）。因此在膏体体系中颗粒之间的作用模型如式（5-15）[22]所示：

$$J_{tot} = J_3 + J_3^p + J_4 + J_4^p = J_3 + J_3^p \tag{5-15}$$

式中，J_{tot} 为体系中受势能作用的连接点数，m^{-3}；J_3 为3类颗粒的可逆连接点，m^{-3}；J_3^p 为3类颗粒的永久连接点，m^{-3}；J_4 为4类颗粒的可逆连接点，m^{-3}；J_4^p 为4类颗粒的永久连接点，m^{-3}。

为了研究体系中颗粒在絮凝作用下的状态，可以定义体系内3类颗粒中自由颗粒数为 n_3，即当多个颗粒为永久聚集时计为1个，其余颗粒单独计数。同时定义受到永久聚集的颗粒数量为 n_3^p。颗粒之间除了有势能的相互作用，还有水化膜的连接作用，这将在后续内容中细述。为简化模型，当两个颗粒之间既存在势能作用又存在水化膜连接作用时，则依据何种作用力占主导来归类，在本小节中涉及的聚集点均是指受颗粒势能作用而产生的聚集。例如，某一颗粒与周围5个颗粒在势能作用下相互连接，与其中有1个以上（含1）颗粒连接类型为永久连接，则称该颗粒统计为永久聚集颗粒。同时大量的实验表明[23]，对于某一特定的悬浮体，其体系内 n_3 与 n_3^p 保持动态平衡，即两者均视为常数，例如图5-7中左右两边 $n_3=7$。同理定义 n_4 及 n_4^p，且 $n_4 = n_4^p = 0$。

5.2.2.3　剪切作用下的触变机制

图5-8为膏体触变性机制示意图，当膏体未受到外界剪切作用时，在各种相互叠加的作用力场下，颗粒相互靠近至一定距离，颗粒之间引力与斥力达到一种动态平衡。此时，颗粒势能最小，浆体最稳定并具有最大的屈服应力，膏体的屈服应力峰值归因于颗粒间键的吸引力及网状结构的物理强度，如图5-8（a）所示[24]。

而在搅拌剪切作用下，膏体料浆的物理性质发生变化，导致颗粒间作用力发生改变。外部施加的能量作用于料浆颗粒，此时料浆中颗粒分散，细观颗粒的响应导致宏观流变变化。由于颗粒间距增大，颗粒间相互吸引力减小，促使颗粒运动的能力增强，即总势能随颗粒间距的增大而增加。当外界能量足够大，达到颗粒间相互脱离吸附作用时（图 5-8（b）中所示 ΔE），反映在图 5-8（c）中颗粒 3 离开颗粒 1 的吸附作用。这部分外部施加的扰动能转化为颗粒间的势能 ΔE，也就是说外部施加的力克服颗粒间相互引力做功使结构趋于分散。颗粒之间相互分离时，颗粒势能高，料浆不稳定。一旦停止扰动，在吸引力作用下，颗粒将调整成新的能量较低的状态，使结构从扰动后的分散结构逐步向絮凝网状结构发展。或者说，在相互分离及靠近的过程中，颗粒消耗一部分能量，使得颗粒间相互吸力变化而达到一种新的粒间平衡，此时颗粒间相互分离能变为 $\Delta E'$，如图 5-8（d）所示。

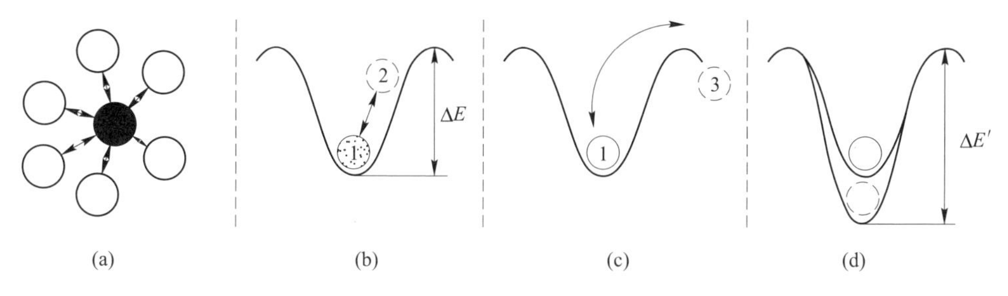

图 5-8 膏体触变性机制示意图

根据触变性的定义，触变性是一种可逆的流变现象。因此，为了研究悬浮体中颗粒的自絮凝过程，Verwey 等人[25]引入絮凝速率，建立了一个剪切速率为 0 时的絮凝方程，如式（5-16）所示：

$$-\frac{\mathrm{d}n_{3[t]}}{\mathrm{d}t}=\frac{H_3 n_{3[t]}^2}{n_3} \tag{5-16}$$

式中，t 为时间，s；$n_{3[t]}$ 为 t 时刻体系内 3 类粒子数，当多个 3 类粒子絮凝在一起时计为一个；n_3 为体系内 3 类颗粒中自由颗粒数，在同一剪切速率作用时为常数；H_3 为体系中 3 类颗粒的絮凝速率，s^{-1}，与颗粒的布朗运动相关。

对膏体中单个颗粒运动状态分析可知，相比于静置状态，当膏体受到搅拌剪切作用时增大了颗粒之间发生碰撞的概率，也就增加了颗粒之间发生絮凝的概率。因此可以认为膏体受到剪切作用时，体系中存在以下关系：

当 $\dot{\gamma}>0$ 时，
$$\frac{\mathrm{d}H_3}{\mathrm{d}\dot{\gamma}}\geqslant 0 \tag{5-17}$$

然而在实际情况下，颗粒的相互作用与剪切速率直接相关。当搅拌剪切速率增大时，颗粒之间相互碰撞的动能也增大，颗粒之间发生碰撞的概率也增加。因此，在实际剪切作用下，总会存在某个剪切速率（定义为 $\dot{\gamma}_{ct}$）可以使得颗粒克服絮凝作用而发生分离。因此当剪切速率增大时，膏体体系的絮凝速率可以满足式（5-18）：

当 $\dot{\gamma} > \dot{\gamma}_{ct}$ 时，
$$\frac{dH_3}{d\dot{\gamma}} \leqslant 0 \tag{5-18}$$

大量的研究结果表明，颗粒的絮凝速率除与膏体本身特性相关之外，还与体系受到的剪切速率、时间等参数相关，这增加了研究剪切作用下膏体流变特性的复杂性。为了进一步研究膏体中颗粒絮凝状态，结合混凝土的研究结果[26]，可以建立 H_3颗粒的絮凝速率的数学关系式，见式（5-19）：

$$H_3 = \frac{K}{\dot{\gamma}^2 + l} \tag{5-19}$$

式中，$\dot{\gamma}$为剪切速率，s^{-1}；l 为经验常数，s^{-2}；K 为与剪切相关的常数，s^{-3}，可以通过相关关系式计算获得：

$$K(t) = \begin{cases} K_1,当\dfrac{d\gamma(t)}{dt} > 0 \\ K_2,当\dfrac{d\gamma(t)}{dt} \leqslant 0 \end{cases} \tag{5-20}$$

式中，K_1、K_2 为经验常数，依据混凝土的研究结果认为，K_1 、K_2 的大小与水泥含量、剪切时间及颗粒本身特性相关，一般认为在混凝土中，$K_1 = 0.005s^{-3}$ 、$K_2 = 0.1s^{-3}$ ，膏体是一种含有较多细颗粒的悬浮体，其值一般比混凝土略大。

为了验证其模型在膏体中的适用性，通过 FBRM 技术（聚焦光束反射测量技术，focused beam reflectance）对膏体在静置状态下细观结构进行了观测。FBRM 技术可以在原位条件下，实时原位在线追踪颗粒和液滴的变化情况，目前，FBRM 逐步发展成为一种原位浸入式探测技术，它能在原位条件下迅速灵敏地在线追踪颗粒及颗粒结构的变化程度和变化比率。它的工作原理不同于激光粒度分析仪，激光粒度分析仪获取的是单个颗粒粒级分布特征，而 FBRM 在不破坏样品原位结构基础上，获得颗粒所形成的絮团等结构尺度大小特征。实验过程中采用 4 种不同的剪切速率制备膏体，其搅拌时间足够长，可认为在该剪切速率下达到了分散极限，然后搅拌停止后开始采用 FBRM 测试其细观结构特征。其实验结果如图 5-9 所示。

从实验结果可知，在静止状态下膏体颗粒之间相互吸附，造成其平均粒径的增大，并最终趋于平稳。另一方面，从图上也可以看出，在不同的搅拌剪切速率下制备的膏体细观结构不同，剪切速率越高，平均粒径越细。因此，膏体的搅拌剪切特征符合了上面本构方程中的各项假设，可以将该方程应用于膏体的流变特征分析。

根据以上对各物理量定义可知，$n_{3[t]}$ 、n_3、J_3存在某种数学关系，可以建立式（5-21）：

$$n_{3[t]} = n_3 - J_3 \tag{5-21}$$

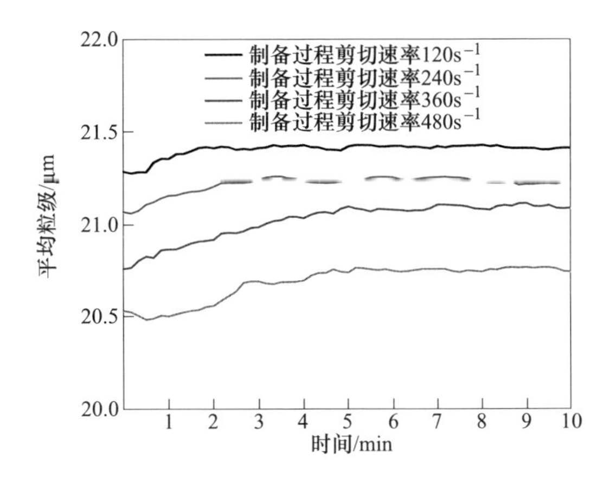

图 5-9 静止状态下膏体细观结构尺度变化

将式（5-21）代入式（5-16），得到式（5-22）、式（5-23）：

$$-\frac{\mathrm{d}n_{3[t]}}{\mathrm{d}t}=-\frac{\mathrm{d}(n_3-J_3)}{\mathrm{d}t}=\frac{\mathrm{d}J_3}{\mathrm{d}t} \tag{5-22}$$

$$\frac{H_3 n_{3[t]}^2}{n_3}=H_3\frac{(n_3-J_3)^2}{n_3}=H_3\frac{n_3^2(1-U_3)^2}{n_3} \tag{5-23}$$

通过定义 3 类颗粒聚集系数 U_3：

$$U_3=\frac{J_3}{n_3},\quad U_3^{\mathrm{p}}=\frac{J_3^{\mathrm{p}}}{n_3^{\mathrm{p}}} \tag{5-24}$$

式中，U_3为膏体中可逆聚集系数；U_3^{p} 为永久聚集系数。并将 U_3代入式（5-22）、式（5-23），得到式（5-25）、式（5-26）：

$$\frac{\mathrm{d}J_3}{\mathrm{d}t}=n_3\frac{\mathrm{d}U_3}{\mathrm{d}t} \tag{5-25}$$

$$H_3\frac{(n_3-J_3)^2}{n_3}=H_3\frac{n_3^2(1-U_3)^2}{n_3} \tag{5-26}$$

联合式（5-16）、式（5-25）、式（5-26），得到未受剪切作用下悬浮体中颗粒絮凝状态微分方程，见式（5-27）：

$$\frac{\mathrm{d}U_3}{\mathrm{d}t}=H_3(1-U_3)^2 \tag{5-27}$$

从以上的假设可知，式（5-27）是一种在无剪切作用下的颗粒絮凝状态微分方程，基于此方程 Wallevik 等人引入了剪切作用下 3 类颗粒分散系数 I_3[27]：

$$I_3=\kappa\dot{\gamma}^{\alpha} \tag{5-28}$$

式中，I_3为剪切作用下 3 类颗粒分散系数，s^{-1}；κ 为分散常量，与搅拌剪切速率相关；α 为絮凝颗粒分散指数，与颗粒本身特性相关，与剪切速率无关；其他系数同上。

对式（5-27）进行完善，即将剪切作用下分散系数 I_3 补充到式（5-27），得到剪切速率作用下颗粒絮凝状态微分方程（5-29）：

$$\frac{dU_3}{dt} = H_3(1 - U_3)^2 - I_3\dot{\gamma}^{\alpha}U_3^2 \tag{5-29}$$

同时，为表示在剪切作用下假塑性流体的屈服应力与塑性黏度的关系，对假塑性流体的宾汉模型进行变形。为简化分析过程，该变形公式仅考虑由于剪切作用下絮凝作用导致的流变参数变化关系：

$$\tau = (\tau_y + \tilde{\tau}_y) + \left[\left(\eta + \frac{\tau_y}{\dot{\gamma}}\right) + \left(\tilde{\eta} + \frac{\tilde{\tau}_y}{\dot{\gamma}}\right)\right]\dot{\gamma} \tag{5-30}$$

式中，τ 为屈服应力，Pa；τ_y 为静态屈服应力，Pa；$\tilde{\tau}_y$ 为触变屈服应力，Pa；η 为塑性黏度，Pa · s；$\tilde{\eta}$ 为触变黏度，Pa · s；其他系数同上。

根据 PFI-theory，可推导的触变性流体黏度与应力变化表达式，并将相应参数替代，同时引入 $\xi_1 = (a_1 B_3 n_3^{\frac{2}{3}})$、$\xi_2 = (a_2 B_3 n_3^{\frac{2}{3}})$ 两个常量，得到式（5-31）、式（5-32）[28]：

$$\tilde{\eta} = a_1 B_3 J_3^{\frac{2}{3}} = (a_1 B_3 n_3^{\frac{2}{3}}) U_3^{\frac{2}{3}} = \xi_1 U_3^{\frac{2}{3}} \tag{5-31}$$

$$\tilde{\tau}_y = a_2 B_3 J_3^{\frac{2}{3}} = (a_2 B_3 n_3^{\frac{2}{3}}) U_3^{\frac{2}{3}} = \xi_2 U_3^{\frac{2}{3}} \tag{5-32}$$

式中，a_1、a_2为经验常数；B_3为体系中颗粒摩擦系数，为常数。

从式（5-29）可知，在剪切作用下 $\frac{dU_3}{dt}$ 逐渐减小，当剪切速率足够大时为负值，即膏体体系在剪切作用下发生触变破坏，U_3减小。结合式（5-31）、式（5-32）可知，随着 U_3减小，$\tilde{\eta}$、$\tilde{\tau}_y$ 也在剪切作用下开始减小。通过式（5-30）可知，$\tilde{\eta}$、$\tilde{\tau}_y$ 减小，剪切作用下膏体体系发生触变破坏，体系屈服应力及黏度均降低，进而降低膏体输送过程的阻力值，在膏体输送中可实现触变减阻。

5.3 膏体的活化搅拌机理

以细颗粒、粗骨料与水泥等固体材料组成的混合物料，这种固体物料与水混合后，在振动、强力搅拌等机械作用下，当作用于颗粒的机械冲击力超过颗粒之间的内聚力时，混合料的固体颗粒便失去组成统一介质的水膜，其固体分散体系，即液化成溶胶体，具有近似牛顿流体的状态[29]。此时，混合料的微粒处于活跃的似布朗运动状态，胶结料微粒则由于物理及化学作用而分布在混合料中，有如盐离子在溶液中一样，保证了混合均匀。此外，当水泥微粒互相碰撞时，会从表面掉下一些水化产物和再结晶产物，从而暴露出新表面进一步发生水化反应，这也加速了水泥颗粒的分散。分散体系的这种活化特征，表明矿山尾砂胶结充填料可被制备成含水量少、流动性高、活化的充填料浆[30]。然而，大量的研究结果也表明，膏体在高速剪切作用下也有可能发生增稠现象，因此本节也对高速剪切作用下膏体增稠机制做了简要阐述。

5.3.1　活化搅拌作用

在膏体搅拌制备过程中，当加入胶凝材料时，水与胶凝材料发生复杂的化学反应，生成的水化产物以膜的形式覆盖在颗粒表面，降低了胶凝材料与水的接触面积，减弱了颗粒的水化速率，甚至造成部分颗粒无法水化。活化搅拌技术通过高速旋转转子的强力剪切作用，使成团的颗粒被分散、固液分离能力减弱，不仅减小颗粒之间的黏着力，而且使水泥颗粒破裂、水泥的水化作用增强，提高充填体强度。从而改善膏体的力学性能及输送性能，达到活化搅拌的目的。与搅拌的均化过程不同的是，均化实现了物料的充分均质，颗粒表面被水膜覆盖，从而提高了物料流动性；而活化搅拌是在均化的基础之上，利用更高的搅拌速率，打破颗粒之间在水膜及水化产物包裹作用下形成的力链，从而进一步提高膏体流动性。图 5-10 为矿山膏体活化搅拌工艺示意图。

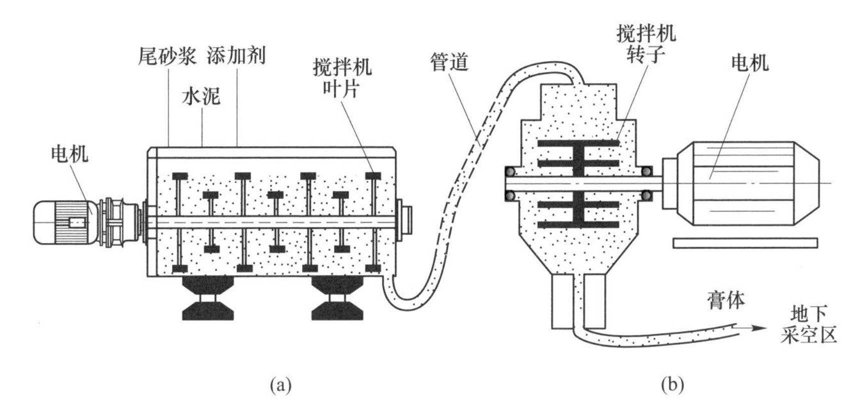

图 5-10　膏体活化搅拌工艺示意图

（a）双轴连续式搅拌机；（b）活化搅拌机

由于活化搅拌机高速转动，对物料产生了强烈剪切作用，同时也使得其构件易磨损。随着各种耐磨材料的出现，活化搅拌在某些矿山充填中得到应用，其技术优势获得人们的关注。根据前人的研究结果[31]，当采用高速活化搅拌时，膏体试块抗压强度均有不同程度的提高。灰砂比为 1∶5、质量分数为 75%~80% 时，其膏体硬化后强度平均增长 8.69%；当灰砂比为 1∶10 时，其强度平均增长 12.91%。与常规搅拌设备对比，采用活化搅拌膏体 28 天龄期强度提高了 10%~24%，流动性增加了 4%~7.5%。

特别是对于超细全尾砂，采用活化搅拌技术制备出的充填料呈现宾汉流体特性。当料浆浓度达到75%，灰砂比为1：4时，充填料均匀、流动性好，其抗压强度变化率小于30%，为均质膏体。充填到采场后不需平场，而且表面光滑平整。充填体强度高、水泥耗量低，单位体积水泥耗量降低20%~30%。

5.3.2 膏体活化假说

针对活化搅拌对早期水化的促进作用，目前普遍接受的是Takahashi等人[32~34]提出的剪切作用假说，其原理如图5-11所示。首先，在搅拌作用下颗粒分散，因此颗粒与水的接触面积增加，水泥颗粒与水接触界面形成图5-11（a）所示的双电层结构。在水化膜的包裹下，水无法与水泥接触，减缓了水泥水化速率，这是普通搅拌技术无法突破的屏障[35]，也是膏体活化区别于膏体均化之处。而在高速活化搅拌作用下，强烈的剪切作用促使双电层出现坍塌，破坏了颗粒表面的水化膜结构，同时大量的离子及早期水化产物溶解到水中，如图5-11（b）所示。水泥水化的加速期是由C-S-H的成核和增长速率所控制，而在强烈的搅拌作用下水化反应的加速期明显加快。因此，这些现象说明搅拌剪切作用下C-S-H形成的速率和/或结构排列/孔隙度等有较大改变，而这些变化会影响离子通过水合物扩散的速率，强烈的活化搅拌作用有利于加速水化进程[36]。

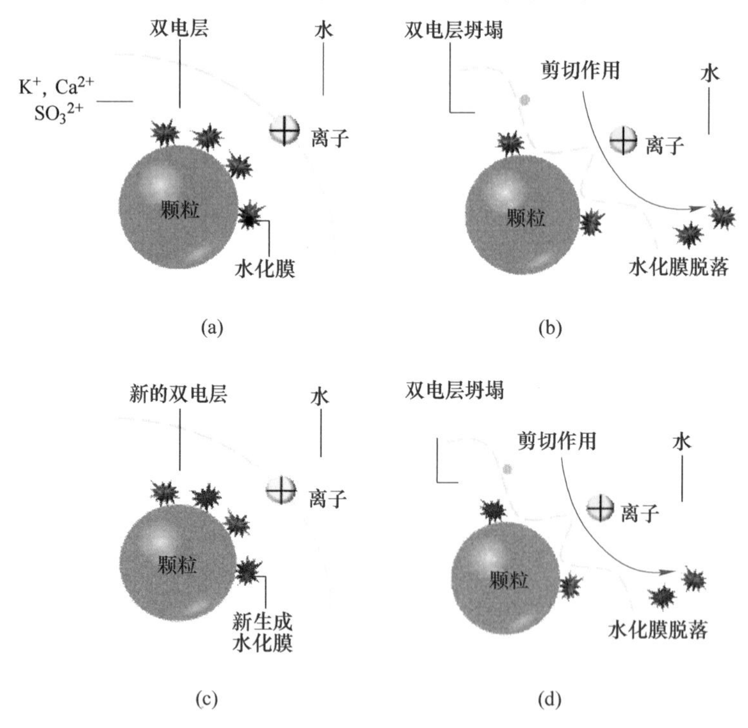

图5-11　活化搅拌对膏体早期水化速率影响示意图

活化搅拌作用下暴露出的新表面再一次与水接触，生成新的水化膜，形成新的双电层结构，如图 5-11（c）所示。新形成的水化膜结构，在活化搅拌的反复剪切作用下，再一次发生双电层结构破坏（见图 5-11（d））。如此反复作用直至形成均质活化膏体，并促进水泥颗粒的水化进程，有助于提升膏体体系的早期水化速率，增强膏体的早期强度。为了区别于剪切作用下颗粒的触变破坏（因颗粒势能作用相互聚集的颗粒在剪切作用下分散，称为触变破坏（thixotropic breakdown）），将颗粒在活化搅拌作用下水化膜的破裂及分散过程称为结构破坏（structural breakdown）[37]。膏体的活化过程中，强力的剪切作用造成了水化膜破裂，颗粒之间的力链被进一步打破，这种破坏是不可逆的过程，活化搅拌与均化有显著差异，对膏体流变参数的影响机制也有所不同。

5.3.3 活化搅拌对膏体流变特性的影响

活化搅拌的技术优势已逐步被认识，然而对于活化搅拌作用机制暂无统一认识，甚至将膏体的活化特性与触变性混为一谈[38]。这里从分析剪切对水化膜的破坏作用入手，建立剪切作用下颗粒分散微分方程，探讨了颗粒剪切活化机制，并阐述了高剪切速率下出现剪切增稠现象的原因。

颗粒之间相互分离、吸附或者悬浮，都是力链的作用结果，如果不同力链作用下造成颗粒细观响应相同，那么导致流变的变化趋势是一致的。两者差异在于引起颗粒之间产生力链的本质，力链是否可恢复。而在 5.1 节中已经对颗粒之间相互连接进行过详述，对此，本章节将不再重述，重点讲述活化与均化对流变参数影响的不同之处。

5.3.3.1 颗粒之间的水化膜

在均化过程中，重点讲述的是颗粒之间液桥、电势等作用形成的相互作用力，活化区别于均化过程，活化的主要作用对象是水化膜，水化膜的包裹作用远高于液桥等。两个颗粒之间除了受到势能的作用之外，还受到水膜的相互吸附作用。一般认为在水泥和水接触的瞬间，水泥颗粒的表面被一层凝胶状的硅酸盐/钙铝酸盐水膜覆盖。因此，当水泥加入尾砂中进行搅拌时，水膜便开始形成。一旦开始搅拌，被水膜包裹的颗粒就有可能分散，实现水泥颗粒的分离。分散的水泥颗粒表面再次形成水膜，体系形成均质性良好的活化膏体。为了区别于颗粒在势能作用下的聚集，本节除特别说明外，所有涉及的颗粒间接触均是指在水化膜作用下产生。

5.3.3.2 颗粒的连接模型

同样，在高速的活化剪切作用下，只有部分颗粒之间的水化连接被破坏、实现颗粒的分散，依旧有个别颗粒之间的连接作用无法破坏。为了研究颗粒的这种相互作用模型，可以分别定义这两类水膜的作用为可断连接 J^{s} 及永久连接 $J^{s,p}$，其中 s 代表水化膜结构破坏（structural breakdown），p 代表永久连接（permanent）。同理，物理量 J^{s}、$J^{s,p}$ 的单位为 m^{-3}。

对于某一剪切速率下活化搅拌过程，悬浮体系中也总会有部分因总势能作用相互聚集而无法实现分散的颗粒，这两种聚集（J^{s} 及 $J^{s,p}$）对于活化搅拌的响应是一致的（无法破坏）。因此，均可视为同一物理量，即可统一为 J^{p}。

需要特别说明的是，在此之前我们定义了两种类型的颗粒。但是在本节中由于水化膜普遍作用于颗粒表面，与颗粒粒级无关，因此在无特别下标时不区分两类颗粒，下标 3 或 4 时区别两类颗粒。同时定义 n^{s} 为膏体体系中自由颗粒数，在同一活化搅拌速率下为常数，同时定义受到永久聚集的颗粒数量为 n_3^{p}，例如图 5-12中 $n^{s}=10$，$n_3^{p}=2$。

5.3.3.3　膏体活化机制

为了建立水化膜在活化剪切作用下破坏的微分方程，借鉴膏体触变机制的推理形式（两者之间差异在于造成颗粒连接的作用力不同），可以建立如式（5-33）所示的颗粒状态微分方程[39]：

$$\frac{dU^{s}}{dt}=H(1-U^{s})^{2}-I\dot{\gamma}U^{s^{2}} \tag{5-33}$$

式中，U^{s} 为悬浮体内颗粒受水化膜作用聚集（或分散）系数，$U^{s}=J^{s}/n^{s}$；n^{s} 为体系中自由颗粒数；H 为体系中颗粒聚集速率，s^{-1}；$\dot{\gamma}$ 为活化搅拌剪切速率，s^{-1}；I 为活化搅拌对颗粒的分散系数。

该章节重点讲述的是水化膜的作用，因此活化搅拌的影响与水泥的含量直接相关，而与骨料并无直接联系。该方程是建立在水泥基材料基础上，其显著性随着水泥含量增加而增加。为了更为直观地区别颗粒分别在势能与水化膜作用下产生的聚集差异，可以通过示意图 5-12 表示，图中颗粒颜色的差异仅为区别两种接触方式。对比图 5-7，触变破坏是一种可逆变化，而活化搅拌是一种不可逆过程，活化搅拌不断暴露颗粒的新表面，将颗粒不断分割变小，促使颗粒进行水化，使膏体均质活化。

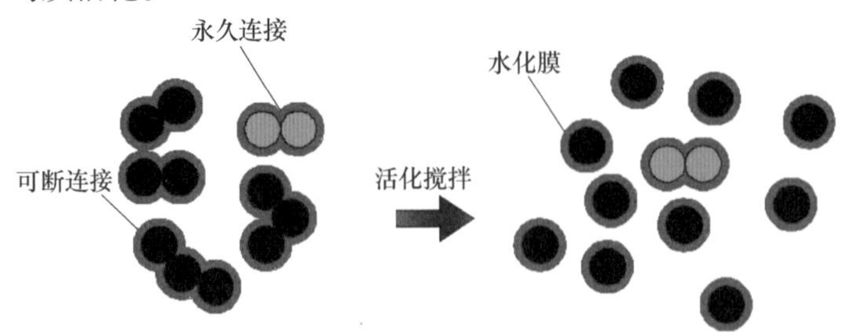

图 5-12　水化膜包裹下颗粒的两种接触方式

膏体的活化是一种不可逆过程，因此可以认为 $H=0$，并将该值代入式（5-33），得到式（5-34）：

$$\frac{\mathrm{d}U^{s}}{\mathrm{d}t}=-I\dot{\gamma}U^{s^{2}} \tag{5-34}$$

为了求解微分方程式（5-34），需要获得 I 的表达式，Wallevik 等人认为 I 满足以下关系：

$$I=\kappa\dot{\gamma}^{b} \tag{5-35}$$

式中，κ 为分散常量，与搅拌剪切速率相关；b 为絮凝颗粒分散指数，与颗粒本身特性相关，在 0.1~0.4 之间；$\dot{\gamma}$ 为剪切速率，s^{-1}；其他系数同上。

从微分方程式（5-34）可知，U^{s} 是一个递减方程，即随着活化搅拌的进行，体系中的颗粒在剪切作用下逐渐分解、变细。然而对于膏体流变特性而言，不管颗粒之间受到何种力的作用，影响体系黏度与屈服应力的关键因素均为颗粒的相互连接（聚集）状态。

同理，为表示在活化搅拌作用下假塑性流体的屈服应力、塑性黏度的关系，对假塑性流体的宾汉模型进行变形。为了简化分析过程，该变形公式仅考虑由于活化搅拌作用下结构破坏导致的流变参数变化关系。两者之间的联系在于统一了颗粒相互吸附对流变的影响，区别在于找出颗粒吸附的本质不同，活化作用下打破的是水化膜的包裹作用。

$$\tau=(\tau_{y}+\hat{\tau}_{y})+\left[\left(\eta_{\mathrm{B}}+\frac{\tau_{y}}{\dot{\gamma}}\right)+\left(\hat{\eta}+\frac{\hat{\tau}_{y}}{\dot{\gamma}}\right)\right]\dot{\gamma} \tag{5-36}$$

式中，τ 为屈服应力，Pa；τ_{y} 为静态屈服应力，Pa；$\hat{\tau}_{y}$ 为剪切活化引起的屈服应力变化量，Pa；η_{B} 为塑性黏度，Pa · s；$\hat{\eta}$ 为剪切活化引起的黏度变化量，Pa · s；其他系数同上。

我们知道相等的颗粒吸附力（不管这种力的来源）对流变的影响相同，同时为了在学术研究上的统一，参照 5.2 节中的原理，可以建立式（5-37）、式（5-38）[40]。区别于膏体均化之一是活化对流变参数影响是不可逆的，正是这种不可逆特征，活化搅拌对膏体流动性的改善更为显著。

$$\hat{\eta}=a_{3}B_{3}J_{3}^{s^{\frac{2}{3}}}+a_{4}B_{4}J_{4}^{s^{\frac{2}{3}}}=(a_{3}B_{3}n_{3}^{\frac{2}{3}})U_{3}^{\frac{2}{3}}+(a_{4}B_{4}n_{4}^{\frac{2}{3}})U_{4}^{\frac{2}{3}}=\xi_{3}U_{3}^{s^{\frac{2}{3}}}+\xi_{4}U_{4}^{s^{\frac{2}{3}}} \tag{5-37}$$

$$\hat{\tau}_{y}=a_{5}B_{3}J_{3}^{s^{\frac{2}{3}}}+a_{6}B_{4}J_{4}^{s^{\frac{2}{3}}}=(a_{5}B_{3}n_{3}^{\frac{2}{3}})U_{3}^{\frac{2}{3}}+(a_{6}B_{4}n_{4}^{\frac{2}{3}})U_{4}^{\frac{2}{3}}=\xi_{5}U_{3}^{s^{\frac{2}{3}}}+\xi_{6}U_{4}^{s^{\frac{2}{3}}} \tag{5-38}$$

式中，a_{3}、a_{4}、a_{5}、a_{6} 为经验常数；B_{3} 为体系中颗粒摩擦系数，为常数；其他变量物理意义同上。

同理，在剪切作用下 $\frac{dU_3^s}{dt}$、$\frac{dU_4^s}{dt}$ 均逐渐减小。因此，结合式（5-37）、式（5-38）中对于屈服应力、黏度与 U_3^s、U_4^s 的相互关系式，随着 U_3^s、U_4^s 的减小，膏体体系屈服应力与黏度降低，膏体表现为活化浆体。与膏体触变性减阻区别点之二，是活化作用下膏体这种流变参数的变化并不局限于颗粒直径，不同粒级的颗粒对流变参数的变化均有影响。在进行搅拌流变模拟时，应注意两者之间的差异与联系。

然而最新的研究成果表明，高速活化搅拌下的水泥基材料常出现剪切增稠现象，这似乎与以上推导的结论相悖。其实这是由于颗粒表面双电层结构破坏促使颗粒聚集有关，在 Debye-Hückel 理论中作了详细介绍[41,42]。该理论中定义 $1/Q$ 为双电层厚度，并可以通过式（5-39）计算[43]：

$$\frac{1}{Q}=\sqrt{\frac{\varepsilon\varepsilon_0 RT}{2F^2\rho}} \tag{5-39}$$

式中，$1/Q$ 为颗粒双电层厚度，m；ε 为双电层相对电容率，F/m；ε_0 为真空电容率，F/m；T 为绝对温度，K；R 为气体常数；ρ 为体系中离子浓度；F 为法拉第常数。

结合图 5-11 中阐述的活化搅拌对膏体早期水化速率的影响，可知随着活化搅拌的进行，体系中各种水化产物的离子浓度逐渐增加[44,45]。而在式（5-39）中，双电层厚度 $1/Q$ 与体系中离子浓度成反比，可以认为活化搅拌降低了颗粒表面双电层厚度，增强了颗粒的相互聚集能力[46]，而如果活化搅拌速率过高，导致这种颗粒之间相互聚集的力不断地增加，则大大促使了颗粒的聚集，膏体就有可能表现出剪切增稠现象[47]。因此，在活化搅拌技术应用过程中，需要合理优化搅拌速率大小，防止这种聚集的发生，抑制剪切增稠的出现[48,49]。

5.4　剪切作用下膏体细观结构演化

膏体作为一种典型的结构流体，其内部结构的形貌变化与整体流动特性密切相关。在流动过程中，膏体受到不同程度的剪切作用，这必然导致其内部结构的变化，从而影响流动性能。因此，通过一定手段对膏体剪切过程中细观结构的变化特征进行研究是有必要的。PVM（particle video microscope）颗粒成像及测量是一种基于探头的显微成像技术，可以将高浓度浆体中颗粒及细观结构通过图像的形式呈现，为流体材料结构的定量研究提供了有力的支持。通过获取搅拌过程中料浆的 PVM 图像，结合计算机图像处理技术，综合应用图像分析技术和分形理论，研究了膏体搅拌过程中细观结构参数的分形特征。

5.4.1　剪切作用下膏体细观结构

通过获取膏体不同搅拌时间下膏体细观结构图像，并应用图像分析技术分析了图像计盒维数，计算出不同搅拌时间下膏体结构系数，同时测试了相应搅拌时间下膏体流变参数，对比剪切作用下膏体结构系数与屈服应力的变化趋势。

5.4.1.1 膏体细观结构获取

采用显微成像技术 PVM 对不同搅拌时间的某铜矿膏体料浆进行细观结构观测。PVM 可以将高浓度浆体中颗粒及细观结构通过图像的形式呈现，无需采样或稀释样本，即可实现在各种工艺条件下连续获取高分辨率图像。PVM 实验探头可以深入到实验样品中进行直接拍摄，可真实反映外界影响下的颗粒细观结构的变化过程，如图 5-13 所示。

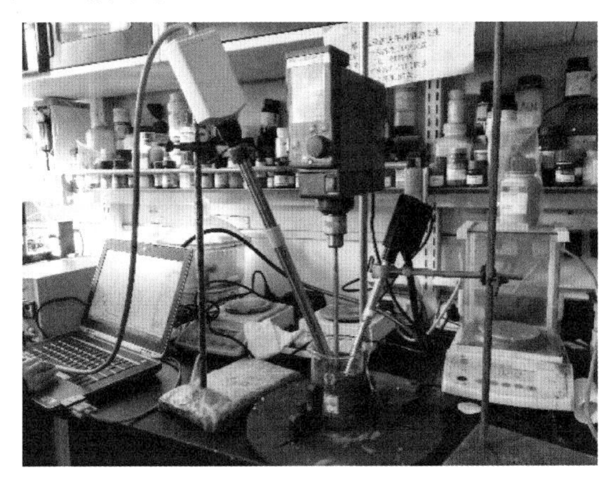

图 5-13 PVM 实验装置

利用 PVM 技术得到不同搅拌时间膏体的细观结构如图 5-14 所示，其中蓝色代表体系中孔隙结构，红色代表水泥颗粒。物料折射率不同，在图像中显示颜色不同。搅拌过程中，料浆体系中由大小不等的聚集体和部分颗粒相互搭接而成，而聚集体本身主要是由尾砂、水泥等颗粒聚集形成，颗粒之间结合得较为致密，但聚集体或颗粒之间仍存在或大或小的孔隙。同时，料浆的这种细观结构在形态上存在一定的相似性，具有明显的分形特征，这说明利用分形理论来对结构进行定量分析是相对可行的。在研究剪切作用对膏体细观结构影响时，一般通过孔隙结构的演化规律来表征。观察可知，当水泥加入搅拌时间 $t=10$s 时，在图像中为较大的红色块状，孔隙数量少但尺度较大，此时结构强度较大，使浆体产生剪切流动所需的能量较大；随着搅拌时间的增加，如 $t=30$min，水泥逐渐分散、体系孔隙分布均匀，这表示结构强度降低。

5.4.1.2 基于分形维数的细观结构形貌表征

以上对膏体细观结构进行了定性的分析，为了进一步认识其在剪切过程中的变化特征，结构的定量研究显得尤为必要。分形理论为结构的定量研究提供了理

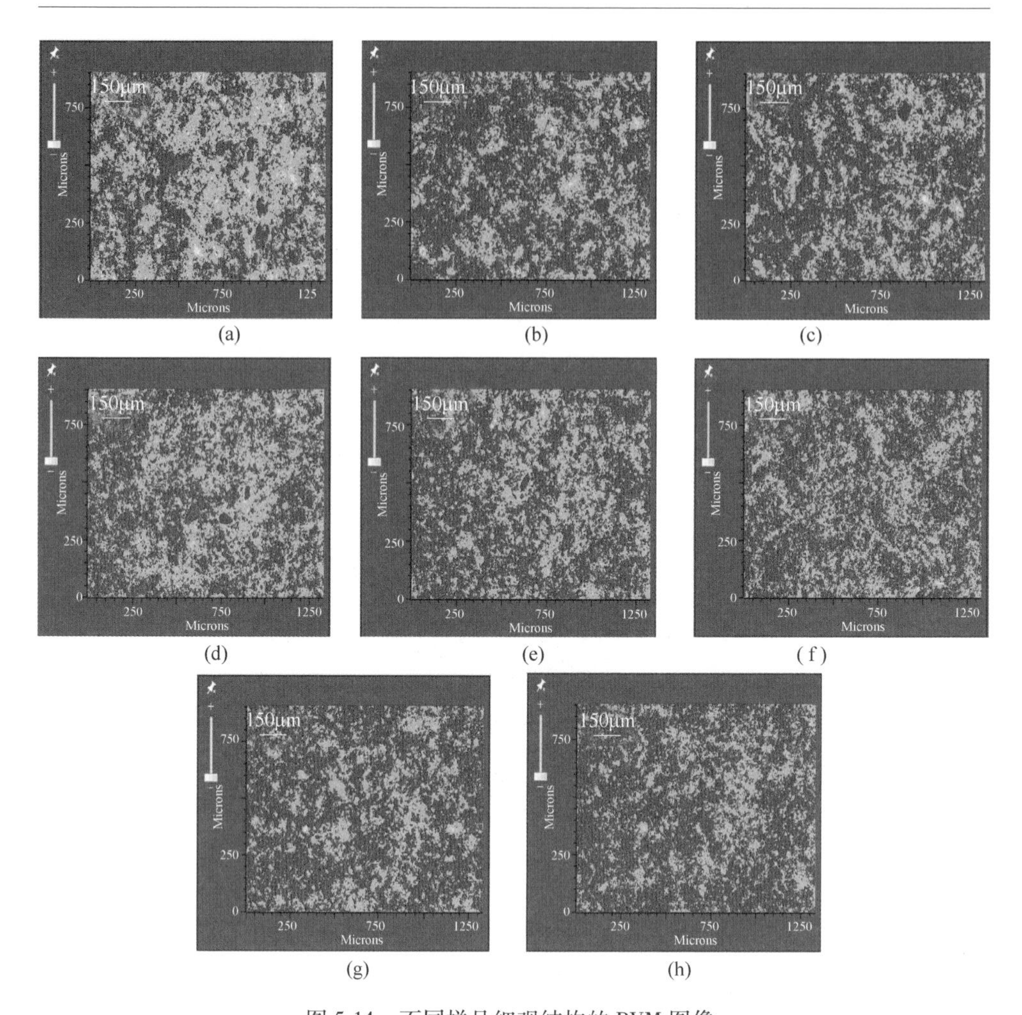

图 5-14　不同样品细观结构的 PVM 图像
(a) 10s；(b) 1min；(c) 120s；(d) 180s；(e) 5min；(f) 10min；(g) 20min；(h) 30min

论手段，但为了确保研究结论的准确性，首先通过二值化图像处理对固-液进行区分，从而去除原图像中的模糊性及不规则性。以 1min 时 PVM 获取的图片为例，二值化处理后的图像如图 5-15 所示。

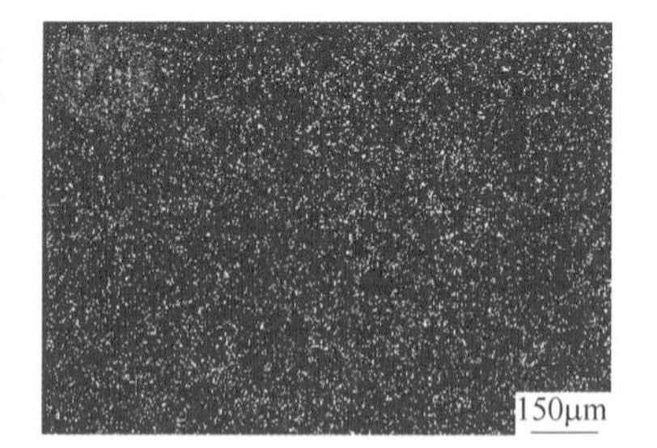

图 5-15　搅拌 1min 时膏体细观结构二值化图像

分形几何学是研究具有自相似性的不规则曲线、具有自反演性的不规则图形的一种理论，是材料细观结构研究和应用的有效工具。材料的分形特征通常可以用分形维数来进行表征，目前已有许多维数的定义，主要包括 Hausdorff 维数、计盒维数、填充维数等。其中，计盒维数易于进行程序化计算，在研究中得到了广泛应用。因此，采用像素点覆盖法对膏体料浆细观结构 PVM 图像的计盒维数进行了估算[50]。

像素点覆盖法的原理如下：预处理后的二值化图像为包含二进制行列式的数据文件，将其以 1，2，…，$2i$ 个像素点的尺寸依次划分成若干块，使得每一块的行数和列数均为 k，通常取 $k=1$，2，4，…，$2i$，把其中包含 1（即表示絮网结构的像素点）的块的个数记作 N_k，即以 1，2，…，$2i$ 个像素点的尺寸为边长作块划分，从而得到盒子数 N_1，N_2，N_4，…，N_{2i}。因为像素点的尺寸 δ 有：

$$\delta=\frac{\text{图像的长度 } l}{\text{图像一行中像素点的个数}} \tag{5-40}$$

所以由 k 个像素点组成的块的边长为 $\delta_k = k\delta(k = 1, 2, 4, \cdots, 2i)$，由于对于一个具体的图像 δ 是一个常数，因此在具体计算时可以直接用 k 值代替 δ_k。在双对数坐标平面内，以最小二乘法用直线拟合数据点（$\lg\delta_k$，$\lg N_k$），$k=1$，2，4，…，$2i$，所得到的直线的斜率的负值 D_B 就是该图像的计盒维数。因此，可以认为计盒维数 D_B 越大，则表示絮体中的颗粒分布越集中，结构越密实，强度越大。

借助 Image J 软件编制程序实现了对二值化图像计盒维数的估算，网格尺寸 δ_k 取值为 8~100 个像素点长度，得到每个时刻膏体细观图像二值化后的计盒维数函数关系，以 1min 时的计盒维数函数关系为例，可获得关系图如图 5-16 所示。搅拌剪切作用下，水泥在料浆中逐渐分散开，大的孔隙结构逐渐消失。膏体微结构的计盒维数 D_B 随着搅拌时间的持续逐渐减小，最终趋近于定值。

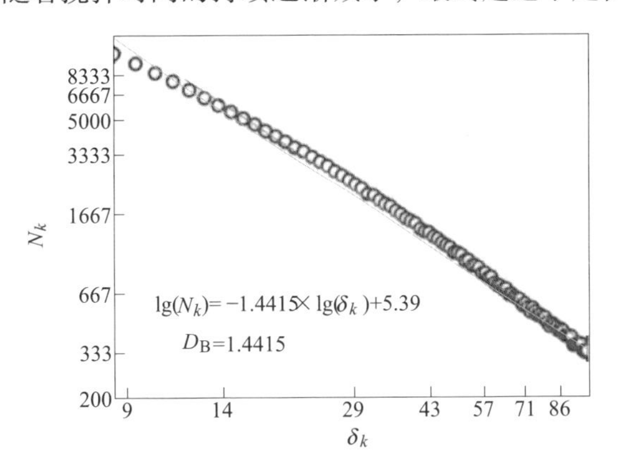

图 5-16 搅拌 1min 时物料细观图像计盒维数估算

5.4.1.3 剪切作用下细观结构演化过程的数学描述

为了对膏体细观结构的演化过程进行数学描述，可以借用相对结构系数 λ' 作为其数学表征指标。设 D_{Bmax} 为搅拌初始时刻料浆细观结构的计盒维数，即 $D_{Bmax}=D_B(t=0)$；$D_B(t)$ 为搅拌过程中任意时刻细观结构的计盒维数；体系中所有的聚集结构完全破坏时，尾砂颗粒在悬液中均匀分布，此时有最小计盒维数 $D_{Bmin}=1$。相对结构系数 λ' 如式（5-41）所示：

$$\lambda' = \frac{D_B(t) - D_{Bmin}}{D_{Bmax} - D_{Bmin}} = \frac{D_B(t) - 1}{D_{Bmax} - 1} \tag{5-41}$$

λ' 的值域范围为 0～1，值越大，则表明细观结构中颗粒相互聚集。根据前述计盒维数估算结果，结合式（5-41），对不同搅拌时间下膏体的结构系数进行了计算。如图 5-17 所示，搅拌初始时刻，加入水泥、尾砂及水，此时体系均质性差，可定义此时计盒维数 D_{Bmax}，其相应有最大相对结构系数 $\lambda'_{max}=1$，随着搅拌的持续，相对结构系数 λ' 逐渐减小，并最终达到稳定状态。存在此稳定状态的原因是：膏体体系中颗粒不断地分散，又会在颗粒表面作用下重新搭接，即存在细观结构破坏和结构重建两个过程。剪切作用下结构破坏速率大于重建速率，则相对结构系数 λ' 减小，但搅拌使颗粒更加分散，相互接触几率增大，重建速率增加，则最终将达到破坏与恢复的动态平衡。从图 5-17 可知，在搅拌前 1min 是结构系数下降最快阶段，也就意味着物料均质化进程最迅速阶段；而在搅拌到 5min 左右时物料基本实现了均质。

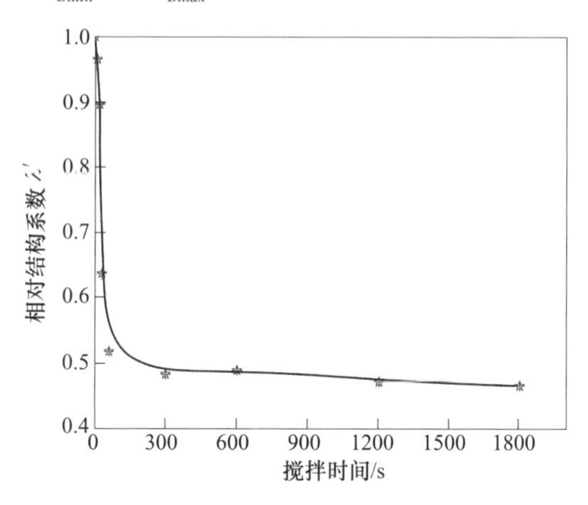

图 5-17　相对结构系数 λ' 随搅拌时间变化规律

为了直接建立剪切作用下相对结构系数变化与膏体流变之间的关系，同时开展了相关物料的流变性能测试，主要是测试了不同搅拌时间下膏体屈服应力值（见图 5-18）。

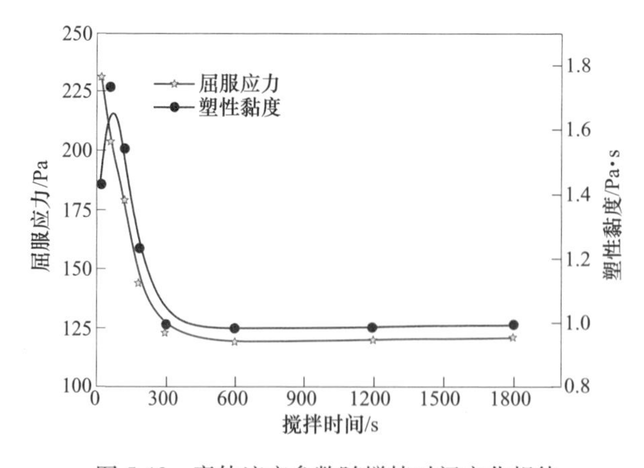

图 5-18　膏体流变参数随搅拌时间变化规律

结合上面两个图形结果可知，膏体的相对结构系数与流变参数变化趋势一致，搅拌剪切破坏了膏体的细观结构，导致相对结构系数降低，降低其屈服应力，从而改善膏体流动性。其中，塑性黏度值在搅拌开始时有上升趋势，这是因为随着物料被浸湿，物料塑性黏度值迅速上升，到达峰值之后在剪切作用下开始降低。

5.4.2 膏体细观结构与流变特性的关系

一般认为，当悬浮体在低剪切速率作用时，其黏度与屈服应力降低，表现为类似剪切稀化特征。Larson 等人[51]研究导致悬浮体触变性产生的原因，认为触变性是颗粒之间恒定存在的作用力（与接触与否无关）导致黏度与屈服应力变化。正如前面所描述的一样，剪切作用下膏体流变特征演化一般认为是剪切作用下体系内的颗粒克服粒子间的吸引、静电等微力作用引起的。在初始状态下，料浆在这些力的共同作用下形成大量无序且力学稳定的絮网结构；在搅拌剪切的扰动作用下，絮网结构秩序逐渐发生变化，由无序化向有序化转变，并在新的力学平衡条件下趋于某一稳定形态。如图 5-19 所示，揭示了各种剪切强度作用下悬浮体的细观结构变化。

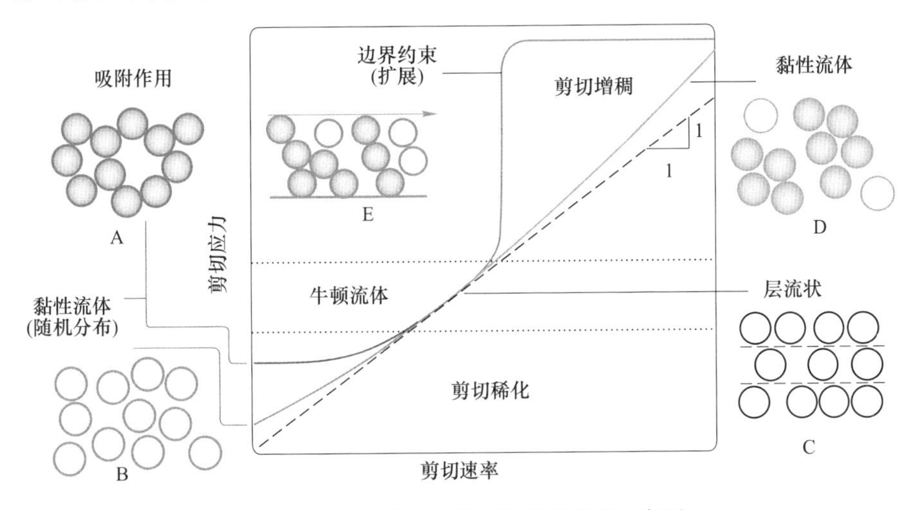

图 5-19 剪切作用下悬浮体细观演变示意图

一般情况下，剪切作用下可以同时观测到屈服应力及黏度的变化，如图 5-19 中 A 所示。而在有些情况下低剪切作用仅使悬浮体表观黏度发生改变，如图 5-19 中 B 所示，此时体系细观结构并无较大变化。悬浮体流变学研究结果表明：颗粒的空间网状结构的破裂与形成主要影响了悬浮体系的屈服应力，而颗粒之间相互吸附作用影响浆体体系的黏度，在低剪切作用下由非牛顿流体向近似牛顿流体转变[52]。

当膏体受到更高速率的剪切作用时，在某一剪切速率范围内，当外界的扰动与颗粒内部的相互作用力达到平衡时，膏体内部颗粒之间表现为层流状[53]，如图 5-19 中 C 所示。当超过这一剪切速率范围，在更强烈的剪切作用下，膏体体系内离子浓度大幅增加，颗粒粒度进一步减小，促使了颗粒之间的聚集与水化膜的形成，一般认为其黏度增加幅度小于 50%，此时悬浮体的细观结构如图 5-19 中 D 所示[54]。然而，在某些情况下强烈的剪切作用也会导致悬浮体的黏度急剧增加，达到几个数量级的变化，而且这种变化通常为不连续的，甚至造成高速搅拌设备的破坏。因此，在设计此类设备时，应该对悬浮体的剪切增稠特性有所测试，以便给出安全的搅拌速率范围。悬浮体的黏度急剧增加，认为与颗粒细观结构开始扩张及流体突破边界时形成的摩擦接触相关，而强烈的剪切作用下如果外界施加足够的应力，将会进一步增加流体的剪切增稠现象，其细观结构变化如图 5-19 中 E 所示。

剪切作用下膏体等悬浮体细观结构的变化研究是一个全新的领域，对揭示悬浮体复杂流变特征形成机制具有重要作用，也为研究悬浮体复杂的流变学提供新的思路[55,56]。随着对高浓度悬浮体中颗粒的观测技术的发展，人们对于剪切作用下造成悬浮体细观结构变化的机制也有了一定的认识。

5.5　膏体搅拌机功率与流变之间关系

强制式搅拌机是利用搅拌桶内运动着的叶片推动物料朝着各个方向运动，由于各物料颗粒的运动方向、速度各不相同，相互之间产生剪切滑移，从而在很短的时间内，使物料拌和均匀的。叶片在剪切的同时，受到膏体物料的阻挡作用，从而搅拌叶片产生扭矩，致使搅拌功率增加。为了更为详细地对搅拌功率进行分析，本小节将从流变参数与流变特征两个方面对功率进行分析。

5.5.1　膏体搅拌机功率与流变参数的关系

搅拌功率计算模型一般分为两种方法，一种是无量纲法，无量纲法主要在进行搅拌机设计之初通过经验公式进行大致计算，可应用于电机功率选配。其特点是简单，通过小型搅拌机模型便可放大到大型搅拌机上使用，其缺点是计算值往往大于实际值，仅是一个经验公式，并不能用于定量分析过程。另外一种计算搅拌功率的方法是力学分析法，该方法是建立在流体对搅拌叶片作用力准确计算的基础上，其优点是模型准确，缺点是计算过程复杂，且需开展现场搅拌实验。

5.5.1.1　无量纲法

无量纲法就是通过应用流体混合中的经验公式对搅拌功率进行估算，采用的是相似原理。在牛顿流体力学中，一个很重要的参数是牛顿数（在搅拌中也被称为功率指数），并存在以下关系[57]。

$$NeRe = K_p \tag{5-42}$$

其中

$$Ne = \frac{p}{\rho\omega^3 Vr^2},\quad Re = \frac{\rho\omega r^2}{\mu} \tag{5-43}$$

式中，ρ 为流体密度，kg/m^3；ω 为搅拌机角速度，rad/s；r 为搅拌叶片到轴中心的距离，m；p 为搅拌功率，kW；Ne 为功率指数，无量纲量；Re 为雷诺数，无量纲量；K_p 为搅拌器常数，根据叶片类型查相关手册获取。

然而对于膏体一类的 Bingham 流体，其功率计算需要将以上的公式进行修正，引入黏度耗散功率 p^*，以及平均黏度 μ^*。因此，上述公式变化为[58]：

$$Ne^* Re^* = K_p \tag{5-44}$$

其中

$$Ne^* = \frac{p^*}{\rho\omega^3 Vr^2},\quad Re^* = \frac{\rho\omega r^2}{\mu^*} \tag{5-45}$$

其中，平均黏度 μ^* 被定义为式（5-46）：

$$\mu^* = \mu + \frac{\tau_0}{\dot{\gamma}} \tag{5-46}$$

式中，μ 为 Bingham 流体黏度；τ_0 为 Bingham 流体屈服应力；$\dot{\gamma}$ 为膏体搅拌过程剪切速率。

根据设计的搅拌叶片类型，查取搅拌器常数，结合 Bingham 流体流变参数，代入上述公式便可计算得到大致功率。

5.5.1.2　力学分析法

力学分析是建立在流体对搅拌叶片作用力准确计算的基础上，该方法认为，功率消耗的来源应该在阻碍叶片前进的力，有两个组成部分：摩擦力 F_f 和物料黏性力 F_V。下面将分别对这两部分的搅拌阻力进行详细分析，分别计算两部分阻力作用。

摩擦力 F_f 在大多数研究中表明与搅拌叶片和搅拌容器的接触面积成正比，计算式（5-47）：

$$F_f = (e\tau_f)L \tag{5-47}$$

式中，$e\tau_f$ 为搅拌机特征常数，由叶片宽度 e(m) 及摩擦应力 τ_f(N) 两部分构成；L 为叶片的长度，m。

另外，搅拌剪切过程中，物体发生位移受到的黏性力与流体的表观黏度 $\hat{\mu}$、叶片宽度 L 和叶片剪切速度 v 相关，可通过 Stokes 方程计算[59]：

$$F_V = \eta L\mu^* Sv \tag{5-48}$$

式中，η 为搅拌剪切流体的黏度系数；L 为叶片的宽度，m；μ^* 为膏体平均黏度，计算方法参考无量纲分析法中；S 为搅拌叶片在速度方向的面积分量；v 为叶片剪切速度。

通过以上分析，可以计算出搅拌机在剪切过程中，其功率曲线应该满足方程（5-49）：

$$P = (F_V + F_f)v \tag{5-49}$$

搅拌机线速度可以通过式（5-50）换算：

$$v = \omega r \tag{5-50}$$

式中，ω 为搅拌角速度 rad/s；r 为搅拌叶片半径，m。

另外，根据几何学，可以知道叶片在线速度方向物理量的数学表达式：

$$s = S\sin\alpha \tag{5-51}$$

式中，S 为叶片几何面积；α 为搅拌叶片与轴之间夹角。

将以上公式代入后可以推导出以下公式：

$$F_V v = \eta L\mu^* Sv^2 = \eta L\left(\mu + \frac{\tau_0}{\gamma}\right) Sv^2\sin\alpha = \eta L\left(\mu + \frac{\tau_0}{\gamma}\right) Sr^2\omega^2\sin\alpha \tag{5-52}$$

同理可以推出：

$$F_f v = (e\tau_f)Lv = (e\tau_f)L\omega r \tag{5-53}$$

必须值得注意的是，如果在应用该模型分析搅拌含有粗骨料膏体时，由于膏体物料尺度跨度大等因素，容易出现粗骨料的楔形效应，造成局部摩擦增大，故需要将上式修正为：

$$F_f v = (e\tau_f)L\omega r + F_f' v \tag{5-54}$$

式中，F_f' 为粗骨料在叶片与搅拌壁之间的楔形效应引起局部阻力。

如果是全尾砂膏体的搅拌过程，物料中不含粗骨料，便可简单认为膏体中所含物料均为尾砂和水泥颗粒，不存在粗骨料卡在叶片与边壁之间造成的楔形效应，从而推导出搅拌机理论功率特征模型：

$$\begin{aligned} P &= F_V v + F_f v = (e\tau_f L + F_f')\omega r + \eta L\left(\mu + \frac{\tau_0}{\dot{\gamma}}\right) Sr^2\omega^2\sin\alpha \\ &= [e\tau_f L]\omega r + [LS]\eta r^2\omega^2\sin\alpha\mu + [LS]r^2\omega^2\sin\alpha\eta\tau_0 \end{aligned} \tag{5-55}$$

式中，$[e\tau_f L]$、$[LS]$ 为需在实验过程中标定的未知量。

在搅拌过程中，搅拌机的尺寸是固定的，运行的参数如搅拌速度（角速度、线速度）均为固定值，因此通过流变参数及几组小型实验便可确定搅拌过程的功率模型。

5.5.2　膏体搅拌机功率与流动性的关系

在膏体特性测试中，经常涉及坍落度的测定。现在沿用的坍落度测定的方法，是在搅拌完成后取样用坍落度筒测量。还有一些其他测定方法，但仍均需在搅拌完成后取样测定。这些测定方法无法及时调整物料配比及含水率来纠正膏体坍落度偏差，因此希望有一种能在搅拌过程中测定坍落度的方法及仪器，以便随时控制膏体质量。

国外一些搅拌机设计出利用搅拌时功率过程曲线控制拌合物坍落度的装置。大量实测数据证实，在配合比及拌和量严格控制的条件下，坍落度与搅拌功率在一定范围内存在一定的关系，但是坍落度不是影响功率的唯一因素，功率的大小是受搅拌过程中各因素综合的影响。有一些因素比坍落度变化对功率的影响更显著，例如拌和量或配合比只要稍有偏差，功率就会产生很大的变化。当坍落度过大或过小时，坍落度的变化与功率的变化不成正比关系。当坍落度增加到一定值后，功率就不再随坍落度变化。据混凝土有关实验数据，坍落度约在 20cm 左右，即使坍落度再增加，功率也不再下降；在坍落度很小且保持不变时，当水灰比小于某一值后，搅拌所需功率仍明显地随水灰比变小而增大。因此，只有在一定的坍落度范围内，坍落度和搅拌机功率之间才会有线性关系。在电压不变时，图5-20显示了坍落度与搅拌机电流之间的关系，可大致反映坍落度与功率之间关系[60]。

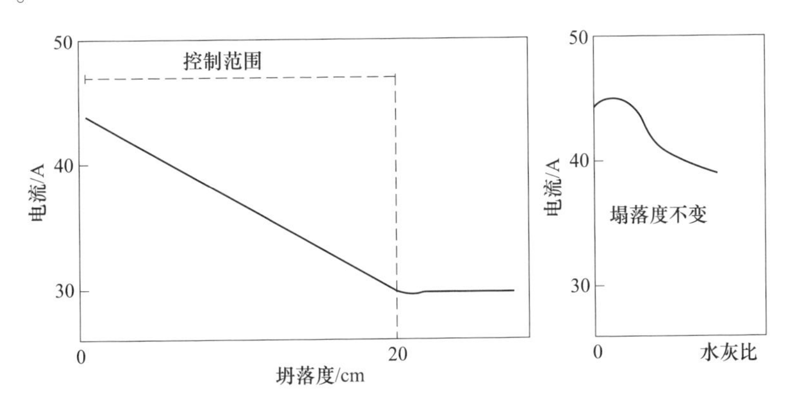

图 5-20 搅拌机电流与坍落度、水灰比的关系曲线

膏体是一种具有黏性、塑性、弹性等多种特性的混合料。根据流变特性测试结果，其流变特性表现为 Bingham 流体，即随着剪切速率的增加，剪切应力基本呈线性增加。屈服剪应力τ_y和塑性黏度 η_B是表征膏体混合料流变特性的基本参数。其中，τ_y是混合料各颗粒之间的附着力和摩擦力引起的，是阻止流体流动的最大应力；η_B是物料内部结构阻碍破坏的一种性能，随剪切应力或速度梯度而变化。

搅拌过程中必须保证混合料得到强烈的运动，从而使混合料间有较大的相对运动速度，让混合料在相对集中的区域对流，并最大限度地相互摩擦，为实现宏观和细观层面上均质性创造条件。实质上，搅拌是膏体物料在搅拌叶片作用下不断发生剪切破坏，同时不同物料之间充分混合的过程，由于混合料各组分相表面间存在黏结力，使得膏体完全拌匀变得特别困难。搅拌叶片在电机的驱动下克服剪切应力，使物料发生塑性变形，叶片所受阻力大小取决于屈服剪应力τ_y和塑性黏度η_B[61]。

虽然流变特性的研究给出了剪切应力与流变参数之间的关系表达式，但是由于搅拌是一个很复杂的过程，搅拌功率计算涉及因素较多，难以用流变参数定量描述。此外，膏体被认为是一种具有触变性的非牛顿流体，具有类似剪切稀化特征。在搅拌过程中，叶片不断剪切物料，物料屈服应力和黏度在不断降低，搅拌功率也随之减小。因此，膏体搅拌过程中，新进物料瞬间搅拌功率应当最大。

参考文献

[1] Yilmaz E, Kesimal A, Ercidi B. Strength development of paste backfill simples at long term using different binders [C]. Proceedings of 8th symposium MineFilling, China, 2004: 281~285.

[2] Pileggi R G, Studart A R, Pandolfelli V C, et al. How mixing affects the rheology of refractory castables. Part 1 [J]. American Ceramic Society Bulletin, 2001, 80 (7): 38~42.

[3] Pons M N, Milferstedt K, Morgenroth E. Modeling of chord length distributions [J]. Chemical Engineering Science, 2006, 61 (12): 3962~3973.

[4] Deng X J, Klein B, Zhang J X, et al. Time-dependent rheological behaviour of cemented backfill mixture [J]. International Journal of Mining Reclamation & Environment, 2016: 1~18.

[5] Yang M, Jennings H M. Influences of mixing methods on the microstructure and rheological behavior of cement paste [J]. Adv Cem Based Mater, 1995, 2: 70~78.

[6] Lapasin R, Papo A, Rajgelj S. Flow behavior of fresh cement pastes. A comparison of different rheological instruments and techniques [J]. Cement & Concrete Research, 1983, 13 (3): 349~356.

[7] Usui H. A thixotropy model for coal-water mixtures [J]. Journal of Non-Newtonian Fluid Mechanics, 1995, 60 (2): 259~275.

[8] 刘晓辉，吴爱祥，王洪江，等．全尾膏体触变特性实验研究 [J]. 武汉理工大学学报（交通科学与工程版），2014，3 (3)：539~543.

[9] Cheng D H, Evans F. Phenomenological characterization of the rheological behaviour of inelastic reversible thixotropic and antithixotropic fluids [J]. British Journal of Applied Physics, 1965, 16 (11): 1599.

[10] Coussot P, Nguyen Q D, Huynh H T, et al. Avalanche behavior in yield stress fluids [J]. Physical Review Letters, 2002, 88 (17): 175501.

[11] Ritchie A G B. The Rheology of Fresh Concrete [M]. Pitman Advanced Pub. Program, 1983.

[12] Jau W C, Yang C T. Development of a modified concrete rheometer to measure the rheological behavior of conventional and self-consolidating concretes [J]. Cement & Concrete Composites,

2010, 32 (6): 450~460.

[13] Roussel N. A thixotropy model for fresh fluid concretes: Theory, validation and applications [J]. Cement & Concrete Research, 2006, 36 (10): 1796~1806.

[14] 刘晓辉. 膏体流变行为及其管流阻力特性研究 [D]. 北京: 北京科技大学, 2015.

[15] 杨柳华, 王洪江, 吴爱祥, 等. 全尾砂膏体搅拌剪切过程的触变性 [J]. 工程科学学报, 2016, 38 (10): 1343~1349.

[16] Yin S, Wu A, Hu K, et al. The effect of solid components on the rheological and mechanical properties of cemented paste backfill [J]. Minerals Engineering, 2012, 35 (6): 61~66.

[17] Ahari R S, Erdem T K, Ramyar K. Thixotropy and structural breakdown properties of self-consolidating concrete containing various supplementary cementitious materials [J]. Cement & Concrete Composites, 2015, 59: 26~37.

[18] Tattersall G H. The rheology of Portland cement pastes [J]. British Journal of Applied Physics, 1955, 6 (6): 165~167.

[19] Tattersall G H. Structural Breakdown of Cement Pastes at Constant Rate of Shear [J]. Nature, 1955, 175 (4447): 166.

[20] Banfill P F G. Rheology of Fresh Cement and Concrete [J]. E & Fn Spon, 2003, 34 (10): 1933~1937.

[21] Wallevik J E. Rheology of Particle Suspensions-Fresh Concrete, Mortar and Cement Paste with Various Types of Lignosulfonates [D]. Trondheim: The Norwegian University of Science and Technology, 2003.

[22] Bagnold R A. Experiments on a Gravity-Free Dispersion of Large Solid Spheres in a Newtonian Fluid under Shear [J]. Proc. roy. soc. london, 1954, 225 (1160): 49~63.

[23] Lapasin R, Papo A, Rajgelj S. The phenomenological description of the thixotropic behaviour of fresh cement pastes [J]. Rheologica Acta, 1983, 22 (4): 410~416.

[24] Coussot P. Rheometry of Pastes, Suspensions, and Granular Materials [J]. Carbohydrate Polymers, 2006, 65 (3): 388.

[25] Verwey E J W. Theory of the Stability of Lyophobic Colloids. [J]. Journal of Colloid Science, 1947, 51 (3): 631.

[26] Wallevik J E. Rheological properties of cement paste: Thixotropic behavior and structural breakdown [J]. Cement & Concrete Research, 2009, 39 (1): 14~29.

[27] KenichiHattori, KaichiIzumi. A rheological expression of coagulation rate theory [J]. Journal of Dispersion Science & Technology, 1982, 3 (2): 129~145.

[28] Wallevik J E. Particle Flow Interaction Theory-Thixotropic Behavior and Structural Breakdown [C] // Conference on Our World of Concrete and Structures, 14~16 August, 2011.

[29] Baroud G, Samara M, Steffen T. Influence of mixing method on the cement temperature-mixing time history and doughing time of three acrylic cements for vertebroplasty [J]. Journal of Biomedical Materials Research Part B Applied Biomaterials, 2004, 68 (1): 112~116.

[30] 张常青, 何哲祥, 谢开维. 高浓度胶结充填料活化搅拌设备的改进 [C] // 全国充填采矿会议. 1999.

[31] 何哲祥，谢开维，张常青，等．活化搅拌技术及其在矿山充填中的应用 [J]．黄金，2000，(9)：18~20.

[32] Takahashi K, Bier T. Effects of mixing action on hydration kinetics and hardening properties of cement-based mortars [J]. Cement Science & Concrete Technology, 2015, 69 (1): 161~168.

[33] Takahashi K, Bier T A. Mechanisms of Degradation in Rheological Properties Due to Pumping and Mixing [J]. 2014, 3 (2): 20140004.

[34] Takahashi K, Bier T A, Westphal T. Effects of mixing energy on technological properties and hydration kinetics of grouting mortars [J]. Cement & Concrete Research, 2011, 41 (11): 1166~1176.

[35] Wendling A, Mar D, Wischmeier N, et al. Combination of modified mixing technique and low frequency ultrasound to control the elution profile of vancomycin-loaded acrylic bone cement [J]. Bone & Joint Research, 2016, 5 (2): 26~32.

[36] Han D, Ferron R D. Effect of mixing method on microstructure and rheology of cement paste [J]. Construction & Building Materials, 2015, 93: 278~288.

[37] C. Rößler, A. Eberhardt, H. Kučerovă, et al. Influence of hydration on the fluidity of normal Portland cement pastes [J]. Cement & Concrete Research, 2008, 38 (7): 896~906.

[38] Lapasin R, Papo A, Rajgelj S. Flow behavior of fresh cement pastes. A comparison of different rheological instruments and techniques [J]. Cement & Concrete Research, 1983, 13 (3): 349~356.

[39] Wallevik O H, Feys D, Wallevik J E, et al. Avoiding inaccurate interpretations of rheological measurements for cement-based materials [J]. Cement & Concrete Research, 2015: 78.

[40] Wallevik J E. Thixotropic investigation on cement paste: Experimental and numerical approach [J]. Journal of Non-Newtonian Fluid Mechanics, 2005, 132 (1~3): 86~99.

[41] Cosgrove T. Colloid Science: Principles, Methods and Applications [M]. Iowa: Blackwell Pub, 2005.

[42] Kapusta J. Foundations of colloid science [M]. Clarendon Press, 1987.

[43] J. Hema. The Effects of Liquid Nitrogen on Concrete Hydration, Microstructure, and Properties [D]. Austin: The University of Texas at Austin, 2007.

[44] Eastoe J. Colloid Science: Principles, Methods and Applications [M]. Bristol: Blackwell Publishing Ltd., 2009.

[45] Overbeek J T G. Interparticle forces in colloid science [J]. Powder Technology, 1984, 37 (1): 195~208.

[46] Yang M, Neubauer C M, Jennings H M. Interparticle potential and sedimentation behavior of cement suspensions-Review and results from paste [J]. Advanced Cement Based Materials, 1997, 5 (1): 1~7.

[47] Ferron R P D. Formwork pressure of self-consolidating concrete: Influence of flocculation mechanisms, structural rebuilding, thixotropy and rheology [J]. Dissertations & Theses - Gradworks, 2008.

[48] Cazacliu B. In-mixer measurements for describing mixture evolution during concrete mixing [J]. Chemical Engineering Research & Design, 2008, 86 (12): 1423~1433.

[49] Cazacliu B, Roquet N. Concrete mixing kinetics by means of power measurement [J]. Cement & Concrete Research, 2009, 39 (3): 182~194.

[50] 赵海英，杨光俊，徐正光. 图像分形维数计算方法的比较 [J]. 计算机系统应用，2011 (3): 238~241.

[51] Larson R. The Structure and Rheology of Complex Fluids [M]. Oxford: Oxford University Press, 1999.

[52] Barnes H A, Carnali J O. The vane-in-cup as a novel rheometer geometry for shear thinning and thixotropic materials [J]. Journal of Rheology (1978-present), 1990, 34 (6): 841~866.

[53] Ferron R D, Shah S, Fuente E, et al. Aggregation and breakage kinetics of fresh cement paste [J]. Cement & Concrete Research, 2013, 50 (50): 1~10.

[54] Williams D A, Saak A W, Jennings H M. The influence of mixing on the rheology of fresh cement paste [J]. Cement & Concrete Research, 1999, 29 (9): 1491~1496.

[55] Toutou Z, Roussel N. Multi Scale Experimental Study of Concrete Rheology: From Water Scale to Gravel Scale [J]. Materials & Structures, 2006, 39 (2): 189~199.

[56] Struble L J, Lei W G. Rheological changes associated with setting of cement paste [J]. Advanced Cement Based Materials, 1995, 2 (6): 224~230.

[57] Zlokarnik D I M. Dimensional Analysis and Scale-up in Chemical Engineering [M]. Springer, Berlin, Heidelberg, 1991.

[58] Cazacliu B, Legrand J. Characterization of the granular-to-fluid state process during mixing by power evolution in a planetary concrete mixer [J]. Chemical Engineering Science, 2008, 63 (18): 4617~4630.

[59] Chopin D, Cazacliu B, Larrard F D, et al. Monitoring of concrete homogenisation with the power consumption curve [J]. Materials & Structures, 2007, 40 (9): 897~907.

[60] 魏忠义. 搅拌功率与稠度之间的关系 [J]. 混凝土，1986 (5): 25~29.

[61] 吴涛，颜文华，颜呈昕. 混凝土搅拌过程及其流变特性分析 [J]. 商品混凝土，2006 (2): 36~39.

6 膏体输送流变行为

输送环节是将搅拌环节制备好的膏体料浆经管道输送至充填采场，再经无压明渠流动至整个充填空区，但因膏体在物料组成、固体含量、粒级分布等方面与传统分级尾砂充填料浆存在很大差异，实际工程中沿用的两相流理论很难解释膏体的流变行为。同时，工况特点、应用环境以及输送距离等方面的差异[1~4]，使膏体受到的剪切强度、剪切历史以及环境温度等条件发生变化，从而引起其流变行为的改变[5~8]。如膏体在长距离输送中的剪切变稀行为，高寒地区环境对膏体输送的温度效应，复杂流场作用下颗粒迁移引起的壁面滑移现象等。

为此，本章首先基于颗粒探讨了膏体的细观流动模型，提出了将膏体视为载流体与被承载体的复合流动模型；之后分析了膏体管道输送规律和采场明渠流的两种宏观流动及其阻力计算模型；进而探讨了膏体管道输送中影响管阻的三种特殊效应，即触变效应、时-温效应及管壁滑移效应。

6.1 膏体的细观流动模型

6.1.1 料浆颗粒流动与含水量的关系

充填料浆含水量是一个至关重要的参数，为了确定其在输送时所呈现的流动状态，选择含水量作为分类指标。含水量太高，料浆必然发生沉淀，浆体上部析出水层，只有极细小的尾砂颗粒会悬浮在水中，大部分将发生沉积。

含水量下降，直至恰好全部颗粒均能在水中悬浮，此时的含水量称为临界含水量。此时膏体内部既存在由细小尾砂颗粒结合形成的双电层结构结合水，也存在部分没有与细颗粒发生物理化学作用的自由水。细颗粒膏体充填料浆构成悬浮基质，能够承载住部分较大的尾砂颗粒。与细颗粒不同，大颗粒很难形成双电层结构，在浆体中被视为分散相，受到悬浮基质絮网结构体的承载作用。

含水量继续减少，颗粒之间彼此接触更为充分，与前一状态相比自由水含量进一步减少，相对的结合水含量进一步升高，膏体中较粗颗粒由于会受到悬浮基质的阻力而很难发生自由沉降，或者下降的幅度很小。要使粗颗粒在基质中发生沉降运动或者横向移动必须克服相应的阻力，这个阻力产生的根本原因即是悬浮基质的屈服应力。

含水量进一步减少，自由水变得极少，颗粒间接触过于充分，膏体在流动时颗粒间的摩擦力更为明显。此时浆体状态满足不分层、不离析、不脱水的工程要求，同时流动时也存在柱塞流动的特性，颗粒基本上能够保持均匀悬浮。但另一方面，膏体在流动时所克服的屈服应力还包含颗粒过于充分接触所引起的颗粒间摩擦力，其输送阻力较大。

料浆颗粒所呈现的流态与其内部水含量示意图如图 6-1 所示。

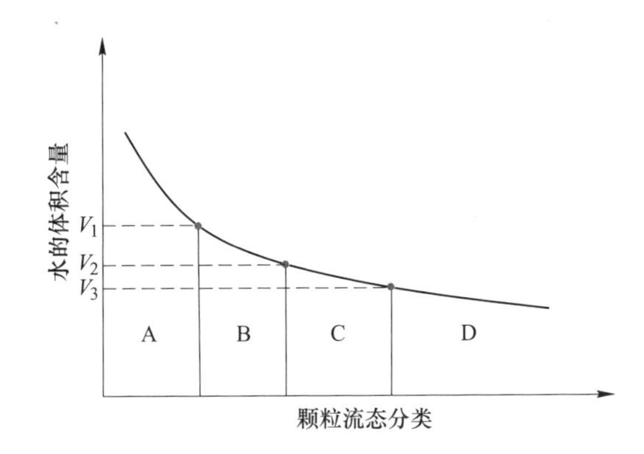

图 6-1 颗粒流态-含水量关系示意图

A—非充分悬浮区；B—临界悬浮区；C—承载悬浮区；D—极限悬浮区

依据前面所述结合图 6-1，料浆颗粒的流态主要分为如下四个区域：

（1）非充分悬浮区：此区域内水的含量高，部分极细小尾砂颗粒悬浮于水中。大部分尾砂颗粒沉积在料浆底部，出现明显的固-液分层现象，充填料浆整体分布不均匀。

（2）临界悬浮区：此区域内的含水量降低，双电层结构发育充分，结合水占有相当大的比例，细小尾砂颗粒之间絮凝形成的絮网结构能够承载住相对较大的尾砂颗粒与不易发生絮凝作用的尾砂颗粒，料浆分布近似均匀。由于整体呈现悬浮状态，输送时表现出一定的非牛顿流体的特性。

（3）承载悬浮区：此区域内的含水量进一步降低，结合水所占比例进一步增大，存在于絮凝结构中的自由水比例降低，尾砂之间与前一区域相比接触更为充分，不同于前一区域的最大特点是，粗颗粒在料浆中能够被承载住，很难发生下沉运动或者下沉运动的幅度非常缓慢，充填料浆近似均匀分布，输送时也表现出一定的非牛顿流体的特性。

（4）极限悬浮区：此区域内的含水量继续降低，颗粒间接触过于充分，虽然也能满足膏体充填的要求，但是颗粒间的摩擦效应会导致充填料浆流动时的阻力增大，输送能耗较大。

对应于上述的四个区域，存在三个相应的水体积含量值 V_1、V_2、V_3，分别为水的临界体积分数、承载体积分数、极限体积分数。实际充填作业中，符合工程要求的膏体应处于 B、C 区域内，其中 C 区域对应含有较大颗粒的充填料浆，在输送过程中其内部由细颗粒尾砂构成的悬浮基质可被近似视为一种均质的单相非牛顿流体，添加粗颗粒的膏体充填料浆则形成“粗颗粒+悬浮基质”复合材料。粗颗粒在管道输送中不发生离析的前提是含水量应该低于承载体积分数值 V_2，同时考虑到当悬浮基质能满足工程要求时即达到了 V_1 要求，其也能满足承载粗颗粒的要求。那么此时 $V_1=V_2$，B、C 区域重合，承载体积分数即是临界体积分数。

6.1.2　基于颗粒的膏体流动模型

细小的尾砂颗粒（粒径小于 20μm）在絮凝作用下容易形成絮团结构。在絮凝过程中，细颗粒因比表面积较大，更容易在絮凝剂的架桥、电荷中和作用下形成絮团结构。而较大直径的尾砂颗粒（比表面积较小）之间难以受到絮凝剂的架桥、电荷中和作用，导致其难以相互结合形成絮团结构。较大直径的尾砂颗粒主要吸附一些较小直径的尾砂颗粒或者由较小尾砂颗粒所形成的絮团。由于较大直径的尾砂颗粒所占颗粒粒径分布的百分比较低，因此较大直径的尾砂颗粒之间会“填充”由较小直径尾砂颗粒形成的絮团。由于絮团结构具有一定的强度，其在静置或者流动条件下与较大直径尾砂颗粒的相互作用，可以视为絮团结构承载能力大于直径尾砂颗粒。以上对膏体料浆从尾砂颗粒细观角度所得出的结构模型，通过环境扫描电镜（ESEM）所得细观图像的验证结果如图 6-2 所示。

(a)

(b)

图 6-2　ESEM 图像中尾砂颗粒构成的絮团结构

（a）观测单位长度为 20μm 时的尾砂颗粒 ESEM 图像；

（b）观测单位长度为 100μm 时的尾砂颗粒 ESEM 图像

ESEM 图像表明较小直径的尾砂颗粒更易形成致密的、近似均匀分布的絮团结构，如图 6-2（a）所示。而较大直径的尾砂颗粒分布不均匀，难以形成絮团结构，如图 6-2（b）所示，红色曲线标记的为分布不均匀的较大直径尾砂颗粒；

蓝色矩形区域为典型小于20μm尾砂颗粒构成的絮团；黄色圆形标记出来的区域为细小直径尾砂颗粒以及其形成的絮团结构吸附于较大直径尾砂颗粒之上形成的细观结构。按照絮团形成的难易程度以及相应构成尾砂颗粒的粒径大小，对细观结构可以分为两部分。第一部分正如前面所述，由较小的尾砂颗粒（通常小于20μm，具有较大的比表面积）絮凝形成的絮团结构，此结构可视为近似均匀分布的悬浮基质，并且这种悬浮基质具有非牛顿流体的性质。膏体内部的絮团结构在静置时可视为一种三维框架网格结构，这种网格结构可以抵抗外力作用。外部作用力如果小于三维结构自身强度，那么外力只能使三维结构发生一定的变形；如果外部作用力大于三维结构自身强度，那么三维结构将解体，悬浮基质结构发生不可恢复的破坏，发生流动，体现出屈服流动的特征。这种浓度高、具有高黏性与屈服性的非牛顿悬浮基质在膏体料浆由静置状态转为流动状态的过程中，当克服屈服应力值后，可视为承载大颗粒的载流体。至于较大的尾砂颗粒（相对而言比表面积较小）彼此之间难以形成絮团结构，并且较大的尾砂颗粒在膏体料浆中并非是均匀分布的，因此颗粒之间“填充”了细颗粒所形成的絮团。同时有些较小的尾砂颗粒或者小絮团吸附于较大直径的尾砂颗粒上。在流动或者静置过程中较大直径的尾砂被絮团承载住，不轻易发生沉降，此时的较大尾砂颗粒，称为被承载体。

以上在分析膏体料浆细观结构时，无论是细颗粒还是粗颗粒，均停留在尾砂颗粒这个范畴。但是在一些特殊情况下，膏体料浆并非完全由尾砂颗粒构成，还添加废渣、砾石等粗颗粒，其直径与尾砂颗粒相比不在相同的数量级。若取尾砂平均粒径 $d_{50}=100\mu m$，取粗颗粒平均粒径 $d_{50}=5mm$，二者直径相差50倍，体积相差 1.25×10^5 倍，同时考虑到干尾砂密度约为 $2700kg/m^3$，而粗颗粒密度约为 $3000kg/m^3$。因此，在膏体料浆流动过程中，为研究重力以及剪切诱导作用对粗颗粒沉降、径向迁移等运动的影响，体积差、重力差的影响不能忽略。相对于较小直径的尾砂颗粒所形成的絮团，较大直径的尾砂颗粒依然可视为被承载体，但是其与载流体之间的相对运动，以及粗颗粒与载流体之间的相对运动，可以忽略。在膏体料浆浓度达到一定值时，可以视较大直径的尾砂颗粒与较小直径尾砂颗粒所形成的絮团结构一起作为近似均匀分布的非牛顿载流体，承载粗颗粒。

通过以上分析，将膏体细观结构视为载流体与被承载体的复合流动模型是可行的。并且模型反映出了膏体料浆非牛顿流变行为的细观机理，也给出了不可将膏体料浆完全视为均匀体的原因。膏体料浆细观结构的构成关系以及对应流动模型示意图如图6-3所示。

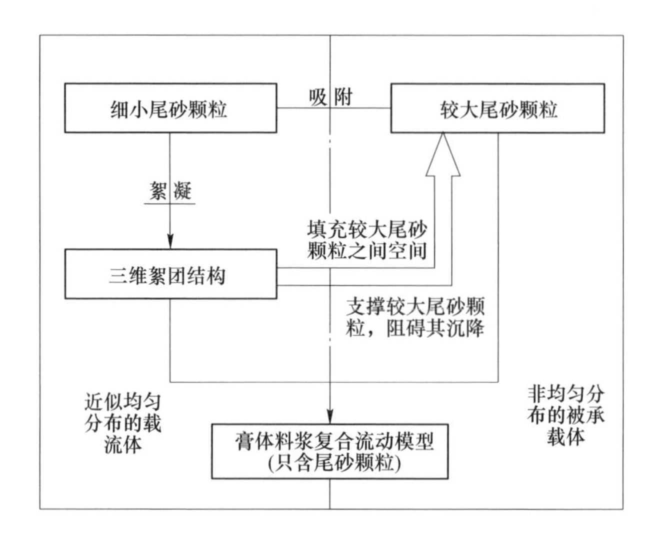

(a)

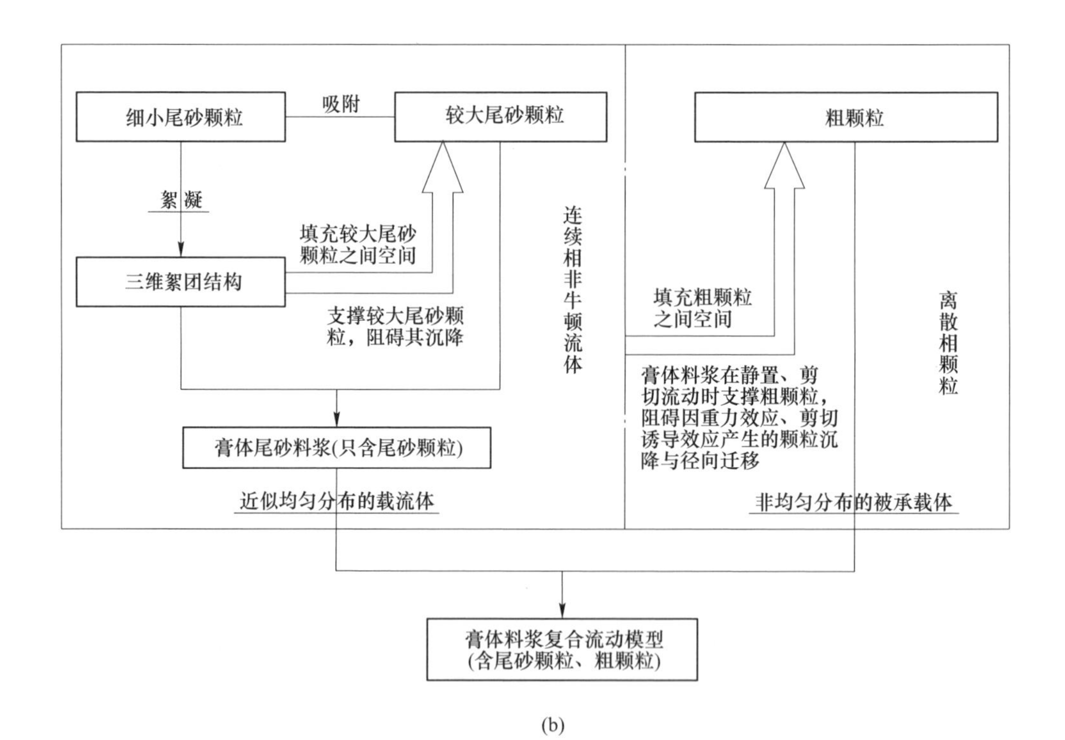

(b)

图 6-3　膏体料浆细观结构构成关系以及对应流动模型示意图

（a）不含粗颗粒；（b）含粗颗粒

6.1.3 流动模型的颗粒受力分析

膏体料浆可以视为连续相非牛顿流体与离散相粗颗粒，其中连续相的非牛顿流体指细颗粒组成的悬浮基质，离散相指表面作用较弱的粗颗粒。

6.1.3.1 膏体运动方程及颗粒受力分析

与牛顿流体相同，非牛顿流体流动时遵循动量守恒的运动方程（即 N-S 方程）和能量守恒方程。通常情况下，研究管道输送问题时将其视为恒温状态，则非牛顿流体项的运动方程如式（6-1）、式（6-2）所示：

$$\frac{\partial \rho_f}{\partial t} + \nabla \cdot (\rho_f \boldsymbol{v}) = 0 \tag{6-1}$$

$$\frac{\partial}{\partial t}(\rho_f v) + \nabla \cdot (\rho_f \boldsymbol{v}) = - \nabla p + \nabla \cdot (\tau) + \boldsymbol{F} \tag{6-2}$$

式中，ρ_f 为流体密度，kg/m^3；$\boldsymbol{v}$ 为速度矢量；p 为压力，Pa；$\boldsymbol{F}$ 为体力矢量；$\boldsymbol{\tau}$ 为应力张量；其中 $\boldsymbol{\tau}$ 满足式（6-3）所示：

$$\boldsymbol{\tau} = \mu\left[(\nabla v + \nabla v^T) - \frac{2}{3}\nabla \cdot vI\right] \tag{6-3}$$

式中，I 为单位张量；μ 为分子黏度，Pa·s。

对于式（6-2）中体力 $\boldsymbol{F}$，除了需要考虑重力的影响因素外，还需要分析颗粒—流体之间的相互作用，包括阻力 $\boldsymbol{F}_1$、压力梯度力 $\boldsymbol{F}_2$、虚质量力 $\boldsymbol{F}_3$、Besset 力 $\boldsymbol{F}_4$、Magnus 升力 $\boldsymbol{F}_5$、Saffman 力 $\boldsymbol{F}_6$[9]。当然，颗粒—膏体悬浮基质模型中并非需要分析每一种力，体力 $\boldsymbol{F}$ 的确定需要综合考虑流体介质的性质和颗粒的运动情况。

A 阻力 $\boldsymbol{F}_1$

研究颗粒在具有屈服应力非牛顿流体中的运动，大多是基于球体颗粒自由下落到静置流体中或流体流过固定球体颗粒的情况，研究的侧重点集中在球体的速度、所受到的阻力以及球体周围流体中的屈服区域。由于屈服现象的存在，球体在流体中稳定运动时需要克服一个临界力（即屈服应力）[10]。将悬浮基质视为 Bingham 流体，当基质受到的剪切应力值大于其屈服应力值 τ_y 时，流体发生剪切流动。对颗粒—Bingham 基质悬浮系统，宾汉姆数 Bi 以及颗粒雷诺数 Re_p 是两个常用的无量纲参数[11]，Bi 代表屈服应力与黏性力之间的关系，颗粒雷诺数代表惯性力与黏性力之间的关系，如式（6-4）、式（6-5）所示。

$$Bi = \frac{\tau_y d_p}{\eta_c v} \tag{6-4}$$

$$Re_p = \frac{\rho_f v d_p}{\eta_c} \tag{6-5}$$

式中，d_p 为颗粒直径，m；v 为颗粒—Bingham 基质之间的相对流速，m/s。

颗粒与 Bingham 基质之间的阻力需要考虑二者的相对运动情况。管输过程中，膏体沿管道中心至管壁的方向上速度逐渐递减，存在相应的速度梯度，同时剪切应力随剪切速率的增大而增大。Bingham 基质与颗粒在管道输送过程中的相对运动情况如图 6-4 所示。

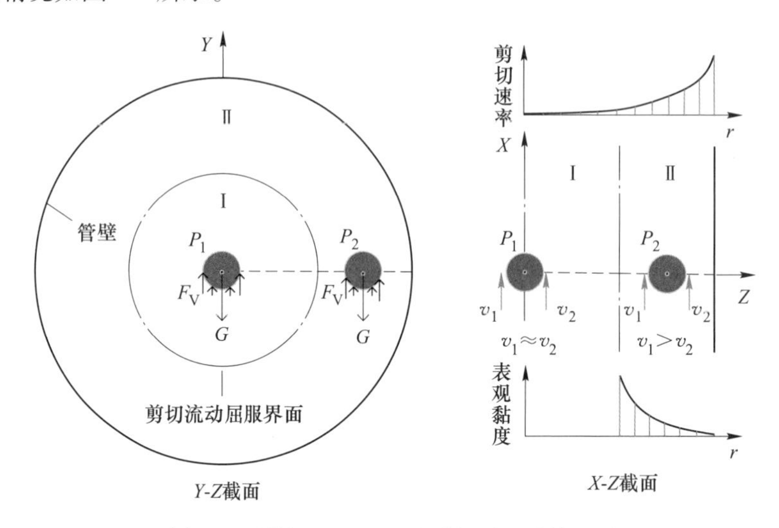

图 6-4　颗粒—Bingham 基质相对运动情况图

如图 6-4 所示，根据剪切流动屈服界面，可将管道 Y-Z 截面分为两个区域，Ⅰ为非剪切流动区，Ⅱ为剪切流动区。大多研究都将颗粒看作是静置的，流体以一定的流速流向颗粒，流过颗粒附近时流体所受到的阻力与颗粒在静止流体中运动所受到的阻力，根据伽利略相对性原理，这二者可视为等效。如若分析颗粒与 Bingham 基质同时流动的过程，二者之间的阻力计算将十分复杂，需要探明二者之间的相对运动规律。

非剪切流动区（Ⅰ区）不存在明显的速度梯度变化或者说剪切速率接近为零，Bingham 基质与颗粒呈现整体运动。颗粒 P_1 两侧的相对运动速度接近零 $v_1 \approx v_2$，由于颗粒与 Bingham 基质二者之间的密度存在差异，在竖直方向上颗粒有向下运动的趋势，判别颗粒是否下降取决于颗粒与流体界面处流体能否满足屈服条件，只有满足屈服条件时颗粒才能发生沉降。颗粒—Bingham 基质的相对运动阻力计算式为：

$$\boldsymbol{F}_1 = C_D(\rho_f v^2/2)(A_P) \tag{6-6}$$

式中，$\boldsymbol{F}_1$ 为颗粒—Bingham 基质的相对运动阻力，N；C_D 为阻力系数；v 为颗粒—Bingham 基质的相对速度，m/s；A_P 为颗粒在垂直于相对运动方向上的投影面积，m^2。

式（6-6）中的阻力系数 C_D 往往需要通过实验的手段获取，其理论计算式与宾汉姆数 Bi 及颗粒雷诺数 Re_p 相关，有：$C_D = F(Bi, Re_p)$ 。

在Ⅰ区，颗粒在流体流动方向上与流体之间的相对运动速度接近零，因此管输轴线方向上的流动阻力非常小。在竖直方向上，如若满足 Bingham 基质屈服条件（见图 6-4，即 $\boldsymbol{F}_V<G$ 时），颗粒将发生下沉运动，因此需要考虑颗粒—流体二者竖直方向上的阻力相互作用；如若不满足 Bingham 基质屈服条件（即 $\boldsymbol{F}_V \geqslant G$ 时），则竖直方向上颗粒与流体之间的相对运动速度也为 0，此时颗粒—Bingham 基质在管流轴线方向和竖直方向的阻力均非常小，颗粒与流体相对静止，二者作为整体沿管道轴线流动。

剪切流动区（Ⅱ区）存在明显的速度梯度变化，剪切速率变化较大。由于粗颗粒存在一定尺寸，颗粒 P_2 两侧的流速差较为明显（见图 6-4，$v_1>v_2$）。两侧较大的流速差使颗粒与 Bingham 基质的相互作用更为复杂，除阻力之外，还需要考虑流速差造成颗粒旋转所产生的 Magnus 升力以及两侧压力不同所产生的 Saffman 升力。同时，颗粒在竖直方向上的运动状况也不可忽略。综上所述，在剪切流动区域，颗粒随 Bingham 基质的运动状态十分复杂，二者之间除了阻力还包含其他不可忽略的相互作用力[12]。

B 压力梯度力 $\boldsymbol{F}_2$、虚质量力 $\boldsymbol{F}_3$ 和 Besset 力 $\boldsymbol{F}_4$

（1）压力梯度力 $\boldsymbol{F}_2$。如果管道内存在较为明显的压力梯度，除上述阻力之外，颗粒还会受到由于压力梯度所造成的压力梯度力。压力梯度力能否被忽略，需要比较压力梯度力与惯性力的大小，如式（6-7）所示：

$$\frac{\boldsymbol{F}_2}{m_p a_p} = \frac{\rho_f a_f}{\rho_p a_p} \tag{6-7}$$

式中，$\boldsymbol{F}_2$ 为颗粒所受的压力梯度力，N；m_p 为颗粒的质量，kg；a_p 为颗粒的加速度，m/s^2；ρ_p 为颗粒的密度，kg/m^3；a_f 为流体的加速度，m/s^2。

（2）虚质量力 $\boldsymbol{F}_3$。当颗粒相对于流体做加速运动时，颗粒与其周围流体的动能均会增加，这种使颗粒加速的力称为虚质量力，它的值大于 $m_p a_p$ ，类似于使颗粒质量得到了增加。因此，颗粒—Bingham 基质之间存在相对速度变化时，就会存在虚质量力。

（3）Besset 力 $\boldsymbol{F}_4$。颗粒在黏性流体中发生急剧加速运动所受到的瞬时阻力即为 Besset 力。颗粒—Bingham 基质在管道输送过程中如果处于非剪切流动区，涉及颗粒—流体之间相对速度变化的作用力（压力梯度力 $\boldsymbol{F}_2$，虚质量力 $\boldsymbol{F}_3$ 和 Besset 力 $\boldsymbol{F}_4$）并不显著；如果处于剪切流动区，由于管径方向存在速度梯度，颗粒运动过程较为复杂，颗粒与流体之间的相对加速度难以判定，很难获得上述三个力的准确解析解。

C　Magnus 升力 $\boldsymbol{F}_5$和 Saffman 升力 $\boldsymbol{F}_6$

根据上述分析，在剪切流动区内，由于管径方向速度梯度的存在，颗粒与颗粒之间、颗粒与管壁之间均会发生碰撞和摩擦，从而产生非常复杂的旋转运动和旋转摩擦力矩，颗粒也会因此受到一个侧向力，称为 Magnus 升力。另外，颗粒两侧流速差所导致的压力差还会使其受到 Saffman 升力，但此力往往发生在速度梯度变化非常大的速度边界层内。

基于颗粒—悬浮基质相互作用原理的膏体充填料浆复合流输送数学模型，由守恒方程式（6-1）~式（6-3）和相应的流变特性方程（如 Bingham 模型）共同构建。将颗粒-基质相互作用时产生的相应源项添加至流体控制方程，可体现颗粒对流体控制方程的影响。颗粒与悬浮基质之间相互作用的复杂性主要体现在流体动量守恒方程（见式（6-2））中的体力 $\boldsymbol{F}$，$\boldsymbol{F}$ 包含的各种相互作用力由悬浮基质相性质、颗粒自身物理参数以及管道输送工况条件决定。所以，颗粒在非剪切流动区和剪切流动区所受到的相互作用具有明显差异。

在非剪切流动区，颗粒与流体之间的相互作用主要体现在颗粒能否满足悬浮基质相屈服条件而发生下沉运动，此时颗粒运动的主要影响因素是悬浮基质屈服应力值、颗粒及流体密度。

在剪切流动区，对颗粒运动影响最为显著的是管径方向上的速度梯度变化量，较大的速度梯度变化量和颗粒间的碰撞会使颗粒产生明显的自旋运动。颗粒的尺度、剪切流动区宽度、悬浮基质的屈服应力值与塑性黏度值综合决定了颗粒在剪切流动区内的运动状况。

综上所述，根据膏体充填料浆复合流输送模型，影响颗粒与流体相互作用的影响因素主要包括 3 个部分：

（1）颗粒自身的影响因素：颗粒直径，颗粒密度。

（2）悬浮基质的影响因素：屈服应力，塑性黏度。

（3）管流工况的影响因素：平均流速，管道直径。

6.1.3.2　膏体输送中的颗粒相对运动

图 6-4 中处于非剪切流动区域的粗颗粒 P_1，其存在两种状态：沉降以及不沉降。颗粒在黏塑性流体中是否容易发生沉降，由塑性效应与重力效应之比所定义的无量纲参数 Y 进行判定，其公式定义如下：

$$Y = \frac{\tau_y}{gd\Delta\rho} \tag{6-8}$$

式中，Y 为无量纲参数，为屈服应力与有效重力比值；g 为重力加速度，9.8m/s^2；d 为粗颗粒直径，m；$\Delta\rho$ 为颗粒与流体之间的密度差，kg/m^3。

对于黏塑性流体中的颗粒，如何取值以保证不会发生沉降，具有多个判据。

对于含粗颗粒的膏体充填料浆，该值的选定有待于进一步的实验确定。但是，粗颗粒在静止或者沉降过程中，所受的重力及相应受到的阻力与浮力是确定的。

粗颗粒在黏塑性流体中受力主要为三项：重力、浮力、黏塑性流体的阻力。颗粒的受力示意图如图 6-5 所示。

基于重力、浮力计算公式以及阻力计算公式，可判断颗粒能否发生沉降，也可推出无量纲判据参数 Y。对粗颗粒在非牛顿流体中的受力进行分析，并结合相关的宏观实验，可以研究含粗颗粒的膏体料浆能否发生离析，并对离析现象进行表征。

在非剪切流动区域内颗粒发生沉降，其周围的流场会产生剪切流动现象，粗颗粒表面也会因此产生剪切阻力。粗颗粒在黏塑性流场中运动示意如图 6-6 所示。

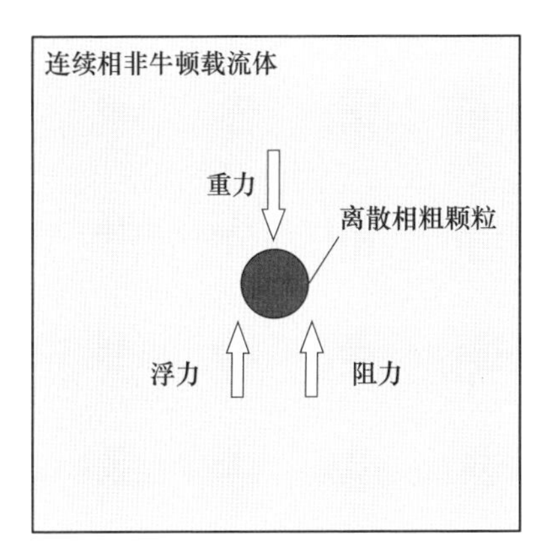

图 6-5 非剪切流动区域内粗颗粒受力示意图

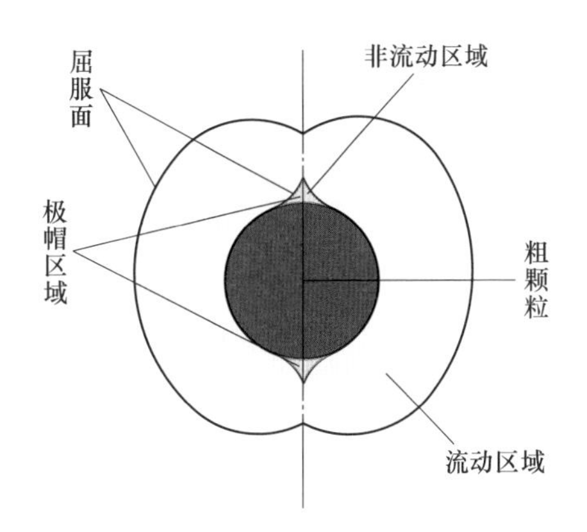

图 6-6 非剪切流动区域内粗颗粒沉降运动周围剪切流场分布示意图

由图 6-6 分析可知，颗粒在非剪切流动区域内沉降时（非牛顿流体视为 Bingham 流体模型），颗粒周边存在相应的剪切流动场，使颗粒周边部分流体发生屈服现象，此时流体对颗粒的阻力计算将变得复杂。图 6-4 中粗颗粒两侧的剪切流场对称分布，剪切流动区域的颗粒 P_2 其所处的剪切流场为非对称的，在流动过程中，除了需要考虑竖直方向的重力因素外，还需要考虑沿径向分布不均的剪切速率场作用。分布不均的剪切速率场将会引起粗颗粒发生旋转运动，此时颗粒运动所受到的力难以展开分析，颗粒所受的拖曳力模型也难以指定，为此可以开展相关的数值计算方法进行研究。

6.2 膏体流动形态及阻力损失

为分析膏体在管道内的运动，根据流变学以及流体力学理论，推导其管道流动的流速分布方程、管道流量方程、过渡流速方程以及雷诺数 Re 在管道内的分布公式，确定了非牛顿流体管道输送的层流临界条件的计算方法。

6.2.1　流速分布方程

充填料浆等液态流体是不可压缩流体，假设其在管道内输送时处于层流状态。对于层流状态的牛顿流体和非牛顿流体可统一用 H-B 模型进行描述，即：

$$\tau = \tau_y + K\left(\frac{\mathrm{d}u}{\mathrm{d}r}\right)^n \tag{6-9}$$

其中τ为剪应力；τ_y为屈服应力；K 为稠度系数；n 为幂率指数；$\mathrm{d}u/\mathrm{d}r$ 为速度梯度。当$\tau_y=0$，$n=1$ 时为牛顿流体；$\tau_y>0$，$n\neq1$ 时为假塑性或胀塑性流体；$\tau_y>0$，$n=1$ 时为宾汉塑性流体；$\tau_y>0$，$n\neq1$ 时为屈服-假塑性流体或屈服胀塑性流体。

由 H-B 模型的定义可得：

$$\frac{\mathrm{d}u}{\mathrm{d}r} = \sqrt[n]{\frac{\tau - \tau_y}{K}} \tag{6-10}$$

设水平圆管的半径为 R，膏体在管内流体的体积流量为 Q，长为 L 管段上产生的压降 Δp，τ_w为管壁四周的剪切应力，如图 6-7 所示。

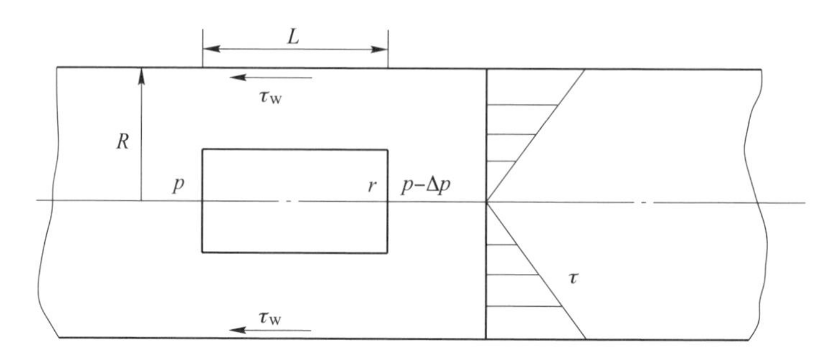

图 6-7　流体在圆管内的剪应力分布

由静力平衡分析可得到式（6-11）：

$$\Delta p \cdot \pi R^2 - 2\pi RL \cdot \tau_w = 0 \tag{6-11}$$

由式（6-11）可得到式（6-12）：

$$\tau_w = \frac{R\Delta p}{2L} \tag{6-12}$$

在管内取一半径为 r，长为 L 的圆柱体，压力损失仍为 Δp，在圆柱面上所受的剪切应力为τ，则可建立式（6-13）：

$$\Delta p \cdot \pi r^2 - 2\pi rL\tau = 0 \tag{6-13}$$

化简后，得式（6-14）：

$$\tau = \frac{r\Delta p}{2L} \tag{6-14}$$

联立式（6-12）和式（6-14）可得流体在管道内的应力分布：

$$\tau = \frac{\tau_w r}{R} \tag{6-15}$$

联立式（6-10）和式（6-14）可得流体在管道内的速度梯度分布：

$$\frac{du}{dr} = \sqrt[n]{\frac{\frac{\Delta pr}{2L} - \tau_y}{K}} \tag{6-16}$$

对方程（6-16）两边分离变量，并进行积分可得：

$$u = -\frac{n(2L\tau_y - \Delta pr)\left(-\frac{\tau_y - \frac{\Delta pr}{2L}}{K}\right)^{1/n}}{\Delta p(n+1)} + C \tag{6-17}$$

根据边界条件，$r=R$ 时，$u=0$，可求得常数 C：

$$C = \frac{n(2L\tau_y - \Delta pR)\left(-\frac{\tau_y - \frac{\Delta pR}{2L}}{K}\right)^{1/n}}{\Delta p(n+1)} \tag{6-18}$$

将常数 C 代入式（6-17）可得流体在管道内的速度分布公式：

$$u = \frac{n(2L\tau_y - \Delta pR)\left(-\frac{\tau_y - \frac{\Delta pR}{2L}}{K}\right)^{1/n}}{\Delta p(n+1)} - \frac{n(2L\tau_y - \Delta pr)\left(-\frac{\tau_y - \frac{\Delta pr}{2L}}{K}\right)^{1/n}}{\Delta p(n+1)} \tag{6-19}$$

当τ_y不为 0 时，流体在管道内的速度分布如图 6-8 所示。

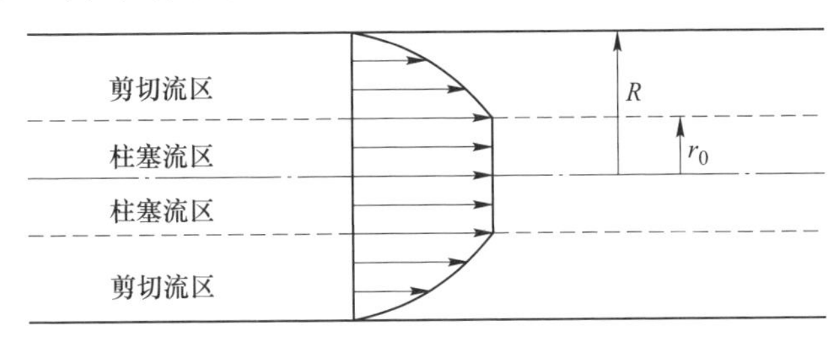

图 6-8　流体在圆管内层流流动的速度分布

柱塞流区边界 r_0处，速度梯度 $du/dr=0$，切应力$\tau=\tau_y$，根据管流静力学分析，柱塞流区的半径 r_0为：

$$r_0 = \frac{\tau_y 2L}{\Delta p} \tag{6-20}$$

因此柱塞流区速度大小为一常数，其大小为：

$$u_0 = -\frac{n\left(\dfrac{\dfrac{R\Delta p}{2L} - \dfrac{r_0 \Delta p}{2L}}{K}\right)^{1/n}(R\Delta p - r_0\Delta p)}{\Delta p(n+1)} \tag{6-21}$$

6.2.2　管道流量方程

流速与沿管径方向的面积积分的乘积即流量，可得总流量为柱塞区流量与非柱塞区流量的和：

$$Q = \int_{r_0}^{R} u 2\pi r \mathrm{d}r + \int_{0}^{r_0} u_0 2\pi r \mathrm{d}r \tag{6-22}$$

积分后可得 Q 的表达式为：

$$Q = \frac{L\pi\tau_y^2\left(R - \dfrac{2L\tau_y}{\Delta p}\right)^2}{K\Delta p} + \frac{\dfrac{1}{2^{1/n}}n\pi\left(R - \dfrac{2L\tau_y}{\Delta p}\right)^2\left(R + 2Rn + \dfrac{2L\tau_y}{\Delta p} + \dfrac{8L\tau_y}{\Delta p}\right)\left(\dfrac{\Delta p\left(R - \dfrac{2L\tau_y}{\Delta p}\right)}{KL}\right)^{1/n}}{6n^2 + 5n + 1} \tag{6-23}$$

式（6-23）即 H-B 模型所表征的流体（包括牛顿、非牛顿流体）在管道内作层流流动时流量的解析解。

当 $n=1$ 时，τ_y不等于 0 时，为宾汉流体，此时式（6-23）可简化为：

$$Q = \frac{L\pi\tau_y^2(R\Delta p - 2L\tau_y)^2}{K\Delta p^3} + \frac{\pi(R\Delta p - 2L\tau_y)^3(3R\Delta p + 10L\tau_y)}{24KL\Delta p^3} \tag{6-24}$$

当 n 不等于 1、τ_y等于 0 时，为假塑性流体或胀塑性流体，此时式（6-24）可进一步简化为：

$$Q = \frac{R^3 n\pi\left(\dfrac{R\Delta p}{2KL}\right)^{1/n}}{3n+1} \tag{6-25}$$

当 $n=1$、τ_y等于 0 时，为牛顿流体，此时式（6-24）可进一步简化为：

$$Q = \frac{R^4\Delta p\pi}{8KL} \tag{6-26}$$

式（6-26）即泊肃叶定律，其中 K 的定义与泊肃叶定律中 η 的定义一致。

6.2.3　过渡流速方程

本节所推导出的非牛顿流体在管道输送过程中流速分布、流量的解析解，可以实现管道沿程阻力的精确计算。在管道中，如果欲应用非牛顿流体管道输送的解析解，就必须保证非牛顿流体管道输送过程中处于层流状态。非牛顿流体处于层流状态的条件是流速能够小于过渡流速。一般雷诺数达到2100~2300左右，浆体就会由层流向紊流转换，转换临界值所对应的流速即为过渡流速。雷诺数Re、管径$D(2R)$、料浆表观黏度η、料浆平均流速v和料浆密度ρ_m存在以下关系：

$$Re = \frac{Dv\rho_m}{\eta} \tag{6-27}$$

根据式（6-27）可见，表观黏度越小，雷诺数越大。根据表观黏度的定义：

$$\tau = \eta \times \frac{du}{dy} \tag{6-28}$$

联立式（6-16）和式（6-28）可得非牛顿流体在管道内的表观黏度分布：

$$\eta = \frac{r\Delta p}{2L\left(\frac{r\Delta p - 2L\tau_y}{2KL}\right)^{1/n}} \tag{6-29}$$

由式（6-29）可知非牛顿流体在管道内运动时，其表观黏度是沿管径变化的，并且在管壁处有最小值，其数值为：

$$\eta = \frac{R\Delta p}{2L\left(\frac{R\Delta p - 2L\tau_y}{2KL}\right)^{1/n}} \tag{6-30}$$

管道内的平均流速与流量的关系为：

$$v = \frac{Q}{\pi R^2} \tag{6-31}$$

联立式（6-30）和式（6-31）可得非牛顿流体管道流动雷诺数Re的最大值为：

$$Re = \frac{4Q\rho_m L\left(\frac{R\Delta p - 2L\tau_y}{2KL}\right)^{1/n}}{\Delta p \pi R^2} \tag{6-32}$$

当雷诺数Re的最大值小于2100时非牛顿流体在管道内为层流状态，此时可应用本节所推导出的非牛顿流体在管道输送过程中流速分布、流量方程。

6.2.4 阻力的近似解

前文推导出了流体（包括牛顿、非牛顿流体）在管道内作层流流动时流量的解析解，确定了管道自流输送中管道压差Δp与管径R、管路长度L、屈服应力τ_y、稠度系数K、流动指数n之间的函数关系。但解析解的形式比较复杂，计算量较大且沿程阻力与管道平均流速为隐函数关系，不存在显式解，因此有必要在此基础上推导出易于计算的膏体充填材料输送沿程阻力的简化近似表达式，以简化计算量和计算过程。根据非牛顿流体管道流动方程，当流体为宾汉流体、屈服假塑性流体或屈服胀塑性流体时的流量公式如式（6-24），浆体平均流速 v 的计算公式见式（6-31），管壁切应力 τ_w 见式（6-12）。

联立式（6-12）、式（6-24）和式（6-31）可得：

$$\frac{4v}{R} = \frac{\tau_w}{K} \cdot \left[1 - \frac{4}{3} \cdot \left(\frac{\tau_y}{\tau_w}\right) + \frac{1}{3} \cdot \left(\frac{\tau_y}{\tau_w}\right)^4\right] \tag{6-33}$$

式（6-33）即 Buckingham 流动方程，其中 K 的定义与 Buckingham 流动方程中 η_B 的定义一致。高次项省略，则有式（6-34）：

$$\frac{4v}{R} = \frac{\tau_w}{\eta_B} - \frac{4}{3} \cdot \frac{\tau_y}{\eta_B} \tag{6-34}$$

将式（6-14）、式（6-15）代入式（6-34）并进行变换，则得式（6-35）：

$$i = \frac{\Delta p}{L} = \frac{2\tau_w}{R} = \frac{16}{3D}\tau_y + \frac{32v}{D^2} \cdot \eta_B \tag{6-35}$$

则在已知膏体屈服应力 τ_y 及塑性黏度 η_B 的前提下，可采用式（6-35）求得其在相应管径及流速条件下的流动阻力。

6.3　管道输送的触变效应

如第 2 章中所述，膏体是一种依赖时间型流体，具有一定的触变性，因此其流动行为不仅与物料性质紧密相关，还受到剪切历史的影响。具体到膏体管道输送，即是指流动时间（即剪切时间）和系统流速（剪切强度）对膏体阻力损失存在影响，本节从阻力损失角度探讨膏体管道输送过程中的触变效应。

6.3.1　触变效应对流变的影响

根据 Moore 建立的絮网结构破坏与重建的结构速率方程（见式（2-85）），λ_{max}、λ_{min} 分别表示结构完全发育与完全破坏时的结构系数，其值分别为 1、0；将其代入式（2-85）中进行变换得：

$$\frac{d\lambda}{dt} = a(1 - \lambda) - b \cdot \lambda \tag{6-36}$$

当式（6-36）右侧为负值时，表明破坏率大于恢复率，即絮网结构正在破坏中；反之若为正值，则絮网结构正在恢复中。对式（6-36）进行积分，得到结构系数 λ 关于剪切时间 t 的变化函数：

$$\lambda = \frac{1 + \beta\dot{\gamma}e^{-(k_1+k_2\cdot\dot{\gamma})\cdot t}}{1 + \beta\dot{\gamma}} \tag{6-37}$$

式中，k_1、k_2 分别为结构破坏和重建系数，为大于 0 的无量纲参数；其中结构恢

复系数 k_1 决定于浆体颗粒性质及浓度，对于同一浆体 k_1 为常数；破坏系数 k_2 主要正比于浆体所受到的剪切速率，剪切速率越大，则 k_2 越大，对于同一浆体，在剪切速率恒定时，其为常数，β 为 k_2 与 k_1 的比值，即有 $\beta = k_2/k_1$。

式（6-37）描述了剪切作用下浆体结构的时间变化过程，被称为结构动力模型，结合式（2-94），建立屈服应力 τ_y 及塑性黏度 η_B 关于剪切作用（包括剪切时间 t 及剪切速率 $\dot{\gamma}$）相关的函数，如式（6-38）所示[16]：

$$\begin{cases} \tau_y = \left(\tau_\infty + \dfrac{\tau_s}{1 + \beta\dot{\gamma}}\right) + \dfrac{\beta\dot{\gamma}\tau_s \cdot e^{-(k_1 + k_2 \cdot \dot{\gamma})t}}{1 + \beta\dot{\gamma}} \\ \eta_B = \left(\eta_\infty + \dfrac{\eta_s}{1 + \beta\dot{\gamma}}\right) + \dfrac{\beta\dot{\gamma} \cdot \eta_s \cdot e^{-(k_1 + k_2 \cdot \dot{\gamma})t}}{1 + \beta\dot{\gamma}} \end{cases} \tag{6-38}$$

式中，τ_∞、η_∞ 分别为某一剪切速率作用下，浆体结构达到动态平衡时的屈服应力及塑性黏度；τ_s、η_s 分别为结构变化对屈服应力及塑性黏度的贡献值。

恒定流速 v 条件下，根据管道内剪切速率的换算公式 $\dot{\gamma} = 8v/D$ 为常数，此时令：

$$a = \tau_\infty + \frac{\tau_s}{1 + \beta\dot{\gamma}},\ b = \frac{\beta\dot{\gamma}\tau_\infty}{1 + \beta\dot{\gamma}},\ c = k_1 + k_2 \cdot \dot{\gamma},\ m = \eta_\infty + \frac{\eta_s}{1 + \beta\dot{\gamma}},\ n = \frac{\beta\dot{\gamma} \cdot \eta_s}{1 + \beta\dot{\gamma}}$$

则对于同一种膏体料浆，当流速 v 一定时，上述 a，b，c，m，n 均为无量纲的正常数，代入式（6-38）中，则有：

$$\begin{cases} \tau_y = a + b \cdot e^{-ct} \\ \eta_B = m + n \cdot e^{-ct} \end{cases} \tag{6-39}$$

6.3.2 触变对输送阻力的影响

根据 6.2 节中膏体管内流动阻力的推导结果，将式（6-39）代入式（6-35）中，则膏体管流阻力损失的表达式为：

$$i = \frac{16}{3D} \cdot (a + b \cdot e^{-ct}) + \frac{32v}{D^2} \cdot (m + n \cdot e^{-ct}) \tag{6-40}$$

整理式（6-40）可得：

$$i = \left[\frac{16}{3D} \cdot a + \frac{32v}{D^2} \cdot m\right] + \left[\frac{16}{3D} \cdot b + \frac{32v}{D^2} \cdot n\right] \cdot e^{-ct} \tag{6-41}$$

由式（6-41）可知，当 $t=0$ 时，有初始阻力损失：

$$i_s = \frac{16}{3D}(a + b) + \frac{32v}{D^2}(m + n) \tag{6-42}$$

随着时间 t 的延长，i 逐渐减小，当 $t\to\infty$ 时，i 波动极小，趋于一个极限值，得到平衡阻力损失：

$$i_{eq}=\frac{16}{3D}\cdot a+\frac{32v}{D^2}\cdot m \tag{6-43}$$

因此，在膏体管内流动过程中，根据其阻力损失的时间变化特点，可划分为不稳定流动和稳定流动两个阶段，如图 6-9 所示。在不稳定流动阶段，阻力损失由 i_s逐渐减小至 i_{eq}，稳定段阻力损失保持为 i_{eq}，阻力损失达到平衡时的时间为 t_e。对于长距离管道输送，膏体在管道内流动持续时间较长，而料浆阻力达到稳定状态的时间相比较短，因此，在确定管道阻力损失时，应以稳定阻力值 i_{eq}作为设计依据。

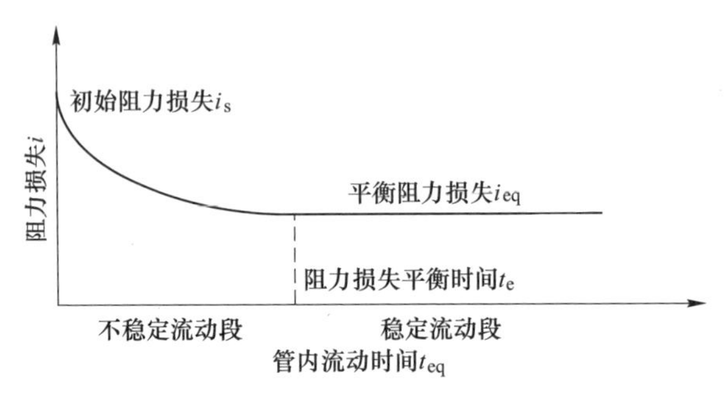

图 6-9　阻力损失随时间变化曲线

6.3.3　触变对启动阻力的影响

在矿山充填过程中，常常因为机械故障或人为原因造成系统工作中断，即输送停泵的问题。对于传统的分级尾砂充填，一旦停泵发生，则固体颗粒很快便会在管道中发生沉降，进而造成堵管事故，甚至导致整条管路的报废。膏体具有较好的稳定性，颗粒可以在管内长时间保持悬浮，因而在系统重新启动后可以继续输送。输送系统能否启泵成功关键取决于两方面，一是在水泥水化作用下膏体将逐渐固结，若停泵时间过长，水化作用完全，则最终将导致管道堵塞，膏体在管内的固结时间因水泥配比及尾砂的矿物成分而各有不同，需通过相关实验测定；另一方面，膏体具有较强的触变性，静置过程中由于未受到剪切作用，其内部结构逐渐恢复，浆体屈服应力及黏度等流变参数随之增大，从而造成停泵再启时的系统阻力往往大于正常输送，一旦阻力超过额定泵压，则最终导致系统重启失败。

6.3.3.1　再启过程数学描述

系统重启过程中，管内料浆随压力波 a_m的传递由前往后顺序启动。如图 6-10 所示，假定管道启动流量为 Q，t 时刻压力波传播到截面 A 处。此时 A 左侧的料浆已经启动，右侧的一段料浆正在启动，压力波作用下使其在 Δt 内，使长为

$a_m\Delta t$ 的一段料浆由静止达到流量 Q 的运动状态，产生加速度。而截面 B 右侧的料浆仍处于静止状态。因此，t 时刻的启动阻力由两部分组成，截面 A 左侧流动料浆的摩阻压降和使其右侧 $a_m\Delta t$ 长管段产生加速度的惯性压降。

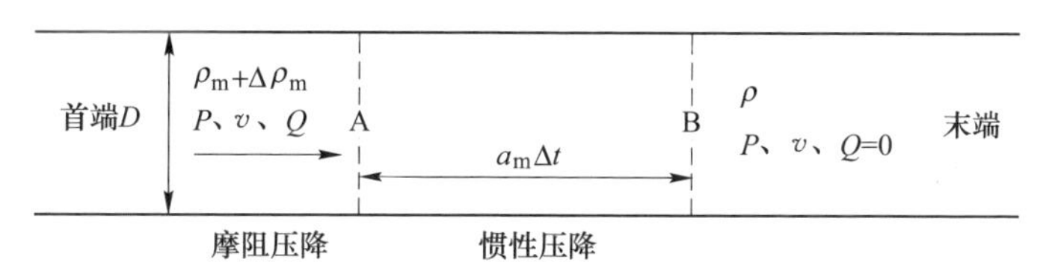

图 6-10 管道输送停泵再启过程示意图

6.3.3.2 惯性压降

假设图 6-10 中压力在 t 时刻传播到截面 A，此时压力为 p，料浆流速为 v。经过 Δt 后，压力波传播到截面 B。则在压力波由 A 到 B 的过程中，其间料浆由静止达到速度 v，密度增大为 $\rho_m+\Delta\rho_m$。取 AB 段管道进行研究，设管内膏体的体积为 V，表面积为 S，直径为管道内径 D，长为 $a_m\Delta t$。则沿轴向非稳定流动过程中的动量方程为：

$$\sum F = \frac{\partial}{\partial t}\int_V \rho_m v\mathrm{d}V + \int_S \rho_m v\mathrm{d}q \tag{6-44}$$

式中，左边为作用于该体积的所有轴向外力之和，包括表面力和体积力；右边第一项是该体积中料浆轴向动量的时间变化率，第二项是单位时间流出与流入该体积料浆的轴向动量差。假设料浆与管壁间无摩擦力，则轴向外力之和为 $\sum F = \pi D^2 p/4$，管段内料浆轴向动量的时间变化率为 $\pi D^2 a_m \rho_m v/4$，单位时间内流入料浆的轴向动量为 $\pi D^2(\rho_m + \Delta\rho_m)\cdot v^2/4$，上述数据代入式（6-44）得：

$$p = \rho_m v a_m - (\rho_m + \Delta\rho_m)v^2 \tag{6-45}$$

式中，a_m为压力波传播速度，m/s；根据韩文亮[17]等对似均质浆体压力波的研究有：

$$a_m = \sqrt{\frac{E_h/\rho_m}{1 - C_V + \frac{E_h}{E_s}C_V + \frac{E_h\cdot D}{E_p\cdot e}}} \tag{6-46}$$

式中，a_m为浆体的压力波传播速度，m/s；E_s为固体颗粒的弹性模量，Pa；E_h为浆体的体积压缩弹性模量，Pa；E_p为管壁弹性模量，Pa；D 为管道内径，m；e 为管道壁厚，m；

由于压力波传播速度 a_m远远大于料浆流速 v，因此略去右边第二项得到启动压力为：

$$p = \rho_m v a_m = \frac{4Q\rho_m a_m}{\pi D^2} \tag{6-47}$$

式中，v 为启动流速，m/s；Q 为启动流量，m^3/s。

因为没有考虑料浆与管道之间的摩擦力，式（6-47）中的启动压力只是使料浆由静止达到一定流速，即产生加速度，故称该压力为惯性压降。

6.3.3.3　摩阻压降

要使料浆在管道内流动，不仅需要使其产生加速度，还须克服料浆与管壁间的摩擦阻力，即摩阻压降。对于牛顿流体，其阻力损失是恒定的，但膏体是触变性流体，其阻力损失是随时间变化的，料浆流动时间越长，则阻力损失越小。系统启动过程中，当管道末端料浆流出时，表明整个管道内的料浆均开始流动，此时管道末端料浆刚刚屈服，管壁剪切应力τ_w近似等于料浆的屈服应力τ_y，管内压力最大。而首端料浆已流动剪切一段时间，管壁剪切应力较τ_y小。如果料浆的触变性较强，初始剪切应力比平衡剪切应力相差较大，则启动压力的计算必须考虑触变性的影响。

根据式（2-94），在流量 Q 一定的条件下，由 $\dot{\gamma} = 8v/D$ 知剪切速率 $\dot{\gamma}$ 恒定，此时剪切应力τ仅是与剪切时间 t 相关的函数，其数学表达式可变换为：

$$\tau = \tau_{eq} + (\tau_y - \tau_{eq}) \cdot (a + b \cdot e^{-ct}) \tag{6-48}$$

式中，τ_{eq}为在剪切速率 $\dot{\gamma}$ 条件下，膏体最终达到的平衡剪切应力，Pa；τ_y为屈服应力，Pa；τ为任意时刻的剪切应力，Pa；a，b，c 为正无量纲系数。

当系统停泵再启时，管道首端料浆首先发生屈服流动。当再启时间 $t=L/a_m$ 时，压力波传播到管道末端，末端料浆开始屈服启动，流动剪切时间接近于零，而首端已经流动剪切了一段时间 L/a_m秒。若压力波传播速度 a_m沿管道不变，则管中各点料浆的剪切流动时间与其至首端的距离相反，距离越远，剪切时间越短。令 l 为某点至管道首端的距离，则该点料浆在管道启动时经历的剪切时间为 $(L-l)/a_m$。把 $t=(L-l)/a_m$ 代入式（6-48）中，即得到管壁剪切应力沿管道长度的分布函数为：

$$\tau = \tau_{eq} + (\tau_0 - \tau_{eq}) \cdot \left(a + b \cdot e^{-c \cdot \left(\frac{L-l}{a_m}\right)}\right) \tag{6-49}$$

假设再启时的流量保持不变，即管壁剪切速度近似恒定，在距离 l 处取一段长度为 dl 的料浆柱，其截面积为 $\pi D^2/4$，料浆两端压差为 dp，料浆管壁间的剪切应力为τ_w，由受力平衡分析得：

$$dp = \frac{4\tau_w}{D} dl \tag{6-50}$$

当 $t=L/a_m$时，整条管道刚刚启动，此时的阻力损失最大：

$$p_{max} = \int_0^L \frac{4\tau_w}{D} dl \tag{6-51}$$

将式（6-50）代入式（6-51）中得：

$$p_{max} = \frac{4}{D}\int_0^L [\tau_{eq} + (\tau_0 - \tau_{eq}) \cdot (a + b \cdot e^{-c \cdot (\frac{L-l}{a_m})})] dl \tag{6-52}$$

对式（6-52）进行积分得到触变性料浆摩阻压降的表达式：

$$p_{max} = \frac{4\tau_{eq}}{D}L + \frac{4}{D}a \cdot (\tau_0 - \tau_{eq}) \cdot L + \frac{4}{D} \cdot \frac{b \cdot a_m}{c} \cdot (\tau_0 - \tau_{eq}) \cdot (1 - e^{-\frac{cL}{a_m}}) \tag{6-53}$$

6.3.3.4 启动阻力计算

因触变性流体启动压力峰值为惯性压降与摩阻压降之和，由式（6-47）及式（6-53）得：

$$p_{max} = \frac{4Q\rho_m a_m}{\pi D^2} + \frac{4\tau_{eq}}{D}L + \frac{4}{D}a \cdot (\tau_0 - \tau_{eq}) \cdot L + \frac{4}{D} \cdot \frac{b \cdot a_m}{c} \cdot (\tau_0 - \tau_{eq}) \cdot (1 - e^{-\frac{cL}{a_m}}) \tag{6-54}$$

式中，右边第一项为惯性压降，使料浆产生加速度；第二项为摩阻压降，克服流动过程中料浆与管壁间的摩擦阻力；第三、四项为触变性的附加压降，用于破坏管壁附近浆体的结构。

当管道较短时，有：

$$e^{-\frac{cL}{a_m}} \approx 1 - \frac{cL}{a_m} \tag{6-55}$$

则式（6-55）可变换为：

$$p_{max} = \frac{4Q\rho_m a_m}{\pi D^2} + \frac{4\tau_{eq}}{D}L + \frac{4}{D}(\tau_0 - \tau_{eq})(a + b) \cdot L \tag{6-56}$$

由式（6-56）可知，重启过程中，如采用较大流量 Q 进行启动，则管内惯性压降较大，系统阻力较大；反之采用较小的流量进行启动，再逐渐增加至正常流量，则降低了管内的惯性压降，系统阻力降低。因此，在实际泵送操作过程中，启泵初始阶段应采用较小的流量，再逐渐增加至额定流量。

6.4 管道输送的时-温效应

膏体的流变特征除了受自身物料特殊性的影响外，外界因素（温度、时间等）的变化，也会引起流变参数的响应。膏体应用地域范围广，同时输送深度及输送距离差异性大，导致膏体料浆的输送时间及温度存在较大差异。对时-温效应下膏体料浆流变参数变化机理的研究，使流变参数预测模型具有更高的普适性。膏体料浆的时-温效应对理解和掌握充填料浆的流变行为至关重要，若能有效利用料浆的时-温效应，可以优化输送模型，降低输送风险[18]。

6.4.1　屈服应力的时-温效应

屈服应力随时间和温度的变化规律可用如图 6-11 所示的理想模型进行描述。

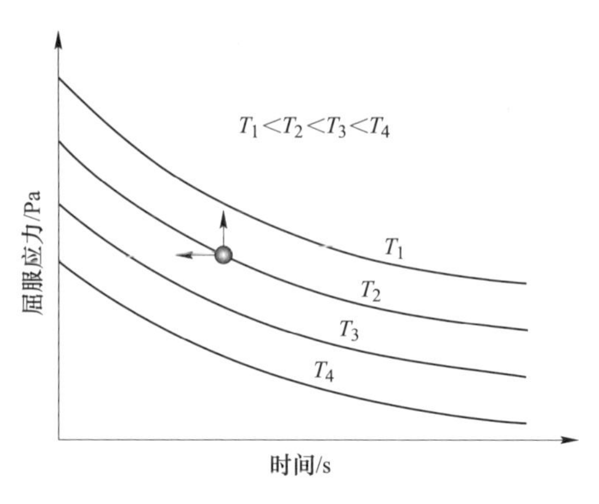

图 6-11　屈服应力时-温效应理想模型

根据时-温等效原理，同一温度线上某一时刻的屈服应力可以通过平移或竖移其他温度线上的点得到。根据屈服应力随温度变化呈负指数形式的变化特征，温度 T_n、时间 t_n时刻的屈服应力可用参考温度 T_0、时间 t_0时刻的应力值表示，如式（6-57）所示：

$$t_n = t_0 + c_1 \cdot (T_n - T_0) \tag{6-57}$$

触变条件下料浆屈服应力的变化过程可用如下函数表征：

$$\tau_y(t) = \tau_{y0} \cdot e^{-kt} \tag{6-58}$$

式中，$\tau_y(t)$ 为屈服应力随时间变化值，Pa；τ_{y0}为触变前屈服应力，Pa；k 为触变时间参数；t 为触变平衡时间，s。

将式（6-57）代入到式（6-58）中，得到时-温效应下的屈服应力计算模型，如式（6-59）所示：

$$\tau_y(t,T) = \tau_{y0}(t_0,T_0) \cdot \exp\{-k[t + c_1 \cdot (T - 30)]\} \tag{6-59}$$

式中，$\tau_{y0}(t_0,T_0)$ 为触变初始时刻，参考温度 T_0下的屈服应力，Pa；$\tau_y(t,T)$ 为触变 t 时刻，温度 T 时的屈服应力，Pa；c_1为回归系数。

6.4.2　塑性黏度的时-温效应

塑性黏度随时间和温度的变化规律可用如图 6-12 的理想模型进行描述。

根据塑性黏度随温度线性变化的特征，温度 T_n、时间 t_n时刻的塑性黏度可用参考温度 T_0、时间 t_0时刻的塑性黏度值表示，如式（6-60）所示：

$$\eta_B(t,T) = \eta_{B0}(t_0,T_0) - m[t + c_2 \cdot (T - 30)] \tag{6-60}$$

式中，$\eta_{B0}(t_0,T_0)$ 为触变初始时刻，参考温度 T_0下的塑性黏度，Pa · s；$\eta_B(t,T)$ 为触变 t 时刻，温度 T 时的塑性黏度，Pa · s；c_2为回归系数。

6.4.3　基于时-温效应的管阻模型

将式（6-59）中考虑时-温效应的屈服应力计算模型及式（6-60）中考虑时-

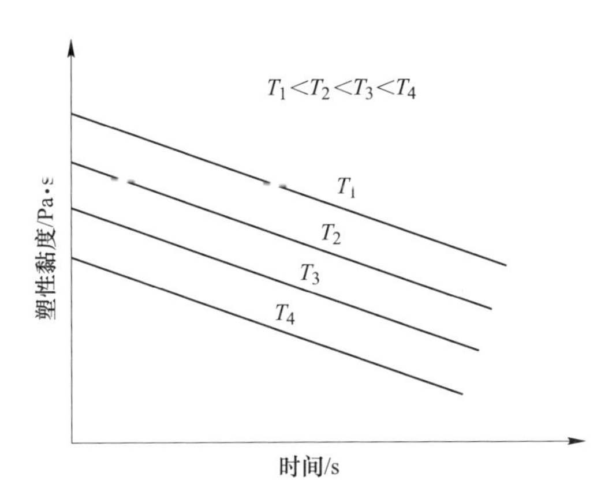

图 6-12 塑性黏度时-温效应理想模型

温效应的塑性黏度计算模型代入到式（6-35）中，得到了考虑时-温效应的沿程阻力计算公式，如式（6-61）所示：

$$\begin{cases} i(t,T) = \dfrac{16}{3D}\tau_{y0} \cdot \exp\{-k[t + c_1 \cdot (T - 30)]\} + \dfrac{32v}{D^2} \cdot \{\eta_{B_0} - m[t + c_2 \cdot (T - 30)]\}, & t \leqslant t_{总} \\ i(t,T) = i(t_{总},T), & t > t_{总} \\ t_{总} = a \cdot \left(\dfrac{C_V}{\phi}\right) \ln(b \cdot C_V) \cdot \exp\left(-\dfrac{T - 30}{c_3}\right) \end{cases} \tag{6-61}$$

式中，τ_{y0}，η_{B0}，k，m，c_1，c_2，c_3均为常数，可通过料浆触变性实验求得。

该模型中既考虑了物料特性（体积分数、膏体稳定系数、密度）对沿程阻力的影响，也考虑了输送条件（流速、管径）对阻力的影响，同时对外加场（温度、时间）引起的变化也进行了分析。不同矿山根据自身设计特点在应用该模型时，通过简单的流变实验即可获取模型参数，不需要进行大量复杂的测定，即可计算出不同工况下的沿程阻力。

在进行阻力分析及压力计算时，由于材料配比既定，输送温度也认为是不变参量，沿程阻力可看成是时间的函数，令 $\lambda_1 = \dfrac{16\tau_{y0}}{3D} \cdot \exp[-kc_1(T-30)]$，$\lambda_2 = \dfrac{32vm}{D^2}$，$\lambda_3 = \dfrac{32v}{D^2} \cdot [\eta_{B0} - mc_2(T-30)]$，则式（6-61）可以写为：

$$i(t) = \lambda_1 e^{-kt} - \lambda_2 t + \lambda_3, \quad t \leqslant t_{总} \tag{6-62}$$

假设管道沿程流速不变，则管道压力损失可表示为：

$$dp = i(t)d(vt) = \lambda_1 e^{-kt}d(vt) - \lambda_2 t d(vt) + \lambda_3 d(vt), \quad t \leqslant t_{总} \tag{6-63}$$

对式（6-63）进行积分，得到管道沿程总压力损失：

$$p(t) = -\frac{\lambda_1 v}{k}e^{-kt} - \frac{\lambda_2 v t^2}{2} + \lambda_3 v t + C, \quad t \leqslant t_{总} \tag{6-64}$$

当 $t=0$ 时，总压力损失处于边界条件，此时 $p(0)=0$，代入到式（6-64），得到：$C=\frac{\lambda_1 \cdot v}{k}$，将 C 值代入式（6-64）中，得到管道沿程总压力损失：

$$p(t) = -\frac{\lambda_1 v}{k}e^{-kt} - \frac{\lambda_2 v t^2}{2} + \lambda_3 v t + \frac{\lambda_1}{k}v, \quad t \leqslant t_{总} \tag{6-65}$$

由于膏体触变性的存在，根据公式推演，流速分布特征可以用图 6-13 进行描述。随着输送时间的持续，流变参数减小，剪切流区径向范围逐渐增大，柱塞流区逐渐减小。经历 t_1 时间后，料浆在管道中的流态趋于稳定，柱塞流区不再随时间的增加而减小。剪切流区和柱塞流区之间的边界层趋于稳定。

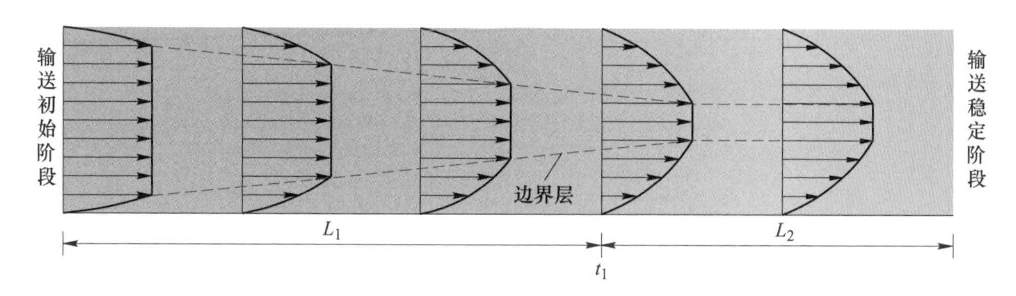

图 6-13　时变条件下的流速分布特征

6.5　管道输送的壁面滑移效应

研究表明，高浓度悬浮液的流动过程中往往存在壁面滑移、剪切带以及剪切诱导迁移等局部流动行为。其中，流体在管内流动过程中于管壁处形成一层厚度极小、黏度极低的流层，从而导致流体与壁面间存在滑移运动，这种现象称为管壁滑移[19]。大量关于水煤浆、污泥等高浓度细颗粒浆体的管道流动研究已经证实了管壁滑移现象的存在，同时发现其对流动阻力具有重要的影响作用[20]。相关学者在高浓度充填料浆的研究中也提到了管壁滑移现象，但仅仅是进行了定性的描述，没有开展更深入的分析[21]。综上所述，有理由推断，膏体管内流动也必然存在管壁滑移行为，且对管流阻力具有十分重要的影响作用。只有综合考虑膏体流变性质及其壁面滑移效应的双重作用，才能实现管流阻力的精确计算。

6.5.1　壁面滑移效应的形成机理

壁面滑移是指流动过程中流体和与之接触的固体壁面之间存在的相对运动。壁面滑移现象广泛存在于各种非牛顿流体的流动过程中，其形成机理主要包括真实滑移、表观滑移和负滑移。研究表明[22]，高浓度细颗粒悬浮液的壁面滑移为表观滑移。它形成的主要来源有两方面，一种称作静态滑移效应，如图6-14（a）所示，其是指固体壁面附近的颗粒不能有效地填充壁面附近空间，导致壁面上形成黏度较低、厚度很薄的液体层（即滑移层），这种滑移层在浆体不流动时也会存在。另一种则与浆体流动过程中的颗粒迁移有关，称之为动态滑移效应，如图6-14（b）所示，即浆体在管内流动时，沿径向剪切率是变化的，壁面处最大，中心处为零，不均匀流场下固体颗粒由管壁向中心发生径向迁移，靠近壁面颗粒的布朗运动被限制，从而在管壁处形成一层黏度极低的滑移层。

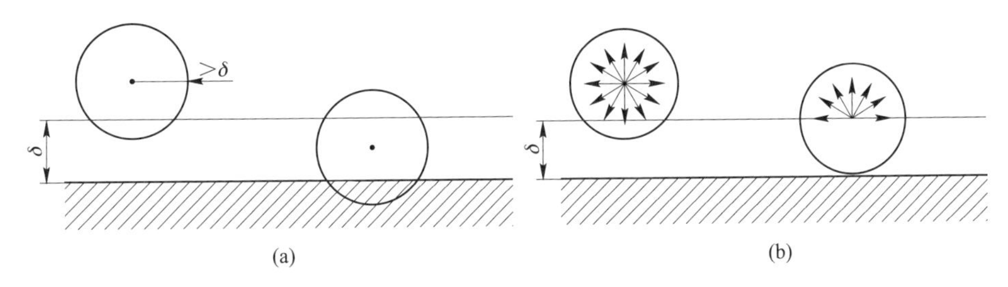

图6-14 悬浮液表观滑移的形成机理
（a）静态滑移效应；（b）动态滑移效应

Soltani[22]研究发现，滑移层厚度随固相粒度的增大而成比例增大，但不随温度变化，且其在较低的 ϕ/ϕ_m 值下为零，在 ϕ/ϕ_m 达到某临界值后突然增加，其中 ϕ 和 ϕ_m 分别为浆体中固体的体积分数和极限体积分数，ϕ/ϕ_m 表示浆体中固体颗粒的最大填充率。Kalyon[23,24]采用扫描电镜和荧光分析法观察到浆体与壁面之间滑移层的存在，其厚度在 2~30μm 之间，且滑移层厚度取决于浓度和颗粒直径，与流速、流动通道几何特性无关。他还针对滑移层厚度的影响因素，综合了Erol、Aral 及 Yilmazer 等人对铅粉、碳化硅、玻璃粉、硫酸铵等多种典型高浓度悬浮液滑移特征的研究结果，获得了如下经验关系：

$$\frac{\delta}{d_p} = 1 - \frac{\phi}{\phi_m} \tag{6-66}$$

式中，δ 为滑移层厚度，d_p 为颗粒的调和平均粒径。对于相同样品，滑移层厚度与其体积分数呈线性相关。式（6-66）的构建参考了大量样本数据，最大填充率 ϕ/ϕ_m 的取值范围为 0.17~0.94，具有较好的参考价值。

6.5.2 膏体管内滑移流动分析

6.5.2.1 管内滑移流动结构

由于膏体屈服应力大，黏度高，管道输送中一般为层流运动。根据表观滑移理论[25]对膏体管内层流进行如下假设：（1）滑移层内流体在管道壁面上满足无滑移条件；（2）滑移层厚度极小，不影响浆体主体部分的黏度特性；（3）滑移层厚度在壁面上处处相同，且不受管径大小影响；（4）层流条件下，管道中心到壁面的剪切应力沿径向成线性变化。综上所述，膏体在圆管内层流条件下的流动结构如图 6-15 所示，浆体径向剪切应力τ按线性分布，壁面处最大，中心处为零。对于屈服应力为τ_y的流体，假设当 $r=r_0$时，有$\tau=\tau_y$，即 $r_0=\tau_y \cdot R/\tau_w$，$\tau_w$为管壁切应力；设滑移层厚度为$\delta$，则 $r_1=R-\delta$。在 $0<r<r_0$范围内，有$\tau<\tau_y$，此时膏体内部无剪切变形，各点流速相同，即为柱塞流动区；在 $r_0<r<r_1$范围内，有$\tau>\tau_y$，膏体发生剪切流动，即为剪切流动区；在 $r_1<r<R$ 范围即为颗粒迁移形成的滑移层，称其为滑移流动区。

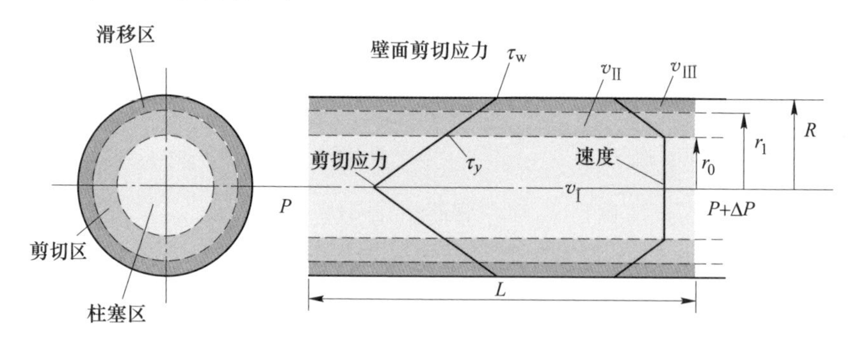

图 6-15　膏体管内流动结构

6.5.2.2　膏体管内流速分布

在滑移流动区内，流体黏度较低，可将其视为牛顿流体，则有$f(\tau)=\tau/\eta$，其中 η 为滑移流体（可视为清水）的黏度。由于流体在径向上的切应力τ呈线性分布，有 $\tau=\tau_w r/R$，r 为滑移区内任意点半径。则滑移区内的流速分布为：

$$v_{\mathrm{III}}(r)=\int_r^R f(\tau)\,\mathrm{d}r=\frac{\tau_w}{2R\eta}\cdot(R^2-r^2)\quad (r_1<r<R) \tag{6-67}$$

表观滑移理论中，对滑移速度 v_{slip}的定义为：剪切流动区和滑移层连接处的速度与管道内壁的速度差。则有：

$$v_{slip}=\frac{\tau_w}{2R\eta}(R^2-r_1^2) \tag{6-68}$$

如图 6-15 所示，滑移层厚度为δ，$r_1=R-\delta$，代入式（6-68）中。由于δ值较小，相比管径 R 趋近于 0，忽略高次项后滑移速度表达式为：

$$v_{slip}=\frac{R\cdot\tau_w}{2\eta}\left[2\left(\frac{\delta}{R}\right)-\left(\frac{\delta}{R}\right)^2\right]\approx\frac{\delta\tau_w}{\eta} \tag{6-69}$$

在剪切流动区内，将膏体视为 Bingham 流体，即有 $f(\tau)=\dfrac{\tau-\tau_y}{\eta_B}$，其中 η_B 为膏体的塑性黏度，则剪切区内流速分布为：

$$v_{\text{II}}(r)=v_{slip}+\int_r^{r_1}f(\tau)\,dr=v_{slip}+\frac{\tau_w}{2R\eta_B}\cdot(r_1-r)^2\quad(r_0<r<r_1)\tag{6-70}$$

式（6-70）中，当 $r=r_0$ 时即为柱塞流区的流速，有：

$$v_{\text{I}}(r)=v_{slip}+\frac{\tau_w}{2R\eta_B}\cdot(r_1-r_0)^2\quad(0<r<r_0)\tag{6-71}$$

6.5.2.3 膏体管内流量分布

根据前述分析，膏体管内流动的流量 Q 分别由滑移区流量 Q_{III}、剪切区流量 Q_{II} 以及柱塞区流量 Q_{I} 三部分叠加而成。对于柱塞区有：

$$Q_{\text{I}}=\pi r_0^2\cdot v_{\text{I}}=v_{slip}\cdot\pi r_0^2+\frac{\pi\Delta p}{4L\eta_B}(R^2r_0^2-2Rr_0^3+r_0^4)\tag{6-72}$$

在剪切区和滑移区，由于流速及剪应力在径向上的分布保持连续，则 Bingham 流体在管道内层流流量为：

$$\begin{aligned}Q_{\text{II}}+Q_{\text{III}}&=\int_{r_0}^{R}v_{\text{II}}\cdot 2\pi r\,dr\\&=v_{slip}\cdot\pi(R^2-r_0^2)+\frac{\pi\Delta p}{4L\eta_B}\left(\frac{R^4}{2}-\frac{2R^3r_0}{3}-R^2r_0^2+2Rr_0^3-\frac{5r_0^4}{6}\right)\end{aligned}\tag{6-73}$$

综上所述，膏体管内滑移流动的实际流量为：

$$Q=v_{slip}\cdot\pi R^2+\frac{\pi\Delta pR^4}{8L\eta_B}\left(1-\frac{4r_0}{3R}+\frac{r_0^4}{3R^4}\right)\tag{6-74}$$

6.5.3 膏体滑移流动的管阻计算

基于膏体管内滑移流动的流量公式（6-74），其中 $r_0/R<1$，略去高次项，变换为：

$$Q=v_{slip}\cdot\pi R^2+\frac{\pi\Delta pR^4}{8L\eta_B}\left(1-\frac{4}{3}\cdot\frac{r_0}{R}\right)\tag{6-75}$$

式（6-75）中 $\dfrac{r_0}{R}=\dfrac{\tau}{\tau_w}$，$\dfrac{\Delta p}{L}=\dfrac{2\tau_w}{R}$，则变换为：

$$\frac{4v}{R}=\frac{4v_{slip}}{R}+\frac{\tau_w}{\eta_B}-\frac{4}{3}\cdot\frac{\tau_y}{\eta_B}\tag{6-76}$$

式（6-76）中 v 为管内流动的平均流速，$4v/R$ 为平均剪切速率，结合式（6-69），式（6-76）变换为：

$$\left(\frac{8\delta\eta_B}{D\eta}+1\right)\cdot\frac{D}{8v}\cdot\tau_w=\left(1+\frac{\tau_y D}{6v\eta_B}\right)\cdot\eta_B \tag{6-77}$$

令：$\eta_e=\left(1+\frac{\tau_y D}{6v\eta_B}\right)\cdot\eta_B$，$\beta_c=\frac{\delta}{\eta}$，$\eta_e$称之为有效黏度，$\beta_c$为滑移系数，则式（6-77）变换为：

$$\frac{\Delta p}{L}=\frac{64}{\left(\frac{8\beta_c\eta_B+D}{D}\right)\cdot\left(\frac{D\rho_m v}{\eta_e}\right)}\cdot\frac{\rho_m v^2}{2D} \tag{6-78}$$

令：$Re_c=\frac{Dv\rho_m}{\eta_e}$，$X=\frac{8\beta_c\eta_p+D}{D}$，$Re_s=X\cdot Re_c$，$f_{slip}=\frac{64}{Re_s}$

则将式（6-78）变换为范宁阻力公式的形式：

$$i_m=\frac{\Delta p}{L}=f_{slip}\cdot\frac{\rho_m v^2}{2D} \tag{6-79}$$

式（6-79）即为膏体管内滑移流动的阻力公式。

参考文献

[1] 王新民，古德生，张钦礼．深井矿山充填理论与管道输送技术［M］．长沙：中南大学出版社，2010.

[2] 王少勇，吴爱祥，尹升华，等．膏体料浆管道输送压力损失的影响因素［J］．工程科学学报，2015，（1）：7~12.

[3] Wu A X, Ruan Z E, Wang Y M, et al. Simulation of long-distance pipeline transportation properties of whole-tailings paste with high sliming［J］. Journal of Central South University, 2018, 25: 141~150.

[4] Niroshan N, Sivakugan N, Veenstra R L. Flow Characteristics of Cemented Paste Backfill［J］. Geotechnical & Geological Engineering, 2018, 36（4）: 2261~2272.

[5] Kwak M, James D F, Klein K A. Flow behaviour of tailings paste for surface disposal［J］. International Journal of Mineral Processing, 2005, 77（3）: 139~153.

[6] Ichrak H, Mostafa B, Abdelkabir M, et al. Effect of cementitious amendment on the hydrogeological behavior of a surface paste tailings' disposal［J］. Innovative Infrastructure Solutions, 2016, 1（1）: 19.

[7] Deschamps T, Benzaazoua M, Bruno Bussière, et al. Laboratory study of surface paste disposal for sulfidic tailings: Physical model testing［J］. Minerals Engineering, 2011, 24（8）: 794~806.

[8] 岳湘安．液-固两相流基础［M］．北京：石油工业出版社，1996.

[9] Atapattu D D, Chhabra R P, Uhlherr P H T. Creeping sphere motion in Herschel-Bulkley fluids: flow field and drag［J］. Journal of Non-Newtonian Fluid Mechanics, 1995, 59（2~3）:

245~265.

[10] Merkak O, Jossic L, Magnin A. Spheres and interactions between spheres moving at very low velocities in a yield stress fluid [J]. Journal of Non-Newtonian Fluid Mechanics, 2006, 133 (2-3): 99~108.

[11] 颜丙恒，李翠平，吴爱祥，等. 膏体料浆管道输送中粗颗粒迁移的影响因素分析 [J]. 中国有色金属学报，2018，28（10）：2143~2153.

[12] PULLUM L, BOGER D V, SOFRA F. Hydraulic mineral waste transport and storage [J]. Annual Review of Fluid Mechanics, 2017, 50 (1): 157~185.

[13] 白晓宁，胡寿根. 固液两相流管道水力输送的研究进展 [J]. 上海理工大学学报，1999，（4）：366~372.

[14] Pullum L. Pipelining tailings, pastes and backfill. Paste07 [C] //Proceedings of the Tenth International Seminar on Paste and Thickened Tailings, Perth, Australia. 2007: 13~15.

[15] 吴爱祥，刘晓辉，王洪江，等. 考虑时变性的全尾膏体管输阻力计算 [J]. 中国矿业大学学报，2013，42（5）：736~740.

[16] 韩文亮，费祥俊，任裕民. 关于浆体水击压力波波速的实验研究 [J]. 水利学报，1990，11：41~47.

[17] 程海勇. 时-温效应下膏体流变参数及管阻特性 [D]. 北京：北京科技大学，2018.

[18] Mooney M. Explicit formulas for slip and fluidity [J]. Journal of Rheology, 1931, (2): 210~223.

[19] 冯民权，张丽，张晓斌，等. 复杂流体壁面滑移特性研究及其测量 [J]. 西安建筑科技大学学报，2011，（2）：209~210.

[20] 吴爱祥，程海勇，王贻明，等. 考虑管壁滑移效应膏体管道的输送阻力特性 [J]. 中国有色金属学报，2016，26（1）：180~187.

[21] 张磊，王洪江，李公成，等. 膏体管道壁面滑移特性研究进展及趋势 [J]. 金属矿山，2015，（10）：1~5.

[22] Soltani F, Ülkü Yilmazer. Slip velocity and slip layer thickness in flow of concentrated suspensions [J]. Journal of Applied Polymer Science, 1998, 70 (3): 515~522.

[23] Kalyon D M, Yaras P, Aral B, et al. Rheological behavior of a concentrated suspension: A solid rocket fuel simulant [J]. Journal of Rheology, 1993, 37 (1): 35~53.

[24] Kalyon D M. Apparent slip and viscoplasticity of concentrated suspensions [J]. Journal of Rheology, 2005, 49 (3): 621~640.

[25] 陈良勇，段钰锋，刘猛，等. 壁面滑移条件下水煤浆的流动阻力和减阻特性 [J]. 中国电机工程学报，2010，30（5）：41~48.

7 充填体流变行为

膏体充填的最终目的是根据采矿需求来控制地压以确保安全开采。充填体的稳定性与耐久性是衡量充填材料是否符合井下开采要求的重要标准。充填体作为一种“人工低强度类岩石”，其流变行为的研究是工程实践的重要内容。膏体充填至井下，固结稳定后，在应力、渗流、温度等多因素耦合作用下，将进入一个漫长的流变期，其水化特征、强度特征、变形特征等将会发生缓慢变化，这种改变对于充填体的长期稳定服役有很大影响[1]。目前，关于充填体流变行为的研究，国内外研究主要集中于充填体蠕变方面，对充填体的应力松弛、长期强度、弹性后效和流动等涉足相对较少。

为此，本章通过分析膏体流变学与岩石流变学的联系与区别，基于第 2 章的金属矿膏体流变学体系框架提出了膏体的广义流变学，重点探讨了膏体固结后——充填体的流变行为，并在此基础上结合国内外充填体流变的相关研究成果，对充填体流变特性进行简要阐述。

7.1 膏体的广义流变学

7.1.1 膏体与岩石流变学的关联

如前所述，流变学是研究材料流动和变形的科学，其研究对象包括流体和固体，也包括流体与固体之间的材料如悬浮体等。其主要任务是研究材料的物性，通过实验和理论的方法建立材料的流变状态方程，即本构方程。根据材料的分类，形成了流变学的各个分支。固体力学中研究的黏、弹、塑性变形问题，以及流体力学中涉及的非牛顿流体力学问题均属于流变学范畴。固体力学与流体力学作为连续介质力学的两大主要学科，这两门学科的起源分别依据胡克定律以及牛顿黏性定律，在以后的发展中，固体力学与流体力学的研究内容逐渐变得成熟与丰富起来，从研究物性的线性理论发展到非线性本构理论，从单一的弹性与黏性研究逐步发展到黏、弹、塑性相互结合，从小变形理论到有限变形理论，从古典物体模型到微结构理论等。尤其是 1945 年之后从理性力学与连续介质力学发展来的理性连续介质力学与流变学的相结合，极大推动了流变学向新的科学高度发展，为研究固体力学中的黏、弹、塑性变形与非牛顿流体的流动问题提供了力学基础上的支持。流变学、固体力学、流体力学所研究问题的交叉关系如图 7-1 所示。

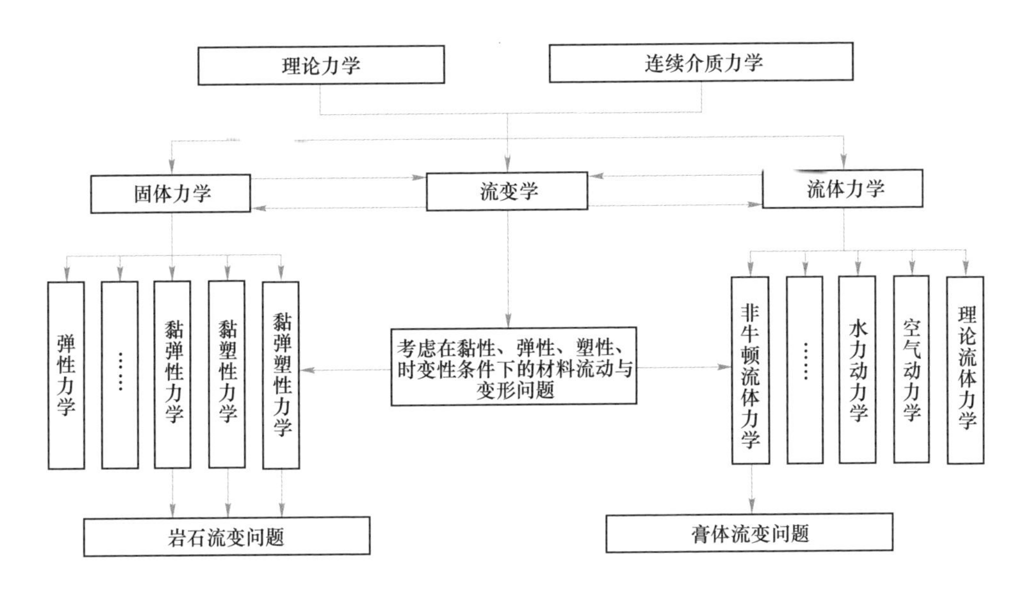

图 7-1 流变学、流体力学、固体力学交叉关系示意图

从图 7-1 可以发现，流变学的主要研究对象包含了固体力学与流体力学中的部分内容。岩石流变问题从属于相关的固体力学分支（黏弹性力学、黏塑性力学、黏弹塑性力学等）下的相关学科，膏体流变学问题主要从属于流体力学分支下的非牛顿流体学科。二者均属于流变学的研究范畴。

7.1.1.1 岩石流变问题

对于固体力学而言，流变学研究的内容主要体现在黏性与塑性上，塑性变形是不可恢复的，固体在发生塑性变形时的变形问题与变形过程中考虑时间因素的黏性效应是流变学在固体力学中研究的主要问题。具体涉及固体力学分支下的：黏弹性力学、黏塑性力学、黏弹塑性力学、弹/黏塑性力学等。可以采用弹性元件、黏性元件、塑性元件来相应的组合模型进行描述。岩石流变问题主要讨论的是岩石与时间相关的变形特性，或者说是岩石的时效性，主要包含三部分的内容：岩石的蠕变、岩石的应力松弛以及岩石的长期强度。岩石的流变性能主要以研究岩石在一定的环境力场作用下与时间有关的变形、应力和破坏的规律性为主。岩石会发生流变的主要原因是在长期环境力场作用下岩石矿物组构（骨架）随时间不断调整。可见时间因素（黏性）体现出了岩石的流变性。常见的岩石流变模型有 Maxwell 体流变模型、Kelvin 体流变模型、Bingham 体流变模型、Burgers 体流变模型、西原体流变模型等。固体流变学所研究的相关概念如表 7-1 所示。

表 7-1　固体流变学的相关研究概念

固体力学分支	变形特性	本构关系理论	常见流变模型	常见流变特性
黏弹性力学（具体区分为线性与非线性，这里以线性为例）	在变形过程中既具有弹性固体的性质又具有黏性流体的性质，其变形与时间相关决定于应变率，材料的应变与应力相应取决于变形历史，材料具有记忆性，此外黏弹行为也受到温度场影响	材料的本构关系主要为微分型与积分型两大类	Maxwell 体与 Kelvin 体等	蠕变；应力松弛；弹性后效
黏塑性力学	物体在外载荷的作用下应力状态达到某临界值时，发生屈服和流动现象，变形速率又与介质的黏性相关时，可以称之为黏塑性体，流动问题变得复杂的多需要考虑塑性条件和屈服准则，加载和卸载条件，强化或应变硬化规律等因素	以屈服条件存在为前提的本构方程有两类：增量理论或者流动理论；形变理论或全量理论	Bingham 体	蠕变；屈服变形
黏弹塑性力学（弹/黏塑性力学）	黏弹性材料在应力达到一定值时呈现出塑性变形，在弹性变形过程中与塑性变形阶段均具有黏性效应（弹/黏塑性体忽略弹性阶段的黏性效应）需要考虑时间与载荷历程同时相关来研究应力-应变-时间关系，同样需要考虑复杂的塑性特性。（在某些特殊条件下材料的弹性变形很小而在塑性阶段有明显的黏性效应，则可以采用黏塑性模型）	本构关系复杂众多，如：Malvern 公式、小应变细观理论、有限变形细观理论、无屈服面理论等	在 Burgers 体或西原体等流变模型基础上串联或并联符合相应流变本构关系中屈服准则的塑性元件	蠕变；应力松弛；弹性后效；屈服变形

7.1.1.2　膏体流变问题

流变学另一研究领域集中在非牛顿流体流变学中。非牛顿流体作为流体力学的一个重要分支，是流变学的重要组成部分。流变学概念的正式提出也是为了研究固体塑料和高分子熔体的物理力学性质，由美国的化学工程师 Eugene C. Bingham 首次提出。随着后来的发展，流变学所研究的范畴也逐渐扩展正如图 7-1 所示，不再局限于流体的流变学研究，纳入了固体流变学，但是目前在流变学领域比较活跃的分支是非牛顿流体流变学。如本书前文所述，非牛顿流体最突出的特点是剪切应力和剪切速率不满足线性关系。非牛顿流体力学研究始于 Maxwell 提出的线性黏弹性模型，即是固体力学中的黏弹性模型。由于黏弹性的非牛顿流体只属于非牛顿流体的一部分，非牛顿流体力学的真正大范围发展是在二战后，理性连续介质力学和流变学的结合推动了非牛顿流体力学的发展，其研究的范围从单一的黏弹性非牛顿流体也逐步扩展到广义的非牛顿流体与有时效性的非牛顿流体中，并且在黏弹性非牛顿流体中也由最开始的线性黏弹性理论研究扩展到非线性黏弹性理论研究。理性连续介质力学与流变学的结合为流变学研究提供了坚实的理论基础。膏体的流变学主要是研究在一定条件下剪切应力与剪切速率的变化规律，同时研究适合膏体流动规律的流变模型，其基本的研究手段与非牛顿流体力学相同。

7.1.1.3 岩石流变与膏体流变的比较

从上述分析可见，岩石流变学与膏体流变学都属于流变学的研究范畴。对于岩石力学而言：流变学主要涉及岩石内的应力-应变速率（应变）-时间之间的关系；对于膏体而言：流变学主要涉及剪切应力-剪切速率（流动速度）-时间之间的关系。在不考虑岩石流变现象与膏体流变现象时，普通的弹性力学与流体力学，认为变形是无限小的，物体内相邻两点之间距离的变化，与这两点之间的原始距离的比较，应该是一个无限小的量。而在目前岩石流变学与膏体流变学的研究假设下，由于考虑了非线性的变形问题，它将对已有的变形理论进行发展，引入有限变形理论来研究相邻两质点的相对位置的变化及其变化速率。因此岩石流变与膏体流变具有相同的变形理论基础，也如前文所述具有相同的力学基础（理论力学与连续介质力学）。

至于岩石流变与膏体流变的主要区别在于所研究的物态与所研究的主要物理现象上。岩石流变学主要是固体的流变问题，虽然在变形过程中考虑了黏性的概念，但是岩石流变过程中固体所具有的弹性影响较大。岩石流变学是以研究固态在一定的温度、压力等特殊外界条件下的变形与破坏现象为主（塑性变形、弹性变形以及塑性变形引起的流动）；膏体流变学是非牛顿流体的流变问题，主要考虑膏体黏性流动与超过屈服应力时的塑性流动问题，相应的黏性在膏体流变问题中影响较大，膏体虽有一定的弹性现象，但通常影响不大。膏体流变学与岩石流变学虽属于流变学体系具有相同的力学理论基础，一些流变模型也相同，但是所研究的对象岩石、膏体由于物态的差别，黏性、弹性、塑性所表现出的程度差异与研究时所对应的问题背景不同，这是岩石流变学与膏体流变学最主要的不同点。这里以 Bingham 流变模型为例来说明流变学科中岩石流变学与膏体流变学研究的主要区别。

岩石 Bingham 流变模型主要研究岩石的应力与应变随时间变化的关系，岩石的 Bingham 流变模型公式如式（7-1）所示：

$$\begin{cases} \varepsilon = \dfrac{\sigma}{k},\ \dot{\varepsilon} = \dfrac{\dot{\sigma}}{k}, & \sigma \leqslant \sigma_0 \\ \dot{\varepsilon} = \dfrac{\dot{\sigma}}{k} + \dfrac{\sigma - \sigma_0}{\eta}, & \sigma > \sigma_0 \end{cases} \tag{7-1}$$

式中，σ 为岩石应力；ε 为岩石应变；$\dot{\sigma}$ 为应力对时间的导数；$\dot{\varepsilon}$ 为岩石的应变速率；σ_0 为屈服强度；k 为岩石的刚度系数；η 为广义黏度系数。

当 $\sigma = \sigma_{\mathrm{const}} > \sigma_0$ 时岩石应变速率为：

$$\dot{\varepsilon} = \frac{\sigma_{\mathrm{const}} - \sigma_0}{\eta} \tag{7-2}$$

对式（7-2）进行积分并取 $t=0$ 时，$\varepsilon = \frac{\sigma_0}{k} = A$ ，所以岩石 Bingham 体流变模型的蠕变方程为：

$$\varepsilon = \frac{\sigma_{\mathrm{const}} - \sigma_0}{\eta}t + \frac{\sigma_0}{k} \tag{7-3}$$

可见岩石 Bingham 体的蠕变曲线为一条截距为 $\frac{\sigma_0}{k}$ 的直线。

当 ε_0 恒定时，$\dot{\varepsilon} = 0$，则在 $\sigma > \sigma_0$ 条件下，式（7-1）变为：

$$\frac{\dot{\sigma}}{k} + \frac{\sigma - \sigma_0}{\eta} = 0 \tag{7-4}$$

对式（7-4）进行积分，取 ε_0 恒定时为时间的积分起点，此时 $\sigma_1 = \sigma|_{t=0}$ ，积分常数为 $B = \sigma_1 - \sigma_0$，则可得岩石 Bingham 体流变模型的应力松弛方程为：

$$\sigma = \sigma_0 + (\sigma_1 - \sigma_0)\mathrm{e}^{-\frac{k}{\eta}t} \tag{7-5}$$

由式（7-5）可知岩石 Bingham 体流变模型在应力松弛过程中，其岩石的应力值不会降低至 0 而是无限接近岩石的屈服强度 σ_0。

岩石的 Bingham 流变模型存在蠕变与应力松弛的现象，主要研究了岩石变形随时间的变化规律，岩石的 Bingham 流变模型的抽象物理模型为一个弹簧元件与一个理想塑性体元件（一个黏性元件与一个塑性元件并联）串联而构成。岩石 Bingham 流变模型中岩石还是主要以固态形式进行考虑，虽然模型中存在塑性元件与黏性元件但是岩石不可能类似于膏体的 Bingham 体流变模型那样研究流动问题并存在剪切速率的概念，所以岩石 Bingham 流变模型侧重于岩石的变形研究。岩石流变学与膏体流变学中 Bingham 流变模型的比较如表 7-2 所示。

表 7-2　岩石流变学与膏体流变学中 Bingham 流变模型的比较

流变学类别	Bingham 流变模型	主要研究的变量关系	研究物质的主要状态	表现的主要物性	流变特性	流变影响因素
岩石流变学	$\begin{cases} \varepsilon = \frac{\sigma}{k},\ \dot{\varepsilon} = \frac{\dot{\sigma}}{k},\ \sigma \leqslant \sigma_0 \\ \dot{\varepsilon} = \frac{\dot{\sigma}}{k} + \frac{\sigma - \sigma_0}{\eta},\ \sigma > \sigma_0 \end{cases}$	$\sigma - \dot{\varepsilon}(\varepsilon) - t$	固体为主，主要研究变形问题	弹性、黏性、塑性	屈服变形；蠕变；应力松弛	温度、围压、时间、岩石物理性质等

续表 7-2

流变学类别	Bingham 流变模型	主要研究的变量关系	研究物质的主要状态	表现的主要物性	流变特性	流变影响因素
膏体流变学	简单情况： $\begin{cases}\tau = \tau_0 + \eta_0\dot{\gamma}, & \tau > \tau_0 \\ \dot{\gamma} = 0, & \tau \leqslant \tau_0\end{cases}$ 复杂情况： $\tau = \tau_0(\dot{\gamma}, t) + \eta_0(\dot{\gamma}, t)\dot{\gamma}$	$\tau - \dot{\gamma}(\gamma) - t$	流体为主，主要研究流动问题	黏性、塑性	屈服流动；剪切稀化；稳定流动；应力松弛（复杂情况下）	温度、流速、膏体物理性质、管道几何尺寸与材质等

由表 7-2 可见，尽管同为 Bingham 流变模型，但是岩石流变学与膏体流变学在同一条件描述下会表现出不同的流变特性，或者同一流变特性会在不同的条件描述下（如应力松弛）出现。

7.1.2 充填体流变特性

充填体作为矿山开采之后的一种“人工低强度类岩石”回填体，其力场环境与变形特点均与岩石、特别是软岩有很多类似之处。在岩石流变学基础上，本书基于金属矿膏体流变学的框架，提出了面向膏体固结状态——充填体的“广义流变学”，即充填体在受到应力、渗流、温度等外部因素单一或耦合作用时所体现出来的力学性质与时间之间的关系，称为膏体的广义流变特性。

当膏体料浆在采场中固结形成充填体后，与周边岩体构成统一的地质体，在受到地质作用、采动作用或其他外界因素影响时，充填体经过一段时间的变形之后可能会处于相对稳定的状态，也可能一直处于长期缓慢变形之中（蠕变）。此时，如果作用于充填体的外界因素发生变化，如矿柱资源的回收、井下工程的施工等，充填体可能会发生一定的快速变形，进入另一阶段的稳定或蠕变之中；但也可能发生力学状态的根本改变，由小变形发展为大变形，由静态过程转变为动态过程。这种状态或过程的转变，主要是充填体内场量的改变和相互作用，导致原来充填体的流变轨迹发生改变。

从宏观上看，有时充填体会产生较大变形，致使其周围工程结构丧失功能，或充填体产生新的裂隙、裂纹，并逐渐扩展或快速发展直至破坏，以致充填体产生整体失稳。从细观和微观上讲，充填体内部力场与环境场相互作用致使其内部结构发生改变，物理和力学特征出现异常，进而导致各种宏观效应和现象出现。因此，以充填体为工程主体或以充填体为工程环境而建造的工程，常常与岩体结构相互依存，相互作用，保持平衡。而充填体的流变性，又使这些工程受到充填体材料和岩体结构产生的随时间的变形、应力松弛、时效强度和流变损伤断裂等影响，造成工程结构与环境介质发生长期变形，结果可能由小的变形发展到大的变形，由静态、准静态转化为动态的位移与运动，导致工程结构局部或整体破坏失稳[1]。

充填体流变学就是研究在应力、水压、温度等外部因素作用下，充填体结构与时间相关的力学行为、本构关系、失稳与破坏规律。它主要包括实验方法、理论分析、数值模拟及工程应用等方面的研究。目前虽然相关学者对充填体流变学开展了一定的研究[2~7]，但这些研究主要集中于充填体的蠕变特性研究方面，为此系统地研究充填体流变行为，对进一步充实充填体流变理论、促进充填体流变理论的工程应用、有效评价充填体工程的长期稳定服役具有重要的价值与意义。

7.2 充填体流变测试方法

7.2.1 测试方法类型

充填体流变实验主要包括细观和宏观两大方面，目前以蠕变实验为主。其中细观蠕变实验研究借助显微镜、扫描电子显微镜、工业 CT、声发射系统来直接或间接地观察试样的细微结构，用细观机理来解释充填体蠕变现象；宏观蠕变实验以室内蠕变实验为主，现场蠕变实验还未见到相关研究报道。

现场蠕变实验结果能较好地反映充填体材料的节理、裂隙等结构特征的影响，进行现场蠕变实验的仪器主要有承压板仪、直剪仪、收敛仪、多点位移计、测斜仪等。对于充填体，目前室内的蠕变实验仪器分两大类：一是直接施加剪力的实验仪器，如直接剪切（平动）仪和扭剪（扭转）仪；还有一类是间接利用单轴/三轴压缩或拉伸荷载进行蠕变的仪器，有压缩蠕变仪、拉伸蠕变仪和弯曲蠕变仪[8]。

蠕变实验有分别加载和分级加载两种加载方式，如图 7-2 所示。分别加载是对于同一种充填体的若干试样，在完全相同的仪器和完全相同的实验条件下，进行不同应力水平下的蠕变实验，从而得到不同应力应变水平下的蠕变曲线。理论上说，分别加载能较好符合蠕变实验所需的条件，且能直接得到蠕变全过程曲线，但完全相同的实验条件和多套完全相同的仪器同时来做长时间的蠕变实验是很难实现的，适用于有多台相同实验仪器且实验条件相同的蠕变实验。分级加载是在同一试样上逐级加上不同的应力，即在某一级应力水平下让充填体蠕变给定的时间，然后将应力水平提高到下一级的水平，直到所需的应力水平测量完成。但它假定试样满足线性叠加原理，需要用包尔茨曼叠加原理叠加来获得完整的曲线，不能模拟试样的非线性特性；且获得的蠕变曲线是阶梯型的，不便于实际工程应用，还必须采用“坐标平移”法来获得和分别加载相似的曲线。

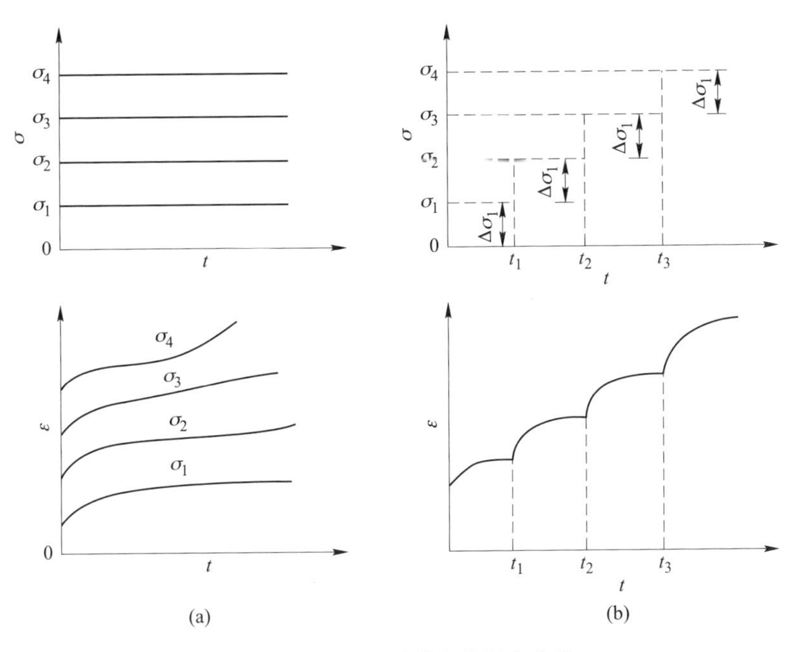

图 7-2 典型的充填体加载蠕变曲线
（a）分别加载得到的蠕变曲线；（b）分级加载得到的蠕变曲线

7.2.2 典型的测试方法

典型的测试方法如下：

（1）压缩测试方法。在充填体蠕变特性研究中主要采用的方法为压缩测试方法，具体可以分为单轴压缩实验和三轴压缩实验。单轴压缩实验通常可分为在现有材料压缩机上实验和应用自制单轴压缩蠕变仪进行实验。如国内学者采用 WDW-50 型微机控制电子万能试验机开展了不同应力水平下高水充填材料的蠕变实验[9]，采用 BY80/120 岩石流变扰动流变仪研究了浆体膨胀材料充填体的蠕变特性[1]，采用岛津 AG-X250 电子万能试验机研究了充填膏体蠕变硬化特征[10]，采用自制的单轴压缩蠕变仪研究了粉煤灰地质聚合物充填体的蠕变特性[11]，采用自制简易蠕变仪研究了充填体的蠕变本构模型[3]，研究仪器结构如图 7-3 所示。

与单轴压缩实验相比，采用三轴压缩试验来开展充填体的研究相对较少，文献［6］采用 TAW-2000 电液伺服岩石三轴试验机研究充填体的蠕变特性。试件为圆柱形，尺寸为 ϕ50mm×100mm，制成后养护 28 天进行实验，实验加载以单轴压缩实验获得的单轴压缩强度作为实验的依据，实验分为 5 组进行，分别对应 2.5MPa、2.0MPa、1.5MPa、1.0MPa 和 0.5MPa 五个偏应力水平，每组 4 个试件。

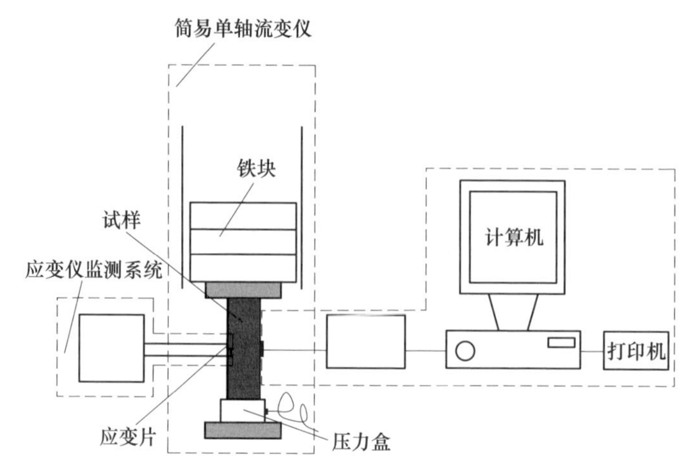

图 7-3　简易蠕变仪结构示意图

（2）直剪测试方法。直剪测试方法相比压缩测试方法应用较少，直剪测试方法可以测试的试样尺寸要大于压缩测试方法。文献［12］采用 RLW-3000 微机控制剪切蠕变试验机进行分级加载条件下的压缩蠕变实验，试样采用规格为 100mm×100mm×100mm 的标准立方体试件。

（3）无损测试方法。无损测试方法主要是在压缩蠕变实验、直剪蠕变实验过程中采用声发射、CT 测试手段来间接分析充填体蠕变过程中的内部结构演化过程。文献［13］在研究废石胶结材料蠕变与循环载荷条件下变形破坏机理时，采用 SAEU2S 数字声发射检测系统，测试了废石胶结充填体单轴压缩蠕变过程中的声发射事件，间接评价了充填体蠕变过程中内部结构的变化。

7.3　充填体蠕变本构模型

蠕变模型是描述材料蠕变本构关系的方程。建立蠕变模型的理论方法有两种：经验模型理论和元件组合模型理论。

经验模型理论是在蠕变实验的基础上直接拟合蠕变本构关系。根据拟合曲线的特点，经验模型分为幂律型、指数型、对数型、积分型和混合型。根据拟合数据的不同可以分为应力-应变关系模型和应力-应变率关系模型。通过经验方法拟合出的蠕变模型通常受实验干扰较大，得出的关系式不宜用于数值计算。

元件组合模型是通过元件间串联、并联的组合方式得到蠕变模型的方法，因其概念简单、直观，在工程中得到广泛应用。元件模型中比较著名的包括 Maxwell 模型、Kelvin 模型、Burgers 模型、西原模型等，还有在基本模型基础上组合而成的广义模型，包括广义 Maxwell 模型、广义 Kelvin 模型等。下面对目前充填体研究中应用较多的几种模型进行阐述。

7.3.1 西原体模型

黏弹性-黏塑性模型以西原体为代表，这种模型由弹性元件、开尔文体和理想黏塑性体串联而成，能全面地反映岩石的黏弹性-黏塑性特征，如图 7-4 所示。

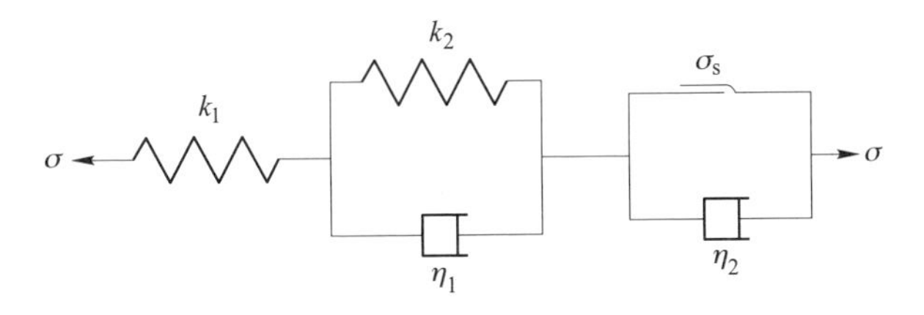

图 7-4 西原体力学模型

西原体模型的本构方程为：

当 $\sigma < \sigma_s$ 时，

$$\frac{\eta_1}{k_1}\dot{\sigma} + \left(1 + \frac{k_2}{k_1}\right)\sigma = \eta_1\dot{\varepsilon} + k_2\varepsilon \tag{7-6}$$

当 $\sigma \geqslant \sigma_s$ 时，

$$\ddot{\sigma} + \left(\frac{k_2}{\eta_1} + \frac{k_2}{\eta_2} + \frac{k_1}{\eta_1}\right)\dot{\sigma} + \frac{k_1k_2}{\eta_1\eta_2}(\sigma - \sigma_s) = k_2\ddot{\varepsilon} + \frac{k_2k_1}{\eta_1}\dot{\varepsilon} \tag{7-7}$$

西原体在应力水平较低时变形较快，一段时间后逐渐趋于稳定成为稳定蠕变，在应力水平大于等于岩石的某一临界值（σ_s）时，逐渐转化为不稳定蠕变。所以西原体的蠕变方程为：

当 $\sigma < \sigma_s$ 时：

$$\varepsilon = \frac{\sigma_0}{k_1} + \frac{\sigma_0}{k_2}\left(1 - e^{-\frac{k_2}{\eta_1}t}\right) \tag{7-8}$$

当 $\sigma \geqslant \sigma_s$ 时：

$$\varepsilon = \frac{\sigma_0}{k_1} + \frac{\sigma_0}{k_2}\left(1 - e^{-\frac{k_2}{\eta_1}t}\right) + \frac{\sigma_0 - \sigma_s}{\eta_2}t \tag{7-9}$$

西原体具有瞬时变形、衰减蠕变、稳态蠕变、弹性后效和应力松弛性质。文献［14］在充填体三轴蠕变实验基础上，分析了充填体的蠕变特性，在实验基础上推导了考虑时间和应力两个变量的损伤演化方程，将损伤变量引入到改进的西原模型中建立了新的本构模型，推导了充填体的三维蠕变本构方程。

研究结果表明：充填体属于黏、弹、塑性材料，具有明显的流变特性。在偏差应力值较小的应力水平下仅有衰减蠕变和稳态蠕变两个蠕变过程；在偏差应力较大时有加速蠕变阶段，蠕变值随偏差应力值的增加而增加，蠕变速率随偏差应力值的增加而减弱。引入损伤的改进西原模型能较好地反映充填体的蠕变规律。

7.3.2　Burgers 模型

黏性-黏弹性-黏弹塑性模型以伯格斯体为代表，这种模型是由马克斯威尔体与开尔文体串联而成，其力学模型如图 7-5 所示。

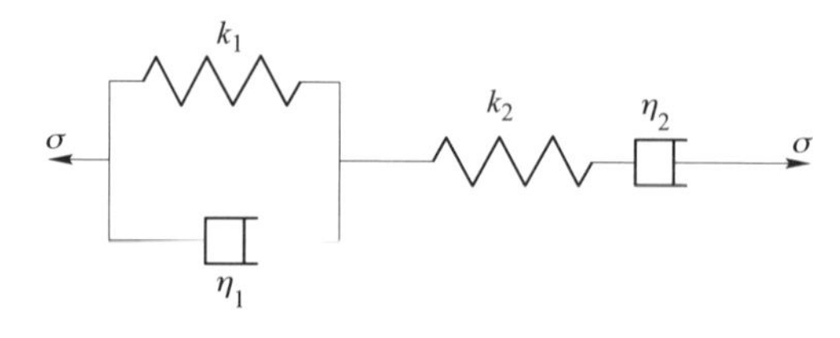

图 7-5　伯格斯体力学模型

伯格斯体在载荷 σ 恒定的条件下，其变形由开尔文体和马克斯威尔体的变形组成，故伯格斯体的蠕变方程为：

$$\varepsilon = \frac{\sigma_0}{k_2} + \frac{\sigma_0}{k_1}\left(1 - e^{-\frac{k_1}{\eta_1}t}\right) + \frac{\sigma_0}{\eta_2}t \tag{7-10}$$

在 $t=t_1$ 时卸载，$\sigma=0$，伯格斯体有一瞬时回弹，之后变形随着时间增加而逐渐恢复，但变形不会恢复到零。伯格斯体蠕变和卸载曲线如图 7-6 所示。

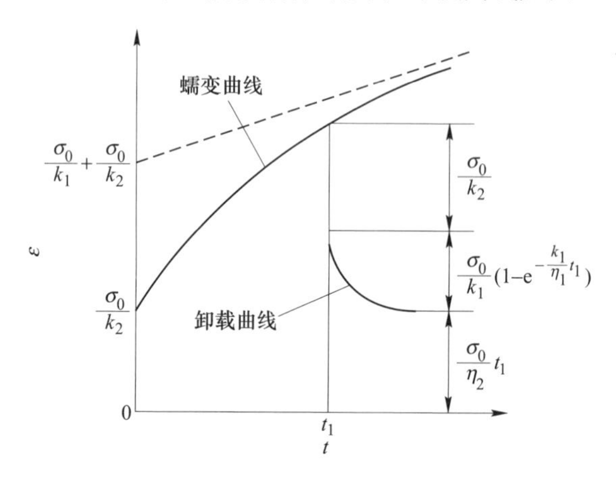

图 7-6　伯格斯体蠕变和卸载曲线

伯格斯体具有瞬时变形、减速蠕变、等速蠕变、应松弛等性质，有弹性后效现象，属于不稳定蠕变。相关学者也将伯格斯模型应用到充填体蠕变特性分析中，如：采用 $FLAC^{3D}$ 软件自带的伯格斯模型模拟了全尾砂胶结充填体衰减和等速蠕变特性，描述出蠕变实验中充填体在不同阶段的变形规律，发现充填体的瞬时变形、蠕变变形和稳定时的应变速率随围压的增加及轴压的减小而减小，充填体蠕变特性受轴压和围压的共同影响[15]；由充填体分级加载条件下的蠕变特性得到，充填体表现出明显的衰减蠕变及等速蠕变阶段，其所表现出的蠕变特性与伯格斯模型相类似[12]。通过在伯格斯模型引入损伤变量 D 对模型进行了修正，更好地描述了充填体蠕变变形特性；选用伯格斯模型研究了充填体的蠕变变形特性，并利用阻尼最小二乘法对模型参数进行拟合，得出了相应模型的理论蠕变曲线[16]。

结果显示：模型的理论蠕变曲线与实验曲线相吻合，伯格斯模型可较好地模拟充填体的蠕变变形特性。目前，充填体蠕变研究中主要还是以伯格斯模型分析为主。

7.3.3 鲍依丁-汤姆逊体

鲍依丁-汤姆逊体（Poyting-Thomson）是黏弹性模型的一种，由一个马克斯威尔体和一个弹性元件并联组成，其力学模型如图 7-7 所示。

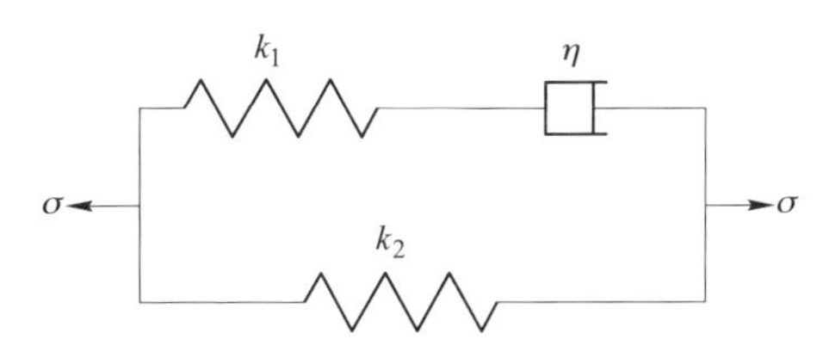

图 7-7 鲍依丁-汤姆逊体力学模型

鲍依丁-汤姆逊体的本构方程为：

$$\dot{\sigma} + \frac{k_1}{\eta}\sigma = (k_1 + k_2)\dot{\varepsilon} + \frac{k_1 k_2}{\eta}\varepsilon \quad (7\text{-}11)$$

鲍依丁-汤姆逊体在恒定载荷 σ 的作用下，首先产生瞬时弹性变形 $\varepsilon = \frac{\sigma_0}{k_1 + k_2}$，随着时间的增加，变形不断增加，当 $t \to \infty$ 时，$\varepsilon \to \frac{\sigma_0}{k_2}$，故其蠕变方程为：

$$\varepsilon = \frac{\sigma_0}{k_2}\left(1 - \frac{k_1}{k_1 + k_2}e^{-\frac{k_1 k_2}{(k_1+k_2)\eta}t}\right) \quad (7\text{-}12)$$

在 $t=t_1$ 时卸载，$\sigma=0$，鲍依丁-汤姆逊体有一瞬时回弹，之后变形随着时间增加逐渐恢复到零。鲍依丁-汤姆逊体的蠕变曲线如图 7-8 所示。

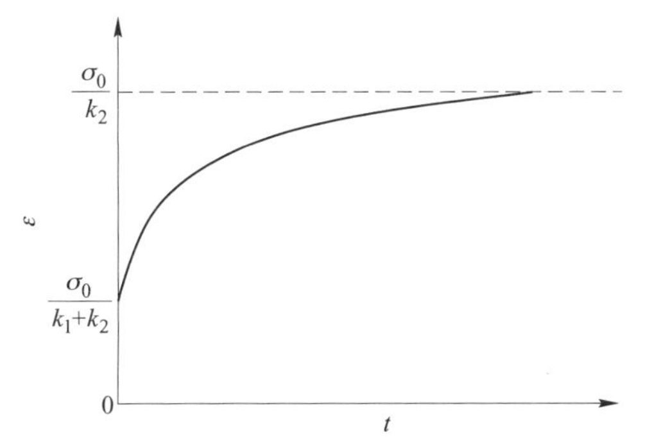

图 7-8 鲍依丁-汤姆逊体蠕变曲线

鲍依丁-汤姆逊体具有瞬时变形、衰减蠕变、弹性后效和应力松弛等性质，属于稳定蠕变。

7.4　充填体蠕变特性

与岩石类似，充填体蠕变过程中包含了典型蠕变的三个阶段：（1）初始蠕变阶段；（2）稳定蠕变阶段；（3）加速蠕变阶段，如图 7-9 所示。有关学者对充填体蠕变特性进行研究，指出在充填体破裂前出现较明显的征兆，在蠕变曲线中有变化速率迅速增大的上翘段。相比于一般岩石，充填体在较低应力水平下会发生明显蠕变，且充填体的蠕变应变占总应变的比例较大[16]。

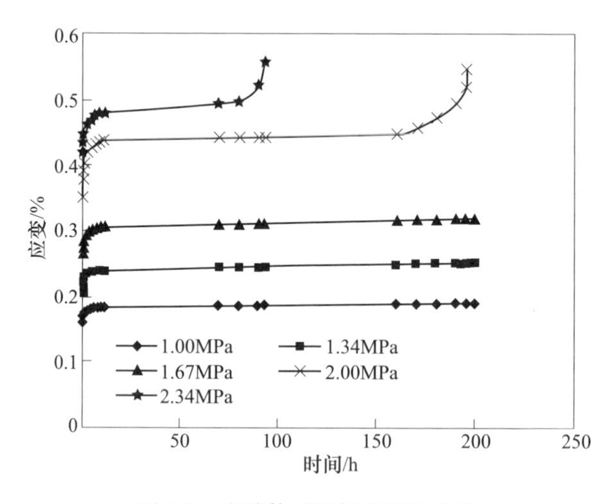

图 7-9　充填体试样蠕变实验曲线

根据充填体蠕变曲线特征，可以将充填体的蠕变过程分成以下几个阶段：

（1）瞬时变形阶段：充填体在加载后在极短的时间内发生了瞬时变形，该阶段的变形为弹性变形，称该阶段为充填体的瞬时变形阶段，其应变值 $\varepsilon_0 = \dfrac{\sigma_0}{E}$。

（2）蠕变开始阶段：在这个阶段内，充填体蠕变速率随着时间的增加而减小，而且递减很快，称该阶段为充填体的初始蠕变阶段或衰减蠕变阶段。应变记作 ε_1。

（3）蠕变第二阶段：在这个阶段充填体蠕变速率随着时间的增加而保持不变，而且在很大的一段应力范围内都比较稳定，称该阶段为稳定蠕变阶段或等速蠕变阶段。应变记作 ε_2。

（4）蠕变第三阶段：此阶段内充填体的蠕变速率以加速形式迅速增加，直至试件破坏，称该阶段为充填体的加速蠕变阶段。应变记作 ε_3。

充填体的全部蠕变变形：

$$\varepsilon_t = \varepsilon_0 + \varepsilon_1 + \varepsilon_2 + \varepsilon_3 \tag{7-13}$$

蠕变实验表明，当在某一恒定载荷持续作用下，其变形量虽然随着时间的增加而有所增加，但蠕变变形的速率则随着时间的增加而减小，最后趋于一个稳定的极限值，这种蠕变称为稳定蠕变。当所受到的载荷较大时，蠕变不能趋于一稳定的数值，而是无限增大直至材料试件破坏，这种蠕变现象称为非稳定蠕变。并不是任何材料在任何应力水平上都存在蠕变的三个阶段，一种材料既可以发生稳定蠕变，也可以发生不稳定蠕变，这取决于所受应力的大小。材料在不同的应力作用下既可能发生非稳定蠕变，又可能发生稳定蠕变，存在一个临界应力，当材料所受应力小于此临界应力时，蠕变按稳定蠕变发展，不会导致材料结构破坏；超过此临界应力时，蠕变向不稳定蠕变发展，并随着时间的增加，将导致材料破坏，通常称此临界应力为材料的长期强度[1]。同一种岩石的蠕变曲线，根据其应力水平，可划分为三种类型（见图 7-10）：

（1）类型Ⅰ(σ')：在低应力水平下，包含衰减蠕变和稳定蠕变，也称为稳定蠕变。这种蠕变不导致材料破坏，材料的蠕变变形会趋于一个恒定值。

（2）类型Ⅱ(σ'')：在中等应力水平下，包含典型蠕变的三个阶段。

（3）类型Ⅲ(σ''')：在较高应力水平下，应变率很高，几乎没有稳态蠕变阶段。

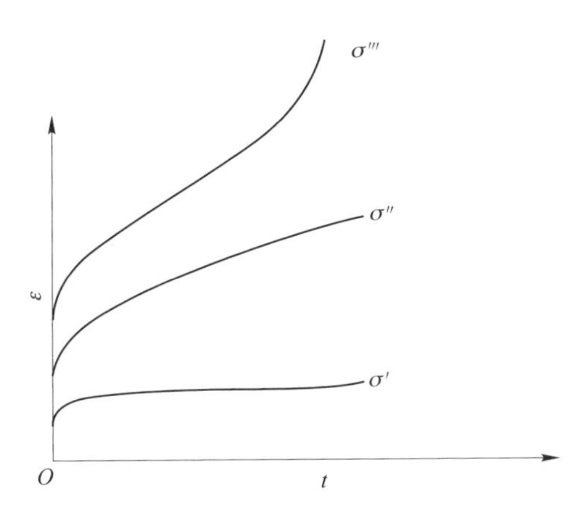

图 7-10 不同应力下的蠕变曲线（$\sigma'<\sigma''<\sigma'''$）

类型Ⅱ、类型Ⅲ都将导致材料破坏，故统称不稳定蠕变。材料蠕变曲线类型也与材料性质有关，强度较大的材料往往表现出稳定蠕变，而强度较小的往往发生不稳定蠕变。材料的蠕变特性除了受应力大小和材料性质影响外，还受围压、加载状态、温度和湿度等因素的影响。

国内外学者在对岩石进行蠕变特征研究过程中，发现损伤和硬化两种机制同时存在。同样在充填体蠕变规律研究中，也存在损伤和硬化两种机制。充填体蠕变损伤时其蠕变强度低于相应的单轴/三轴强度，而充填体蠕变硬化时则蠕变强度略微大于充填体单轴抗压强度。国内多数学者通过实验得到的结论是以充填体蠕变损伤为主，同时也发现了充填体在蠕变过程中强度发生了宏观硬化现象[7,10]。下面分别就这两种充填体的蠕变变化规律进行介绍。

7.4.1　充填体的蠕变损伤

通过开展富水充填材料的蠕变损伤特性实验研究[9]，从 1.5MPa 开始，应力水平每隔 0.01MPa 实验一次。由于应力水平太多，只选取其中 6 种应力水平下的曲线。实验结果如图 7-11 所示。

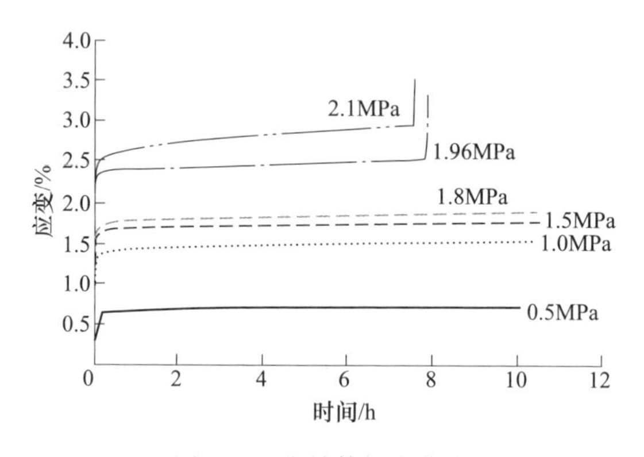

图 7-11　充填体蠕变曲线

7.4.1.1　蠕变实验结果

由蠕变实验结果可知，加载初期蠕变变形发展极为迅速，0.5h 左右，其应变量就已经达到相当稳定状态的 70%左右，加载 3h 后则达到 90%左右，随后进入相对稳定状态。当应力水平较低时，曲线应变速率表现出衰减和稳定两个蠕变阶段，其中衰减阶段试块被迅速压密，持续时间较短，稳定阶段曲线近似为一条直线，持续时间较长；当应力水平达到 1.96MPa 时，蠕变曲线出现第 3 阶段，即加速蠕变阶段，沿轴方向的数条裂缝逐渐扩展贯通，试块最终破坏，曲线迅速上升，持续时间较短。由于第 3 阶段是从 1.96MPa 开始出现的，并且当应力水平增大时均会出现第 3 阶段，因此可将 1.96MPa 视为水固比为 2.0 的富水充填材料发生失稳破坏的临界荷载，为其抗压强度（2.17MPa）的 90%。

采矿工程中，由于上覆岩层、围岩与底板的存在，充填体处于三轴受压状态，围压的存在使得充填体内部裂缝的发展受到限制，因而变形减小，充填体的承载能力较单轴下有所提高。由于加速蠕变阶段变形速度太大，富水充填材料迅速失稳破坏，因此，为了保证充填体的长期稳定性，必须使充填体处于稳定蠕变阶段。富水充填材料的水固比为 2.0 时，其载荷不超过临界荷载（1.96MPa），即抗压强度的 90%时，可保证充填体的稳定。虽然是单轴蠕变实验，所得结论具有一定的局限性，但也能在一定程度上保证充填体在三轴受压状态下的稳定。

7.4.1.2 蠕变损伤演化方程

由于充填体内部结构的损伤，变形模量会随时间的增加而降低。根据部分蠕变实验数据可以得出不同应力水平下不同时刻的变形模量，即正应力与总应变之比，并绘制曲线如图 7-12 所示。

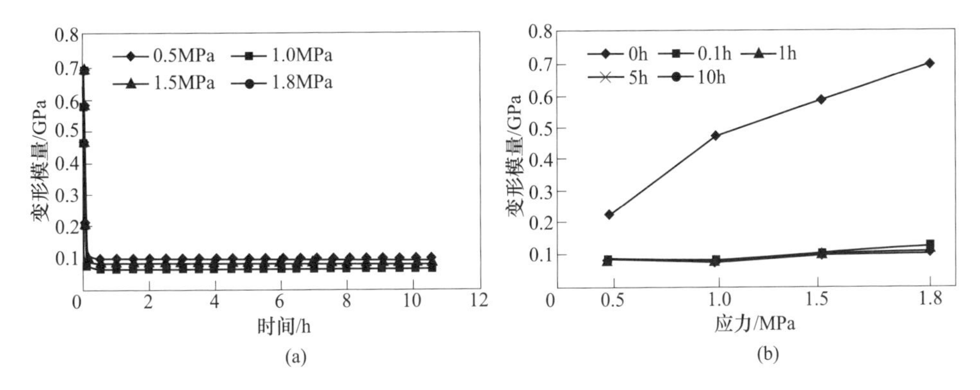

图 7-12 变形模量变化曲线

（a）时间；（b）应力水平

由图 7-12（a）可知，变形模量随时间逐渐弱化并趋向于稳定。对于富水充填材料来说，由于其内部孔隙较多，因此，变形模量不仅与时间有关，还应该与应力水平有关。绘制不同时间下变形模量与应力水平的关系曲线，如图 7-12（b）所示。当时间 t 为 0 时的变形模量即初始变形模量 E_0，随应力水平的增大而增大，拟合后可得：

$$E(\sigma,\ 0) = 1.557\sigma + 0.9986 \tag{7-14}$$

式中，$E(\sigma,\ 0)$ 为 σ 应力水平下初始变形模量，GPa。

图 7-12（b）亦表明，初始变形模量值相对其他时刻变形模量值较大；$t=0$ 时的曲线斜率明显大于其他时刻的曲线斜率，且其他时刻的曲线斜率彼此较为接近；任一时刻变形模量 E_t 随应力水平的增大而增大，且随时间的增加，曲线斜率降低，趋于稳定，说明应力水平对变形模量的影响随时间的延长而减弱。

结合图 7-12，综合考虑时间与应力水平的影响，拟合后可得：

$$E(\sigma,\ t) = 0.9079 + (1.557\sigma + 0.0907)\exp\left(-\frac{t}{0.0619\sigma^2 - 0.1606\sigma + 0.1176}\right) \tag{7-15}$$

其中，$E(\sigma,\ t)$ 为 σ 应力水平下 t 时刻的变形模量，GPa。上式也可以写为：

$$E_t = E_\infty + (E_0 - E_\infty)\mathrm{e}^{-\alpha t} \tag{7-16}$$

其中，E_∞ 为稳定时变形模量；α 为与应力水平有关的材料参数。用充填体变形模量的变化来定义损伤，引入损伤变量 D，由有效应力模型和应变等价原理可以得出：

$$D = 1 - \frac{E_t}{E_0} \tag{7-17}$$

将 E_t 的表达式代入，可得损伤演化方程：

$$D(t) = 1 - \frac{1}{E_0}[E_\infty + (E_0 - E_\infty)\mathrm{e}^{-\alpha t}] \tag{7-18}$$

式中，$D(t)$ 为 t 时刻的损伤变量。

7.4.1.3　蠕变损伤本构方程

充填体的变形模量、黏性等都会随时间的增加而降低，因此，充填体的流变是非线性的。常用的蠕变本构模型中，相对于经验模型，组合模型具有物理意义明确、容易分析、便于研究等优点。选择组合模型中的 Burgers 模型，由 Maxwell 模型与 Kelvin 模型串联而成，具有 4 个可调的参数，蠕变曲线前期特征与 Kelvin 模型相似，后期与 Max-well 模型相似，串联以后可以很好地描述没有加速蠕变阶段的曲线。模型如图 7-13 所示。

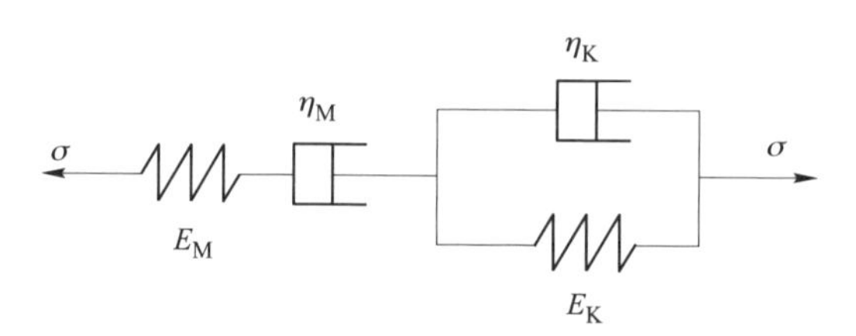

图 7-13　Burgers 模型

该模型没有考虑加速蠕变前的材料损伤，而富水充填材料内部孔隙众多，且强度较低，在应力作用下损伤会较早出现，因此，有必要将损伤考虑到充填体的蠕变本构方程中。将损伤变量引入到 Burgers 模型中，得到改进后的 Burgers 模型，如图 7-14 所示。

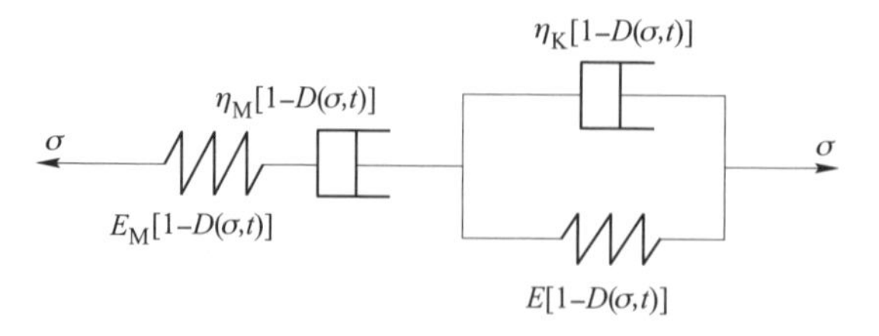

图 7-14　引入损伤变量的 Burgers 模型

Burgers 模型的本构方程为：

$$\varepsilon(t)=\frac{\sigma_0}{E_M}+\frac{\sigma_0}{\eta_M}t+\frac{\sigma_0}{E_K}\left(1-e^{-\frac{E_K}{\eta_K}t}\right) \tag{7-19}$$

式中，ε 为蠕变应变；σ_0 为应力水平；E_M、E_K 为变形模量；η_M、η_K 为黏滞系数。

引入损伤变量 D 后本构方程变为：

$$\varepsilon(t)=\frac{\sigma_0}{1-D(\sigma,t)}\left[\frac{1}{E_M}+\frac{1}{\eta_M}t+\frac{1}{E_K}\left(1-e^{-\frac{E_K}{\eta_K}t}\right)\right] \tag{7-20}$$

改进后的蠕变损伤本构方程，综合考虑了加载时间和应力水平对蠕变参数的影响，反映了参数随时间弱化的现象和材料的损伤劣化规律。

7.4.1.4 参数辨识与曲线拟合

根据实验所得数据与理论推导出的公式，利用最小二乘法并借助 Matlab 求解蠕变损伤模型中的参数，结果见表 7-3。

表 7-3 蠕变损伤模型参数

应力水平/MPa	E_M/GPa	η_M/GPa · s	E_K/GPa	η_K/GPa · s
0.5	0.5151	96.107	673.87	0.00733
1.0	0.5115	74.226	23.20	0.00210
1.5	0.6312	235.60	227.46	0.00274
1.8	0.7352	110.34	49.92	0.00655

由表 7-3 可知，不同应力水平下的 E_K 与 η_M 差别较大，E_M 与 η_K 差别较小。这也说明了变形模量在蠕变前期受应力水平影响较大，后期影响减弱，而黏滞系数相反。将所得参数代入蠕变损伤模型中，得到充填体在不同应力水平下的蠕变损伤本构方程，分别如下：

当应力水平为 0.5MPa 时，本构方程为：

$$\varepsilon(t)=\frac{0.5}{0.33+0.67e^{-\frac{t}{0.05328}}}\left[\frac{1}{0.5151}+\frac{t}{96.107}+\frac{1}{673.87}\left(1-e^{-\frac{676.87}{0.00733}t}\right)\right] \tag{7-21}$$

当应力水平为 1.0MPa 时，本构方程为：

$$\varepsilon(t)=\frac{1.0}{0.15+0.85e^{-\frac{t}{0.01712}}}\left[\frac{1}{0.5115}+\frac{t}{74.266}+\frac{1}{23.2}\left(1-e^{-\frac{23.2}{0.0021}t}\right)\right] \tag{7-22}$$

当应力水平为 1.5MPa 时，本构方程为：

$$\varepsilon(t)=\frac{1.5}{0.15+0.85e^{-\frac{t}{0.01826}}}\left[\frac{1}{0.6312}+\frac{t}{235.6}+\frac{1}{227.46}\left(1-e^{-\frac{227.46}{0.00274}t}\right)\right] \quad (7\text{-}23)$$

当应力水平为 1.8MPa 时，本构方程为：

$$\varepsilon(t)=\frac{1.8}{0.14+0.86e^{-\frac{t}{0.02791}}}\left[\frac{1}{0.7352}+\frac{t}{110.34}+\frac{1}{49.92}\left(1-e^{-\frac{49.92}{0.00655}t}\right)\right] \quad (7\text{-}24)$$

将理论拟合得出的曲线与实验所得曲线进行对比，如图 7-15 所示。结果发现二者相对误差均在 20%以下，且大部分在 1%以下，少数在 1%~10%，只有极少数在 10%~20%。曲线拟合度较高，可以不用再进行修正，说明该模型能够较好地反映充填体失稳破坏前的蠕变变形规律。

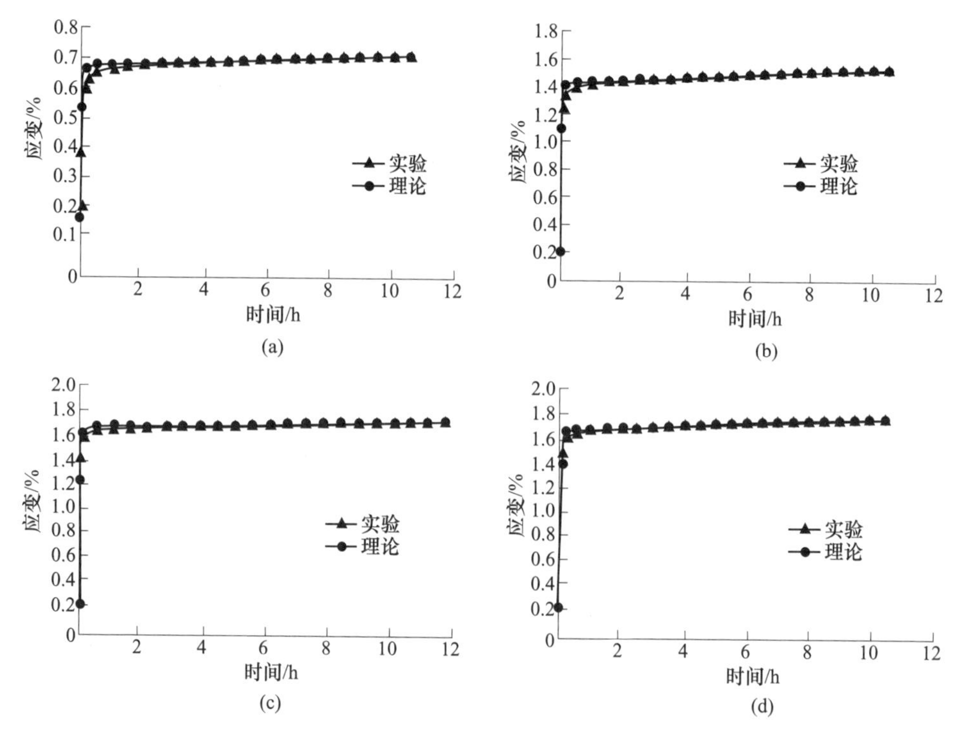

图 7-15 理论与实验对比曲线

(a) 0.5MPa；(b) 1.0MPa；(c) 1.5MPa；(d) 2.0MPa

另外，由于富水充填材料本身的原因，导致进入加速蠕变阶段时过于迅速，因此没有建立反映蠕变第 3 阶段的蠕变损伤模型。但是该模型可以描述富水充填材料在稳定蠕变阶段的损伤劣化规律，反映蠕变损伤对富水充填材料所产生的力学影响。

7.4.2 充填体的蠕变硬化

文献［7］在室内实验过程中发现一个新的现象，由水泥、粉煤灰、煤矸石等材料组成的膏体充填体的蠕变强度略高于单轴抗压强度。具体为按照水泥：粉煤灰：煤矸石质量比为1：4：6、质量浓度为74%制备膏体充填体试件。在室内养护60d后测试得到的平均单轴抗压强度为3.64MPa、平均弹性模量为1436.49MPa。充填体通过蠕变实验后，蠕变强度介于3.85~4.24MPa之间，平均值为4.14MPa，图7-16为蠕变实验试件的应力-应变曲线。研究者认为，随着应力水平逐级提高和变形的增加，充填体试件在单位应力增量下的瞬时应变在大部分时间内是逐级减少的，即试件的瞬时变形模量在大部分时间内是逐级增大的，充填体试件发生了蠕变硬化。

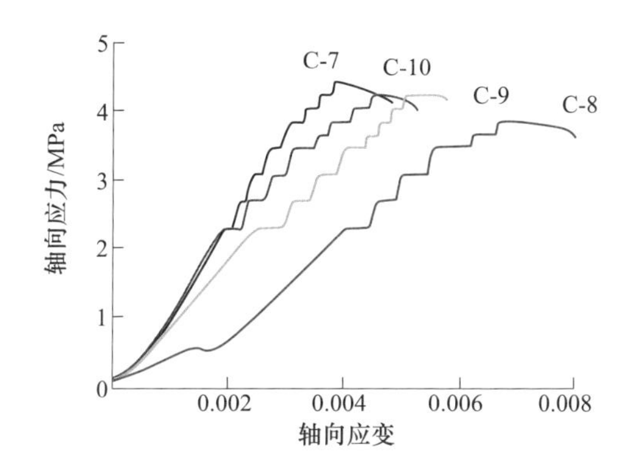

图7-16 蠕变应力-应变曲线

7.4.3 基于蠕变的长期强度

长期强度是充填体受蠕变影响时，由稳定蠕变过渡至不稳定蠕变时的临界应力值。当充填体承受的外界载荷小于该应力值时，充填体都不会发生破坏，即时间因素并不会导致充填体破坏；当充填体承受的外界载荷大于该应力值时，由于流变作用以及充填体强度较低等原因，随着承载时间的延长，充填体可能会发生失稳破坏。国内外对于岩石的流变现象，大多都集中在对蠕变的研究，对于长期强度的研究很少，而对于长期强度的确定方法研究则少之又少，充填体流变特性研究也不例外。目前应用较为成熟、适用性较强的长期强度判定方法主要有：应力-位移等时曲线法、过渡蠕变法、流动曲线法、蠕变曲线第一拐点法、稳态蠕变速率交点法等，其中前两种方法的使用频率较高。当充填体变形进入到稳态蠕变阶段时，变形量随时间的延长可能会趋于收敛，同时也可能继续发展过渡到加速蠕变阶段，致使充填体发生破坏。

基于国内外学者研究得到：当施加应力水平较低时，稳态蠕变速率同样较小，此时试样变形以轴向压缩为主，即轴向蠕变速率要大于横向蠕变速率；而当应力水平较高时，稳态蠕变速率较大，此时变形以横向扩容为主，即横向蠕变速率大于轴向蠕变速率。所以相应地，在该阶段内，两方向的蠕变速率曲线会存在一个交点，视为试样蠕变破坏的临界点，此时材料处于相对平衡的状态；在达到交点之前材料不会产生明显破坏；当超过该交点时就会呈现出较为明显的扩容破坏。基于此原理，将该临界点对应的强度视为充填体的长期强度，以上即为稳态蠕变速率交点法，并采用应力-位移等时曲线法、过渡蠕变法来判定各充填体试样的长期强度，并进行对比分析[17,18]。

7.4.3.1　等时曲线法

等时曲线是指在一组不同应力水平的蠕变曲线中，相等时间所对应的蠕变变形与应力的关系曲线。而等时曲线法是将各等时线的直线向曲线转变，类似屈服应力形成的渐进线所对应的应力值为岩石的长期强度。各等时线的拐点标志着岩石由黏弹性阶段向黏塑性阶段转化。岩石内部结构发生变化，并开始发生破坏。等时曲线法确定岩石的长期强度是目前采用最多的方法，并已引入相关的岩石力学实验规范中。

文献［19］在充填体蠕变实验基础上，选定时间点分别为 0h、0.5h、1h、1.5h、2h、4h，绘制以上时间点的应力与位移的交点连线图，如图 7-17 所示。

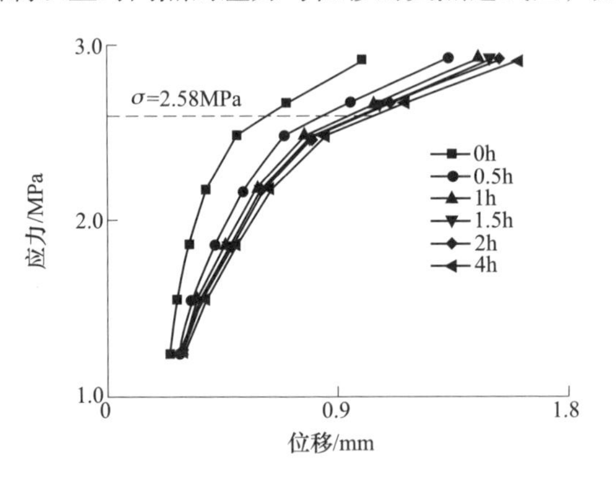

图 7-17　应力-位移等时曲线[19]

由图 7-17 可知，充填体应力-位移等时曲线大致可以分为 3 个阶段：第 1 阶段为线弹性阶段，此时曲线近似表现为线性相关；第 2 阶段为黏弹性阶段，此时应力-位移曲线斜率有所降低，曲线呈现出一定的非线性关系；第 3 阶段为黏塑性阶段，界面在稳态蠕变期间保持的动态平衡被扰动破坏。将从第 2 阶段过渡至第 3 阶段的过程中的转折点所对应的应力作为充填体的长期强度，可得出料浆质量分数为76%、灰砂比为1∶6的充填体试件长期强度为2.58MPa，为其抗压强度的83%。

7.4.3.2 过渡蠕变法

过渡蠕变法认为，稳态蠕变速度为0时的最大荷载可作为岩体的长期强度。该方法基于在低应力、低温度水平下岩石裂纹分析。由于岩石破坏带有扩容效应，而扩容与岩石内部裂纹的不稳定扩展是联系在一起的，岩石内部裂纹的不稳定扩展存在一个应力阈值。当施加的外部荷载低于该应力阈值，岩石不会破坏，高于该值则岩石内部裂纹出现不稳定扩展直至岩石破坏。因此，通过蠕变速率的变化，找出不稳定扩展的应力阈值作为岩石的长期强度，这就是过渡蠕变法确定岩石长期强度的基本思想。在实验中很难直接找到稳态蠕变速度为0所对应的应力水平，通常采用陈氏加载法进行多应力水平下的蠕变实验，分析各应力水平下的蠕变速率与时间的变化规律，来确定岩石长期强度值。

图7-18为充填体稳态蠕变速率与应力关系[19]。从图7-18可以看出，过渡拐点十分明显，结合过渡蠕变法的定义，可确定试件的长期强度值范围，如图7-18中标线所示，其与横轴应力的交点即为长期强度值范畴，可以得出灰砂比为1∶6的充填体试件长期强度取值范围为2.665～2.913MPa，为其抗压强度的86%～94%。

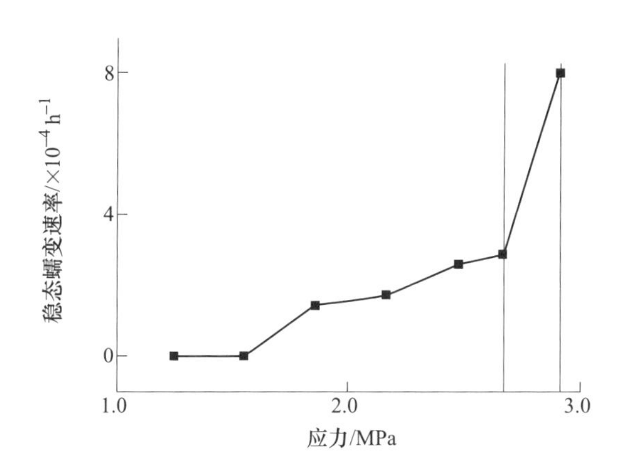

图7-18 稳态蠕变速率与应力关系

7.5 充填体蠕变中的细观结构

充填体是一种人工低强度类岩石，其细观结构决定了其宏观性能，影响着充填体的蠕变特性；其宏观性能发生变化，主要原因是充填体微细观结构发生了变化。随着研究手段的发展，充填体细观结构的研究已经受到国内外学者的重视。

目前用于研究充填体细观结构的仪器设备主要有扫描电镜（SEM）、CT、声发射仪、核磁共振等。

7.5.1 充填体蠕变结构分析

文献［5］对水固比为2.0的富水充填材料28天龄期在不同应力水平下蠕变后的试块进行烘干制样，并进行扫描电镜观测，实验结果如图7-19所示。

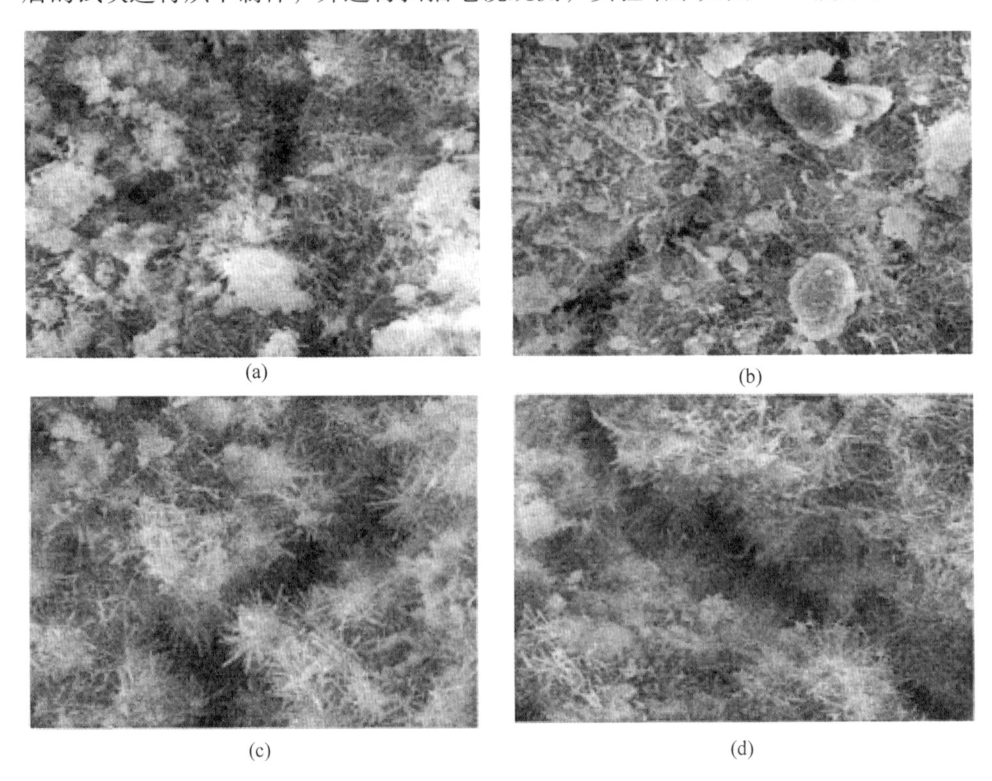

(a) (b) (c) (d)

图7-19 水固比为2.0的充填体28天龄期蠕变后SEM图（5000倍）
（a）0.5MPa；（b）1.0MPa；（c）1.5MPa；（d）2.0MPa

由图7-19可以看出：当荷载水平为其抗压强度的23%（0.5MPa）时，充填体内部产生较少的裂缝；而当荷载水平为其抗压强度的46%（1.0MPa）和69%（1.5MPa）时，充填体内部产生部分贯通裂缝；当荷载水平达到其抗压强度的92%（1.96MPa）时，富水充填材料内部产生多条贯通裂缝，并形成主裂缝。充填体内部的非结合水会在这些裂缝中流动、渗透至充填材料表面，导致内部结构疏松，试块极易失稳。另外，蠕变前细长的钙矾石在不同应力水平下蠕变后变短，这是因为钙矾石晶体在荷载作用下发生断裂所致。

富水充填体在荷载作用下，裂隙不断扩展，并最终出现宏观裂纹，这一过程为充填体损伤效应不断积累，并随时间的延长从损伤单元向周边扩散的过程。当应力水平大于临界荷载时，硬化体内部微裂纹便具备了加速扩展的应力条件，并最终导致硬化体的破坏。荷载作用下充填体处于应力场、损伤场、渗流场和化学场相互耦合的复杂应力状态下。蠕变、水分迁移、腐蚀离子的侵蚀是产生损伤劣化的根本原因。荷载作用下，硬化体内部发生水分迁移，逐渐渗透至表面，硬化体内部形成更多裂纹，裂纹不断扩展，损伤不断加深，同时矿井水通过裂隙侵蚀硬化体加速损伤劣化，最终引起充填体的破坏。荷载作用下富水充填体劣化过程如图 7-20 所示[5]。

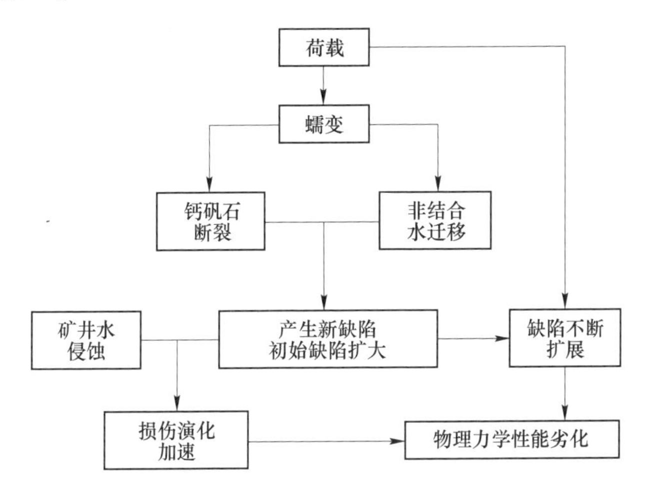

图 7-20　荷载作用下富水充填体劣化过程

结合蠕变损伤机制可知，损伤劣化主要表现为裂缝的产生及发展，力学性能的劣化主要是硬化体内部损伤不断演化的结果。硬化体内部众多微裂纹萌生、扩展、搭接、汇合乃至连通，最终形成贯通裂缝，致使充填体力学特性衰减，物理力学性质发生不可逆劣化，强度及弹性模量降低。

结合水分迁移机制，非结合水在硬化体内部微裂隙中的迁移加速了损伤。荷载与渗流两者的叠加作用会使充填体总损伤加剧。在荷载和渗流的作用下，硬化体内部微缺陷不断产生和扩展，裂隙扩大、增多，其损伤从随机分布的细观缺陷演化到跨尺度的宏观力学性能劣化。不同应力水平下，富水充填材料损伤劣化模式有所不同。低应力水平下富水充填材料劣化模式如图 7-21 所示。水固比大小也是影响充填体损伤劣化的重要因素之一。水固比越高，裂纹越多，且裂纹相对较宽，破坏越早。

应力水平达到一定程度时，出现大量孔隙，破坏以孔隙为主，裂纹为辅。高应力水平下富水充填材料劣化模式如图 7-22 所示。水固比越高，孔隙越大，部分水分逐渐迁移到表面，造成大孔隙的不断形成，同时由于水分大量存在以及充填体密度的不均匀性，水分出现横向迁移，导致孔隙开始串联，最终造成垄沟结构的形成。

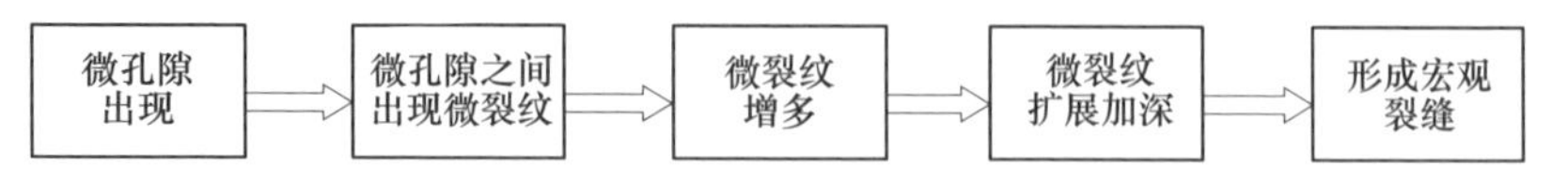

图 7-21　低应力水平下富水充填体劣化模式

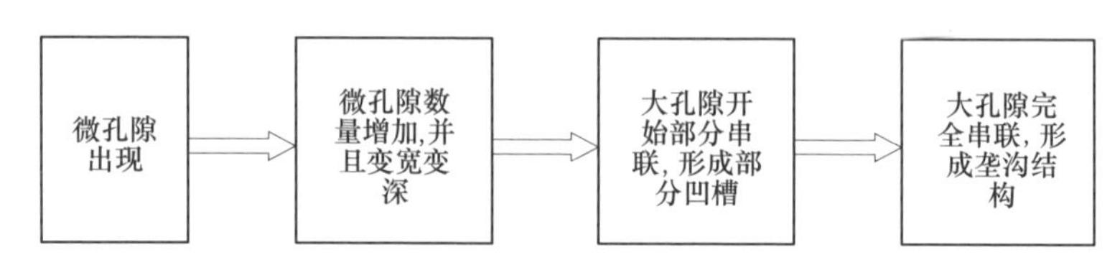

图 7-22　高应力水平下富水充填体劣化模式

对于充填体蠕变硬化机制，陈绍杰等[10]也从微观结构上进行了分析。充填体试样内部微孔洞及微裂纹压缩闭实以新裂纹的萌生和扩展形式表现出来，如图 7-23 所示。其中图 7-23（a）为未压缩试样断口 100μm 扫描图像，内部多微孔洞，几乎不见裂纹，完整性较好。图 7-23（b）及（c）为单轴压缩破坏试样断口 100μm 扫描图形，其内部裂纹扩展形式多为直线贯通，且骨料及基体中裂纹较少。图 7-23（d）为 2h 加载水平时长试样破坏断口 100μm 扫描图像，可观察

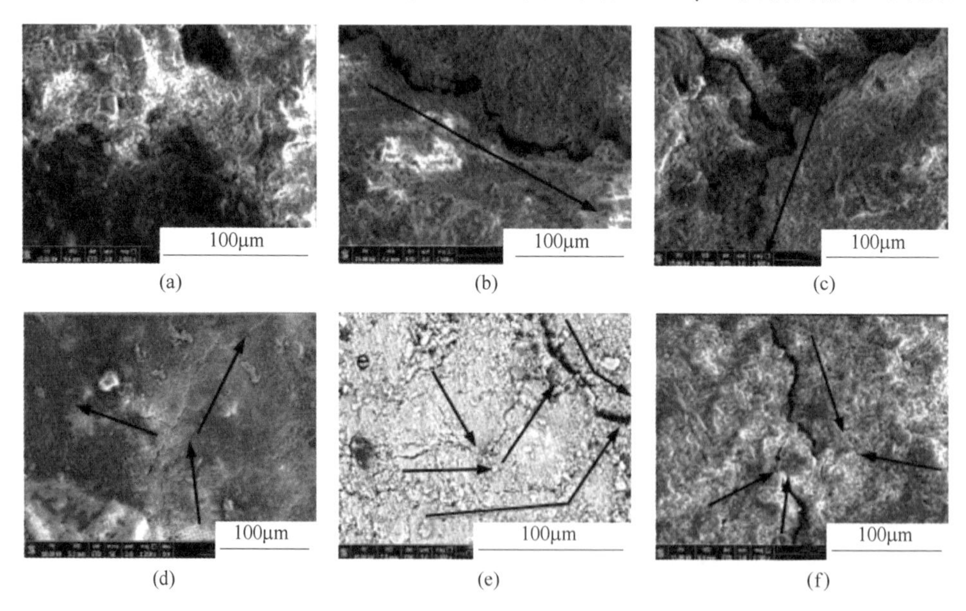

(a)　(b)　(c)

(d)　(e)　(f)

图 7-23　不同加载水平时长下充填膏体断口电镜扫描图片

（a）未加载；（b）单轴压缩；（c）单轴压缩；（d）2h；（e）4h；（f）8h

到其裂纹扩展路径多发生偏转，汇聚后形成三角形；图 7-23（e）为试样 4h 加载水平时长下破坏断口 100μm 扫描图像，其内部多微小裂纹，较为密集，微小裂纹汇聚后方向发生偏转；图 7-23（f）为 8h 加载水平时长下破坏断口 100μm 扫描图像，其裂纹扩展路径多发生偏转，且微裂纹遇到主裂纹后停止扩展，形成塑性破坏单元。

因此，通过分析认为充填体试样在单轴压缩瞬时加载过程中，裂纹扩展方式为直线贯通，发生了非稳态扩展；蠕变加载试样内部微裂纹扩展路径多发生偏转，其扩展所需的应变能较高，发生了稳态扩展，因而充填体试样在长期承载时具有更高的承载能力。

7.5.2　充填体细观结构演化

7.5.2.1　基于 CT 扫描的充填体的细观孔隙结构变化

应用 PHILIPS Brilliance 16 螺旋 CT 机及 CT 实验图像处理软件对充填体试样进行扫描，并应用图像处理软件 Image Pro Plus 软件对 CT 图像进行三维可视化重构，分析充填体变形过程中孔隙结构[20,21]。充填体试样由尾砂、废石、水泥、水组成，废石掺量为 30%、50%，水泥添加量为 2%，质量浓度为 82%，试样粒级组成曲线如图 7-24 所示。

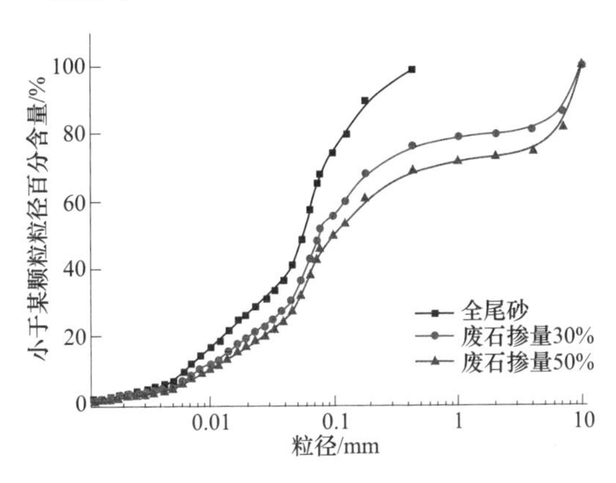

图 7-24　充填体粒径组成曲线

充填体多组分三维结构，如图 7-25 所示。图 7-25（a）、图 7-25（b）分别为不同密度尾砂胶结体空间形态，尾砂在充填体中起到黏结废石颗粒、包裹原生孔隙的作用；图 7-25（c）为废石颗粒在充填体中的三维分布状态，由于膏体具有浓度高、不分层、不离析特点，废石颗粒可均匀分布于尾砂之中，未发生显著的分层、离析，有利于充填体宏观力学性能的提高；图 7-25（d）为充填体中原生孔隙的分布状态，充填体中原生孔隙主要由气孔构成，孔径相差较大，大量气孔的存在一定程度上导致了充填体性能的劣化；图 7-25（e）为复合得到的充填体三维重构图像。

(a)　(b)　(c)　(d)　(e)

图 7-25　充填体三维重构结构

（a）低密度尾砂；（b）高密度尾砂；（c）废石颗粒；（d）孔隙分布；（e）充填体

孔隙率随荷载增加变化：通过对 CT 图像中孔隙结构进行三维重构，可获得充填体承载过程中的孔隙定量值。图 7-26 为废石掺量为 30%、水泥添加量 2%时的充填体孔隙结构分布。由于充填体原生孔隙结构的存在，加载初始充填体孔隙体积为总体积的 2.02%，见图 7-26（a）；当应力值达到峰值强度的 40%时，孔隙体积增加至 2.13%，充填体中优势裂隙扩展方向是以试样中心为交叉点的“X”型共轭剪切面，见图 7-26（b）；当应力值达到峰值强度的 80%时，孔隙体积增加至 2.21%，优势裂隙扩展方向仍为“X”型共轭剪切面，但在其他区域也出现了较多的裂隙扩展，见图 7-26（c）；当应力值超过峰值强度，裂隙体积激增至 5.67%，充填体中已形成多个相互贯通的裂隙面，破坏面仍以“X”型共轭剪切面为主，其他优势面为辅，见图 7-26（d）。当废石掺量增加至 50%以后，充

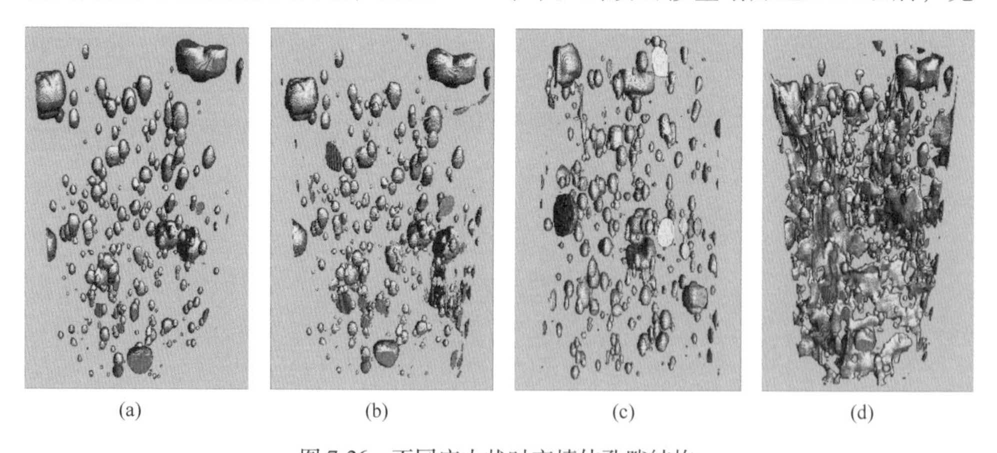

(a)　(b)　(c)　(d)

图 7-26　不同应力状时充填体孔隙结构

（a）加载初始，孔隙率为 2.02%；（b）峰值 40%，孔隙率为 2.13%；
（c）峰值 80%，孔隙率为 2.21%；（d）峰后，孔隙率为 5.67%

填体中初始原生孔隙增多，达到3.12%。应力峰值40%、80%、峰后孔隙体积分别为4.36%、5.64%、8.64%，明显多于30%废石掺量时，且破碎后以整体碎裂状为主，未形成“X”型共轭剪切面。

充填体应力-应变曲线上每一点都对应着唯一的孔隙率，由图7-27可知，在充填体应变小于2%时，孔隙体积从初始状态2.02%增至2.21%，而这一过程中应力值则达到峰值强度的80%~90%。当应力达到峰值，发生较大塑性变形时，应变量与孔隙率都快速增加。

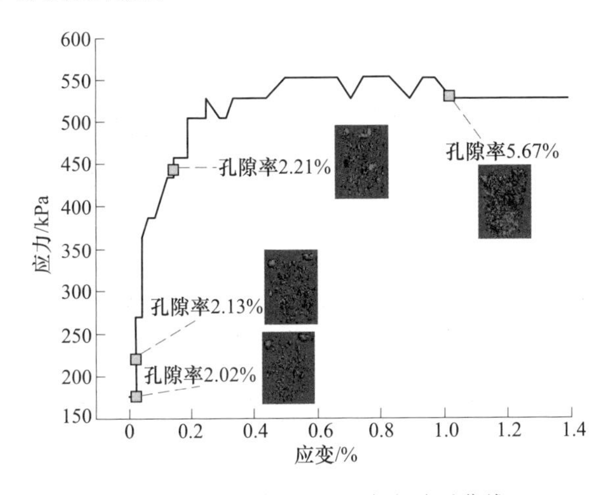

图7-27 孔隙率与应力-应变关系曲线

充填体平面孔隙结构演化：图7-28为废石掺量为30%、水泥添加量2%时充填体第10层、20层、30层CT扫描图像。图像中由暗色到亮色（黑→蓝→绿→黄→红）物质密度依次增加，黄、红两色表示废石颗粒，蓝绿色表示低密度的尾砂、孔隙等结构。

通过对CT图像的分析，可将充填体细观结构演化模式归纳为以下几类：

（1）孔洞持续压密：如图7-28第10层CT图像中，气孔1在轴向应力作用下体积不断减小，孔洞产生收缩，孔洞从初始的0.3475cm^{2}减小至峰后的0.2324cm^2。

（2）孔洞先压密后扩容：如图7-28第10层气孔2演化规律，在轴向应力作用下，孔洞从初始状态的0.707cm^{2}减小至峰前的0.201cm^2，达到强度峰值后孔洞面积则增加至0.762cm^2。

（3）孔洞持续扩容：如图7-28所示，第10层气孔3演化规律，在轴向应力作用下，孔洞持续发生扩容，从最初的0.523cm^{2}增加至峰值后的0.950cm^2。

（4）气孔组的贯通扩容：如图7-28第20层所示气孔组，其由三个距离较近的微小孔洞构成，三个微孔洞在轴向应力作用下，孔洞之间逐渐产生应力集中，应力最大的下部小孔持续产生扩容，最终引起三个孔洞贯通形成新生裂缝。

（5）相邻微裂纹的贯通：如图 7-28 所示，第 30 层所示微裂纹应力路径，在原始状态路径中并无显著孔洞及裂缝，随着轴向应力的增加，应力路径中出现了微细的裂纹及孔结构，随着其进一步的扩展，最终形成贯穿性裂纹。这种模式主要是由于上下相邻层面中存在孔隙结构在应力作用下扩展而形成。

（6）不均质区的孔隙扩展：在粗颗粒料、孔隙、尾砂局部不均质区域引起的细观结构破裂。如图 7-28 所示，第 30 层面中所示不均质软弱区，随着轴向应力的增加，孔隙优先从该区域萌生，重点出现在气孔、骨料、尾砂三者的复合作用区域。

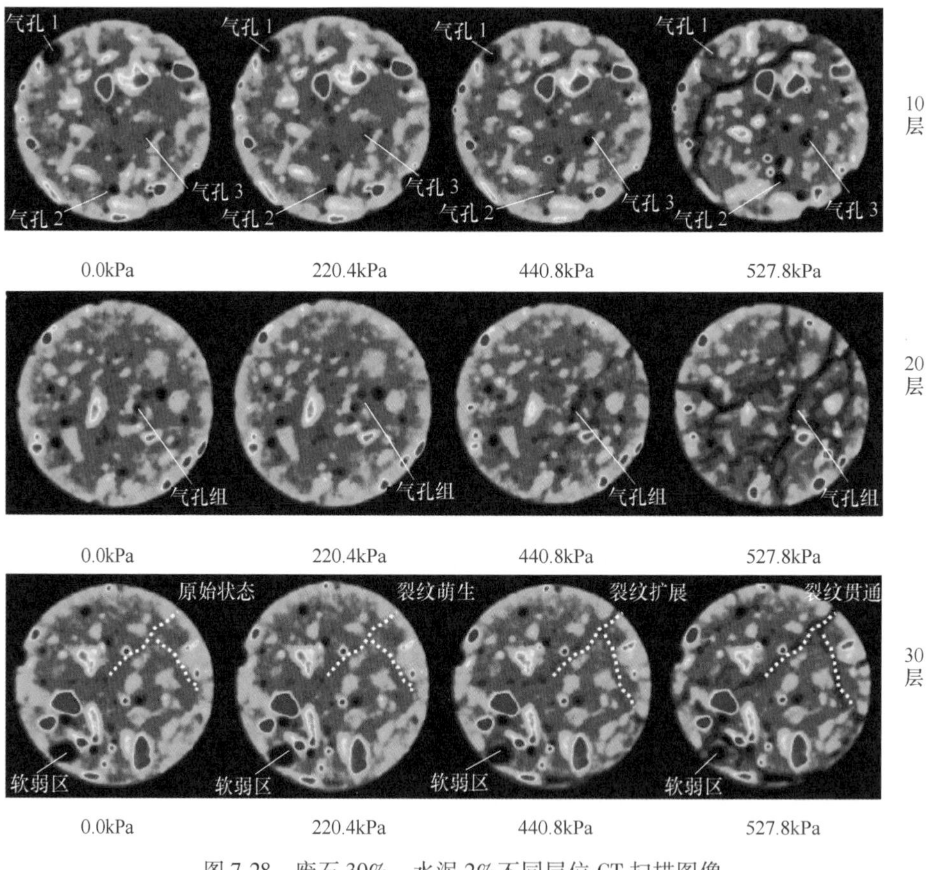

图 7-28　废石 30%、水泥 2%不同层位 CT 扫描图像

充填体在加载过程中，并没有像岩石那样出现明显的压密阶段、线弹性阶段，其过程是原生孔隙的压缩与扩容并存，次生孔隙的萌生、扩展与原生孔隙并存，是一个互相融合与逐步扩展的过程。

孔隙率与 CT 数关系：CT 数是 CT 扫描分析中的关键参数，充填体中某点对

X 射线的吸收强弱可以用 CT 数来表示，CT 数的大小在 CT 图像上由灰度表示。CT 图像中亮色表示被测物体的吸收系数较大，暗色表示被测物体的吸收系数较小。充填体在承载破坏过程中，CT 数受内部结构变化影响而呈现不同规律。

图 7-29 为废石掺量为 30%、水泥添加量为 2%时，充填体破坏过程中的体积平均 CT 数、体积孔隙率与应力值关系曲线。由图 7-29 可知，在初始未加载状态时充填体试样 CT 数为 1765，与之对应的孔隙率为 2.02%。当应力增加至 220.4kPa（峰值应力 40%）时，试样 CT 数降低为 1764.6，孔隙率增加为 2.13%。应力增加至 440.8kPa（峰值应力 80%）时，试样 CT 数降低为 1763.9，孔隙率增加为 2.21%。当应力值超过峰值强度，在峰后 527.8kPa 时，CT 数急剧降低为 1719.3，而孔隙率陡增至 5.67%。在整个加载过程中，随应力值增加，体积平均 CT 数减小，体积孔隙率增大，这一减一增反映了充填体在加载过程中结构处于扩容状态。结合图 7-28，在 80%峰值应力之前，CT 图像中并未出现显著的贯穿性裂缝，充填体中主要以原生孔隙的压缩与扩容、次生孔隙的萌生与扩展两种状态为主，孔隙率增加不大。当超过峰值应力后，充填体中原生、次生孔隙结构逐渐贯通，形成贯穿性裂缝，导致充填体整体破坏。

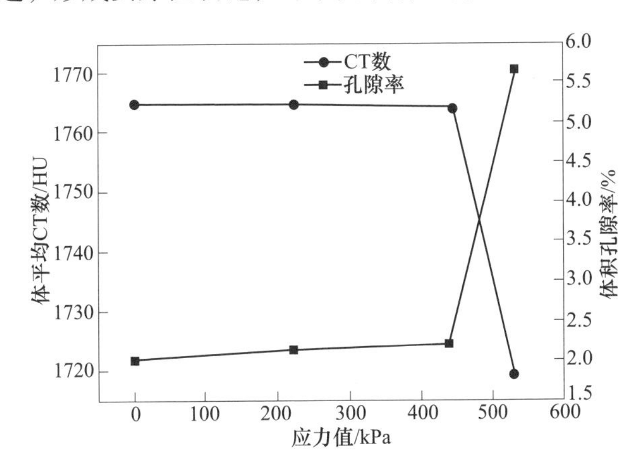

图 7-29 孔隙率、CT 数与应力值关系

7.5.2.2 充填体宏细观力学特性模拟

采用 PFC^{2D}颗粒流数值模拟软件对充填体进行单轴压缩数值实验，来分析充填体受力破裂过程中的结构变化特征，并与 CT 扫描实验结果进行对比分析。

在确定充填体细观力学参数时，基于物理实验得到的混合充填体单轴抗压强度宏观参数作为模拟目标，反复调试细观参数，使模拟结果与室内实验结果基本一致。模拟中选取充填体配比为废石掺量 30%+水泥添加量 2%。实验中采用 Augmented Fish Tank 程序包，采用平行黏结模型，生成试样（高为 100mm、直径为 50mm）并加载，进行单轴压缩实验，如图 7-30 所示。

为了获得匹配的宏观力学参数，不断调整模型的细观参数使模拟结果与室内实验结果相吻合，调试过程主要分为以下几步：

（1）使接触模量等于平行连接弹性模量：$E_c = \overline{E}_c$，改变 E_c 确定弹性模量；

（2）使刚度比等于平行连接刚度比：$k_n/k_s = \overline{k}_n/\overline{k}_s$，改变 k_n/k_s 确定泊松比；

（3）使平行连接法向和切向强度相等，两者标准差也相等：$\overline{\sigma} = \overline{\tau}$、$\overline{\sigma}_s = \overline{\tau}_s$，强度标准差设置为平行连接强度的 10%~20%左右；

（4）反复调整（1）~（3）步，加载后直至试样强度降低至峰值强度的 80%，使结果达到预设值的 3%，最终计算结果见表 7-4。

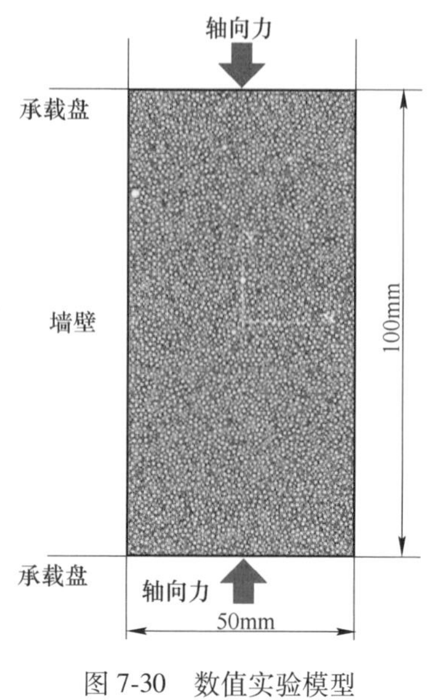

图 7-30　数值实验模型
（7230 个球）

表 7-4　数值模拟结果与物理实验结果对比及细观参数

比例	实验强度 /MPa	模拟强度 /MPa	平行黏结模量 $\overline{E}_c$/Pa	法向强度 $\overline{\sigma}_c$/Pa	切向强度 $\overline{\tau}_c$/Pa
废石 30%+水泥 2%	0.55	0.56	10×10^7	5.8×10^5	5.8×10^5

图 7-31 为废石掺量 30%、水泥添加量 2%时应力-应变曲线和微裂纹数-应变关系。数值模拟单轴压缩应力-应变曲线与实际物理实验曲线存在一定差异，数

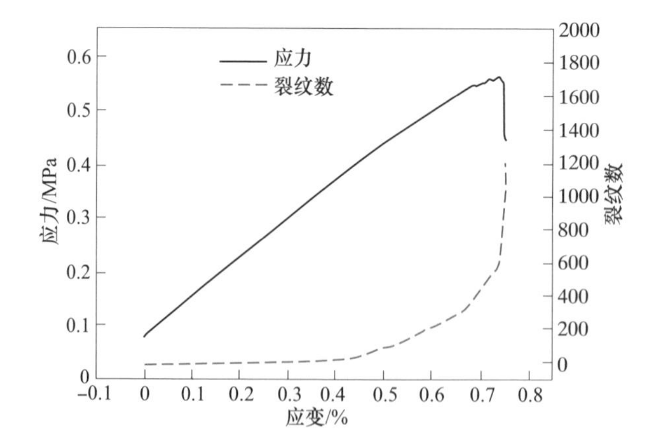

图 7-31　模拟得到的应力-应变、裂纹数关系曲线

值模拟实验峰值后强度急剧降低，裂纹数直线上升。

离散元模拟结果：分别对数值试样（废石添加量 30%，水泥掺量 2%）初始状态、峰前（峰值应力 80%）、峰值、峰后（峰值应力 80%）状态接触力及微裂纹演化过程进行分析，如图 7-32、图 7-33 所示。

图 7-32 中所示为试样内部接触力，其中红色为拉应力、黑色为压应力。在加载初始，试样内部全部为压应力，不存在拉应力；峰前试样内部则存在大量拉应力，对比图 7-33 可知，试样中已经出现了 113 个微裂纹；峰值时，试样内部仍存在大量拉应力，在拉应力作用下已出现大量微裂纹（586 个），且部分微裂纹已经连通，形成较大孔洞（见图 7-32（a））；峰值后，试样内发生较大范围破坏，微裂纹数量达到 1216 个，拉应力较峰值时明显降低，轴向荷载主要由试样轴线附近平行黏结力来承载。

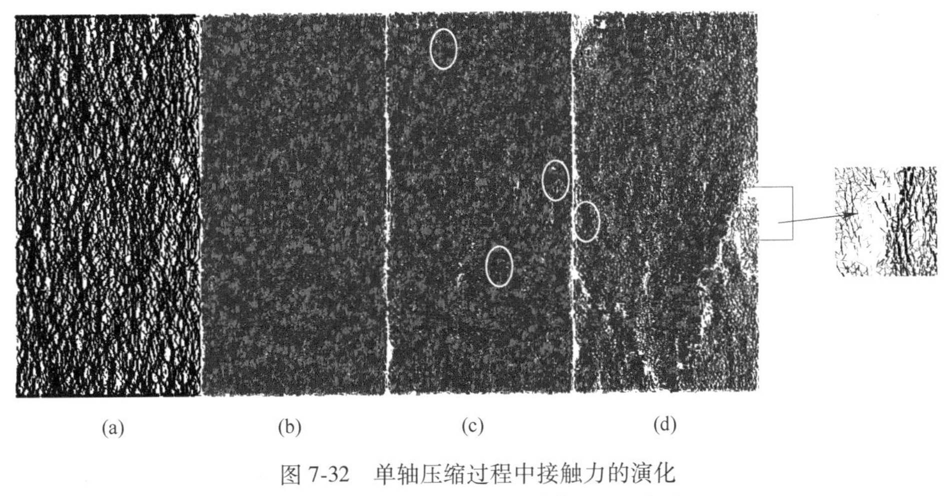

图 7-32 单轴压缩过程中接触力的演化

（a）初始；（b）峰前；（c）峰值；（d）峰后

图 7-33 为试样加载过程中内部裂纹扩展规律，其中黑色代表张拉破坏引起裂纹，红色为剪切破坏产生裂纹。

试样在峰值强度的 42%时出现了第一个破坏微裂纹；在峰值强度的 80%时，微裂纹已达到 113 个，已经遍布于试样中；在峰值强度时，试样中已经布满了裂纹（586 个），且以黑色为主，说明试样的破坏主要由张拉破坏构成；继续加压至峰值强度的 80%时，裂纹数量已达到 1216 个，可看出数条裂纹的走向，并可推断出试样的断裂方向与试样轴线的夹角约为 45°。综上分析，充填体单轴压缩情况下，前期阶段主要以张拉破坏为主，中后期阶段有少量的剪切破坏。

7.5.2.3 细观孔隙结构与宏观力学特性的关联性

充填体是一种人工胶结的散体材料，而散体材料最小的受力结构为孔隙胞

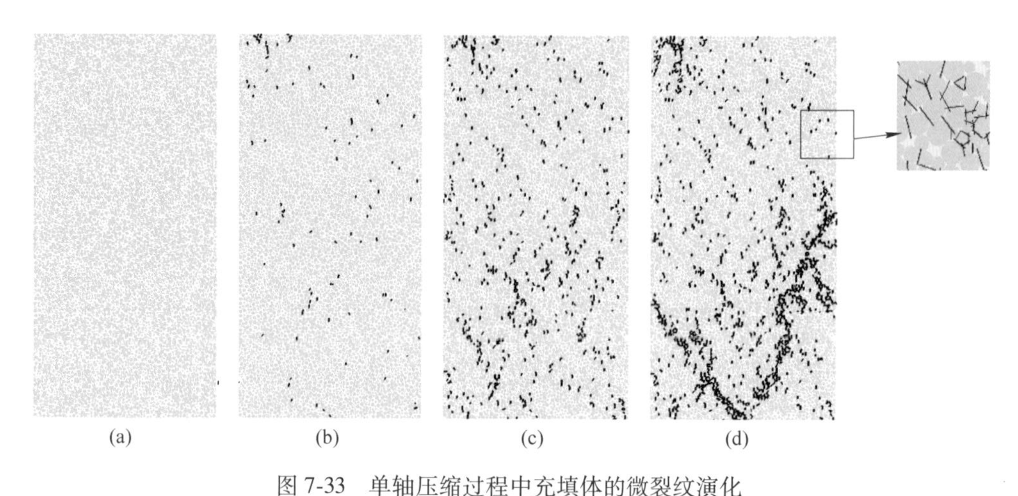

图 7-33　单轴压缩过程中充填体的微裂纹演化

（a）初始、0 个；（b）峰前、113 个；（c）峰值、586 个；（d）峰后，1216 个

元，孔隙胞元在受力时结构发生剪切变形。Walker[20]研究了受力过程中孔隙胞元的结构演化，如图 7-34 所示，*A* 点为初始孔隙胞元结构，此时孔隙胞元为棒状结构；随着应变的增加，*B* 点孔隙胞元结构则趋于球体，平均子网数中心性（mean subgraph centrality）[21]更大，结构更为致密（压密、体积缩小）；*C* 点为材料的峰值强度，平均子网数中心性最大，此时孔隙胞元体积未发生太大变化，结构内部球体之间的力链中的一部分已经失效，处于临界状态；*D* 点为材料受力破坏后状态，平均子网数中心性降低，此时孔隙胞元体积增大（扩容或剪胀），孔隙胞元内部结构较为疏松，颗粒间接触减少，承载能力急剧降低。

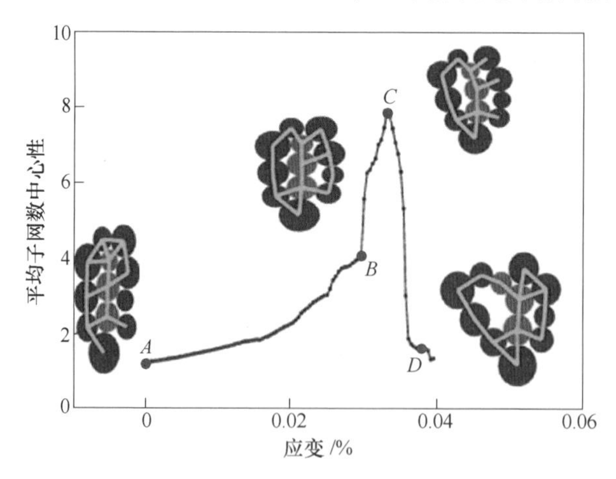

图 7-34　孔隙胞元受力承载结构演化[20,22]

综合 CT 图像三维重构与离散元模拟结果、孔隙胞元理论对充填体受力破坏

过程中孔隙结构演化进行分析，进而将充填体内部结构演化与宏观应力-应变曲线进行关联[23,24]。图 7-35 为充填体单轴压缩破坏过程及宏细观力学特性的综合分析结果。

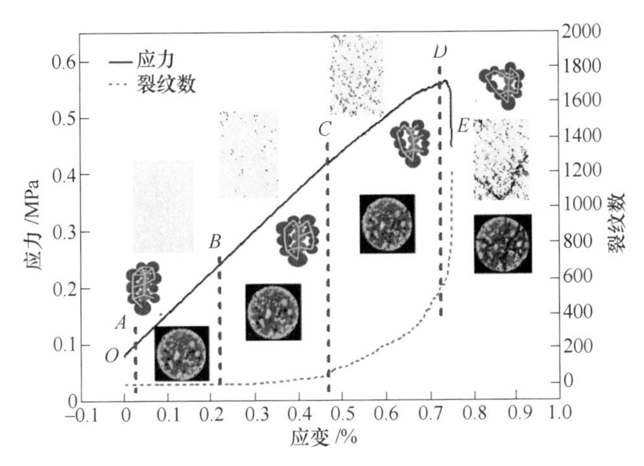

图 7-35 充填体破裂过程宏细观力学特性

从 PFC2D 单轴压缩模拟实验可获得充填体裂纹发育演化规律和微裂纹数量与应变关系，进而可将充填体破裂的整个过程划分为 4 个阶段，分别为：无微裂纹区域、微裂纹启动与聚集阶段、微裂纹贯通阶段、宏观破裂区域形成阶段，这四个阶段在 CT 扫描图像上可得到清楚的反映。

（1）无微裂纹区域（*OB* 段）：充填体试样内微裂纹为 0，孔隙胞元在轴向力作用下发生结构变化，压力与拉力在充填体试样中相互转化，拉力在充填体的原生孔隙结构周边不断聚集、增大。此时在 CT 图像上无变化，孔隙体积变化不大。

（2）微裂纹启动与聚集阶段（*BC* 段）：随着拉应力在原生孔隙周边的不断聚集与增加，超过临界应力时，微裂纹开始扩展，在数值模拟中出现首个微裂纹，裂纹数量增幅较小。此阶段孔隙胞元已由原始的棒状结构向球状结构转化，孔隙胞元结构不断趋于密实。本阶段在 CT 图像上充填体仍无显著变化，孔隙体积有一定增加，特别是在高废石掺量时增幅较大。

（3）微裂纹贯通阶段（*CD* 段）：随着充填体试样中应力值不断增加，部分微裂纹已经贯通为宏观细小裂缝，其余区域微裂纹仍在不断向着优势孕育面扩展，裂纹已处于加速扩展状态。此阶段孔隙胞元体积未发生太大变化，结构内部球体之间的力链有部分已经失效，处于临界状态。从 CT 图像上已可以看出部分微裂缝，孔隙体积增幅较大。

（4）宏观破裂区域（*DE* 段）：充填体试样已达到最大强度，充填体中微裂纹数量陡增，宏观裂缝不断增多，拉应力逐渐减少，直至发生完全破坏。此时孔隙胞元体积增大（扩容或剪胀），孔隙胞元内部结构较为疏松，颗粒间接触减少，承载能力急剧降低。从 CT 图像上已可以看出充填体试样中出现数条明显的宏观裂缝，充填体内部孔隙体积急剧增大。

综上，充填体流变特性主要包括充填体的蠕变、应力松弛、长期强度、弹性后效和流动等几方面，目前研究主要集中于充填体的蠕变特性研究方面，部分开展了充填体长期强度的研究。与岩石流变学相比，充填体流变行为研究尚处于起步阶段，目前研究中主要借鉴岩石、特别是软岩流变学相关理论来进行分析。但是，充填体与岩石存在着不同，充填体是人工复合构成的类岩石材料，有全尾砂充填体、分级尾砂充填体、粗骨料充填体、高水充填体、磷石膏充填体等不同类型的充填体，每种充填体的流变特性因其配合比、充填体采场周边多场环境、充填体时变关系不同而不同，为此，本章提出了膏体固结后的广义流变学构想，为今后开展深入的充填体流变理论研究起到“抛砖引玉”的作用。

参 考 文 献

［1］ 赵龙. 浆体膨胀材料充填体的流变性能研究［D］. 淄博：山东理工大学，2015.

［2］ 马斐，张东升，张晓春. 基于变形量控制的充填体力学参数研究［J］. 岩土力学，2007，28（S1）：545~548.

［3］ 杨欣. 充填体蠕变本构模型及其工程应用［D］. 赣州：江西理工大学，2011.

［4］ 孙春东，张东升，王旭锋，等. 大尺寸高水材料巷旁充填体蠕变特性试验研究［J］. 采矿与安全工程学报，2012，29（4）：487~491.

［5］ 周茜. 荷载作用下矿用富水充填材料劣化机理与改性研究［D］. 北京：北京科技大学，2017.

［6］ 孙琦. 膏体充填开采胶结体的强度和蠕变特性研究及应用［D］. 阜新：辽宁工程技术大学，2012.

［7］ 陈绍杰，朱彦，王其锋，等. 充填膏体蠕变宏观硬化试验研究［J］. 采矿与安全工程学报，2016，33（2）：487~491.

［8］ 艾志雄，边秋璞，赵克全. 岩土蠕变试验及应用简介［J］. 三峡大学学报（自然科学版），2006，28（6）：518~521.

［9］ 周茜，刘娟红. 矿用富水充填材料的蠕变特性及损伤演化［J］. 煤炭学报，2018，43（7）：1878~1883.

［10］ 陈绍杰，刘小岩，韩野，等. 充填膏体蠕变硬化特征与机制试验研究［J］. 岩石力学与工程学报，2016，35（3）：570~578.

［11］ Qi Sun，Bing Li，Shuo Tian. Creep properties of geopolymer cemented coal gangue-fly ash backfill under dynamic disturbance［J］. Construction and Building Materials，2018，191：644~654.

[12] 赵树果，苏东良，张亚伦，等．尾砂胶结充填体蠕变试验及统计损伤模型研究［J］．金属矿山，2016，(5)：26~30.

[13] 马乾天．废石胶结材料蠕变与循环载荷条件下变形破坏机理研究［D］．北京：北京科技大学，2016.

[14] 孙琦，张向东，杨逾．膏体充填开采胶结体的蠕变本构模型［J］．煤炭学报，2013，38(6)：994~1000.

[15] 韩伟，赵树果，苏东良，等．全尾砂充填体蠕变性能试验及数值模拟研究［J］．化工矿物与加工，2017，46（8）：53~55.

[16] 林卫星，柳小胜，欧任泽，等．充填体单轴压缩蠕变特性试验研究［J］．矿冶工程，2015，35（5）：1~3.

[17] 张龙云，张强勇，李术才，等．硬脆性岩石卸荷流变试验及长期强度研究［J］．煤炭学报，2015，40（10）：2399~2407.

[18] 利坚，全尾砂胶结充填体的蠕变特征及长期强度试验研究［D］．赣州：江西理工大学，2018.

[19] 利坚，邓飞．全尾砂胶结充填体的长期强度试验研究［J］．化工矿物与加工，2018，47(10)：47~49.

[20] Walker D M，Tordesillas A. Topological evolution in dense granular materials：A complex networks perspective［J］. International Journal of Solids and Structures，2010，47（5）：624~639.

[21] 丛君兹．基于小波和模糊关系的蛋白质信息检测［D］．长沙：国防科学技术大学，2010.

[22] Sun W，Wu A X，Hou K P，et al. Real-time observation of meso-fracture process in backfill body during mine subsidence using X-ray CT under uniaxial compressive conditions［J］. Construction & Building Materials，2016，113：153~162.

[23] Sun W，Wu A，Hou K P，et al. Experimental Study on the Microstructure Evolution of Mixed Disposal Paste in Surface Subsidence Areas［J］. Minerals，2016，6（2）.

[24] Sun W，Hou K P，Yang Z Q，et al. X-ray CT three-dimensional reconstruction and discrete element analysis of the cement paste backfill pore structure under uniaxial compression［J］. Construction & Building Materials，2017，138：69~78.

8 膏体流变行为数值模拟

数值模拟是继理论分析、流变实验之后的金属矿膏体流变学的第三类研究方法。数值模拟将科学和工程技术中的各种复杂问题抽象为物理数学模型，利用建模技术表示为计算机可识别的模型，再采用数值计算方法对结果进行计算，最后以直观的形式将计算结果展示出来[1]。

为此，本章应用 CFD 软件和 COMSOL Multiphysics 软件，对膏体充填过程中膏体浓密机内全尾砂絮团时空演化、搅拌过程的物料混合特性、膏体管输时的颗粒运移规律与时-温效应下膏体流动特征、初温效应下充填体应力-应变演化规律进行数值模拟研究，以期读者对膏体流变行为有更加深入的理解。

8.1 数值模拟环境简介

膏体充填工艺中物料先后经历浓密、搅拌、输送、固结多个过程，涉及低浓度悬浮体、高浓度膏体以及充填体多个状态的演变，过程复杂、状态多样，而流变行为贯穿始终。

膏体在进入采场固结成充填体之前属于流体，处于流动状态，为此可采用 CFD 软件对膏体的流动进行数值模拟分析。CFD 在对流动基本方程（质量守恒方程、动量守恒方程、能量守恒方程）控制条件下进行流动的数值模拟，可得到各种复杂条件下流场内各个位置的基本物理量（如速度、压力、温度、浓度等）及其随时间的变化情况[2]。

同时，膏体在管道输送过程中以及固结成充填体后其流变特性一直受到时间、温度等多个物理场的影响，可采用多场耦合数值模拟软件 COMSOL 进行模拟研究。COMSOL 软件被誉为“第一款真正的任意多物理场直接耦合分析软件”，以有限元法为基础，通过求解偏微分方程（单场）或者偏微分方程组（多场）实现真实物理现象的模拟仿真[3]。通过借助 COMSOL 的多物理场功能，可以选择不同模块模拟不同物理场组合的耦合分析。

无论是 CFD 还是 COMSOL，其数值模拟的基本步骤如下：

首先确定反映问题（工程问题、物理问题等）本质的数学模型，即建立反映问题各量之间的微分方程及相应的定解条件。其次寻求高效率、高准确度的计算方法，包括微分方程的离散化方法及求解方法、贴体坐标的建立、边界条件的处理等。第三是编制程序或者应用软件进行计算。最后是结果处理，通过图像直观形象地把计算结果呈现出来。

8.2　全尾砂浓密数值模拟

全尾砂料浆进入膏体浓密机后，在絮凝剂的化学作用和自身重力作用下，全尾砂颗粒快速形成絮团并逐步沉降，在泥层压力和耙架的机械剪切力作用下，絮团内外部水分向上流动排出，实现全尾砂料浆的深度浓密。CFD 软件能预测固体颗粒浓度的分布、多相流场的形态、流体的剪切率及在絮凝剂作用下颗粒的聚合尺寸等信息[4~6]。

8.2.1　浓密模拟模型构建

8.2.1.1　膏体浓密机物理模型

数值模拟的关键在于能够真实反映原型的物理过程，这就要求在模拟过程中考虑模拟与原型之间的材料、尺寸、运动学、动力学方面的相似性。基于相似原理，在流体力学模拟研究中，根据不同的流动状态选取相应的相似准数。

综合考虑膏体浓密机内部特殊结构，最终选择 Reynolds 数作为相似准数。以实际直径 11m、高度 16.12m 的膏体浓密机为原型，忽略转动装置和循环装置，按照 1∶10 的比例进行缩放，构建了直径 1.1m、高度 1.612m 的小型浓密机模型，如图 8-1 所示。给料管直径 38mm，在中心筒的一侧（给料方向为切线方向）。溢流管直径 35mm，总共 16 个，均匀分布在膏体浓密机的顶部四周。底流管直径 20mm，位于中心筒底部。其中具体几何尺寸如表 8-1 所示。

表 8-1　参数表

参数	原型	缩放比例	模型	单位
H_1	11.14	10	1.114	m
H_2	2.48	10	0.248	m
H_3	2.00	10	0.200	m
H_4	0.50	10	0.050	m
H_5	2.00	10	0.200	m
H_6	0.855	10	0.0855	m
D_1	11.10	10	1.100	m
D_2	4.50	10	0.450	m
D_3	2.40	10	0.240	m
给料流量 Q_1	3.13×10^{-2}	316	9.92×10^{-5}	m^3/s
底流流量 Q_2	1.89×10^{-2}	316	5.98×10^{-5}	m^3/s
溢流流量 Q_3	1.24×10^{-2}	316	3.94×10^{-5}	m^3/s
搅拌速度 N	5.49	0.35	1.92	rad/s

鉴于膏体浓密机中有耙架的搅拌作用，因此采用动参考系（Moving Reference Frame，简称 MRF）。同时，膏体浓密机结构比较特殊，尤其是中心筒与给料管连接部分结构很复杂，对整个计算区域划分为四部分，采用四面体网格和六面体结构化网格对计算区域进行网格划分，划分后总单元体个数为 1026376 个，网格划分如图 8-1 所示。

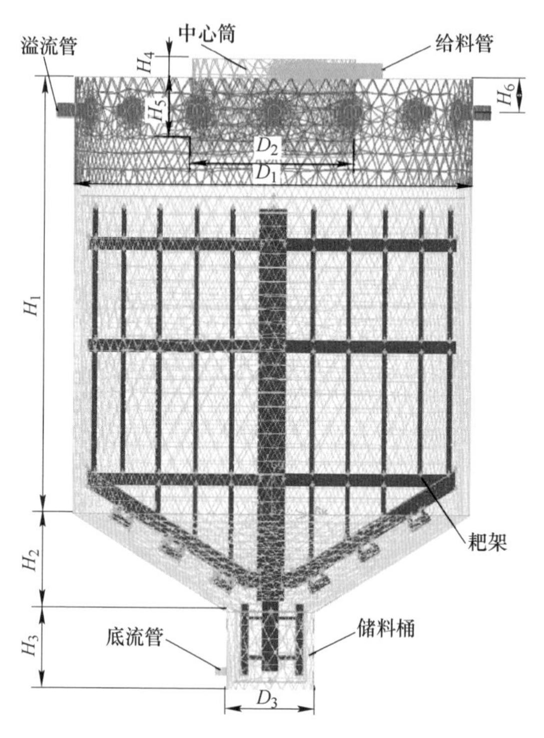

图 8-1　膏体浓密机模型及其网格划分示意图

8.2.1.2　全尾砂絮凝沉降数学模型

为进行模型抽象，在确保计算精度和计算结果可靠性的前提下，对膏体浓密机的物理数学模型做以下假设：

（1）尾砂絮团颗粒为球形颗粒，颗粒的粒径为球形体的索特平均直径（sauter mean diameter，SMD），即假设的颗粒与实际颗粒具有相同表面积和体积；

（2）不考虑实际生产中工艺参数的波动，即膏体浓密机在恒定的工况下稳定运行；

（3）水和尾砂两相的物性参数（温度、黏度和密度）是恒定的，模型不考虑热量的传递和转移；

(4) 不计膏体浓密机内物料间化学反应对沉降槽内两相流场和尾砂絮凝沉降的影响。

膏体浓密机内的沉降运动有着连续的流体和离散的固体（全尾砂颗粒和絮团）。由于矿浆浓度分布范围较广，固液两相间的耦合强烈，故采用欧拉-欧拉法的两相流 Mixture 模型，其基本控制方程包括连续性方程（8-1）、动量方程（8-2）、能量方程（8-3）。

$$\frac{\partial}{\partial t}(\rho_{\mathrm{m}}) + \nabla \cdot (\rho_{\mathrm{m}} \boldsymbol{v}_{\mathrm{m}}) = m \tag{8-1}$$

$$\frac{\partial}{\partial t}(\rho_{\mathrm{m}} \boldsymbol{v}_{\mathrm{m}}) + \nabla \cdot (\rho_{\mathrm{m}} \boldsymbol{v}_{\mathrm{m}} \boldsymbol{v}_{\mathrm{m}}) = -\nabla p + \nabla[\eta_{\mathrm{m}}(\nabla \boldsymbol{v}_{\mathrm{m}} + \nabla \boldsymbol{v}_{\mathrm{m}}^{T})] + \rho_{\mathrm{m}} \boldsymbol{g} + \boldsymbol{F} + \nabla \cdot \left(\sum_{k=1}^{n} \alpha_k \rho_k \boldsymbol{v}_{\mathrm{dr},k} \boldsymbol{v}_{\mathrm{dr},k}\right) \tag{8-2}$$

$$\frac{\partial}{\partial t} \sum_{k=1}^{n} (\alpha_k \rho_k E_k) + \nabla \cdot \left[\sum_{k=1}^{n} \alpha_k \boldsymbol{v}_k (\rho_k E_k + p)\right] = \nabla \cdot (k_{\mathrm{eff}} \nabla T) + S_{\mathrm{E}} \tag{8-3}$$

式中，$\boldsymbol{v}_{\mathrm{m}}$ 为质量平均速度，kg/s，$\boldsymbol{v}_{\mathrm{m}} = \dfrac{\sum_{k=1}^{n} \alpha_k \rho_k \boldsymbol{v}_k}{\rho_{\mathrm{m}}}$；$\rho_{\mathrm{m}}$ 为混合物密度，kg/m^3，$\rho_{\mathrm{m}} = \sum_{k=1}^{n} \alpha_k \rho_k$；$\alpha_k$ 为第 k 相的体积分数；n 为相数；$\boldsymbol{F}$ 为体积力，N；η_{m} 为混合物黏性，Pa·s，$\eta_{\mathrm{m}} = \sum_{k=1}^{n} \alpha_k \eta_k$；$\boldsymbol{v}_{\mathrm{dr},k}$ 为第二相 k 的漂移速度，m/s，$\boldsymbol{v}_{\mathrm{dr},k} = \boldsymbol{v}_k - \boldsymbol{v}_{\mathrm{m}}$；$k_{\mathrm{eff}}$ 为有效热传导系数，W/(m·K)，$k_{\mathrm{eff}} = k + k_{\mathrm{t}}$，其中 k_{t} 是湍流热传导系数；S_{E} 包含了所有的体积热源。对于可压缩相 $E_k = h_k - \dfrac{p}{\rho_k} + \dfrac{v_k^2}{2}$，对于不可压缩相 $E_k = h_k$。

料浆在中心筒和搅拌耙架的作用下形成环流和绕流，流动状态不断发生变化，其流动形式也是湍流。CFD 中有多种常用的湍流模型，其中 Realizable k-ε 模型是一种典型的对旋流流动进行修正的计算模型，适合的流动类型比较广泛，包括有旋均匀剪切流，自由流（射流和混合层），腔道流动和边界层流动。因此，全尾砂在膏体浓密机中湍流流动采用 Realizable k-ε 模型。在 Realizable k-ε 模型中需要求解湍动能及其耗散率方程，其方程形式如下：

$$\frac{\partial}{\partial t}(\rho k) + \frac{\partial}{\partial x_j}(\rho k u_j) = \frac{\partial}{\partial x_j}\left[\left(\eta + \frac{\eta_t}{\sigma_k}\right)\frac{\partial k}{\partial x_j}\right] + G_k + G_{\mathrm{b}} - \rho\varepsilon - Y_{\mathrm{M}} \tag{8-4}$$

$$\frac{\partial}{\partial t}(\rho \varepsilon) + \frac{\partial}{\partial x_j}(\rho \varepsilon u_j) = \frac{\partial}{\partial x_j}\left[\left(\eta + \frac{\eta_t}{\sigma_\varepsilon}\right)\frac{\partial \varepsilon}{\partial x_j}\right] + \rho C_1 S \varepsilon - \rho C_2 \frac{\varepsilon^2}{k + \sqrt{v\varepsilon}} + C_{1\varepsilon}\frac{\varepsilon}{k} C_{3\varepsilon} G_{\mathrm{b}} \tag{8-5}$$

式中，G_k 由平均速度梯度引起的湍动能产生；G_b 由浮力影响引起的湍动能产生；Y_M 为可压缩湍流脉动膨胀对总的耗散率的影响；η_t 为湍流黏性系数，Pa · s，$\eta_t = \rho C_\eta \frac{k^2}{\varepsilon}$；$C_1 = \max\left[0.43, \frac{\eta}{\eta + 5}\right]$；$\eta = S\frac{k}{\varepsilon}$；$S = \sqrt{2S_{ij}S_{ij}}$。其中，$C_{1\varepsilon}$、$C_{3\varepsilon}$作为默认值常数，分别为 1.44、1.30，湍动能和耗散率的湍流普朗数分别为 $\sigma_k = 1.0$、$\sigma_\varepsilon = 1.3$。

浓密过程中，絮团不断生长与破碎，絮团尺寸和数目不断变化。由于群体平衡模型（population balance model，简称 PBM）非常适合对多相流中离散相的尺寸分布进行描述[7]，为此，运用 PBM 研究同时考虑絮团的絮凝聚合和破碎作用影响下的絮团颗粒的粒径分布情况。PBM 的基本方程如下[8]：

$$\frac{\partial[\rho n(L;x,t)]}{\partial t} + \nabla\cdot[\rho u n(L;x,t)] - \nabla\cdot[\Gamma_{\text{eff}} \nabla n(L;x,t)]$$
$$= -\frac{\partial[G(L)(L;x,t)]}{\partial L} + \rho[B_{\text{agg}}(L;x,t) - D_{\text{agg}}(L;x,t) + B_{\text{break}}(L;x,t) - D_{\text{break}}(L;x,t)] \tag{8-6}$$

式中，x 表示空间坐标或者外部坐标，描述颗粒的空间位置；u 为颗粒群的平均速度，m/s；L 为颗粒粒径，μm；$n(L;x,t)$ 为颗粒数密度函数；$G(L) = \mathrm{d}L/\mathrm{d}t$ 为线性生长速率；$B_{\text{agg}}(L;x,t)$ 为由于聚合造成的颗粒的产生率；$D_{\text{agg}}(L;x,t)$ 为由于聚合造成的颗粒的损失率；$B_{\text{break}}(L;x,t)$ 为由于破碎造成的颗粒的产生率；$D_{\text{break}}(L;x,t)$ 为由于破碎造成的颗粒的损失率。具体表达式如下（为简单起见，在下列式子中省略独立变量 x 和 t）：

$$B_{\text{agg}}(L) = \frac{L^2}{2}\int_0^L \frac{\beta[(L^3 - \lambda^3)^{1/3}, \lambda]}{L^3 - \lambda^3} n[(L^3 - \lambda^3)^{1/3}]n(\lambda)\mathrm{d}\lambda \tag{8-7}$$

$$D_{\text{agg}}(L) = n(L)\int_0^{+\infty} \beta(L,\lambda)n(\lambda)\mathrm{d}\lambda \tag{8-8}$$

$$B_{\text{break}}(L) = \int_L^{+\infty} \psi(\lambda)b(L \mid \lambda)n(\lambda)\mathrm{d}\lambda \tag{8-9}$$

$$D_{\text{break}}(L) = \psi(L)n(L) \tag{8-10}$$

式中，$\beta(L,\lambda)$ 为聚合率；$\psi(\lambda)$ 为破碎率；$b(L \mid \lambda)$ 为颗粒（粒径为 λ）破碎成另一个颗粒（粒径为 L）的概率密度函数。

8.2.2　边界条件与模型求解

膏体浓密机计算工况的边界条件与实际生产的条件保持一致，从图 8-1 膏体浓密机模型来看，边界条件主要需设定给料入口、底流出口、溢流出口、槽体的固体壁面等。给料入口边界和溢流出口边界分别采用速度入口和速度出口边界条件，由物料的体积流量确定速度的大小。底流出口边界的边界条件采用压力出口。给料管和溢流管的管壁、中心桶壁、膏体浓密机壁面均设定为无滑移壁面边界条件。

全尾砂中-5μm、-10μm、-20μm 的极细颗粒含量分别为 12.3%、20.5%、29.8%，-200 目（-74μm）为 64.32%，-325 目（-45μm）为 43.1%，平均粒径为 58.3μm。膏体浓密机中模型中的物性属性和工艺参数均来源于实际生产数据，各数值如表 8-2 所示。

表 8-2 物性参数与工艺参数

参 数	数 值	单 位
全尾颗粒密度 ρ_s	2750	kg/m^3
液态水密度 ρ_l	1000	kg/m^3
全尾砂黏度 η_s	0.007	Pa·s
液态水黏度 η_l	0.001003	Pa·s
全尾砂表面张力系数 σ	0.073	N·m
全尾砂平均颗粒直径 d_{av}	58.3	μm
给料全尾砂质量浓度 ρ_n	20	%
搅拌速度 n	1.92	rad/s

在 CFD 中，Fluent 所采用的数值方法为有限体积法。选择合适的离散方法及控制方程计算方法，是数值模拟中的关键环节，在此过程中，既要保证所得数值解在物理意义上的合理性，又要保证在一定的计算工作量下得到满足实际需要的合适计算精度。膏体浓密机中液相和固相、固相与固相间存在较强的相互作用，计算量大且难以收敛。为了提高计算精度和减少计算时间，选用分离式解法下的 SIMPLE 速度-压力耦合算法。利用无滑移的固定壁面边界条件，进行瞬态模拟计算。采用 SIMPLE 速度-压力耦合方程，为了保证计算的收敛性，需要引入亚松弛因子，经试算，采用二阶迎风格式离散动量方程，其松弛因子为 0.7；采用 QUICK 格式离散体积分数方程，其松弛因子为 0.5；二阶迎风格式的 Realizable k-ε 方程，其松弛因子为 0.8；采用一阶迎风格式离散群体平衡模型，定义聚合核心与破碎核心相关系数。

对于 PBM 求解，当忽略颗粒的聚合作用和破碎作用时，群体平衡方程（PBE）的建模和求解都比较简单。但是实际中不论是固液分离过程还是气液或液液体系，颗粒的聚合作用和破碎作用都严重影响着颗粒直径的大小以及颗粒粒径的分布情况，因此在多数情况下，都需要考虑颗粒的聚合作用和破碎作用。同时，群体平衡方程是双曲型的积分-偏微分方程，只有极少数简单情况存在解析解，因此需要通过一些数值方法得到群体平衡方程的数值解。

考虑到絮团的聚合与破碎时，积分矩方法（the quadrature method of moments,

QMOM）是最好的选择[9]。和其他方法相比，积分矩方法应用非常小数量的方程就可以解决群体平衡方程[10]。因此，积分矩方法非常适合 CFD 的计算要求[11]。积分矩方法是基于高斯正交矩（式（8-11））的近似：

$$m_k = \int_0^{+\infty} n(L;x,t)L^k \mathrm{d}L \approx \sum_{i=1}^{N_\mathrm{d}} w_i L_i^k \tag{8-11}$$

式中，第 i 组颗粒的直径 L_i 和权重 w_i 可通过产品差分算法获得[12]。

（1）尾砂颗粒碰撞聚合方程。膏体浓密机中全尾颗粒的碰撞聚合主要在三种作用下进行，即较小颗粒的布朗运动、不同尺寸或密度颗粒的差速沉降和流体剪切引起的湍流碰撞。膏体浓密机内流体剪切引起的湍流碰撞占主导因素，而其他的两种作用可以忽略不计。聚合模型采用 Luo 聚合模型[13]，聚合方程见式（8-12）：

$$\Omega_{\mathrm{ag}}(V_i,\ V_j) = \omega_{\mathrm{ag}}(V_i,\ V_j)P_{\mathrm{ag}}(V_i,\ V_j) \tag{8-12}$$

式中，$\omega_{\mathrm{ag}}(V_i,\ V_j)$ 表示体积为 V_i、V_j 的颗粒的碰撞频率；$P_{\mathrm{ag}}(V_i,\ V_j)$ 为体积为 V_i、V_j 的颗粒碰撞导致聚合的概率。

（2）尾砂颗粒碰撞破碎方程。絮凝沉降过程中，同时存在颗粒的聚合与破碎过程。当全尾砂颗粒的破碎速度大于聚合速度时总体表现出破碎效应，引起全尾砂颗粒絮团破碎的原因有很多，其中最主要的是由于流体湍流剪切所引起絮团间的絮凝剂链条断裂，形成不可逆转的絮团破碎，破碎模型采用 Ghadiri 破碎模型[14]，破碎频率由式（8-13）表示：

$$f = \frac{\rho_\mathrm{s} E^{2/3}}{\Gamma^{5/3}} v^2 L^{5/3} = K_\mathrm{b} v^2 L^{5/3} \tag{8-13}$$

式中，ρ_s 为颗粒密度，kg/m³；E 为颗粒的弹性模量；Γ 为界面能；v 为碰撞速度，m/s；L 为碰撞前的粒径，μm；K_b 为碰撞常数，$K_\mathrm{b} = \frac{\rho_\mathrm{s} E^{2/3}}{\Gamma^{5/3}}$。

8.2.3　浓密机内演化规律模拟分析

8.2.3.1　浓度分布规律

膏体浓密机中的浓度分布如图 8-2 所示，可知，膏体浓密机中近似分为澄清区、自由沉降区、干涉沉降区和压密区。全尾砂颗粒进入中心筒之后，伴随着絮凝、成团等作用，因为重力而迅速沉降（近似自由沉降）。尾砂颗粒到达干涉沉降区时，一部分尾砂颗粒继续依靠自重下沉，一部分颗粒因受到颗粒干扰而不能自由下沉。尾砂颗粒到达压密区时，颗粒已经汇集成紧密的絮团，沉降缓慢，进一步压密，料浆密度由上到下逐渐增大。

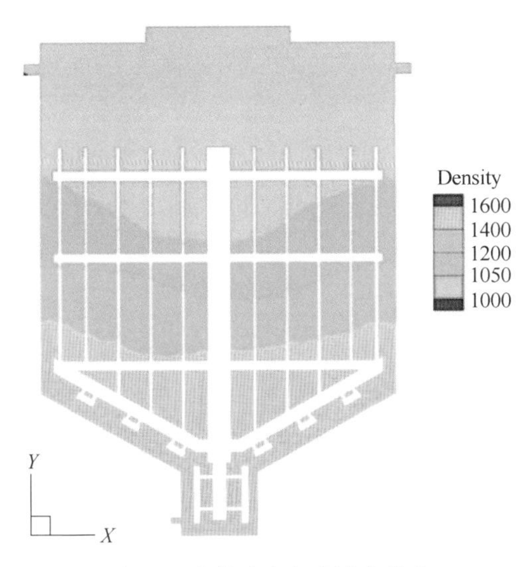

图 8-2 膏体浓密机中浓度分布

8.2.3.2 絮团尺寸随时间变化规律

全尾砂本次模拟使用群体平衡模型（PBM）预测膏体浓密机内的全尾砂絮团尺寸分布。为了研究絮团平均直径的时空变化，用式（8-14）计算全尾砂颗粒絮团的索特平均直径。絮团尺寸随时间变化规律如图 8-3、图 8-4 所示。

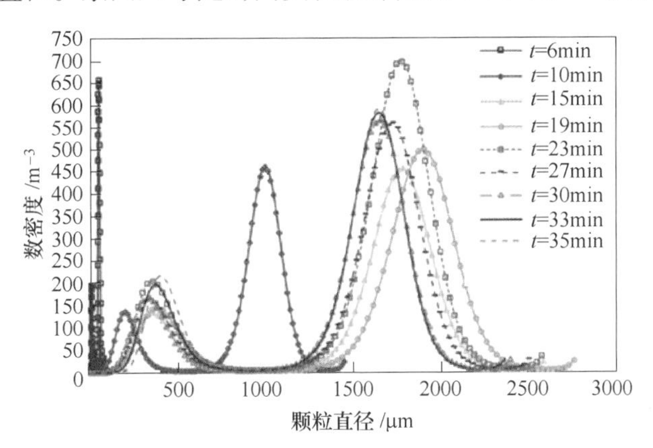

图 8-3 底流口处不同时刻絮团尺寸分布

$$d_{32} = \frac{\sum N_k d_k^3}{\sum N_k d_k^2} \tag{8-14}$$

式中，d_{32}为全尾砂颗粒絮团索特平均直径，μm；N_k 为第 k 级絮团的数目；d_k 为第 k 级絮团的直径，μm。

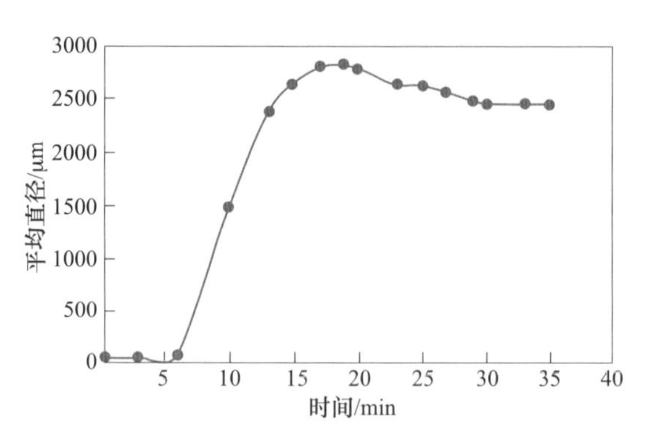

图 8-4　底流口处不同时刻絮团平均粒径分布

由图 8-3 可知，小粒径絮团数量随时间增加而不断减少，大粒径絮团数量随时间增加而先增加后减少，且 30~35min 时絮团的粒径分布近似重叠，说明此时絮团尺寸已趋于稳定。从图 8-4 可以看出，絮团的平均粒径先增大后减小并趋于稳定。这是因为在最开始的一段时间内，膏体浓密机内特别是中心筒的全尾砂颗粒几乎都处于絮凝聚合阶段，絮团不断生长，同时由于重力的作用，上部全尾砂颗粒絮团不断向下移动，从而补充下部全尾砂颗粒絮团的移失，但是由于底部搅拌耙架的搅拌剪切，部分大粒径絮团也破碎成为小粒径絮团，因此大粒径絮团数量会随时间增加而先增加后减少。

8.2.3.3　絮团尺寸随空间变化规律

膏体浓密机中，不同深度下的全尾砂絮团尺寸分布曲线形态类似，全尾砂絮团的粒径分布范围随着深度的增加而不断变宽，大粒径全尾砂絮团的数量逐渐增多，絮团的平均粒径逐渐增大，如图 8-5 所示。这是因为当深度较小时膏体浓密机上部颗粒絮团在较短的时间内得不到有效补充，而在重力作用下大粒径絮团不断向下部移动，从而导致全尾砂絮团的粒径分布范围较下部窄。当深度不断增大时，膏体浓密机上部全尾砂絮团在一定时间内能有效补充该位置的全尾砂絮团移失，同时絮凝作用补充的全尾砂絮团普遍偏大，从而导致全尾砂絮团的粒径分布范围变宽，大粒径全尾砂絮团的数量逐渐增加，絮团的平均粒径逐渐增大。其中，图中 h 表示距上给料管中心水平截面所处位置的距离，$h=104.5$mm 处为溢流管中心水平截面，$h=219$mm 处为中心筒的出口处，$h=1533$mm 处为底流口中心水平截面。

如图 8-6 所示，虽然随着深度的增加，絮团的平均粒径整体不断增大，但是增大比例不显著，絮团尺寸的分布范围变化也不大，说明中心筒以下的絮凝作用并不很明显，絮凝作用主要发生在中心筒中。中心筒内部，随着深度的增加，絮团的平均粒径先增大（$h=104.5\text{mm}$，中心筒的中部）再减小（$h=219\text{mm}$，中心筒的出口所在横截面），说明絮凝作用主要发生在中心筒的上部。给料管中心水平截面的絮团平均粒径为 2138μm，相比全尾砂颗粒平均粒径 58.3μm，扩大近 40 倍，说明中心筒的给料管中发生了很强的絮凝作用。

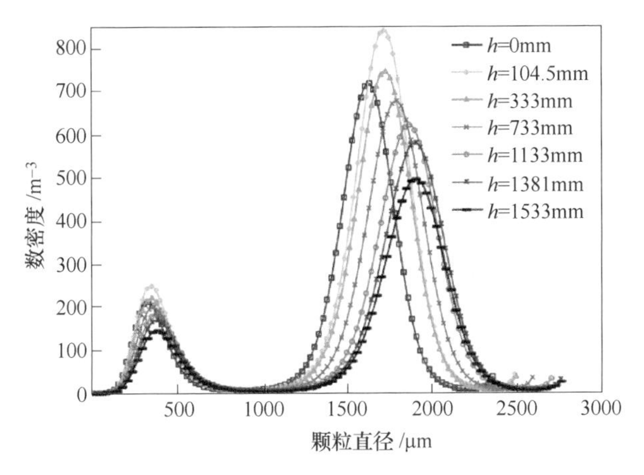

图 8-5 不同深处絮团尺寸分布

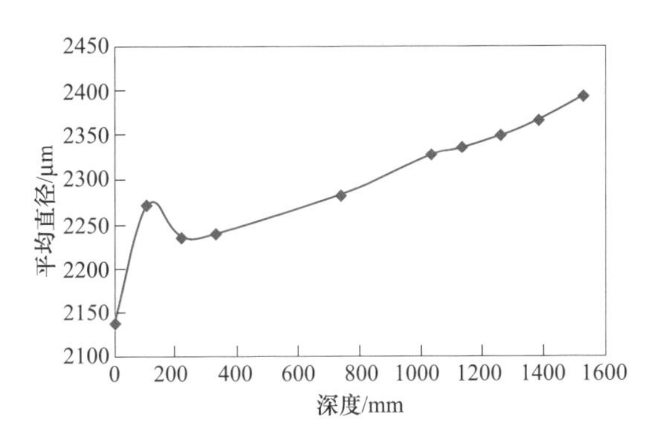

图 8-6 不同深处絮团平均粒径分布

因此，在对膏体浓密机内料浆流动进行合理假设的基础上，将 PBM 与 CFD 耦合，可对膏体浓密机内的多相流动和全尾颗粒的絮凝沉降过程进行数值模拟，可对膏体浓密机内的基本流场特性、浓度及絮团尺寸分布进行研究，还可进一步研究工艺参数与结构参数对膏体浓密机底流浓度的影响。

8.3 膏体物料搅拌数值模拟

膏体料浆是高黏度非牛顿流体，其材料的均质性是膏体料浆的重要性能之一。对于搅拌机流场的测量往往只能获得一些局部的信息，而且流场测量的实验装置一般比较昂贵，并且不能将搅拌流动混合过程可视化。随着 CFD 技术的发展，利用数值模拟的方法获取搅拌机内流动与混合的信息已经成为现实[15,16]。

8.3.1　搅拌模拟模型构建

以膏体充填系统中一级搅拌双卧轴搅拌机为原型，对其叶片结构进行抽象，物料分别为全尾砂、干抛尾及水泥，应用 ANSYS Workbench 建立搅拌机的几何模型如图 8-7（a）所示（原点位于其中一搅拌轴的正中间点），叶片采用围流方式排列。初始时，搅拌机内充满部分全尾砂料浆，采用 VOF 多相流模型来模拟干抛尾和水泥的混入。由于整个搅拌过程都处于非稳态，所以常用的移动网格（MRF）已不适合，同时由于搅拌轴和叶片的相互位置导致滑移网格也不适合，因此采用动网格（dynamic mesh），共划分网格 1091640 个，如图 8-7（b）所示。VOF 模型的连续性方程、动量方程和能量方程与 8.2 节中 Mixture 模型的方程相同。

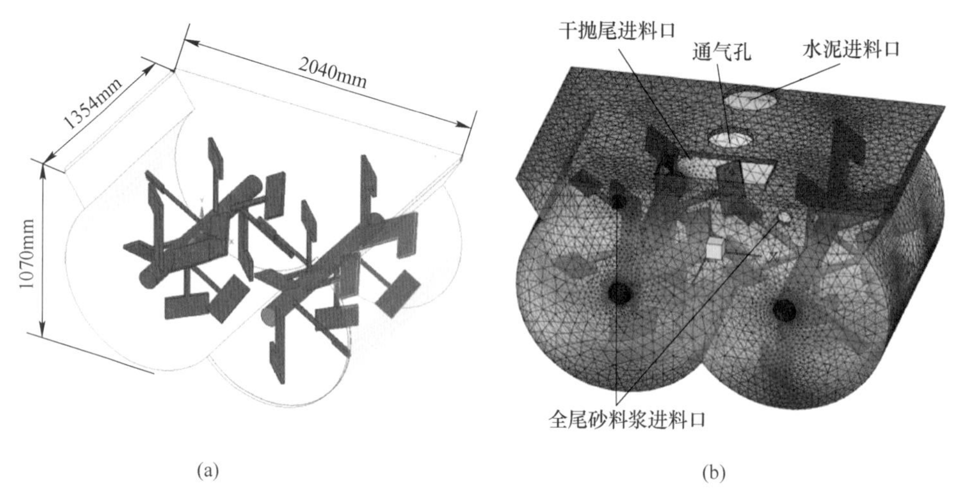

图 8-7　搅拌机物理模型
（a）几何结构；（b）网格划分

8.3.2　边界条件与模型求解

数值模拟研究对象为浓密的全尾砂底流料浆、干抛尾、水泥在搅拌作用下的混合过程。本模拟中，尾抛比为 9∶1，灰砂比为 1∶10；尾砂密度为 2966kg/m^3，干抛尾密度为 2461kg/m^3，水泥密度为 3100kg/m^3；全尾砂料浆浓度为 70.2%，屈服应力为 44.98Pa，黏度为 0.2494Pa·s；干抛尾设置为均匀颗粒，粒径为 2mm；水泥设置为均匀颗粒，粒径为 2μm；应用“Profile text file”定义两个搅拌轴的搅拌速度为40r/min（搅拌速度相反）。初始液面高度为640mm，干抛尾、水泥分别从对应入口进入，液面上部为空气。选用分离式解法下的SIMPLE速度-压力耦合算法并选择Solve N-phase Volume Fraction Eqations。

8.3.3　搅拌机内流变行为模拟分析

膏体是一种具有弹性、黏性、塑性等多种特性的混合料，根据流变特性测试结果，其流变特性表现为Bingham流体。搅拌过程中必须保证混合料得到强烈的运动，从而使混合料间有较大的相对运动速度，让混合料在相对集中的区域交错穿插，并最大限度地相互摩擦，为宏观和细观均匀性创造条件。为此，选取Z轴方向两个截面$z=0.3885$m和$z=-0.3885$m进行速度分布考察，可初步了解该搅拌机的流场基本特性。从图8-8可看出，因为叶片沿着搅拌轴螺旋分布，流场整体上并不对称分布，由于物料的高黏性，速度分布并不均匀，在叶片附近可产生较高的速度场，有利于物料的混合。另外，物料黏度大，在搅拌轴附近速度很小，物料容易附着于搅拌轴，停留时间长，不利于物料的混合。

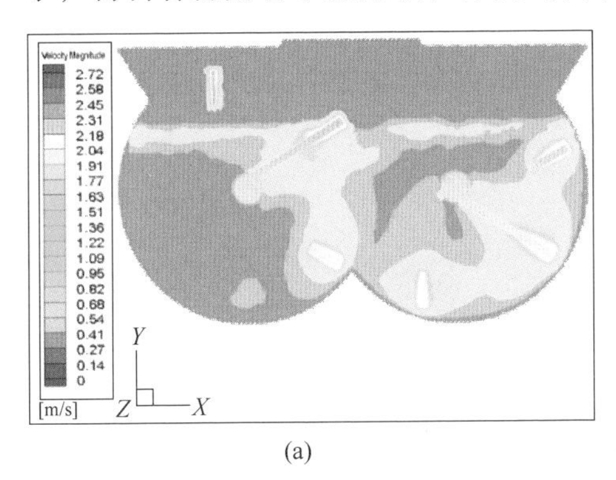

(a)

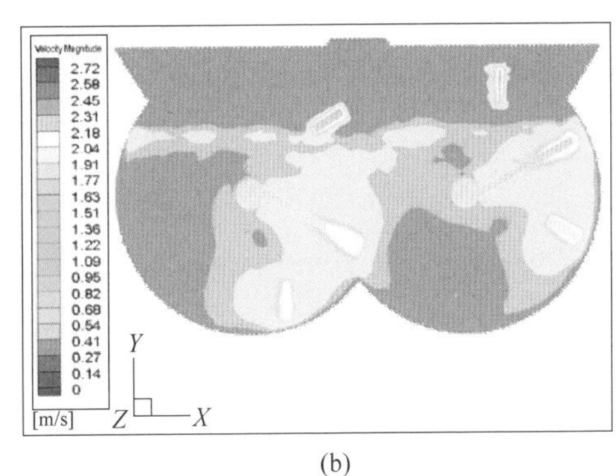

(b)

图8-8　搅拌机内速度分布

（a）$z=0.3885$m；（b）$z=-0.3885$m

保证膏体料浆达到要求的均匀度并保证充填硬化后达到规定的强度，同时满足生产效率和经济性是膏体搅拌的目的与要求，而膏体料浆的均匀混合则是膏体搅拌质量的指标之一。为了研究膏体料浆的均匀度，首先分别选取搅拌30s后Z轴方向和Y轴方向的三个截面进行密度分布考察，如图8-9所示，可初步了解该时刻膏体料浆的均质性。根据物料配比和各相物料的密度，可知均匀混合后物料的理论密度为1954kg/m^3。从图8-9可看出，搅拌轴以下的区域其密度基本在1900kg/m^{3}以上，初步判断基本上均匀度较好，但是搅拌轴上部以及靠近$z=0.3885$m一端，其密度相对较小，说明此时整个搅拌机内物料的均质性还欠佳，需要进一步搅拌。

除了第1章介绍的剪切流动和拉伸流动，流动过程中还存在有旋流动。如果流体质点（微团）在运动中不仅发生平动（或形变），而且绕着自身的瞬时轴线

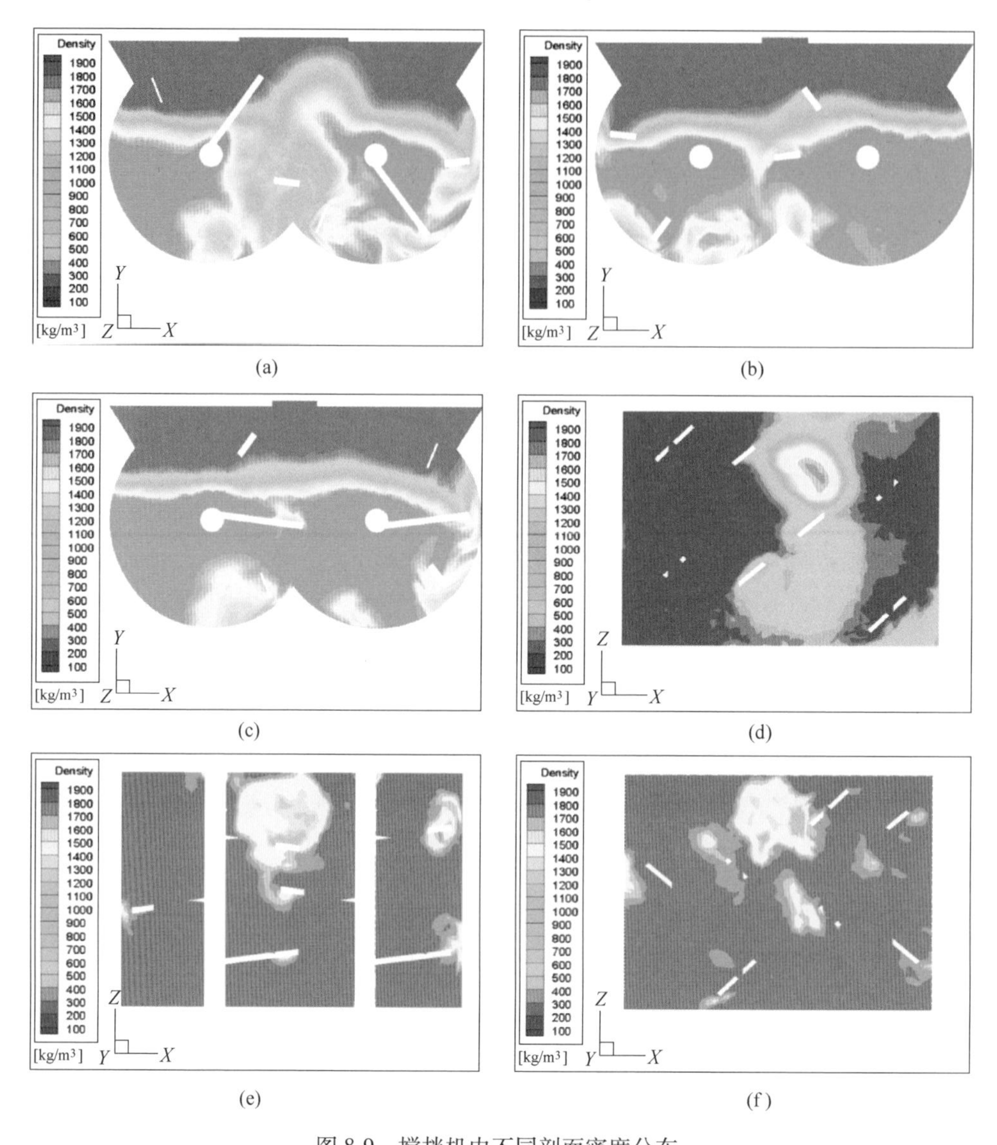

图 8-9　搅拌机内不同剖面密度分布

(a) z=0.3885m;(b) z=0m;(c) z=-0.3885m;(d) y=0.3m;(e) y=0m;(f) y=-0.3m

作旋转运动，即有旋流中如有液体微团的旋转角速度不全为 0。流场中不同位置流体的流动状态是混合效率的最重要指标，不同的流动状态导致不同的混合效率，通常应用 Manas-Zloczower 混合度指数[17]来表示不同流动状态下的混合指数：

$$\lambda_{MZ} = \frac{|\boldsymbol{D}|}{|\boldsymbol{D}| + |\boldsymbol{\Omega}|} \tag{8-15}$$

式中，λ_{MZ}为混合指数；$|\boldsymbol{D}|$为应变张量绝对值，$\boldsymbol{D}=\frac{1}{2}(\nabla\boldsymbol{v}+\nabla\boldsymbol{v}^{T})$；$|\boldsymbol{\Omega}|$是涡旋张量绝对值，$\boldsymbol{\Omega}=\frac{1}{2}(\nabla\boldsymbol{v}-\nabla\boldsymbol{v}^{T})$。$\lambda_{MZ}$为0时，流动为纯有旋流，混合效率最低；$\lambda_{MZ}$为0.5时，流动为纯剪切流；$\lambda_{MZ}$为1时，流动为纯拉伸流，混合效率最高。

为了研究搅拌机内的不同位置混合指数，在Fluent数值模拟计算结果后处理时，根据速度场分布计算不同位置的混合指数，分别选取两根搅拌轴所在平面z轴方向的$z=-0.3885$m，$z=0$m和$z=0.3885$m三条线进行分析，三条线所在位置的混合指数如图8-10所示。由图可知，三条线均在搅拌轴附近的混合指数较高，但是靠近搅拌机筒壁的位置混合指数却相对较低。同时，一般认为混合指数高于0.5时才能发生有效混合，三条线所在平面（$y=0$m）的整体混合指数大多数都高于0.5，物料能发生有效混合。此外，在$z=0.3885$m一端的混合指数明显较低，这与图8-9所得该处的物料密度较低、混合效果较差结论一致。

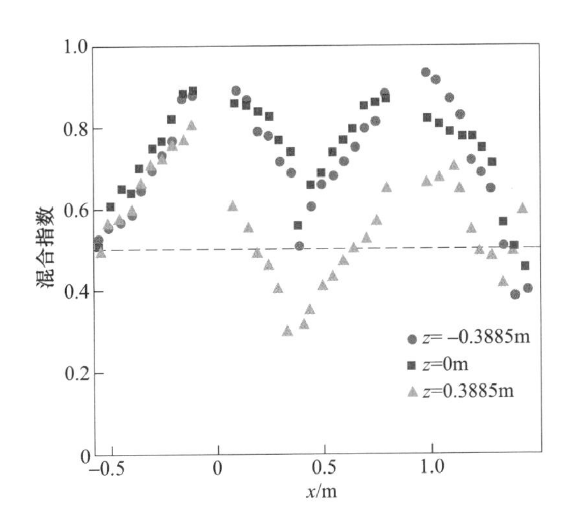

图8-10 搅拌机内不同位置混合指数

搅拌轴及叶片的受力情况直接关系到搅拌机能否正常运行，若受力过大，导致叶片卡住，从而不能正常搅拌。为此，本节通过数值模拟初步分析在高黏膏体料浆搅拌过程中搅拌轴及叶片表面的应力分布情况，具体如图8-11所示。搅拌轴表面的应力相对较小，基本都在1000Pa以下，但是叶片局部应力较大，达到3000Pa左右，在以后的搅拌机研究设计中应特别注意叶片材料的选择和搅拌机功率的选择，在保证搅拌质量的前提下，合理优化叶片结构与排列方式，以减小叶片表面应力。

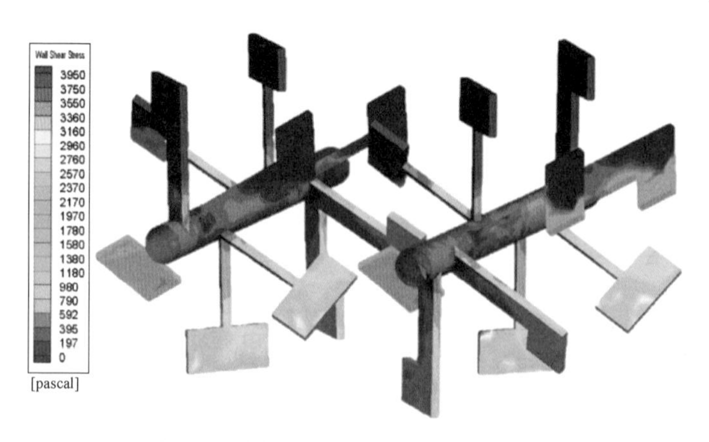

图 8-11　搅拌轴与叶片表面剪切应力分布

8.4　膏体管输颗粒运移数值模拟

某些特殊条件下，向均质膏体中添加粗骨料以满足井下膏体充填对充填体强度的要求，从而形成膏体复合流（颗粒—Bingham 流体）。颗粒—Bingham 流体之间的相互作用在剪切流动区内呈现出复杂的流动特性，直接求取相关的解析解非常困难。因此，为了研究基于颗粒—Bingham 流体相互作用的复合流在管道输送中粗颗粒的运移规律，CFD 数值模拟方法是一种恰当的手段[18]。

8.4.1　复合流管输模拟模型构建

在颗粒—Bingham 流体相互作用的研究中，颗粒是属于宏观意义上不可忽略体积的粒子，因此常用的研究固-液两相流的数值模拟方法，如 Mixture 两相流模型以及 Euler 两相流模型不适合研究粗颗粒的问题。研究粗颗粒在 Bingham 流体中运动时二者之间的相互作用关系，可以采用基于 Euler-Lagrangian 的数值模拟方法或者直接数值模拟（DNS）方法。

本节采用 CFD Fluent 中的宏观颗粒模型（macroscopic particle model，MPM）方法来研究粗颗粒在非牛顿悬浮基质中的运动状况。MPM 方法是一种基于 RDPM 框架下适用于有限体积法（finite volume method）的数值模型，其在 Fluent 中通过用户自定义函数（user defined functions）加载实现。

8.4.1.1　物理模型的构建与计算区域的离散

重点研究膏体充填料浆中粗颗粒的运移规律，研究的管道限定在一段直管内，管道的物理尺寸模型其长度为 1m，管道内径为 0.1m。利用 Gambit 软件划分结构化网格共 1358643 个。

8.4.1.2 模型的基本假设

（1）管道内流动的流体介质为膏体充填料浆的悬浮基质相，其满足 Bingham 流变模型（Herschel-Bulkley 模型在幂律指数 $n=1$ 时的形式）；

（2）充填料浆中的粗颗粒视为球体，不考虑其实际的形状所带来的影响；

（3）不考虑温度变化的影响，在 CFD 的能量守恒方程中视为恒温条件；

（4）管道内流体介质运动状态为层流，依据管道流动雷诺数的计算公式（6-27）以及管道内 Bingham 流体的有效黏度计算公式（6-77）分析[19]。

本节中 Re 约为 63.53，按照流体力学中对层流与湍流的区别依据其 Re_c（下临界雷诺数）等于 2320[20]，可知管道内流体流动状态主要为层流状态。同时计算悬浮基质不同流变参数时的管道雷诺数值，可发现悬浮基质在管道内的流动状态主要为层流。Herschel—Bulkley 体兼具有 Bingham 流体以及 Power—law 流体的性质。当流体介质所受的剪切速率值大于其临界剪切速率值时，流体将发生流动，此时呈现 Power—law 流体介质的性质，$n>1$ 时呈现剪切增稠，$n<1$ 时呈现剪切变稀。当流体介质所受的剪切速率值小于等于其临界剪切速率值时，流体不流动，表现为屈服应力的存在，此时的流体近乎不流动所以其表观黏度应该是一个非常大的值。Fluent 在描述 Herschel—Bulkley 流体的屈服特性时通过指定临界剪切速率值来实现，为了体现出其在较低剪切速率下流体的不流动性质，通常临界剪切速率值取得很小。

8.4.1.3 宏观颗粒模型（MPM）

MPM 模型允许颗粒的尺度大于多个网格单元，基于所研究的颗粒与流体之间的动量交换来计算颗粒与流体之间相应的阻力、升力以及扭矩值的大小。同时采用硬球模型来计算颗粒与管道壁面、颗粒与颗粒之间的相互作用。MPM 模型的计算理论如下：

（1）MPM 模型中的粗颗粒模型由具有六个自由度的球形颗粒表示，即三个平移自由度以及三个相对应的转动自由度。因此其在笛卡尔坐标系下包含 X、Y、Z 三个坐标方向上的线速度以及相应的角速度。颗粒在计算域开始的流动时间步内被注入流场计算域内，在时间步内如果有计算域流场网格的一个或者多个节点位于颗粒的体积范围内，则认为所研究的颗粒与相应的流场网格发生接触，颗粒与流场之间存在相应的动量转移，以确定颗粒周边的流场速度。

（2）计算颗粒所受到的作用力。在 MPM 模型中单位质量下粗骨料颗粒受力的平衡方程如式（8-16）所示。

$$\frac{\mathrm{d}v_{\mathrm{p}}}{\mathrm{d}t} = F_{\mathrm{body}} + F_{\mathrm{surf}} + F_{\mathrm{coll}} \tag{8-16}$$

式中，v_p 为颗粒的速度，m/s；t 为时间，s；F_{body} 为颗粒所受的体力项（如重力与浮力等），N；F_{surf} 为颗粒所受的面力项（如阻力、升力与扭矩等），N；F_{coll} 为颗粒—颗粒、颗粒—管道壁面的碰撞力，N。

确定了粗颗粒所受的作用力后，便可在下一个计算时间步骤内确定颗粒新的速度与位移值。其中颗粒所受的面力 F_{surf}（阻力、升力以及扭矩）由颗粒周围非牛顿悬浮液的速度场、压力场，以及剪切应力场计算。对应于速度场、压力场，以及剪切应力场，将流体作用于颗粒上的力与扭矩通过三个分量：虚质量分量、压力分量，以及黏性分量来表示，见式（8-17）：

$$F_i = F_{m,i} + F_{p,i} + F_{V,i} \tag{8-17}$$

式中，F_i 为 i 方向上粗颗粒所受流场的作用力与扭矩值，N、N·m；$F_{m,i}$ 为 i 方向上的虚质量项分量，N；$F_{p,i}$ 为 i 方向上的压力项分量，N；$F_{V,i}$ 为 i 方向上的黏性项分量，N；相应计算如式（8-18）~式（8-20）所示（以 X 轴方向为例，其下标为 i）。

作用于颗粒上的虚质量力分量可视为在颗粒体积内所有流体单元动量变化率的积分，见式（8-18）：

$$F_{m,i} = \left[\sum_{\substack{\text{volume} \\ \text{cells}}} m_f v_{f,i} - \sum_{\substack{\text{volume} \\ \text{cells}}} m_f v_{p,i} \right] \frac{1}{\Delta t} \tag{8-18}$$

式中，$F_{m,i}$ 为作用于颗粒上的虚质量力分量，N；m_f 为流体网格单元的质量，kg；$v_{f,i}$ 为流体在 i 方向上的速度，m/s；$v_{p,i}$ 为颗粒在 i 方向上的速度，m/s；Δt 为计算时间步长，s。

作用于颗粒上的压力分量可由颗粒周围流场中的相应压力分布量计算，见式（8-19）：

$$F_{p,i} = \sum_{\substack{\text{surface} \\ \text{cells}}} P d^2 \frac{r_i}{|\boldsymbol{r}|} \tag{8-19}$$

式中，$F_{p,i}$ 为作用于颗粒上的压力分量，N；d^2 为颗粒表面所接触的流体单元的近似面积，m^2；P 为流体单元中的压力值，Pa；$\boldsymbol{r}$ 为从流体单元中心到颗粒中心的半径矢量；r_i 为半径矢量 $\boldsymbol{r}$ 在 i 方向相应的笛卡尔坐标分量值，m。

类比上面两个分量的计算原理，黏性力分量可以由颗粒周围流场中的相应剪切应力分布量计算，见式（8-20）：

$$F_{V,i} = \sum_{\substack{\text{surface} \\ \text{cells}}} \sum_{j} \boldsymbol{\tau}_{ij} d^2 \left(- \frac{r_j}{|\boldsymbol{r}|} \right) \tag{8-20}$$

式中，$F_{V,i}$ 为作用于颗粒上的黏性力分量，N；$\boldsymbol{\tau}_{ij}$ 为作用在与 j 方向相互垂直的平面上并且沿 i 正方向的剪切应力，Pa；r_j 为半径矢量 $\boldsymbol{r}$ 在 j 方向相应的笛卡尔坐标分量值，m。

基于上面求出的颗粒所受力与扭矩，可以在每一个时间步长内求出颗粒新的位置、速度，以及加速度，MPM 模型的计算流程如图 8-12 所示[21]。

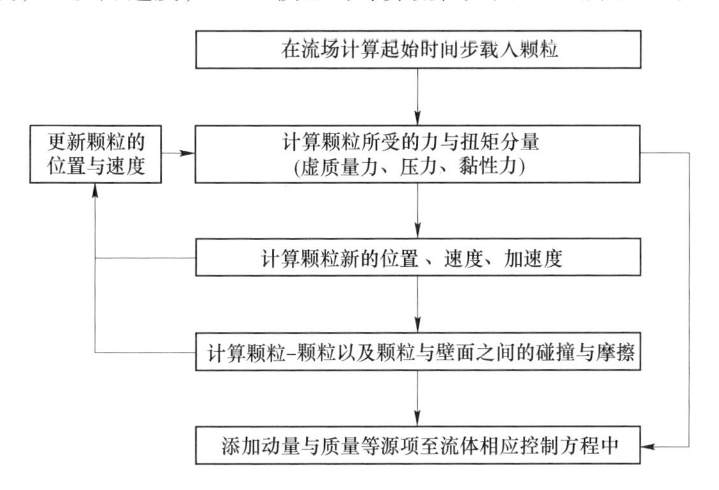

图 8-12　MPM 模型颗粒—流体相互作用计算流程

（3）颗粒—颗粒、颗粒—壁面相互作用：MPM 模型的颗粒—颗粒、颗粒—壁面之间的计算模型采用硬球模型。认为碰撞是双向的并且是在单个点处瞬时完成的，不考虑碰撞时二者之间的复杂力模型，而是通过动量定理计算碰撞后的速度，并且使用恢复系数表征颗粒在碰撞过程之中造成的能量损耗。两个运动颗粒碰撞过程的表达如式（8-21）所示：

$$\begin{cases} m_1(v_1 - v_1^0) = J \\ m_2(v_2 - v_2^0) = -J \\ \dfrac{I_1}{r_1}(\omega_1 - \omega_1^0) = J \times n \\ \dfrac{I_2}{r_2}(\omega_2 - \omega_2^0) = J \times n \end{cases} \tag{8-21}$$

式中，下角标 1、2 代表碰撞过程中的两个颗粒编号，上角标 0 代表碰撞发生之前的颗粒速度；m 为颗粒的质量，kg；I 为颗粒的转动惯量，kg·m²；v 与 ω 为颗粒的线速度与角速度，m/s、rad/s；r 为颗粒的半径，m；J 为碰撞过程的冲量，kg/(m·s)；n 为法线方向的单位向量。

在两个颗粒的切线方向上，碰撞过程依据两个颗粒在接触点的相对运动形式又分为：黏滞碰撞与滑移碰撞[22]。因此碰撞过程中的能量损耗（冲量 J）计算如式（8-22）所示：

$$\begin{cases} J_n = -(1+e_n)\dfrac{v_{12}^0 \cdot n}{B} \\ J_{t,\text{sticking}} = -(1+e_t)\dfrac{v_{12}^0 \cdot t}{B} \\ J_{t,\text{sliding}} = -\mu_f J_n \end{cases} \tag{8-22}$$

式中，J_n为法线方向的冲量，kg/(m·s)；$J_{t,\text{sticking}}$、$J_{t,\text{sliding}}$为黏滞碰撞以及滑移碰撞，kg/(m·s)；e_n、e_t为法向与切向的恢复系数；t、n为切线方向与法线方向的单位向量；μ_f为摩擦系数；$B=1/m_1+1/m_2$；v_{12}^0为两个碰撞颗粒的相对表面速度(包含转动与平移)。

综上，MPM 模型构建了颗粒—流体之间的相互作用以及颗粒—颗粒、颗粒—壁面之间的相互作用并将这二者联系起来。

8.4.2　边界条件与模型求解

Bingham 流体介质的物理参数设定以及粗颗粒的参数设定如表 8-3 所示。

表 8-3　管道输送数值模拟参数

参数名称	数值	单位
悬浮基质密度	1800	kg/m^3
屈服应力	80	Pa
稠度系数	1.5	Pa·s
幂律指数	1	—
临界剪切速率	0.01	s^{-1}
颗粒—流体动量交换系数	X、Y、Z 方向均为 1	—
法向恢复系数	单颗粒模拟时不指定	—
切向恢复系数	单颗粒模拟时不指定	—
摩擦系数	单颗粒模拟时不指定	—
颗粒直径	0.015	m
颗粒密度	2700	kg/m^3
重力加速度	Y 轴负方向 9.81	m/s^2

边界条件主要包括管道入口边界条件、管道出口边界条件以及管道壁面边界条件：

(1) 管道入口边界条件：速度入口边界条件，沿 X 轴正方向，即管道轴线方向，垂直于 Y-Z 平面，速度模量为 1m/s，为截面上的平均流速。

(2) 管道出口边界条件：管压力出口边界条件，设定出口端的压力值为 0。

(3) 管道壁面边界条件：对于膏体充填料浆这一类高浓度流体介质，在管道壁上存在一定的滑移现象，这里为了抽象模型没有考虑进管道壁面的滑移问题，因此设定管道内壁面的边界条件为无滑移边界条件，即流速在管道壁面上的值为 0。

求解时选择分离算法中基于压力—速度耦合的 SIMPLE 算法，其具体的参数设置为：压力插值选择 PRESTO 格式（MPM 模型下为默认格式），其松弛因子为 0.3；动量方程插值选择二阶迎风插值方法，其松弛因子为 0.7，并在 MPM 模型中设置颗粒在管道中的加载位置。

8.4.3 颗粒运移行为模拟分析

分析在管道 Y-Z 截面上不同位置处，由于膏体料浆悬浮基质剪切流动状态的不同，而对相应位置处颗粒运移行为的影响。管道采用颗粒与网格尺度比为 5∶1 的离散方案，时间步长为 1×10^{-5}s。颗粒的加载位置按照一定的规律分别沿 $+Y$ 轴方向、$-Y$ 轴方向，以及 $+Z$ 轴方向每隔 1cm 插入一个颗粒，为了避免颗粒间距离过小而产生其他的影响，按照一定的间隔规律加载待研究的颗粒，其中总共加载 13 个颗粒分 5 个计算案例进行数值模拟，颗粒加载位置如图 8-13 所示。

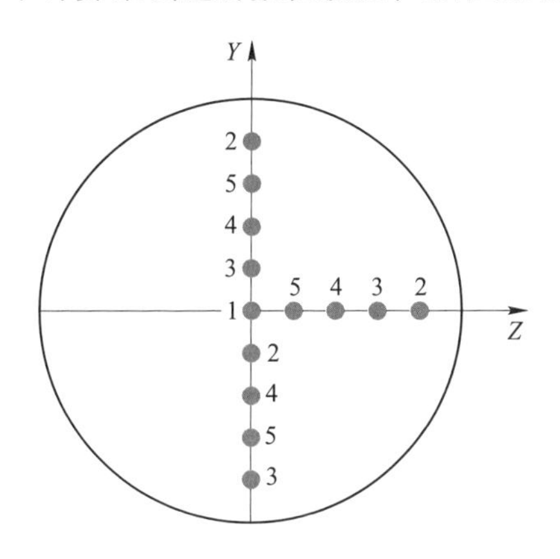

图 8-13 颗粒加载位置及所属计算案例文件示意图

8.4.3.1 颗粒位置分布规律

颗粒在管道内不同位置处随流体运动的位置规律如图 8-14、图 8-15 所示。颗粒沿 Z 轴方向分布时，X 轴方向的相对位移值在靠近管道中心处的值大于靠近管壁处的相对位移值，与流体介质从管道中心向管壁方向递减的流速分布相对应。同时，可以发现 Z 轴坐标为 0m、0.01m、0.02m 处颗粒在 X 轴的相对位移基本相同，说明在中间的非剪切流动区内流速近似相同。Z 轴方向的相对位移主要分为：非剪切流动区Ⅰ（见图 6-4）内，颗粒在 Z 轴方向的相对位移基本为 0

（0m、0.01m、0.02m 处）；剪切流动区Ⅱ（见图 6-4）内，颗粒在 Z 轴方向的相对位移值非常大（0.03m 处）；剪切流动区Ⅱ（见图 6-4）内，靠近管壁处（0.04m 处）。

颗粒沿 Y 轴从（-0.04m 至+0.04m）分布时，Y 轴方向的相对位移类似于 Z 轴相对位移，也主要分为三部分：非剪切流动区（-0.02m、-0.01m、0m、0.01m、0.02m）、（-0.03m、+0.03m）、（-0.04m、+0.04m）处，颗粒相对位移值逐渐趋于一个恒定值。

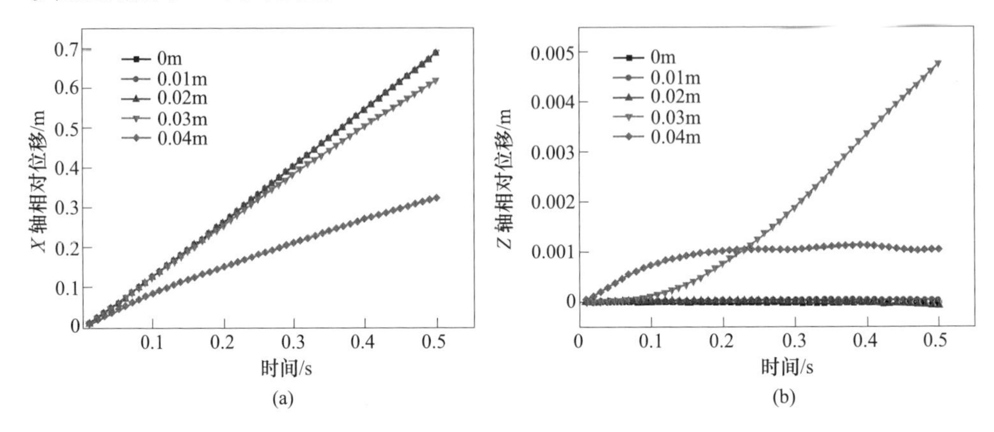

图 8-14　Z 轴正方向不同坐标处颗粒的相对位移值

（a）X 轴；（b）Z 轴

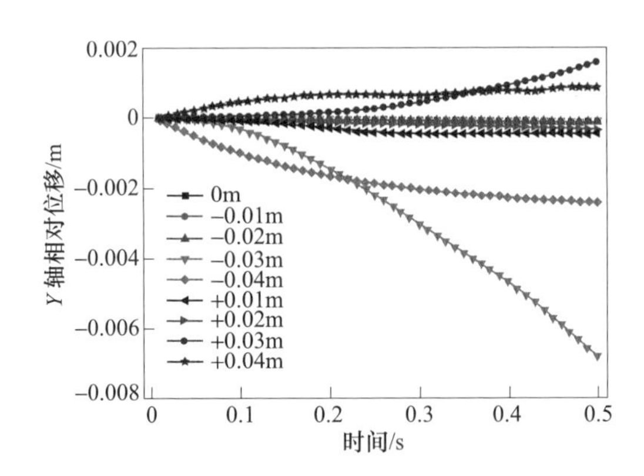

图 8-15　Y 轴正方向与负方向不同坐标处颗粒的 Y 轴相对位移值

8.4.3.2　颗粒线速度分布规律

颗粒的线速度差异是造成颗粒在 X、Y、Z 轴三个方向上位移差异的根本原因。按照-Y 方向布置的颗粒在 Y 轴方向的线速度分量，相关的颗粒速度跟踪如图 8-16、图 8-17 所示。

由以上不同位置处颗粒在三个坐标轴方向的速度变化趋势可以得出：颗粒在

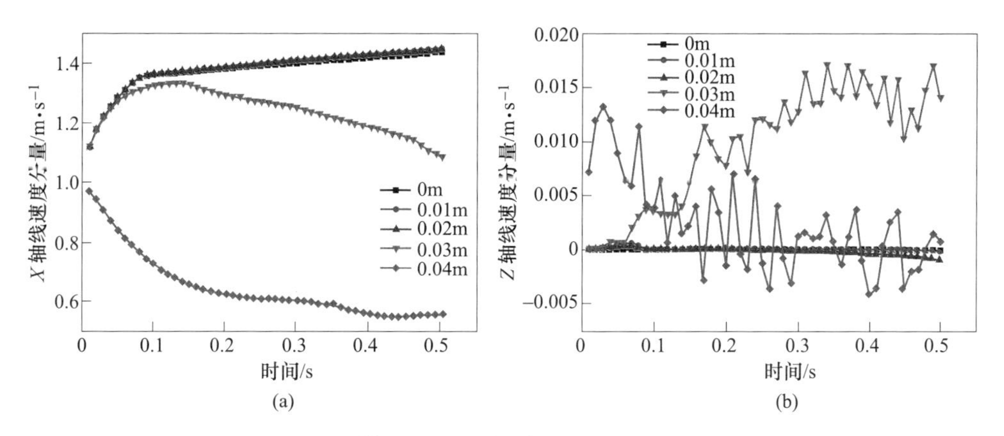

图 8-16 Z 轴正方向不同坐标处颗粒的线速度分量
（a）X 轴；（b）Z 轴

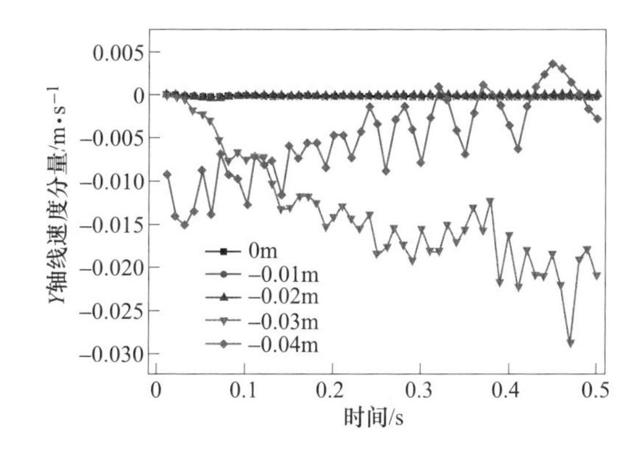

图 8-17 Y 轴负方向不同坐标处颗粒的 Y 轴线速度分量

管道内运动速度差异较大的主要是管道在管径方向上剪切状态不同，在低剪切速率区（高流速区）颗粒在管道截面上相应的 Y 轴线速度分量以及 Z 轴线速度分量均较小。同时，颗粒在靠近管壁位置处由于其相对运动受到壁面的限制，颗粒的速度在一定的范围内呈现较大的波动，颗粒在剪切流动区域内由于受到流速梯度的影响其运动状态比较复杂，但总体趋势是沿着管径方向逐渐向管壁处移动的。

8.4.3.3 颗粒角速度分布规律

在 MPM 模型中针对颗粒—流体相互作用计算了颗粒所受到的相对扭矩。因此在颗粒追踪中可以获得颗粒受流体作用时其具体的角速度。颗粒角速度的存在会使颗粒发生一定的自旋转，从而在流体输送时增加额外的阻力。为了分析剪切流动区与非剪切流动区对颗粒自旋运动的影响，分别跟踪了颗粒按照 Z 轴正方向坐标布置时，转动轴依次为 X 轴、Y 轴、Z 轴时的角速度分量，如图 8-18 所示。

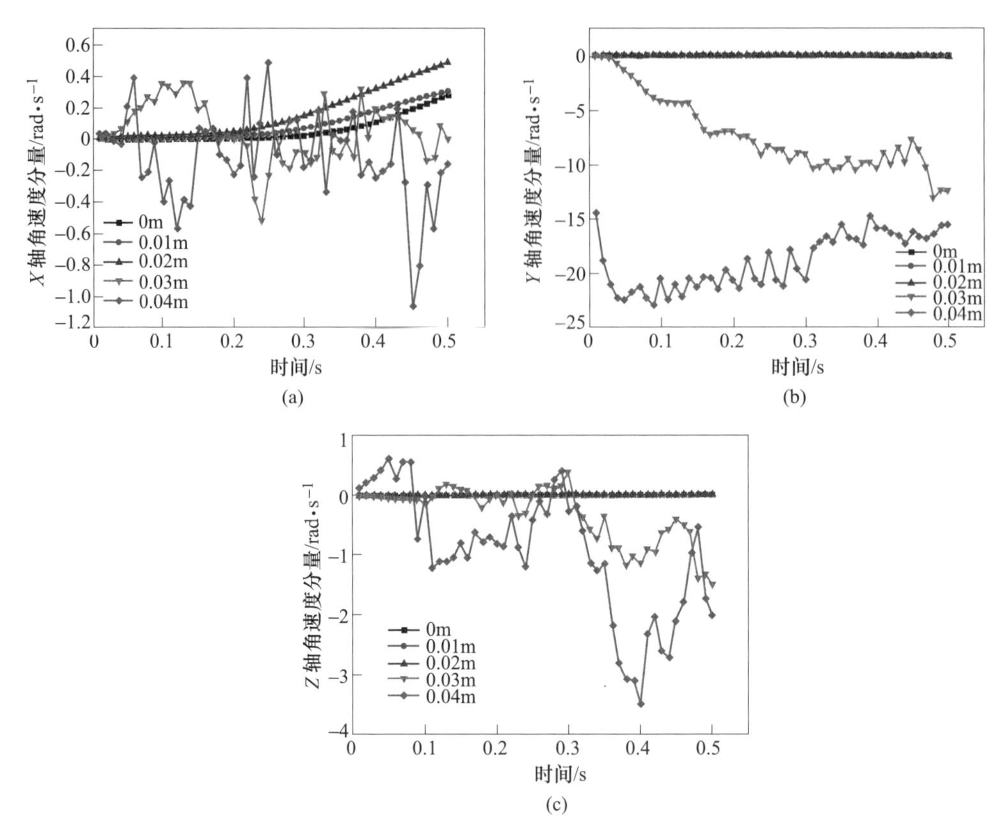

图 8-18　*Z* 轴正方向不同坐标处颗粒的角速度分量

（a）*X* 轴；（b）*Y* 轴；（c）*Z* 轴

在靠近管道中心的非剪切流动区内，颗粒的角速度分量基本为零（0m、0. 01m、0. 002m），而在靠近管壁方向的剪切流动区内（0. 03m、0. 04m）处，颗粒的角速度值较大。这是因为在剪切流动区域内颗粒周围的速度差较大，同时考虑到颗粒沿径向方向存在一定的位移使其两侧的速度梯度值发生变化，因此在剪切流动区域内颗粒的角速度值波动幅度较大，进一步说明了剪切流动区域内颗粒运动的复杂性。但是颗粒在剪切区域内沿 *Y* 轴方向的角速度最大，这是因为在 +*Z* 轴方向上分布的颗粒其在 *X* 轴方向的速度分量变化最大。

由以上分析可知，含有粗颗粒的膏体充填料浆虽然其屈服应力以及塑性黏度较大，在通常的数值模拟中均认为粗颗粒被很好地“嵌在料浆中”，忽略其在管道输送中相对于流体介质的运动，但是以上分析表明，颗粒在非剪切流动区域内的相对位移、相对速度、相对角速度均比较小，是可以忽略的。而在剪切流动区域内，膏体料浆这种含有屈服特性以及黏性的非牛顿流体造成“柱塞流动”存在流速差，引发所在区域内颗粒在截面方向上有较为明显的位移，加之流体介质流速梯度的存在使颗粒在管道轴线上存在明显的相对运动。因此含有粗骨料的膏体充填料浆在管道输送过程中不能忽略剪切流动区域内粗颗粒的运动。剪切流动区域内的颗粒偏向管壁方向运动，最终受到管壁的制约而靠近在管壁区域。

剪切流动区域内的流速差是导致含有粗骨料的膏体充填料浆在输送过程中颗粒与管壁摩擦、碰撞的主要原因，同时流速差使颗粒产生沿管径方向的位移时还会导致颗粒之间的旋转与碰撞，颗粒之间的旋转与碰撞会消耗管道输送的能量并增加额外的阻力，因此有必要深入分析颗粒在剪切流动区内作相对运动，及其产生的额外能量损耗对添加粗骨料的膏体充填料浆管输阻力影响。

8.4.4 颗粒运移影响因素分析

根据第6章中管道输送中颗粒流态的分类（见图6-1），膏体充填料浆含水量应该控制在 $V_1 \sim V_3$ 范围之内，颗粒沿 $-Y$ 轴方向位移非常小，此时的含水量应该在 V_2 附近。膏体充填料浆中含水量的变化会引起管道输送过程中悬浮基质屈服应力的变化，因此可以通过确定合适的屈服应力获得膏体充填料浆悬浮含水量。除了屈服应力外，塑性黏度、颗粒的物理密度、直径以及管道内的流速均会对粗颗粒的运移规律产生影响。

8.4.4.1 屈服应力对颗粒运移规律的影响

A 屈服应力对管道径向流速的影响

屈服应力的不同主要引起非剪切流动区的边界位置发生变化，在其他参数不变的情况下设置屈服应力为40Pa、60Pa、80Pa、100Pa、120Pa，颗粒加载方式按照图8-13所示的+Z 轴方向布置。管道 Y-Z 截面上在5种不同屈服应力条件下的流速及剪切速率分布，如图8-19所示。

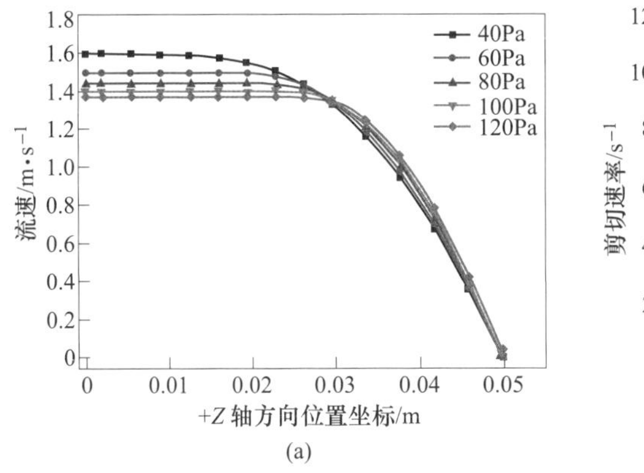

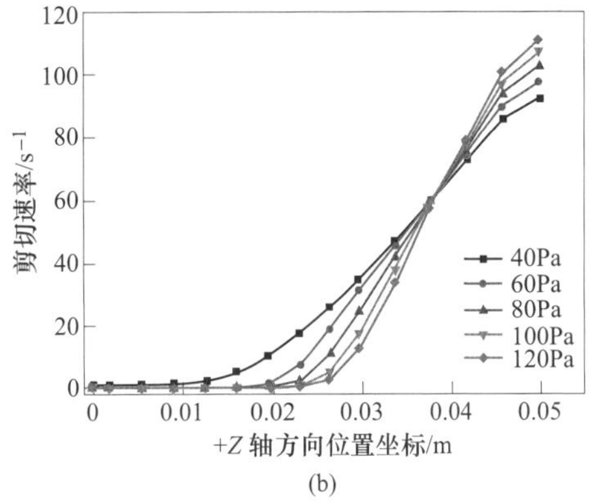

图8-19 不同屈服应力下 Z 轴正方向流速及剪切速率分布

（a）流速分布；（b）剪切速率分布

在悬浮基质塑性黏度不变的条件下，屈服应力对流体的流速沿管径方向的分布具有一定的影响。主要表现为：非剪切流动区内流速随屈服应力的降低而增加；在剪切流动区内流速随屈服应力的增加而增加。在悬浮基质塑性黏度不变的条件下，屈服应力对流体的剪切速率沿管径方向的分布具有一定的影响。主要表现为：屈服应力越大悬浮基质的非剪切流动区域越大，相应的剪切流动区域越小，并且剪切流动区域内剪切速率的变化率也随屈服应力的增大而增加。

B　屈服应力对颗粒运移规律的影响

选取0m（研究屈服应力对竖直方向运动规律的影响）、0.01m、0.02m、0.03m四个坐标点研究屈服应力对管道输送中颗粒运移规律的影响。0.01m、0.02m、0.03m在不同屈服应力下沿+Z轴方向的相对位移值见图8-20（a），0.01m处沿-Y轴方向的相对沉降值见图8-20（b）。

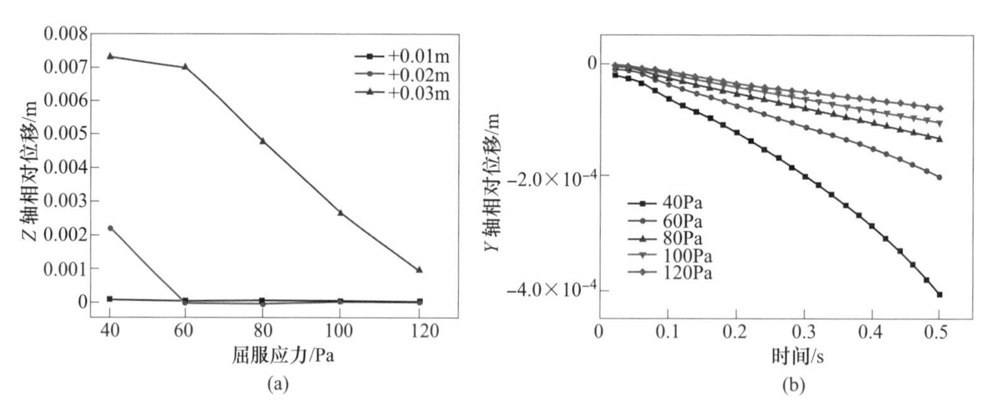

图8-20　不同颗粒加载位置下相对位移分布

（a）Z轴；（b）Y轴

颗粒沿管径方向的位移除了受到颗粒加载位置的影响外，还受到悬浮基质屈服应力的影响。对于不同的屈服应力，在0.01m处的颗粒基本上不会产生径向的位移，因此0.01m处的颗粒处于绝对的非剪切流动区域。增加膏体充填料浆悬浮基质相的屈服应力将限制管道输送中颗粒—悬浮基质的相互作用，降低颗粒在其内部的运动程度，减少额外的能量消耗。但是屈服应力的增加会使管道输送的阻力值增加，因此悬浮基质相应该选择合适的屈服应力，其除了满足膏体充填料浆的工程要求外，还应该使管道输送的阻力最小。

非剪切流动区域内颗粒在不同的屈服应力下，其竖直方向的沉降值不同，颗粒在屈服应力较小的情况下，沉降值较大。当屈服应力为80Pa、100Pa、120Pa时，颗粒在竖直方向的沉降距离较为接近且沉降值均较小。因此直径为15mm、密度为2700kg/m^{3}的球形颗粒，在输送过程中要使颗粒在非剪切流动区不发生明显的下沉运动，屈服应力为80Pa时较为合适。

8.4.4.2 塑性黏度对颗粒运移规律的影响

A 塑性黏度值对管道径向流速的影响

在屈服应力不变的条件下，研究塑性黏度对于管道径向流速以及剪切速率的影响。X 轴方向流速分量分布曲线以及剪切速率曲线如图 8-21 所示。

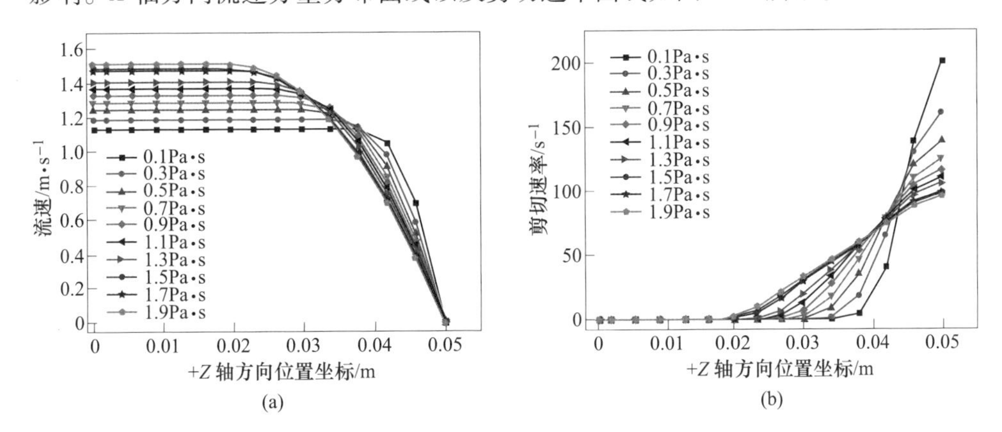

图 8-21 不同塑性黏度值下 Z 轴正方向流产特性分布

（a）流速分布；（b）剪切速率分布

塑性黏度越大，管道中心处的流速与管道边界处的流速差越大，因此在管道轴线方向上颗粒彼此之间的轴向相对位移也将增大，并且随着剪切流动区域的增加，颗粒存在径向位移的区域也将增加。塑性黏度对于剪切流动区的影响较为明显，在悬浮基质相屈服应力为 80Pa 时，剪切流动区的范围随着塑性黏度增加而增大。

为了降低颗粒在管道内沿径向方向的位移以及自身的旋转角速度，可以降低膏体充填料浆悬浮基质的塑性黏度值，同时降低塑性黏度值也可以降低管道的流动阻力。

B 塑性黏度值对颗粒运移规律的影响

塑性黏度值对剪切流动区的影响较为明显。为了反映塑性黏度对颗粒径向位移的影响，求取在 Z 轴+0.03m 处加载的颗粒沿管径方向的位移随塑性黏度的变化，如图 8-22 所示。

屈服应力一定的条件下，塑性黏度越小，同一位置处加载的颗粒，其径向位移越小。颗粒的径向位移与悬浮基质的塑性黏度之间呈正相关性。

膏体料浆在管道输送过程中，剪切流动区的范围与悬浮基质相的屈服应力呈负相关，而与悬浮基质的塑性黏度呈正相关，因此粗颗粒随管输过程中其相对于悬浮基质的运动程度受屈服应力与塑性黏度的影响。综合考虑可以采用悬浮基质相的宾汉姆数 Bi 来反映颗粒受悬浮基质相流变参数的影响。为了反映悬浮基质

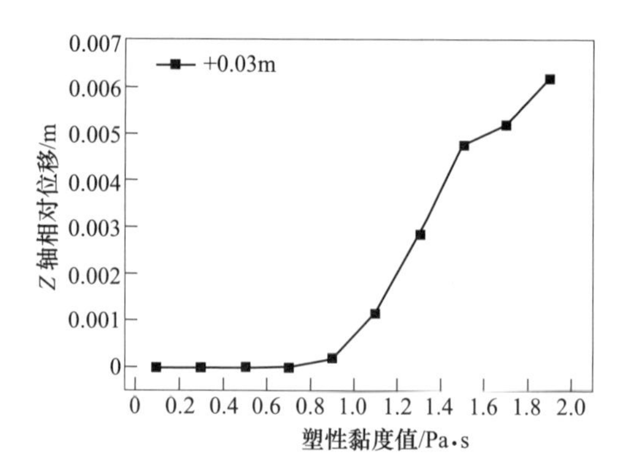

图 8-22　+0. 03m 处颗粒 Z 轴相对位移随塑性黏度变化

在管道输送中流变参数对管道截面上径向流速、剪切速率等物理参数的影响，在计算宾汉姆数 Bi 时，选取其特征流速为管道内的平均流速 1m/s，管道内径为 0. 1m。对于 Z 轴+0. 03m 处，不同屈服应力条件下以及不同塑性黏度值条件下的情况分别按照式（6-4）求取了相关的宾汉姆数 Bi。Z 轴+0. 03m 处，颗粒沿 Z 轴方向的相对位移值随 Bi 数变化如图 8-23 所示。

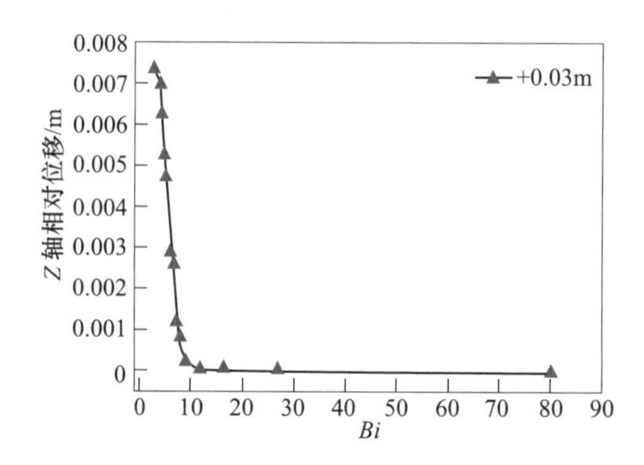

图 8-23　不同 Bi 值下+0. 03m 处颗粒 Z 轴相对位移图

由图 8-23 可知，颗粒在 Z 轴方向沿管径的相对位移值随着宾汉姆数 Bi 的增加而逐渐降低，Bi 在 10 左右时发生突变。当 Bi 值大于 10 时，颗粒基本上处于非剪切流动区，沿管径方向的位移值基本可以忽略。因此，直径为 15mm、密度为 2700kg/m^3 的粗颗粒加载到悬浮基质中，当宾汉姆数 Bi 为 10 左右时，剪切流动区与非剪切流动区的分界面约为 0. 03m 处。满足以上直径与密度要求的粗颗粒在沿管径方向位置坐标小于 0. 03m 处将不会发生径向的移动。同理，可求出剪切流动区域与非剪切流动区域分界面在其他位置坐标处时，流变参数、管道直径以及流速应该满足的 Bi 数。因此选择无量纲的 Bi 数来综合表达屈服应力、塑性黏度、管径以及平均流速对管道输送时悬浮基质相对粗颗粒相对运动的影响是可行的。同时管道中心处颗粒不发生明显沉降的屈服应力为80Pa，在满足一定屈服应力条件下，塑性黏度越小，*Bi* 数越大，管道输送时充填料浆在管道截面上的剪切流动区域越窄，管道输送的阻力越低。

8.4.4.3 颗粒密度、直径以及平均流速对颗粒运移规律的影响

上述分析是建立在颗粒密度、直径以及管道内部平均流速相同的基础上。真实情况下，膏体料浆中含有的粗颗粒，其密度与直径往往存在一定的差异，依据采场充填量的需求，管道内的平均流速也是发生变化的。以上变化将影响颗粒运动规律并对悬浮基质相提出新的要求。

A 粗颗粒密度对颗粒运移规律的影响

这里主要分析管道中心位置处颗粒密度对于颗粒沉降的影响。粗颗粒与悬浮基质的密度差是促使颗粒发生沉降的最主要动力因素，其沉降情况还会受到悬浮基质屈服应力的影响。在悬浮基质料浆密度为1800kg/m^{3}的情况下，分别设定其屈服应力为40Pa、60Pa、80Pa、100Pa、120Pa，颗粒密度依次为1800kg/m^3、2100kg/m^3、2400kg/m^3、2700kg/m^3、3000kg/m^3。不同数值实验方案下，管道中心处颗粒的沉降值如图8-24所示。

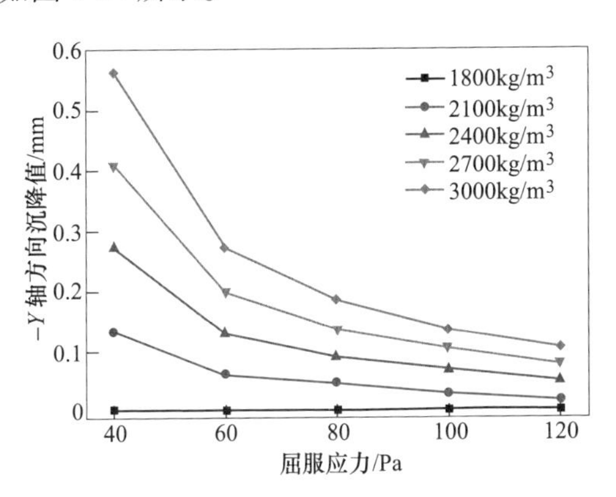

图8-24 不同密度的粗颗粒随屈服应力变化在竖直方向的沉降值

由图8-24可知，添加粗颗粒的膏体充填料浆在管道输送过程中，非剪切流动区颗粒在竖直方向的沉降值，受到颗粒密度与悬浮基质之间密度差的影响较为明显。在悬浮基质相密度为1800kg/m^{3}的情况下，粗颗粒在竖直方向的沉降值随着颗粒自身的密度值增加而增加，随着屈服应力的增大而降低，并且随着屈服应力的增大，不同密度之间的沉降值差异逐渐降低。在管径为0.1m、平均流速为1m/s的情况下，屈服应力达到80Pa时，由颗粒密度造成的沉降差异均变得较小。

膏体充填料浆含有不同密度的粗颗粒时，为避免颗粒在非剪切流动区密度差过大造成堵管，应降低所添加的颗粒最大密度值，或者提高悬浮基质相的屈服应力。

B　粗颗粒直径对颗粒运移规律的影响

颗粒直径大小决定了其两侧剪切速率差的大小。较小的颗粒在剪切流动区内，沿管径方向横跨的尺寸较小，因此两侧的剪切速率差值较小。而较大的颗粒在剪切流动区内，沿管径方向横跨的尺寸较大，因此两侧的剪切速率差较大。设定悬浮基质的屈服应力为 80Pa，塑性黏度分别为 0.5Pa·s、1.5Pa·s，在+0.03m 处分别加载直径为 12mm、15mm、18mm 的粗颗粒。粗颗粒沿 Z 轴的相对位移如图 8-25 所示。

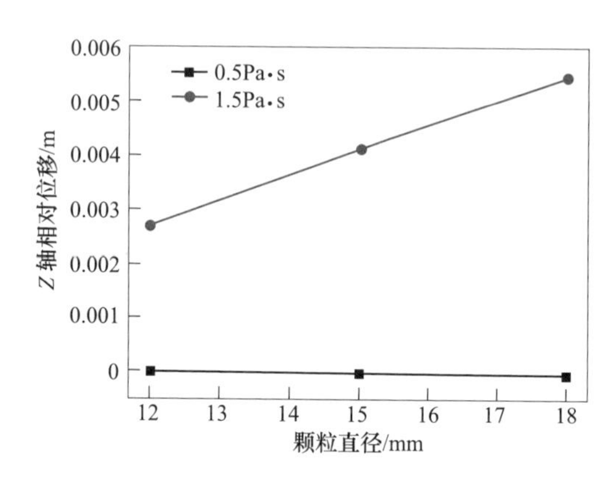

图 8-25　不同直径的粗颗粒沿 Z 轴相对位移图

由图 8-25 可知在塑性黏度为 0.5Pa·s 时，+0.03m 处加载的颗粒沿管径方向的相对位移基本为 0，颗粒处于非剪切流动区域内，直径径向方向上的运动基本无影响。而在塑性黏度为 1.5Pa·s 时，+0.03m 处加载的颗粒沿管径方向的相对位移值随着颗粒直径的增加而增大，说明较大颗粒其两侧的剪切速率差值较大，颗粒的运动程度相对剧烈。因此在工程应用中，应尽量使用较小直径的粗骨料颗粒来减小其在剪切流动区域内的相对位移量。

C　管道平均流速对颗粒运移规律的影响

设定悬浮基质的屈服应力为 80Pa，塑性黏度分别为 0.5Pa·s、1.5Pa·s，在+0.03m 处加载直径为 15mm 的粗颗粒，分析管道平均流速值对剪切流动区内颗粒沿径向相对位移的影响。在基础参数设定完毕后，设定管道入口处的平均流速分别为 0.7m/s、1m/s、1.3m/s。粗颗粒沿 Z 轴的相对位移如图 8-26 所示。

塑性黏度为 0.5Pa·s 时，+0.03m 处加载的颗粒沿管径方向的相对位移基本为 0。此时处于非剪切流动区域内，管道平均流速对其在径向方向上的运动基本无影响。而在塑性黏度为 1.5Pa·s 时，+0.03m 处加载的颗粒沿管径方向的相对位移值随着管道平均流速的增加而增大。管道的平均流速增大，管道内的平均剪切速率增大，加速颗粒沿管径向管壁处移动。因此，为了降低剪切流动区域内颗粒的径向位移量，综合考虑充填能力的要求，可对管道内的平均流速进行优化。

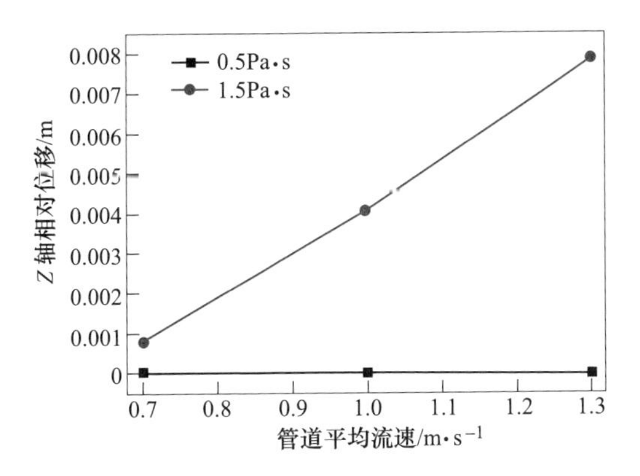

图 8-26　不同管道平均流速下粗颗粒沿 Z 轴相对位移图

8.5 时-温效应下膏体管输模拟

膏体料浆在管道中的运动形态很难直接观察，一般工程上只能通过平均流速和管段压差分析整个管路中料浆的分布特征。并且根据 6.4 节可知，膏体的运动形态还受到温度等外界因素的影响，为此，本节基于第 6 章的理论研究，应用 COMSOL 软件的计算流体力学模块，对时-温效应下膏体管输特征进行模拟研究。

8.5.1 均质管输模拟模型构建

8.5.1.1 管道输送物理模型

为针对性地分析问题，减少干扰因素的影响，对模型进行了抽象处理。同时考虑 COMSOL 功能局限性，长径比过高的三维模型将严重失真。建立的模型由水平管段组成，长度 5m，管道直径 200mm。采用自由剖分四面体网格进行划分，网格单元数为 240416。为真实反映膏体在管壁处的运动状态，在管道边壁处建立了边界层网格，如图 8-27 所示。

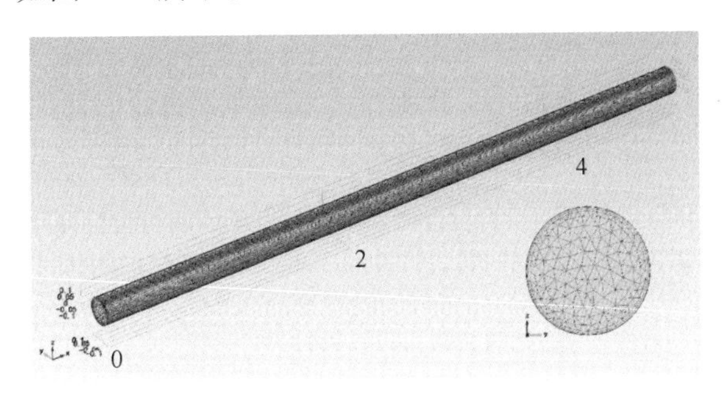

图 8-27　管道三维模型及网格划分

8.5.1.2　时-温效应下膏体管道输送数学模型

膏体料浆在管道中流动时主要的流动参变量有：流体压力 p、密度 ρ、温度 T 和流速 $\boldsymbol{v}$，$\boldsymbol{v}$ 可用三个分量 u、v 和 w 表示。上述每一个物理量是空间位置 $r(x_1, x_2, x_3)$ 和时间 t 的函数。对于不可压缩流体，控制流动的基本方程主要有连续性方程（8-23）、动量方程（N-S 方程）（8-24）、能量方程（8-25），具体如下。

$$\frac{\partial u}{\partial x}+\frac{\partial v}{\partial y}+\frac{\partial w}{\partial z}=0 \tag{8-23}$$

$$\begin{cases}\dfrac{\mathrm{d}u}{\mathrm{d}t}=X-\dfrac{1}{\rho}\cdot\dfrac{\partial p}{\partial x}+\eta\left(\dfrac{\partial^2 u}{\partial x^2}+\dfrac{\partial^2 u}{\partial y^2}+\dfrac{\partial^2 u}{\partial z^2}\right)\\ \dfrac{\mathrm{d}v}{\mathrm{d}t}=Y-\dfrac{1}{\rho}\cdot\dfrac{\partial p}{\partial y}+\eta\left(\dfrac{\partial^2 v}{\partial x^2}+\dfrac{\partial^2 v}{\partial y^2}+\dfrac{\partial^2 v}{\partial z^2}\right)\\ \dfrac{\mathrm{d}w}{\mathrm{d}t}=Z-\dfrac{1}{\rho}\cdot\dfrac{\partial p}{\partial z}+\eta\left(\dfrac{\partial^2 w}{\partial x^2}+\dfrac{\partial^2 w}{\partial y^2}+\dfrac{\partial^2 w}{\partial z^2}\right)\end{cases} \tag{8-24}$$

$$z_1+\frac{p_1}{\gamma}+\frac{v_1^2}{2g}=z_2+\frac{p_2}{\gamma}+\frac{v_2^2}{2g}+h_1' \tag{8-25}$$

式中，u、v、w 为速度矢量沿 x、y、z 轴的三个速度分量；X、Y、Z 分别表示流体微元在 x、y、z 方向的面力；p 表示流体微元受到的面力的合力；ρ 表示流体的密度；η 表示流体的黏度；z_1、z_2 表示单位流体的位置；p_1、p_2 表示流体在位置 z_1、z_2 处的压力；γ 为料浆的容重；v_1、v_2 表示流体在 z_1、z_2 处的速度；h_1'表示在 $z_1 \sim z_2$ 流动区间能量损失。

纳维-斯托克斯方程（N-S 方程）是描述黏性不可压缩流体的动量守恒方程，COMSOL 内嵌层流模型控制方程为：

$$\begin{cases}\rho\dfrac{\partial u}{\partial t}+\rho(u\cdot\nabla)u=\nabla\cdot\left[-pl+\eta(\nabla u+(\nabla u)^T)-\dfrac{2}{3}\eta(\nabla\cdot u)l\right]+F\\ \dfrac{\partial \rho}{\partial t}+\nabla\cdot(\rho\cdot u)=0\end{cases} \tag{8-26}$$

修改式（8-26）中体积力 F，将前文中考虑时-温效应的流变参数计算公式（6-78）、式（6-79）以及沿程阻力计算公式（6-80）代入到 N-S 方程中，建立随时间和温度变化的膏体管输运动控制方程。

8.5.2　边界条件与模型求解

在输送模拟方案中，选用的材料为国内某金属矿全尾砂，42.5 普通硅酸盐水泥。根据前期实验结果，优选出膏体料浆质量浓度为 70%，灰砂比为 1∶12 的配比。料浆的配比详细参数如表 8-4 所示。

表 8-4 材料配比参数

质量浓度/%	体积分数/%	灰砂比	尾砂密度/kg·m^{-3}	水泥密度/kg·m^{-3}	料浆密度/kg·m^{-3}	ϕ
70	44.89	1∶12	2852	3030	1837	0.6006

在实际充填过程中，认为膏体进口均匀来流，进口选择速度入口，进口流速为1m/s，管壁设置为固壁边界类型，即壁面无滑移和渗透。出口处设定出口压力边界条件。由于管道模型中添加了重力为体积力，直接设定出口压力为零或出口层流流出将导致不收敛或结果错误。

对于偏微分方程组的求解，首先就是要将方程组化为离散形式的方程组[23]，即：

$$-\nabla g(c\nabla u)=f\rightarrow Ku=F \tag{8-27}$$

$$-\nabla g(c(u)\nabla u)=f\rightarrow K(u)u=F \tag{8-28}$$

求解方程组，COMSOL提供了两种不同的求解方式。第一种是线性求解：$u=K^{-1}F$。首先将刚度矩阵K进行LU分解，即把$Ku=F$转换为$LUu=F$，然后将$LUu=F$转换为$u=U^{-1}L^{-1}F$，即可求出场量u。这样做的优点是计算非常稳定，但同时占用的内存也很大。对于大型问题，矩阵变换占用大量内存，限制了线性求解运用范围。这样就要用到第二种求解方法，即迭代求解。该求解没有矩阵变换的过程，只在每次迭代完成后判定余量$r=Ku-F$是否趋向于零。没有矩阵变换，可大大节省内存空间，但是这样做会造成计算速度变慢，以及稳定性较差的计算结果。

8.5.3 时-温效应的管输模拟分析

通过后处理得到了膏体在管道中随时间和温度变化的速度特征云图和压力特征云图，真实再现了膏体在管道中的运移形态。在时-温效应耦合模型中，分别对时间、温度对流速和压力的影响进行了分析。

8.5.3.1 时间对流场速度分布影响

随着膏体在管道中的匀速推移，膏体速度径向分布特征产生了较明显的变化。以50℃时为例对膏体流速随时间的变化进行分析。

膏体在管道中的平均流速为1m/s，但从图8-28中可以看出，膏体流速在径向和走向上均表现出较大的区域差异性。在边界效应作用下，管壁处流速接近于零，并在边壁附近产生了较大的速度梯度。在沿管道走向上，中心线附近深红色区域逐渐集中，表明速度梯度逐渐增大，最大速度逐渐增加。管道内最大速度达到1.37m/s。

为分析速度沿径向三维分布状态，将膏体管道速度分布云图进行切片分析，如图8-29所示。从图中可以明显看出管道中心流速增长过程。在初始阶段，剪

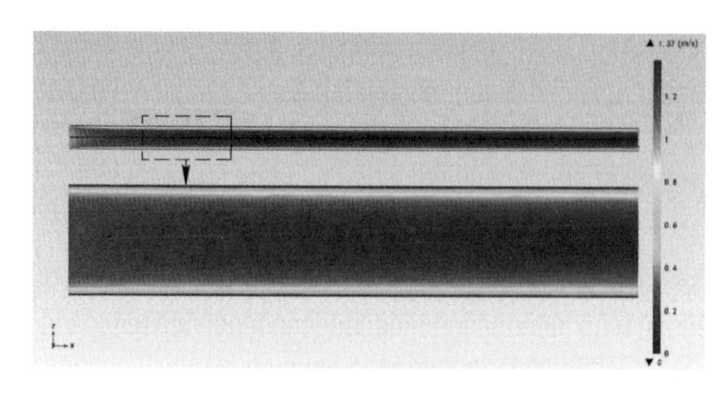

图 8-28　膏体管道流速分布图

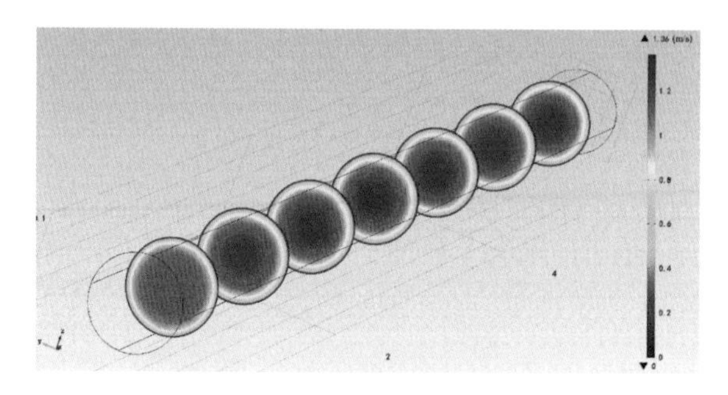

图 8-29　膏体管道速度切片图

切流区主要集中在管道边壁附近，随着输送距离的延长，剪切流区逐渐扩展，柱塞流区逐渐收缩，同时柱塞流速逐渐增大。

将切片速度矢量等比变形，得到膏体管道速度矢量云图，如图 8-30 所示。图中清晰地展示了膏体结构流区和剪切流区变化过程。膏体在管道中的柱塞流特征并不是一成不变的，而是随着时间的推移，柱塞流区沿管路逐渐减小并趋于稳定。图 8-31 是沿管道走向均匀分布的 20 条切线膏体管道速度径向分布图，更加清晰地表明了速度变化过程。柱塞流区范围减小的同时速度逐渐增大，相应地，剪切流区范围增大的同时流速逐渐降低。由数据图可以看出，在时间效应下，膏体流态有由 Bingham 流体向牛顿流体转化的趋势。

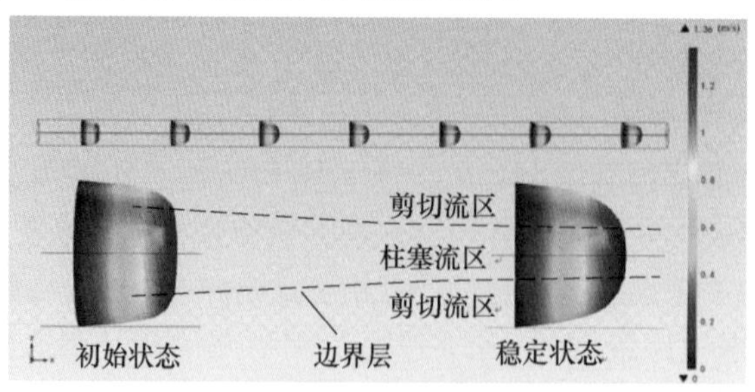

图 8-30　膏体管道速度矢量云图

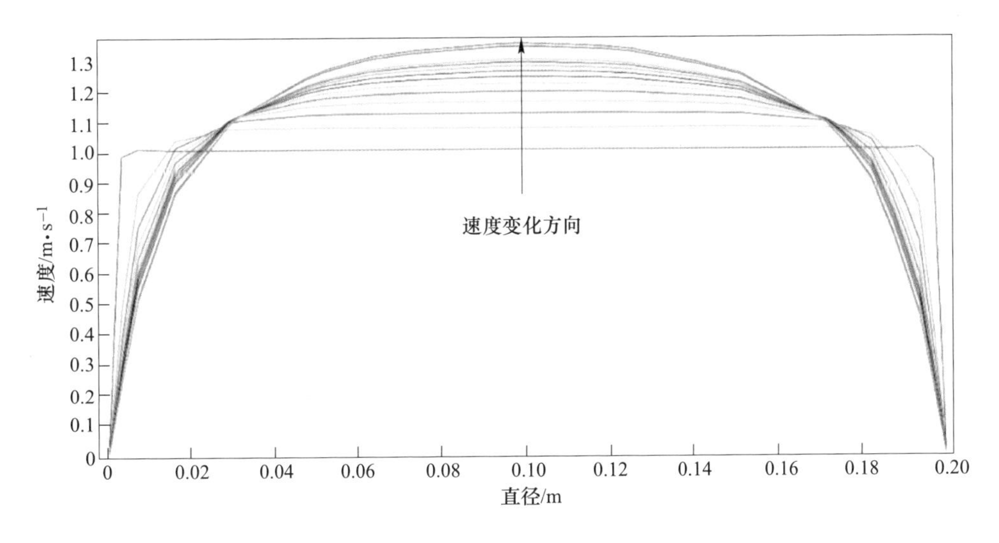

图 8-31 沿管道走向不同位置处膏体速度径向分布图

这表明，膏体在管道输送过程中的沿程阻力随着柱塞流区的减小逐渐降低，流态稳定前的初始管段阻力最大，这也是造成堵管事故的重要原因。在生产实践中应加强对初始管段的压力监测。

8.5.3.2 时间对流场压力分布影响

膏体在管道中受到的压力一方面来自于重力，为静压力；一方面来自于速度产生的动压。膏体管道总压力为静压和动压叠加的结果。图 8-32 是膏体管道流场压力分布云图。图中反映了膏体沿走向压力分布特征，初始端压力最大达到 2.8×10^4Pa，末端压力最小处为 17.8Pa。

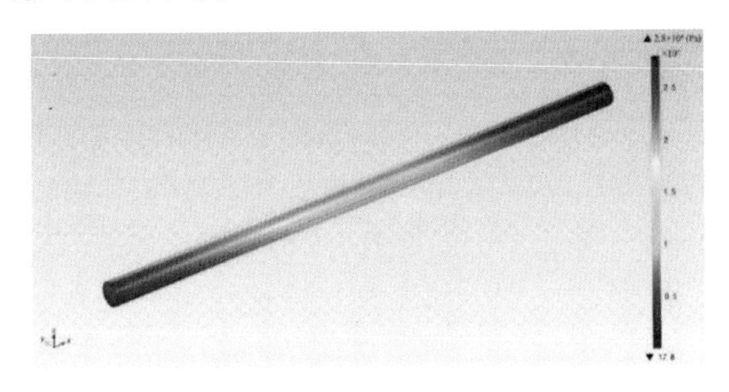

图 8-32 膏体管道流场压力分布云图

图 8-33 为管道切片压力分布云图，图中不仅表现出了压力沿走向分布状态，同时细节图也表明在径向方向也存在明显的压力梯度。以管道 2.5m 处横切面为例，在管道顶端压力最小，为 1.19×10^4Pa。越靠近管道底端压力越大，最低点

压力为 1.55×10⁴Pa。同时注意到，在管道径向上未出现由边壁到圆管中心的压力梯度，表明在同一横切面重力是影响压力分布的重要因素。图 8-34 是管道速度-压力分布云图，综合展现了管道中速度流和压力流随时间的变化过程。在整个管路中膏体流场速度和压力具有复杂的分布形态。这进一步说明膏体在管道中不是以恒定结构流态存在的，而是具有强烈的时间效应。膏体流变参数及管道阻力时效性分析对工程指导具有重要意义。

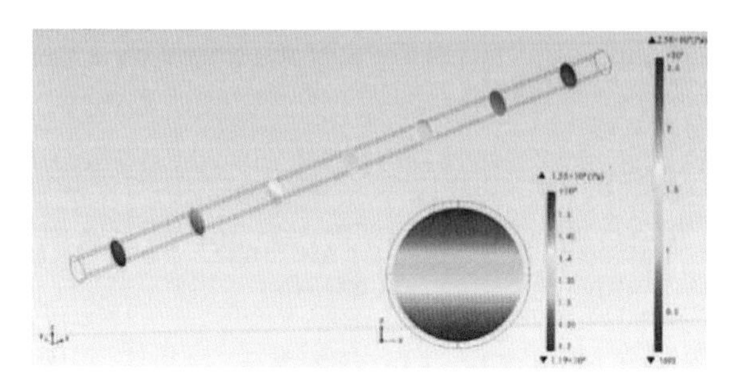

图 8-33　膏体管道剖面压力分布云图

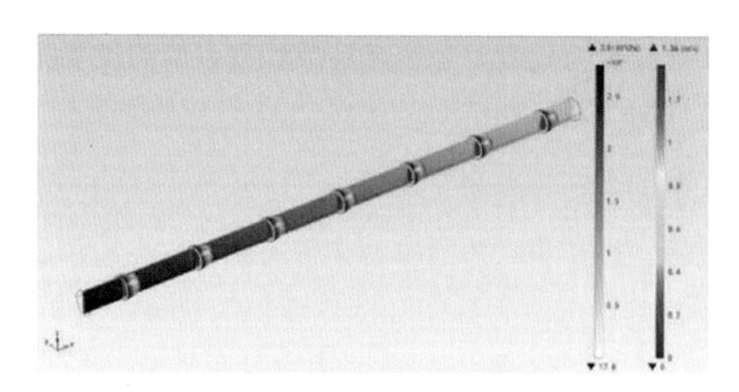

图 8-34　管道速度-压力综合分布云图

8.5.3.3　温度对流场速度分布影响

为研究膏体流变特征及管道阻力的温度效应，对不同温度下的流场特征进行分析。图 8-35（a）、（b）、（c）、（d）分别为 5℃、20℃、35℃和 50℃时，管道长 2.5m 处横切面速度分布云图。温度为 5℃时，管壁处最小流速为零，管道中心深红色柱塞流区范围较大，最大流速为 1.17m/s；温度提高至 20℃时，速度梯度更加明显，剪切流区域增大，柱塞流区缩小，同时最大流速增长至 1.25m/s；当温度升高至 35℃时，柱塞流区面积进一步缩小，最大流速进一步增长至 1.31m/s；当温度升至 50℃时，柱塞流区面积略有减小，但幅度不大，最高流速增长至 1.36m/s。对比发现，随着温度的增加，柱塞流区逐渐减小，最大流速逐渐提高。这说明温度效应下，膏体流态发生了变化，即随着温度的升高，膏体宾汉姆系数减小，管道沿程阻力逐渐降低。

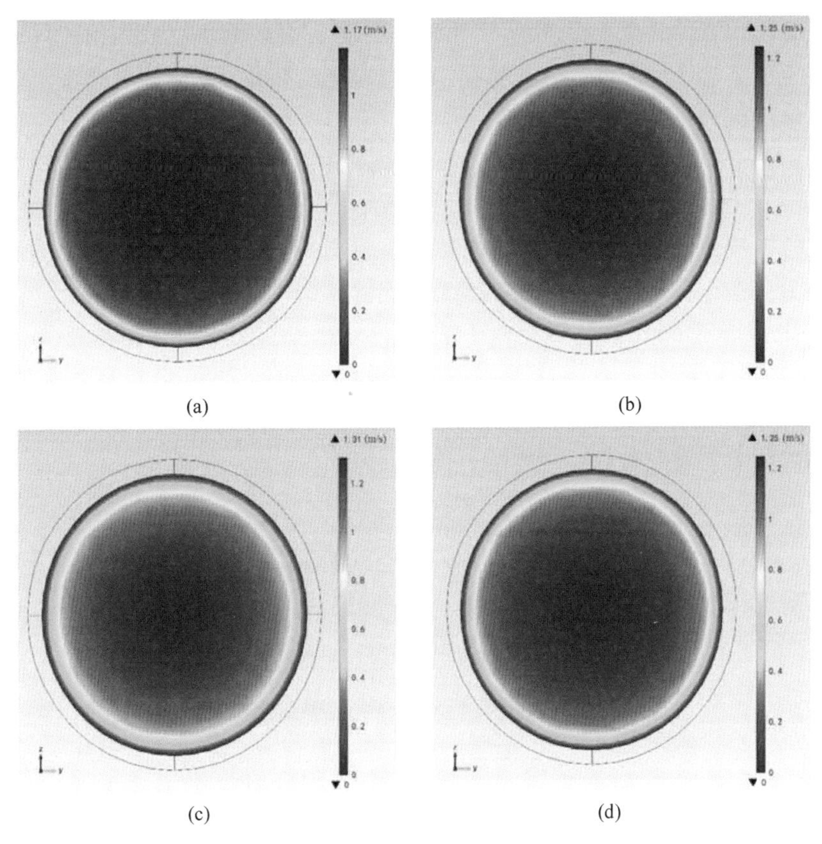

图 8-35 膏体管道 2.5m 处横切面速度分布云图
(a) 5℃; (b) 20℃; (c) 35℃; (d) 50℃

对四幅图做过原点的水平剖面，得到剖面上各点速度如图 8-36 所示。从图

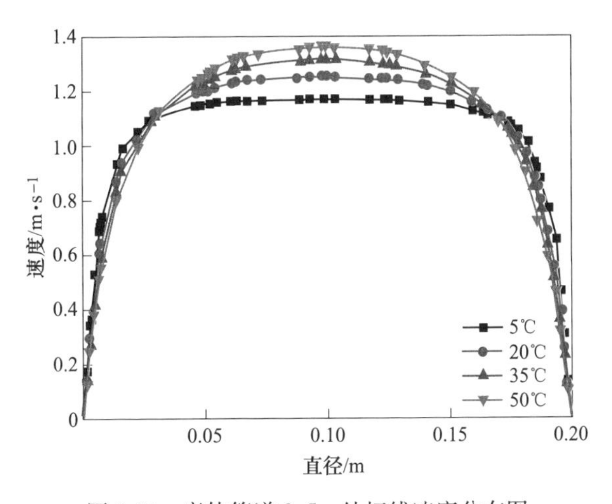

图 8-36 膏体管道 2.5m 处切线速度分布图

中可以看出，膏体料浆在温度为5~50℃范围内，表现为典型的结构流体。云图直观表现出了流速随温度的变化特征：随着温度的升高，剪切流区增大，流速减小；柱塞流区减小，柱塞流速增大。

8.5.3.4　温度对流场压力分布影响

在给定流速入口条件下，随着管路延长管道内压力逐渐减小，但不同温度下管道压力分布存在明显差别。如图8-37所示，5℃时，入口处压力最大，达到了2.8×10^4Pa，20℃时入口处最大压力为2.48×10^4Pa，35℃时入口处最大压力为2.2×10^4Pa，50℃时入口处最大压力为1.94×10^4Pa。管道末端最小压力值在17.8Pa左右，不同温度下的数据差别不大。温度的提高降低了管道沿程阻力，在相同流速下，温度越高，所需压力越小。

图8-37　不同温度下流场压力分布

可见，通过COMSOL数值模拟软件建立了膏体时-温效应数值模型，直观分析膏体管道流态特征，研究随时间和温度变化的膏体管道输送速度、压力分布规律。膏体在管道中并非常定柱塞流，而是具有一定的时间效应。柱塞流区随着时间逐渐减小，流速逐渐增大。剪切流区随着时间逐渐扩展，剪切流速逐渐降低。在管道走向和高度方向均存在一定的压力梯度，这是膏体水平运移和形态稳定的动力所在。在5~50℃范围内，随着温度的升高，宾汉姆系数逐渐降低，剪切流区增大，柱塞流区减小，柱塞流速增大。同时温度升高降低了流体阻力，管段压力梯度减小。初始管段柱塞流区大，剪切润滑区小，压力高，阻力大，是造成堵管事故的重要原因，工程实践中应加强初始管段的监测和应急处理。

8.6　初温效应下充填体数值模拟

充填体损伤本构模型是其损伤行为的重要表征方式，根据实验结果可知，不同初始温度对充填体变形过程中应力-应变演化影响较大，因此，不同初始温度充填体损伤行为必然有别于常温情况。

8.6.1 充填体应力-应变演化模拟模型构建

8.6.1.1 充填体物理模型

由于实验中标准样为圆柱形（100mm×50mm），因此采用2维轴对称几何模型（100mm×25mm）。此处采用的是映射网格划分方法，利用此网格剖分方法，可以生成矩形网格单元。实验圆柱对称物理模型及其网格划分如图8-38所示。

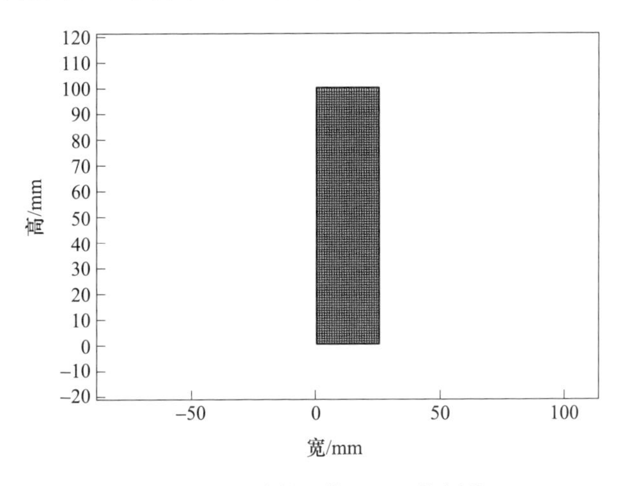

图8-38 对称物理模型及网格划分

8.6.1.2 温度-时间耦合的充填体弹性损伤本构模型

充填体力学特性的实验结果往往代表一定尺寸非均匀结构材料的平均力学性质，这种简化对于充填体工程结构及其稳定性的数值分析是非常有用的，但是却难以研究充填体材料在自身及外荷载作用下，由于裂纹的萌生、扩展及贯通而导致整体失稳的过程[24]。

当前，国内外对于充填材料力学性能的研究已经开始从经典的宏观尺度转向细观尺度，建立了一些用于充填体失稳破坏的数值模型，但是这些模型还不够完善[25]。因此，要从充填材料的细观结构入手，应用弹性损伤理论与细观结合的手段建立描述细观单元的本构关系，通过分析胶结充填体在受载的情况下细观损伤参数与宏观损伤参数之间的关系与演变，从而建立充填体的数值模型，以此为基础来对失稳破坏过程进行数值模拟。

充填体是由胶结剂和尾砂等骨料构成的多相复合结构，在承载之前，由于干缩、泌水等原因，已存在大量的微孔隙和界面裂缝，这些缺陷的分布完全是随机的。由于在受损材料中测定有效面积难度较大，法国著名学者Lemaitre提出了应变等价原理[26]，从而能够间接地测定损伤。在假设中认为，有效应力作用在受损材料上引起的应变与名义应力作用在无损材料上引起的应变等价。根据这一原理，受损材料的本构关系方程可以通过无损材料中的名义应力求得。因此，受损材料单轴受力状态下的任何应变本构关系可以从无损材料的本构方程来导出，只要用损伤后的有效应力来取代无损材料本构关系中的名义应力即可。

视尾砂充填体为各向同性连续介质，假设充填体材料内部损伤后实际承担载荷的未受损的等效阻力体积为 V_e，损伤区的体积为 V_D，总体积为 V。由 $V=V_e+V_D$，引入损伤参数 $D=V_D/V(0\leqslant D\leqslant 1)$，从而有效应力为 $\sigma_e=\sigma/(1-D)$，即 $\sigma=(1-D)/\sigma_e$。

由 $\sigma_e=E\varepsilon$ 可以建立其胶结充填体的本构模型：

$$\sigma=(1-D)E\varepsilon \tag{8-29}$$

式中，σ 为总应力；E 为弹性模量；D 为损伤参数；ε 为应变。$D=0$ 时，对应于材料无损伤状态；$D=1$ 时，对应于材料的完全损伤状态（或破坏状态）。

对于多相复合材料，由于损伤机理比较复杂，材料内部微观缺陷的形态和分布都具有随机性。在加载过程中，由微裂纹及孔隙的聚集而导致材料渐进的行为可用损伤参量 D 表示，由于材料的强度 σ 服从 Weibull 统计分布[27]，由损伤参数 D 与强度 σ 之间的关系，有理由认为充填体的损伤参数 D 也服从 Weibull 统计分布。根据损伤参数 D 和强度 σ 的 Weibull 分布[28]，可以推出损伤参数的统计分布方程：

$$D=1-\varphi=1-\exp\left[-\left(\frac{\varepsilon}{n}\right)^m\right] \tag{8-30}$$

式中，ε 为应变；m 为性状参数；n 为尺度参数（其中 m、n 均为非负数）。

根据连续损伤力学应力 σ 的基本关系式，然后将式（8-30）代入式（8-29）推出：

$$\sigma=(1-D)E\varepsilon=E\varepsilon\exp\left[-\left(\frac{\varepsilon}{n}\right)^m\right] \tag{8-31}$$

由充填体在荷载前的应力-应变关系曲线有几何边界条件：（1）$\varepsilon=0$，$\sigma=0$；（2）$D=0$，$d\sigma/d\varepsilon=E$；（3）$\varepsilon=\varepsilon_p$，$\sigma=\sigma_p$；（4）$\varepsilon=\varepsilon_p$，$d\sigma/d\varepsilon=0$。其中 σ_p 为峰值应力，即单轴抗压强度；ε_p 为峰值应变值。

对式（8-29）的应变求导，则有：

$$\frac{d\sigma}{d\varepsilon}=E\exp\left[-\left(\frac{\varepsilon}{n}\right)^m\right]\left[1-m\left(\frac{\varepsilon}{n}\right)^m\right] \tag{8-32}$$

式（8-31）自动满足条件（1），式（8-32）自动满足条件（2）。由条件（3）和式（8-31）得式（8-33）：

$$\frac{\sigma_p}{E\varepsilon_p}=\exp\left[-\left(\frac{\varepsilon}{n}\right)^m\right] \tag{8-33}$$

两边取自然对数，并整理得式（8-34）：

$$\ln\left[\ln\left(\frac{E\varepsilon_p}{\sigma_p}\right)\right] = m\ln\left(\frac{\varepsilon_p}{n}\right) \tag{8-34}$$

由条件（4）和式（8-32）得到Weibull分布形状参数，见式（8-35）：

$$\left(\frac{\varepsilon_p}{n}\right)^m = \frac{1}{m} \tag{8-35}$$

整理得：

$$\ln\left(\frac{1}{m}\right) = m\ln\left(\frac{\varepsilon_p}{n}\right) \tag{8-36}$$

比较式（8-34）和式（8-35），求得：

$$m = \frac{1}{\ln\left(\frac{E\varepsilon_p}{\sigma_p}\right)} \tag{8-37}$$

由式（8-30）和式（8-32）得：

$$n = \frac{\varepsilon_p}{\left(\frac{1}{m}\right)^{\frac{1}{m}}} \tag{8-38}$$

将式（8-38）代入式（8-30），则：

$$D = 1 - \exp\left[-\frac{1}{m}\left(\frac{\varepsilon}{\varepsilon_p}\right)^m\right] \tag{8-39}$$

式（8-39）即为充填体材料在单轴压缩状态下的损伤演化方程。

由式（8-37）和式（8-39）可以看出，损伤参数D仅与当前材料的应变、初始弹性模量、峰值应变以及强度有关。把式（8-39）代入式（8-29）可得到损伤本构模型：

$$\sigma = E\varepsilon\exp\left[-\frac{1}{m}\left(\frac{\varepsilon}{\varepsilon_p}\right)^m\right] \tag{8-40}$$

根据充填体应力-应变实验曲线可得到弹性模量、峰值应变、形状参数m和m^{-1}，并可得到单轴压缩作用下的不同初始温度条件下全尾充填体损伤本构模型，再对不同初始温度和养护时间下损伤本构模型参数进行回归，建立一个考虑初始温度和养护时间的统一损伤本构模型。峰荷应力、峰荷应变以及弹性模量（σ_p、ε_p、E）三个参数采用温度T和养护时间t表达，具体如下：

$$\sigma_p = 4.75T + 28.5tR^2 = 0.94 \tag{8-41}$$

$$\varepsilon_p = 10.5 \times (Tt)^{-0.3}R^2 = 0.91 \tag{8-42}$$

$$E = 0.42T + 1.74tR^2 = 0.95 \tag{8-43}$$

则m可以表达为：

$$m = \frac{1}{\ln\left(\frac{E\varepsilon_p}{\sigma_p}\right)} = \frac{1}{\ln\left[\frac{(0.42T + 1.74t)(10.5 \times (Tt)^{-0.3})}{4.75T + 28.5t}\right]} \tag{8-44}$$

那么，基于温度和养护时间的全尾充填体损伤本构模型可以表达为：

$$\sigma = (0.42T + 1.74t)\varepsilon\exp\left[-\frac{1}{m}\left(\frac{\varepsilon}{10.5\times(Tt)^{-0.3}}\right)^{m}\right] \tag{8-45}$$

需要注意的是，式（8-45）中的具体参数可能会因充填体浓度、灰砂比、集料构成等不同，但是其损伤方程形式可以供其他充填体参考。

8.6.2 边界条件与模型求解

本模拟主要对单轴抗压实验应力-应变演化进行模拟，模拟对象是直径50mm×高度100mm的圆柱形实验试块，对该实验柱以及模拟过程假设如下：

（1）模拟中以压为正；

（2）由于充填体在实际采场中受压变形不会很大，因此在模拟中采用小变形应变施加；

（3）根据实验应力-应变曲线，弹性分析采用的是线弹性。

由于实验柱为圆柱形，为对称结构，因此左侧边界条件设置为对称边界；底部有实验底座支撑，底部边界条件可设置为固定边界；由于是单轴抗压，右侧边界条件设置为自由边界；顶部为应力施加方向，由于本书提出了温度效应下应力-应变损伤本构模型，该模拟中将该本构模型嵌入到固体力学模块，可以通过应变演化来获得应力演变，顶部边界条件设置为位移边界。

将温度-时间耦合的充填体弹性损伤本构模型嵌入COMSOL软件固体力学模块对应力-应变演化进行模拟。在模拟过程中直接选取solid mechanics模块，材料属性设置泊松比为0.23，密度为1800kg/m^3。

弹性模量设置使用固体力学模块中自带的线弹性材料，输入弹性模量方程。弹性模量演化方程采用本书提出的损伤本构模型。

8.6.3 充填体应力-应变演化规律模拟分析

8.6.3.1 充填体应力-应变曲线验证

为验证本书建立的损伤本构模型可靠性，首先对应力-应变曲线的模拟结果与实测实验数据进行比较，如图8-39所示。对比结果可以看出，模拟结果与实验数据基本吻合，说明本书建立的损伤本构模型是可靠的，对工程分析和设计具有参考和指导作用。

8.6.3.2 峰荷应变时应力和位移云图

不同养护时间各个初始温度（2℃、20℃、35℃和50℃）时峰值应力对应的轴向应力和累计变形量云图对比如图8-40~图8-47所示。根据模拟结果，绘制不同初始温度充填体轴向最大应力与累计变形量曲线如图8-48所示。

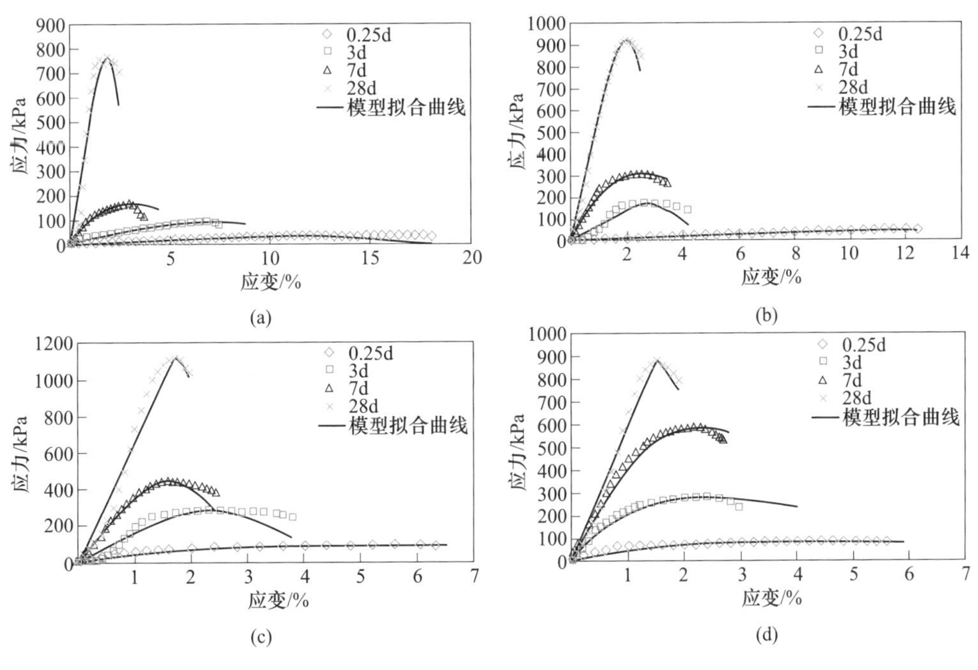

图 8-39 不同初始温度损伤本构模型应力-应变拟合曲线

(a) 2℃；(b) 20℃；(c) 35℃；(d) 50℃

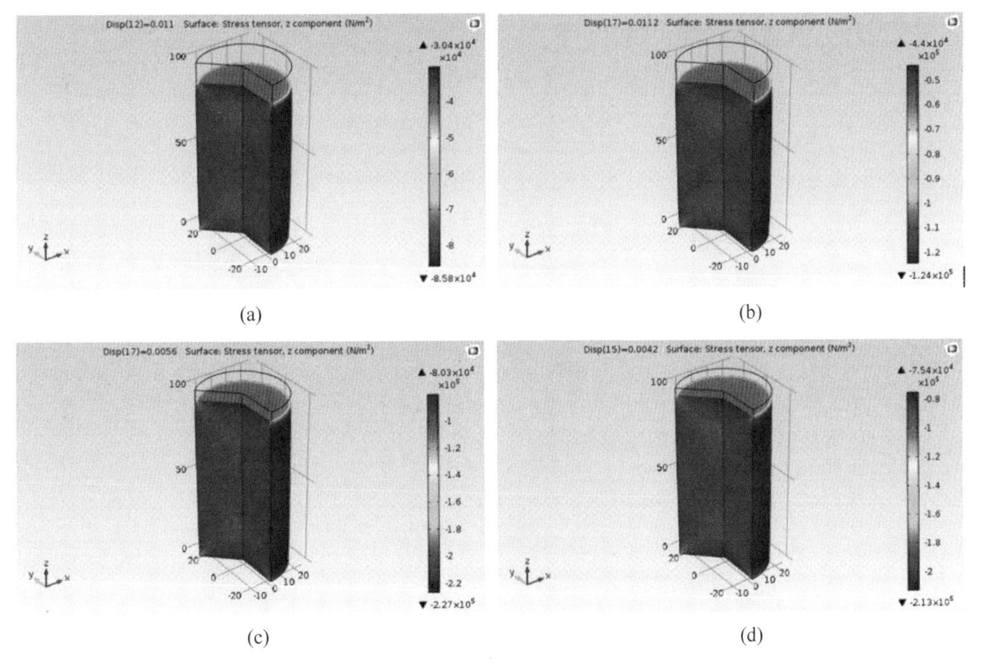

图 8-40 养护 0.25 天不同初始温度充填体轴向应力云图

(a) 2℃；(b) 20℃；(c) 35℃；(d) 50℃

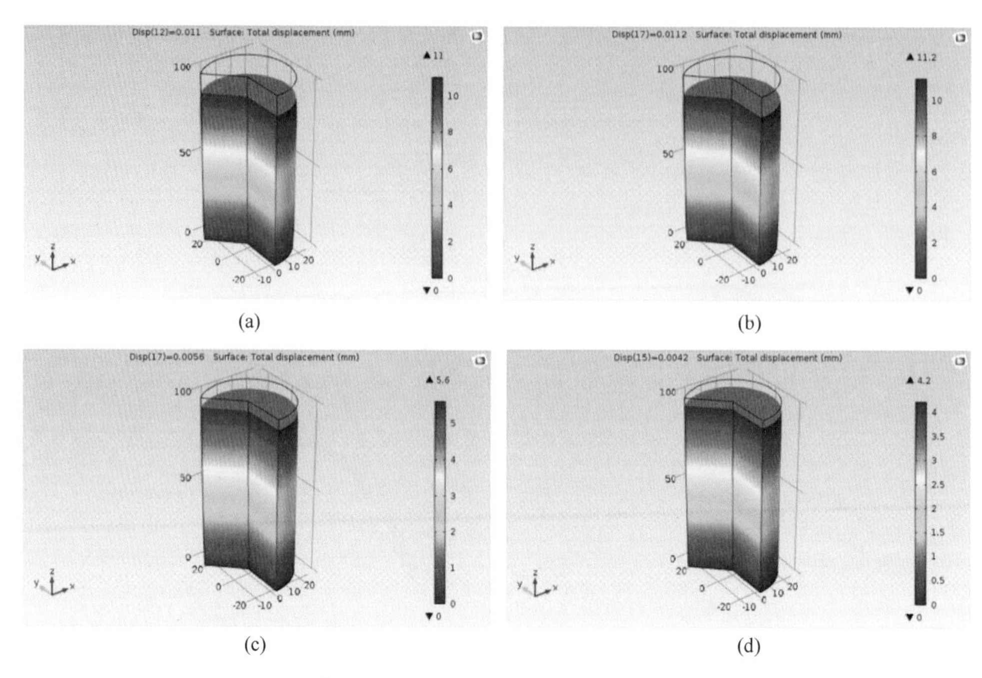

图 8-41　养护 0.25 天不同初始温度充填体累计变形量

（a）2℃；（b）20℃；（c）35℃；（d）50℃

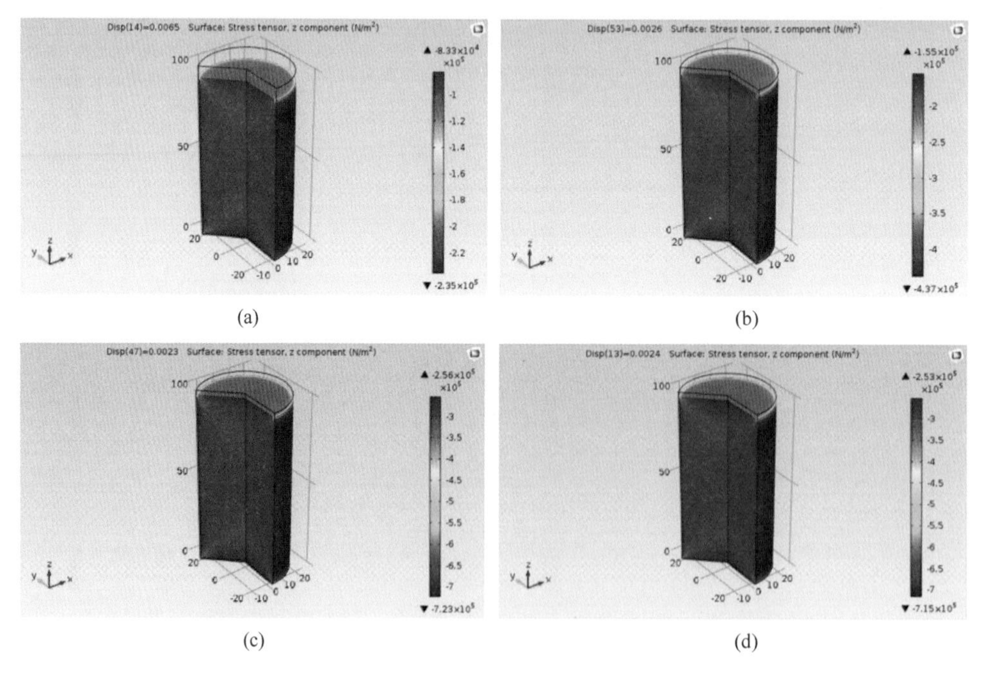

图 8-42　养护 3 天不同初始温度充填体轴向应力云图

（a）2℃；（b）20℃；（c）35℃；（d）50℃

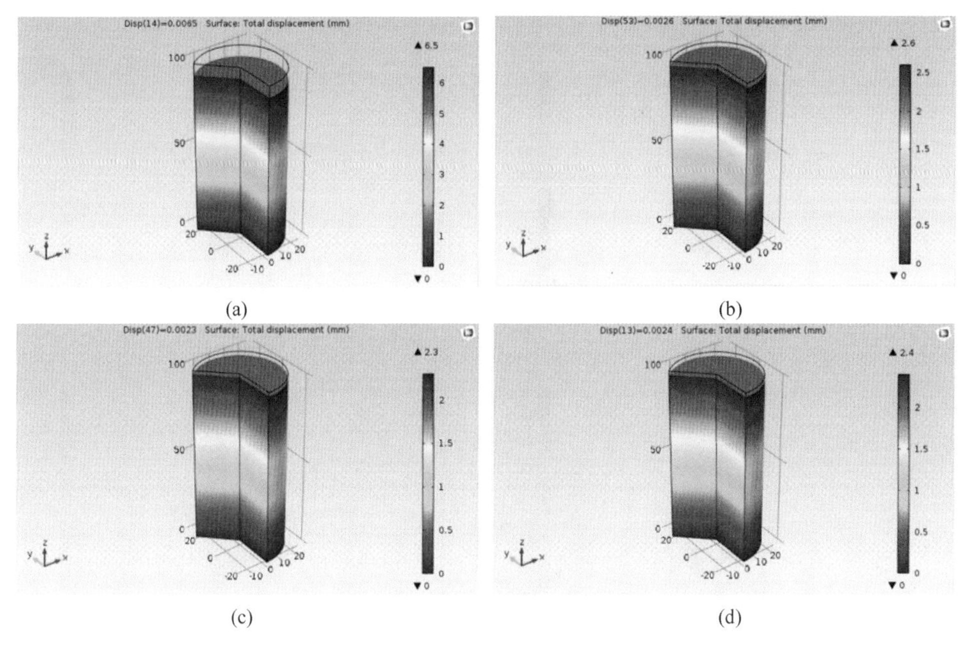

(a)　(b)　(c)　(d)

图 8-43　养护 3 天不同初始温度充填体累计变形量

（a）2℃；（b）20℃；（c）35℃；（d）50℃

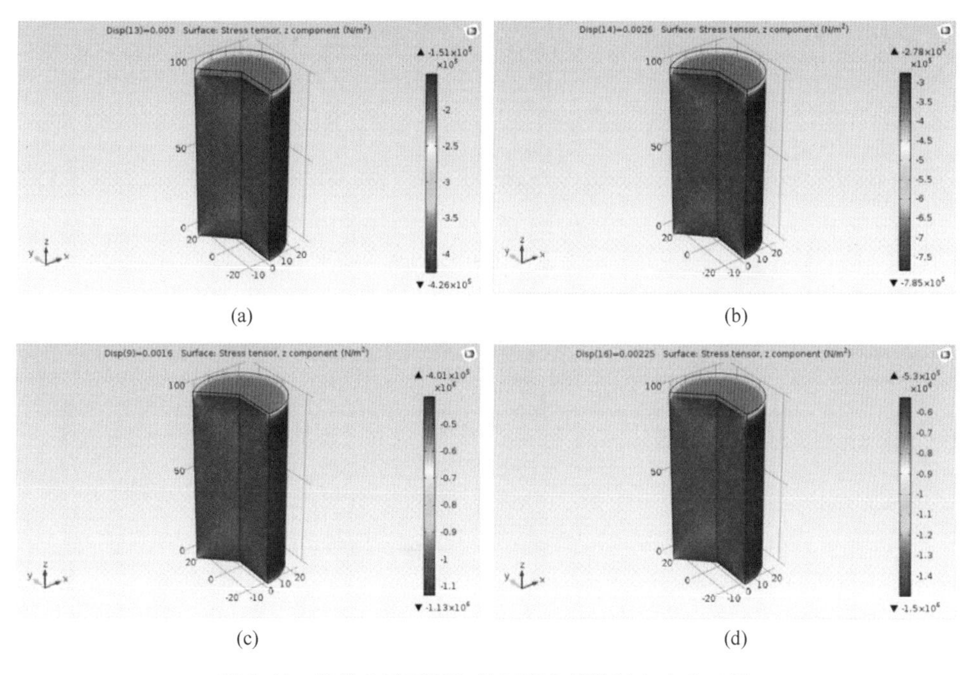

(a)　(b)　(c)　(d)

图 8-44　养护 7 天不同初始温度充填体轴向应力云图

（a）2℃；（b）20℃；（c）35℃；（d）50℃

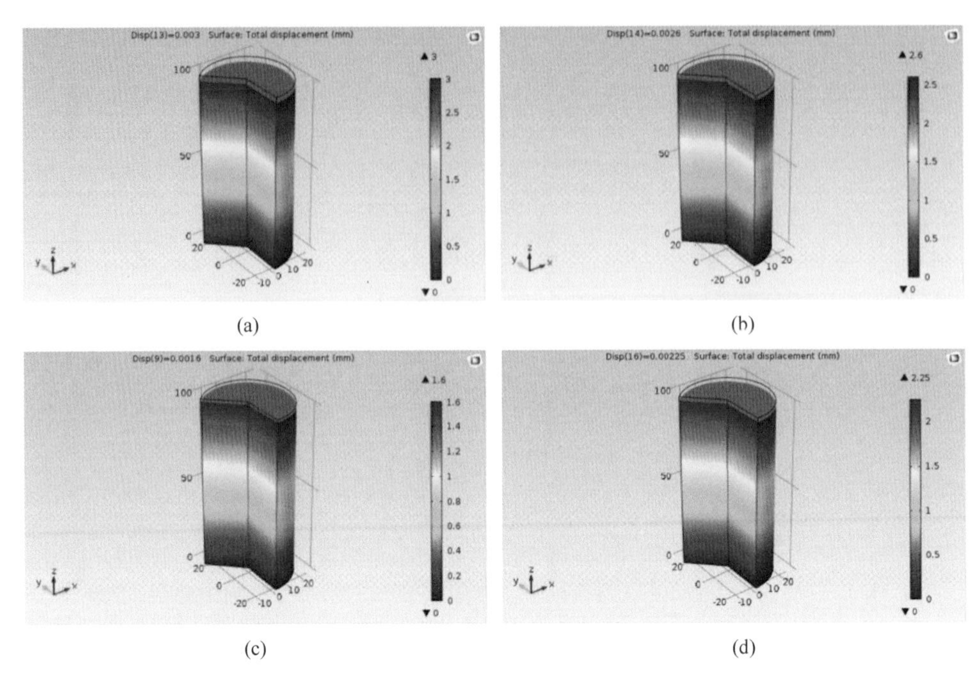

图 8-45　养护 7 天不同初始温度充填体累计变形量

(a) 2℃; (b) 20℃; (c) 35℃; (d) 50℃

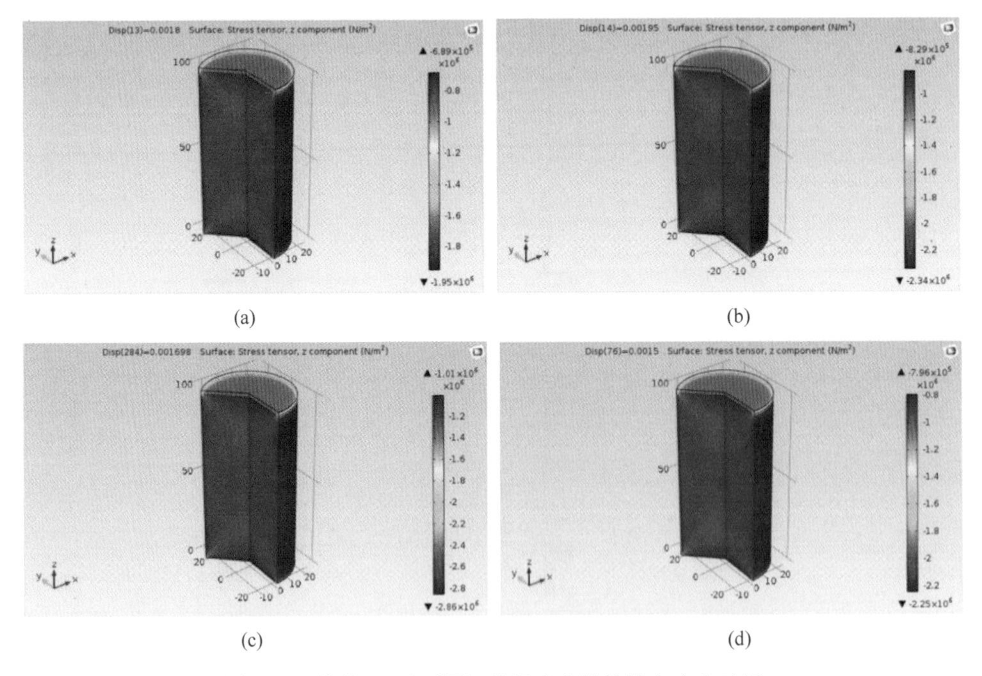

图 8-46　养护 28 天不同初始温度充填体轴向应力云图

(a) 2℃; (b) 20℃; (c) 35℃; (d) 50℃

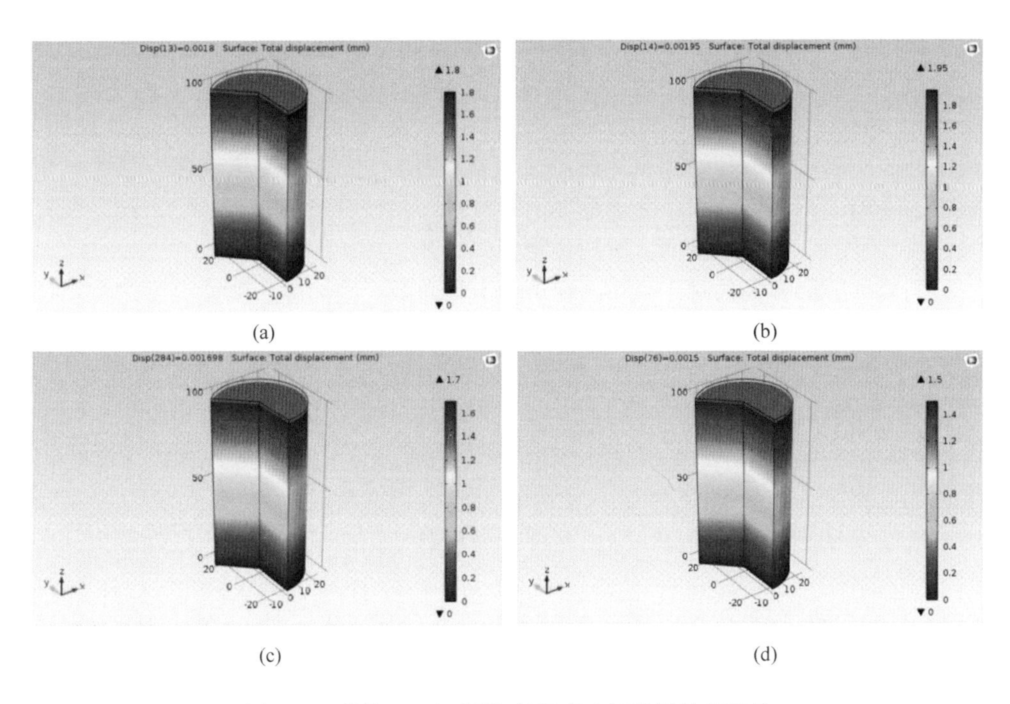

图 8-47 养护 28 天不同初始温度充填体累计变形量

(a) 2℃；(b) 20℃；(c) 35℃；(d) 50℃

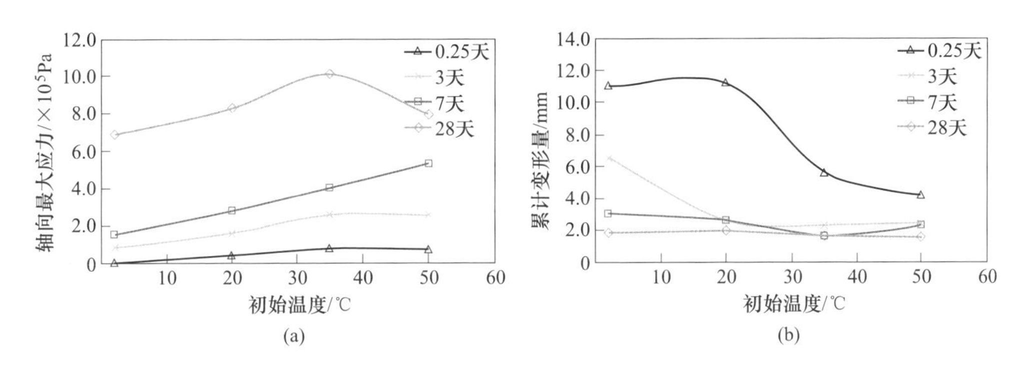

图 8-48 不同初始温度充填体轴向最大应力与累计变形量

(a) 轴向最大应力；(b) 累计变形量

当养护龄期为 0.25 天时，随着初始温度的增加，充填体峰值应力对应的轴向最大应力在 35℃和 50℃时明显高于 2℃和 20℃情况（见图 8-40 和图 8-48），并且累计变形量随着初始温度的升高而不断降低（见图 8-41 和图 8-48），尤其是 35℃和 50℃时累计变形量明显小于 2℃和 20℃时情况。这表明在养护龄期为 0.25 天时，即充填体到达采场不久，初始温度的提升有助于充填体凝固，挡墙承受的压力会减小。但是，初始温度提升至 35℃以上时，会使得充填体脆性明显增加，充填体在相邻采场开采时容易混入矿石中，增加贫化率。

当养护龄期为 3 天时，初始温度为 2℃，轴向最大应力明显小于 20℃ 情况，而 20℃ 又小于 35℃ 和 50℃ 时的轴向最大应力（见图 8-42 和图 8-48）。这说明，较低的初始温度极不利于充填体凝结。同 0. 25 天养护龄期变化规律，随着初始温度的增加，充填体的累计变形量在不断减小（见图 8-43 和图 8-48），这表明充填体脆性增加，延展性降低，不利于相邻采场开采贫化率控制。

当养护龄期为 7 天时，峰荷应变条件下轴向最大应力随着初始温度的增加而不断增加（见图 8-44 和图 8-48），而达到峰荷应力所需的累计变形量逐渐减小（见图 8-45 和图 8-48）。这表明，初始温度的增加会提升充填体的早期强度（7 天），但是会使得充填体脆性增加。

当养护龄期为 28 天时，峰荷应变条件下轴向最大应力总体来说随着初始温度增加而增加。值得注意的是，当初始温度为 50℃ 时，轴向最大应力要小于 35℃情况（见图 8-46 和图 8-47）。与 7 天养护龄期相似，峰荷应力条件下累计变形量不断减小（见图 8-47 和图 8-48）。这表明，初始温度增加到一定程度（50℃），充填体后期强度（28 天）变小，同时脆性增加，这对充填体大面积暴露时，相邻采场开采贫化率控制极为不利。综上，建议充填体初始温度尽量控制在 20~35℃，既可以保证较好的力学性能，又能保证较好的延展性，可以减小开采过程中充填体混入造成的贫化，有利于降低矿柱回采时贫化率。

参 考 文 献

[1] 龙连春. 数值模拟技术与分析软件 [M]. 北京：科学出版社，2012.

[2] 王福军. 计算流体动力学分析：CFD 软件原理与应用 [M]. 北京：清华大学出版社，2004.

[3] 程学磊. COMSOL Multiphysics 在岩土工程中应用 [M]. 北京：中国建筑工业出版社，2014.

[4] Ruan Z，Li C，Shi C. Numerical simulation of flocculation and settling behavior of whole-tailings particles in deep-cone thickener [J]. Journal of Central South University，2016，23 (3)：740~749.

[5] White R B，Sutalo I D，Nguyen T. Fluid flow in thickener feedwell models [J]. Minerals engineering，2003，16 (2)：145~150.

[6] Garrido P，Burgos R，Concha F，et al. Software for the Design and Simulation of Gravity Thickeners [J]. Minerals engineering，2003，16 (2)：85~92.

[7] Wang T，Wang J，Jin Y. Population balance model for gas-liquid flows：influence of bubble coalescence and breakup models [J]. Industrial & Engineering Chemistry Research，2005，44 (19)：7540~7549.

[8] Ramkrishna D. Population balance: Theory and application to Particulate Systems in Engineering [M]. New York: Academic Press, 2000.

[9] Marchisio D L, Vigil R D, Fox R O. Quadrature method of moments for aggregation-breakage processes [J]. Journal of Colloid and Interface Science, 2003, 258 (2): 322~334.

[10] Marchisio D L, Soos M, Sefcik J, et al. Role of turbulent shear rate distribution in aggregation and breakage processes [J]. AICHE Journal, 2006, 52 (1): 158~173.

[11] Wang L, Marchisio D L, Vigil R D, et al. CFD simulation of aggregation and breakage processes in laminar Taylor-Couette flow [J]. Journal of Colloid and Interface Science, 2005, 282 (2): 380~396.

[12] McGraw R. Description of aerosol dynamics by the quadrature method of moments [J]. Aerosol Science and Technology, 1997, 27 (2): 255~265.

[13] Luo H. Coalescence, Breakup and Liquid Circulation in Bubble Column Reactors [D]. Trondheim: Norwegian Institute of Technology, 1993.

[14] Ghadiri M, Zhang Z. Impact attrition of particulate solids. Part 1: A theoretical model of chipping [J]. Chemical Engineering Science, 2002, 57: 3659~3669.

[15] Alexopoulos A H , Maggioris D , Kiparissides C . CFD analysis of turbulence homogeneity in mixing vessel. A two compartment model [J]. Chemical Engineering Science, 2002, 57 (10): 1735~1752.

[16] Kozić M S, Ristić S S, Linić S L, et al. Numerical analysis of rotational speed impact on mixing process in a horizontal twin-shaft paddle batch mixer with non-Newtonian fluid [J]. FME Transactions, 2016, 44 (2): 115~124.

[17] Cheng H, Manas-Zloczower I. Study of mixing efficiency in kneading discs of co-rotating twin-screw extruders [J]. Polymer Engineering & Science, 1997, 37 (6): 1082~1090.

[18] 颜丙恒，李翠平，吴爱祥，等．膏体料浆管道输送中粗颗粒迁移的影响因素分析 [J]. 中国有色金属学报，2018，28 (10)：2143~2153.

[19] 费祥俊．浆体与粒状物料输送水力学 [M]. 北京：清华大学出版社，1994.

[20] 谢振华，宋存义．工程流体力学 [M]. 3版．北京：冶金工业出版社，2007.

[21] Wadnerkar, Agrawal M, Tade M O, et al. Hydrodynamics of macroscopic particles in slurry suspensions [J]. Asia-Pacific Journal of Chemical Engineering, 2016, 11 (3): 468~479.

[22] 郭吉丰，升谷保博，宫崎文夫．具有摩擦的刚体碰撞 [J]. 应用力学学报，2004，21 (2)：78~82.

[23] 宗明．用COMSOL多物理场软件研究平面涡旋流动 [D]. 南昌：南昌大学，2016.

[24] 邓代强，姚中亮，唐绍辉，等．单轴压缩作用下充填体损伤本构模型研究 [J]. 土工基础．2006，20 (3)：53~55.

[25] 刘志祥，李夕兵，戴塔根，等．尾砂胶结充填体损伤模型及与岩体的匹配分析 [J]. 岩土力学．2006，27 (9)：1442~1446.

[26] 勒迈特．损伤力学教程 [M]. 北京：科学出版社，1996.

[27] 谢和平．岩石混凝土损伤力学 [M]. 徐州：中国矿业大学出版社，1990.

[28] 吴政．基于损伤的混凝土拉压全过程本构模型研究 [J]. 水利水电技术．1995 (11)：58~63.

结　语

流变学出现在20世纪20年代，至今已有百余年的历史。而金属矿膏体流变学作为流变学的一个分支，才刚刚起步，其发展只有十余年，是跨越流体—软固体—固体三种形态的一门新兴学科。金属矿膏体流变学的研究对象——膏体由多尺度散体材料与水复合而成，涉及尾矿的非牛顿悬浮体、非牛顿结构流体、多孔介质充填体三种状态，同时金属矿膏体流变学面向充填技术中浓密、搅拌、输送和充填固化四个工艺环节的工程需求，致使金属矿膏体流变学的研究极其复杂。尽管本书作者及国内外学者开展了大量相关研究，但仍需要进一步全面、深入、系统地研究，以充实金属矿膏体流变学理论体系。

鉴于本书的局限性以及未来研究的迫切性与重要性，对金属矿膏体流变学的未来发展趋势阐述如下：

（1）膏体流变参数测量标准体系。膏体是一种高浓度、低透光率的黏性非牛顿流体，常规手段难以实现实时原位测量；同时因膏体流变行为的特殊性与复杂性，流变测量结果重复性差，至今没有一种公认的测试方法。为此，未来关于膏体流变参数测量的发展方向是如何实现精准化测定，突破现有主要借鉴混凝土的测试方法，建立适用于膏体的流变参数测量规范标准体系。

（2）全尾砂浓密流变学。全尾砂浓密过程中，颗粒以絮团形式存在，絮团的细观结构变化是尾砂料浆浓密流变行为的本质体现，故基于不同浓密区域絮团的空间信息与三维结构的细观定量表征，建立絮团行为与料浆流变属性的内在联系，是今后研究的重点。同时，基于料浆浓密阶段的流变行为，进而研究絮团的聚合—破碎沉降规律，实现尾砂浓密底流浓度的持续精准稳定，进而指导浓密机的参数优化设计。

（3）膏体搅拌流变学。受限于实验观测技术，目前关于膏体搅拌中颗粒迁移运动问题的研究，均是在既定的假设下开展的理论分析，而实际流动状态显然要更为复杂。同时，剪切历史对膏体的流变特征影响在本书中进行了一定探讨，然而由于研究设备等因素的限制，其结果具有一定局限性。目前对于搅拌流变问题的研究仅限于搅拌剪切对膏体流变性质的影响层面，很少基于膏体的流变性质进行搅拌工艺及设备的适应性反馈的研究，这是今后发展的方向。

（4）膏体输送流变学。膏体输送现有研究多围绕稳态剪切作用下的流变行为，而实际生产中时常出现非稳定状态，如流速突然变化（起动或停止）、管道内的相态变化（钻孔内自由下落）、管道弯曲段的流动等，故膏体在动态、瞬态剪切作用下的流变行为是未来的发展方向之一。

输送阻力计算目前一般将膏体输送视为Bingham流体的层流运动，其阻力计算结果往往较实际值偏大，尤其对于屈服应力较大的浆体。虽然本书探讨了膏体在输送过程中的剪切变稀、时温效应、壁面滑移等复杂特性对膏体流动的影响，但这些复杂特性对膏体流动的耦合作用有待进一步研究。同时，伴随矿山开采规模增大，尾砂“大流量输送”成为必然趋势，有必要研究膏体在高流速下的紊流输送规律，以及研究膏体紊流状态下的流变行为。

（5）充填体流变学。充填体流变学研究尚处于起步阶段，还未形成较为系统的理论，现有研究主要借鉴岩石、特别是软岩的相关理论进行分析。但充填体不同于岩石，是人工复合构成的类岩石材料，受充填体材料来源影响，不同充填体的流变特性不同。同时，目前研究主要集中于充填体的蠕变特性，对于应力松弛、长期强度、弹性后效等有待进一步研究。本书提出了充填体的广义流变学构想，以期为充填体流变理论的研究起到“抛砖引玉”的作用。

（6）流变行为数值模拟。本书基于金属矿膏体流变学理论，应用CFD软件和COMSOL软件对充填各工艺环节的流变行为进行了初步数值模拟研究。虽然清晰展示了充填中涉及的部分复杂物理过程，但是各个过程流变行为的数学模型仍有待进一步优化。同时，膏体充填过程中涉及物料的牛顿流体、非牛顿流体、多孔介质堆积体等多个状态的转变，仍然需要建立能更精确描述物料状态演变的模型。此外，软件发展日新月异，开发并实施膏体模拟和控制软件大有可为。

膏体流变学的研究不仅可以丰富膏体理论基础，更能通过揭示膏体技术工程现象而起到指导工程实践的重要作用。膏体流变学的研究任重而道远，但其研究过程充满了未知和乐趣。谨以此书供广大读者和同行阅读交流，以期共同进一步推进金属矿膏体流变学的研究和发展，为我国乃至世界的绿色矿山建设与发展作出新的贡献。